Heinz Veit

Die Alpen

Geoökologie und Landschaftsentwicklung

21 Farbfotos
26 Schwarzweißfotos
96 Zeichnungen
51 Tabellen

Verlag Eugen Ulmer Stuttgart

Prof. Dr. Heinz Veit, geb. 1956 in Rüdesheim. Direktor des Geographischen Instituts der Universität Bern und Präsident des Verbandes Geographie Schweiz (ASG). Forschungsschwerpunkte: Physische Geographie, Paläo-Geoökologie, Landschaftsökologie, Hochgebirgsforschung. Regionale Schwerpunkte vor allem in den Alpen und den Anden (Chile, Argentinien, Bolivien).

Die Deutsche Bibliothek - CIP-Einheitsaufnahme

Ein Titeldatensatz für diese Publikation ist bei Der Deutschen Bibliothek erhältlich.

ISBN 3-8252-2327-2 (UTB)
ISBN 3-8001-2788-1 (Ulmer)

Wollgrasweg 41, 70599 Stuttgart (Hohenheim)
Printed in Germany
email: info@ulmer.de
Internet: www.ulmer.de
Lektorat: Dr. Eckard Jedicke, Dr. Nadja Kneissler
Herstellung: Otmar Schwerdt
Satz: KL-Grafik, München
Druck: Gutmann, Heilbronn-Talheim
Bindung: Koch, Tübingen

ISBN 3-8252-2327-2 (UTB-Bestellnummer)

Inhaltsverzeichnis

Für Hanna, Martha, Simon und Johanna

Vorwort

Dieses Buch erscheint im von der UNO deklarierten „Internationalen Jahr der Gebirge 2002“, in dem die besondere Bedeutung der Gebirgsräume für die Menschheit bewusst gemacht werden soll. Bereits zehn Jahre zuvor wurde auf der UNCED-Konferenz von Rio de Janeiro die „Agenda 21“ erarbeitet, in der die Gebirge als sensible und schutzwürdige Ökosysteme auf die gleiche Bedeutungsstufe mit tropischen Regenwäldern und der Antarktis gestellt wurden. Stichworte im globalen Kontext sind hierbei die Gebirge als „Wasserschlösser“, als Erholungsräume und als Zentren der Biodiversität. In all diesen Aspekten spielen die Alpen eine wichtige Rolle für Europa. Denken wir etwa an ihre Funktion für die Wasser- und Energieversorgung von Millionen von Menschen bis Hunderte von Kilometern ins Vorland und die Millionen von Touristen, die in den Alpen Jahr für Jahr Entspannung und den Kontakt mit der Natur suchen. Blumenfreunde finden im weiteren Alpenraum einen großen Teil der Flora Europas.

Aber die Alpen geraten zunehmend auch negativ in die Schlagzeilen. Naturkatastrophen, Umweltverschmutzung, zunehmende Erschließung durch Verkehrswege, Bebauungen der Talräume und unangepasster Tourismus sind nur einige der kritischen Punkte. Mittlerweile sind die Alpen mit rund 11 Mio. Einwohnern das am dichtesten besiedelte Hochgebirge der Erde. Mehr als die Hälfte davon leben in urbanen Gebieten in den Alpen oder unmittelbar am Alpenrand. Mit der Luft kommen Fremdstoffeinträge aus den europäischen Ballungsräumen bis in die Hochlagen. Die natürlichen und anthropogen bedingten langfristigen Klimaänderungen führen zu weiteren ökologischen Belastungen. Obwohl, oder gerade weil die Alpen trotz allem immer noch ein Juwel innerhalb der stark bevölkerten, belasteten und vom Menschen veränderten Umwelt in Europa darstellen, ist es höchste Zeit, ein breites Bewusstsein für die Sensibilität und Qualität dieses Ökosystems zu schaffen.

Die Alpen sind in vielerlei Hinsicht ein Paradebeispiel für verschiedene Bereiche der Gebirgsforschung. Von Geologie und Plattentektonik über Klima und Landschaftsgeschichte bis hin zur anthropogenen Beeinflussung und Fragen des verstärkten Treibhauseffektes gibt es sicher kaum ein anderes Hochgebirge auf der Erde, das diesbezüglich so gut untersucht ist. Viele grundlegenden Erkenntnisse des Gebirgsbaus und der Funktionsweise von Hochgebirgs-Ökosystemen wurden in den Alpen gewonnen. Und trotzdem gilt noch immer der Ausspruch von J. SÖLCH (1923):

Vor immer größere Aufgaben, immer verwickeltere Verhältnisse stellt uns dieses rätselhafte Gebirge, je mehr wir uns mit ihm befassen; doch nur mit verstärktem Reiz lockt es den grübelnden Sinn.

Entsprechend ihrer Bedeutung in der Gebirgsforschung gibt es eine Fülle an Spezialliteratur über die Alpen, in der meist regionale und fachlich spezifische Aspekte abgehandelt werden. Ein aktueller Gesamtüberblick fehlt; der letzte wurde von BIRKENHAUER (1980) mit seinem Buch „Die Alpen“ vorgelegt. Dies hat mich bewogen die vorliegende Gesamtschau zu versuchen, die auf einer regelmäßig stattfindenden Vorlesung am Geographischen Institut der Universität Bern aufbaut.
Wie ein Blick auf das Inhaltsverzeichnis zeigt, geht es in diesem Buch nicht primär um die Ökologie der Pflanzen und Tiere, sondern es geht darum einen Überblick über die Geo-, Bio-, Atmo-, Hydro- und Pedosphären zu schaffen und Interaktionen aufzuzeigen. Die so verstandene „Geoökologie“ bezieht auch die menschlichen Einflüsse mit ein und wird im ersten Hauptteil dargestellt. Im zweiten Hauptteil spielt die Dynamik der Landschaften und damit der zeitliche Aspekt eine große Rolle, von der langfristigen quartären Landschaftsentwicklung mit ihren Wechseln von Eiszeiten und Warmzeiten bis hin zu den aktuellen Veränderungen im Zusammenhang mit der globalen Erwärmung der letzten Jahrzehnte und dem möglichen zukünftigen Trend. Die Kenntnisse der Entwicklung des Reliefs, der Böden, von Flora und Fauna sind notwendig, um das heutige Verbreitungsmuster verstehen und Szenarien der zukünftigen Entwicklung entwerfen zu können.
Bei der Vielfalt der Themen kann eine gewisse Gewichtung nicht ausbleiben. Auch besteht nicht die Absicht, regional flächendeckende bzw. gleichgewichtige Informationen zu liefern; dies würde ein völlig anderes Buchkonzept notwendig machen. Ziel ist es vielmehr, charakteristische Phänomene, Prozesse und Entwicklungen vorzuführen und auf Fallbeispiele aus besonders gut untersuchten Gebieten zurückzugreifen. Zum Verständnis werden bei den einzelnen Kapiteln Grundkenntnisse im jeweiligen Fachgebiet vorausgesetzt, sonst wäre ein Überblick in der gebotenen Kürze nicht möglich. Anhand des thematischen Literaturverzeichnisses können hier Lücken aufgearbeitet werden.
Entsprechend des Charakters eines Lehrbuches werden bibliographische Quellen spärlich eingesetzt. Ich bitte alle Kolleginnen und Kollegen um Nachsicht, die vielleicht ihre Arbeiten hier vermissen. Für Hinweise zur Ergänzung und konstruktive Vorschläge bin ich jederzeit dankbar. Ein herzlicher Dank gilt dem Verlag Eugen Ulmer für die

großzügige Ausstattung und Unterstützung sowie einer Reihe von Kolleginnen und Kollegen für die kritische Durchsicht einzelner Kapitel und wertvolle Anregungen und Diskussionen, namentlich: Prof. Brigitta Ammann (Spätglazial, Holozän); Dr. Anke Berger (Vegetation); Prof. Heinz Gäggeler (Eisbohrungen); Prof. Peter Germann (Böden); Prof. Hans Kienholz (Geomorphologie); Prof. Christian Körner (Vegetation); Prof. Paul Messerli (Menschliche Einflüsse); Prof. Adrian Pfiffner (Geologie); Andreas Schellenberger (Böden, Geomorphologie, Pleistozän); Prof. Helmut Stingl (Geomorphologie); Prof. Heinz Wanner (Klima); PD Dr. Rolf Weingartner, Dr. Hans-Rudolf Wernli (Wasser); Prof. Jürg Zettel (Tierwelt). Nicht zuletzt ergeht ein herzlicher Dank an Susan Glättli für umfangreiche Schreibarbeiten und an unseren Kartographen Andreas Brodbeck für die fachgerechte und zügige Anfertigung sämtlicher Abbildungen.

Bern, im September 2001 Heinz Veit

Zur Abgrenzung der Alpen

Die Alpen zu definieren, ihre Abgrenzung nach außen vorzunehmen, wird immer dann besonders wichtig, wenn man flächenbezogene Daten interpretiert oder charakteristische Phänomene „der Alpen“ diskutieren will. Die Möglichkeiten der Abgrenzung sind vielfältig, entweder nach naturräumlichen Kriterien (z.B. Geologie, Relief, Hydrologie) oder wirtschaftlich-politisch (Strukturschwäche, „Bergbauern“) auf der Basis von Gemeinde- oder Kreisgrenzen. Die Meereshöhe, zumindest als alleiniges Kriterium, ist ungeeignet. Wo sollte man die Grenze ziehen? Legt man sie in Höhe der Talböden, dann sind die Übergänge zum außeralpinen Mitteleuropa unklar. Beschränkt man den Begriff auf die Hochlagen, etwa oberhalb der Waldgrenze, dann fallen wiederum die Talräume aus der Definition und damit die wichtigsten Siedlungsräume, Landwirtschaftsflächen und Verkehrsadern. Diese Schwierigkeit äußert sich auch in der diffusen Verwendung des Begriffes „alpin“. Teilweise bezeichnet er die alpine Höhenstufe oberhalb der Baumgrenze sowie einzelne Elemente daraus (alpine Pflanzen, alpine Böden, alpines Relief etc.), teils impliziert er das gesamte Gebirge. Die Beschränkung des Begriffes auf die Hochlagen geht möglicherweise auf die keltischen und vielleicht sogar vorindogermanischen Ursprünge des Wortes zurück. Mit „Alpen“ bezeichnete man zunächst nur die Hochweiden. Erst später wurde der Begriff für das gesamte Gebirge ausgedehnt.

Eine ausführliche Darstellung verschiedener Abgrenzungskriterien findet sich in Bätzing (1991, 1997). Im vorliegenden Buch wird diese Abgrenzung der Alpen übernommen, die eine Mischung aus naturräumlichen (vor allem Relief und Geologie) und wirtschaftlich-politischen Kriterien darstellt (Abb. 1). Damit sind die Talräume mit erfasst. Morphologisch heben sich die Alpen nach dieser Definition deutlich aus dem Vorland heraus und sind über weite Strecken bereits am Satellitenbild klar abzugrenzen (Farbfoto 1).

Die Grenze zum Apennin, der geologisch eine Fortsetzung der Alpen darstellt, kann man westlich von Genua am Colle di Cadibona (436 m ü.M.) ziehen. Die Grenze zu den Karpaten und den Dinariden im Osten wird durch das Wiener Becken bzw. durch die Linie Gorizia – Ljubljana definiert, sofern man nicht die Krainer- und Triestiner Karstlandschaften noch mit zu den Alpen zählt. So umrissen beträgt die Fläche der Alpen rund 181.500 km². Davon liegen etwa 113.000 km² oberhalb 2.000 m ü.M. (Abb. 1). Die größte Breite wird in den Ostalpen erreicht (Bodensee – Verona: mehr als 200 km). Am schmalsten sind die Westalpen (150 km), wo allerdings der höchste Berg der Alpen liegt (Mont Blanc, 4.807 m ü.M.). Der Alpenbogen erstreckt sich zwischen Apennin und Wiener Becken auf einer Länge von rund 1.000 km. Sieben Staaten haben Anteil an den Alpen: Österreich, Schweiz, Deutschland, Frankreich, Fürstentum Liechtenstein, Italien und Slowenien. In den Alpen leben rund 11 Mio. Einwohner (1990).

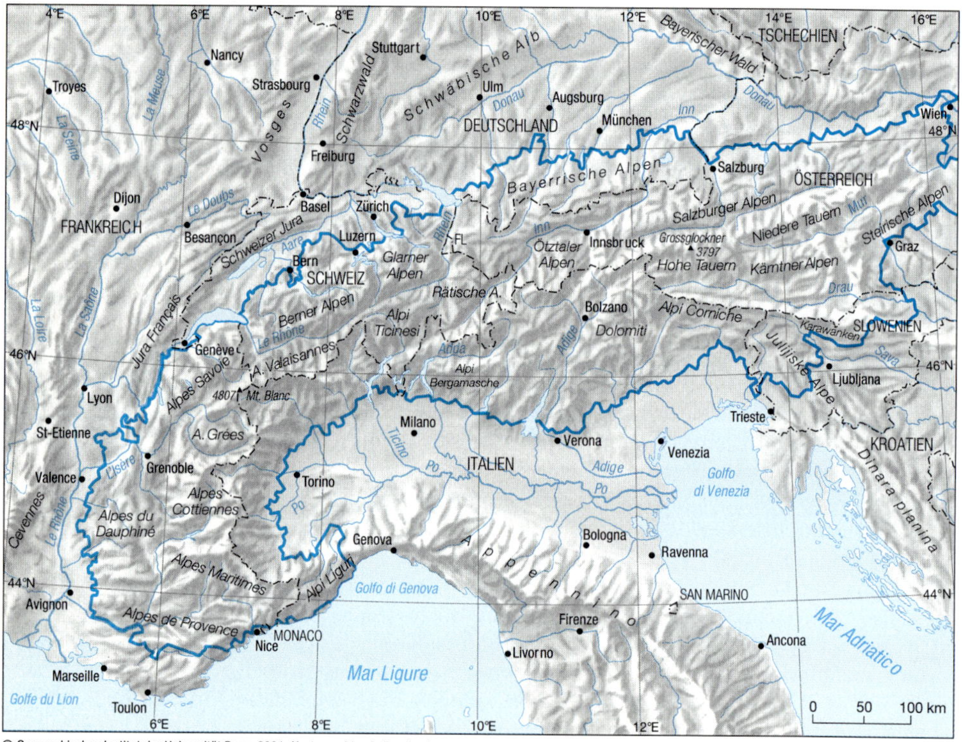

© Geographisches Institut der Universität Bern, 2001. Kartographie: A. Brodbeck

Abb. 1: *Geographische Lage und Abgrenzung der Alpen (Abgrenzung nach Bätzing 1997).*

Geoökologische Faktoren und Prozesse in den Alpen

1 Geologische Gliederung und Plattentektonik

Von den Karpaten im Osten und dem Apennin im Süden sind die Alpen geologisch durch das Wiener Becken und durch die westvergente Überschiebungszone von Sestri-Voltaggio getrennt.

Die Alpen gehören zu den jungen Falten- und Deckengebirgen, die am Ende der Kreidezeit und im Tertiär entstanden sind. Sie spielen schon lange eine wesentliche Rolle in der geologischen Forschungsgeschichte. Viele hier geprägte Begriffe, wie „alpinotype Orogenese", „Flysch", oder „Molasse", werden heute international verwendet. Seit Ende der 60er Jahre des 20. Jahrhunderts sind die Alpen eines der Paradebeispiele der Plattentektonik. Aber trotz einer vielerorts bis ins Kleinste bekannten Geologie sind viele plattentektonische Fragen noch offen.

Die Alpen sind ein Kollisionsorogen im engeren Sinn und entstanden durch eine Kontinent-Ozean-Kontinent-Kollision. Die alpine Tektonik, Deformation und Deckenüberschiebungen vollzogen sich weitgehend mehrere Kilometer unter dem Meeresspiegel. Durch den Zusammenprall der Afrikanischen mit der Europäischen Kontinentalplatte kam es zu einer Verdickung der Erdkruste von ursprünglich rund 30 km auf bis zu 60 km in den Alpen. Die Heraushebung und das Erscheinungsbild als Hochgebirge ist erst ein relativ junges Phänomen seit dem Jungtertiär. Die Heraushebung über den Meeresspiegel ist durch die Ablagerungen in den Vorlandbecken dokumentiert. In der nordalpinen Molasse beginnt die Sedimentation mit der oligozänen Unteren Meeresmolasse. Wesentlicher Motor der Heraushebung waren und sind bis heute isostatische Ausgleichsbewegungen mit einem „Aufschwimmen" der spezifisch leichteren kontinentalen Kruste (2,7 g cm^{-3}) auf dem Erdmantel (3,3 g cm^{-3}). Mit dem Aufsteigen über den Meeresspiegel im Tertiär begann die Entwicklung des Reliefs mit Flächenbildung und axialem Entwässerungsnetz unter zunächst noch wechselfeucht-tropischem Klima. Im Pleistozän setzten dann die Vergletscherungen im Wechsel der Eiszeiten und Warmzeiten ein und formten das charakteristische Hochgebirgsrelief.

alpine Faziesräume und tektonische Großeinheiten:
- Helvetikum
- Penninikum
- Ostalpin
- Südalpin

1.1 Tektonische Großgliederung

Wenn man den heute bekannten alpinen Deckenstapel entwirrt und versucht, die einzelnen Decken gedanklich in ihre ursprüngliche Position

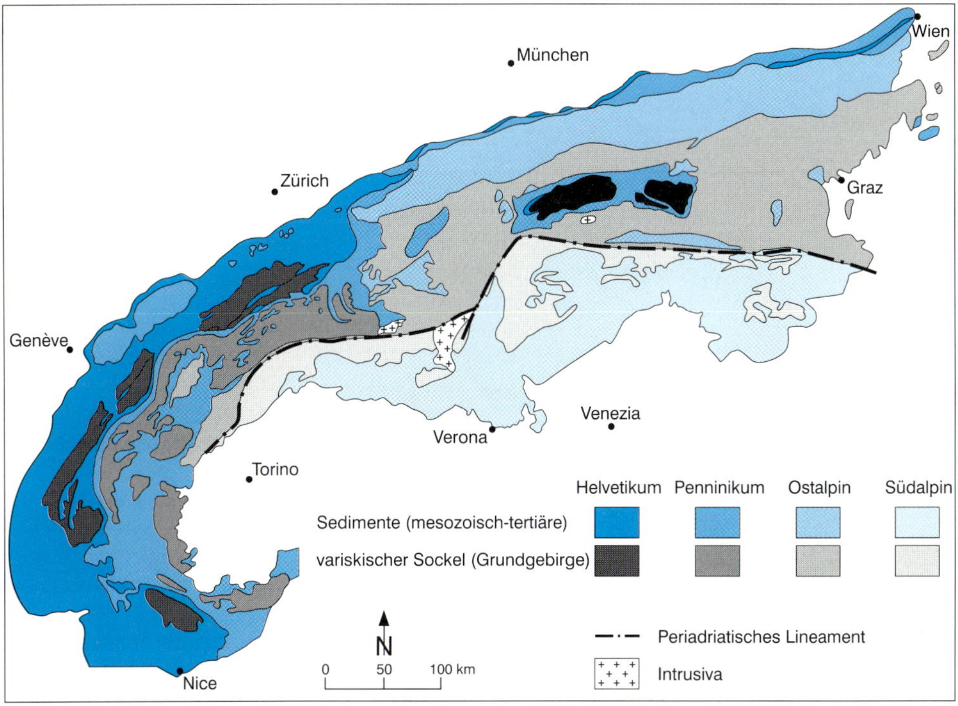

Abb. 2
Tektonische Großgliederung der Alpen (nach FRISCH *1982, ergänzt nach* LAMMERER *1990).*

zurückzuschieben, dann erhält man drei Faziesbereiche: Helvetikum, Penninikum und Ostalpin/ Südalpin (Abb. 2, Abb. 3). Diese Faziesbereiche zeichnen sich jeweils durch eine bestimmte Assoziation von mesozoischen Sedimenten aus. Das Helvetikum repräsentiert den ehemaligen europäischen Kontinentalrand. Ostalpin/Südalpin stellen das Pendant des afrikanischen (adriatischen) Kontinentalrandes dar. Bei dem Penninikum handelt es sich um Beckensedimente, die teilweise in echten ozeanischen Bereichen abgelagert wurden. Je nachdem, wie man die einzelnen tektonischen Einheiten unterteilt und positioniert, errechnet sich daraus ein Zusammenschub der Tethys von ursprünglich 500 bis 700 km, evtl. sogar von mehr als 1.000 km Breite, auf heute 120 bis 200 km.

Die Überschiebungsrichtungen haben sich im Laufe der Entwicklung gewandelt (Kap. 1.2). In der Kreide waren es vor allem westgerichtete Überschiebungen. Im Tertiär ist zu differenzieren zwischen nordgerichteten Bewegungen in Helvetikum und Penninikum und südgerichteten Bewegungen in den Südalpen (PFIFFNER 1992). Als Faustregel gilt, was heute im Deckenstapel tektonisch höher liegt, kommt von weiter intern gelegenen Bereichen. Bei der Stapelfolge Ostalpin über Penninikum über Helvetikum bedeutet dies, dass sich der ostalpine Faziesraum am weitesten südlich befand, der helvetische am weitesten nördlich. Dazwischen lag der penninische Ablagerungsraum.

Tethys: mesozoisch/känozoischer Vorläufer des heutigen Mittelmeeres, dessen Ursprünge bis ins Paläozoikum zurück gehen (Paläotethys) und das den Gondwana-Kontinent nach Norden begrenzte (äquatoriales Asien bis Südeuropa).

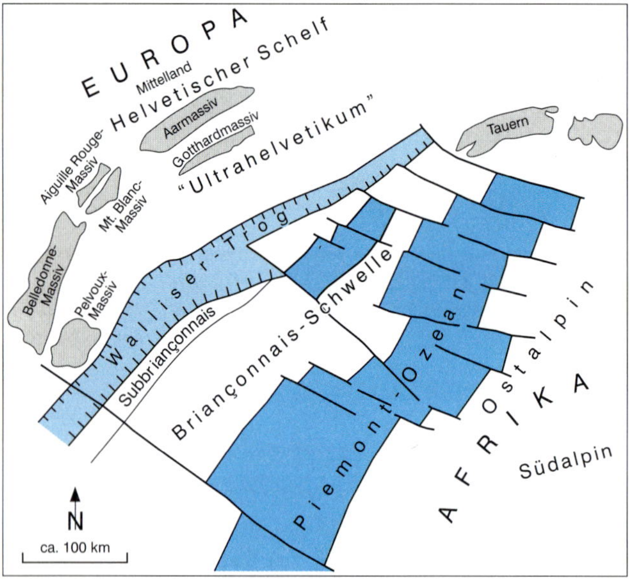

Abb. 3
Die Tethys am Ende der Jurazeit (nach Pfiffner 1992).

Die heutigen Alpen bestehen aus Teilen der Eurasischen Kontinentalplatte, aus Teilen eines während des Jura bis in die Unterkreide geöffneten, bis zu mehrere 100 km breiten Ozeans (Tethys) und der zwischen Eurasien und Afrika eingequetschten Adria-Platte. Die Adria-Platte war die Karbonatplattform am Nordrand der afrikanischen Kontinentalplatte, auf der sich die mächtigen Riff- und Lagunenbildungen der Trias der Südlichen und Nördlichen Kalkalpen formten.

Trotz des komplexen geologischen Baus ergibt sich in den Alpen, vor allem in den Ostalpen, bei grober Betrachtung eine relativ klare zonale Anordnung der Gesteinzonen, die schon von Goethe auf seiner Reise nach Italien erkannt wurde. Die Symmetrie besteht in einer kristallinen Zentralzone und nördlich und südlich daran anschließende Sedimentzonen. Zwei Querschnitte durch die Ost- und Westalpen sollen diese Abfolge, hinter der im Detail ein sehr komplizierter Gebirgsbau steckt, verdeutlichen. Die genauere Beschreibung der tektonischen Einheiten erfolgt in Kap. 1.1. In Tab. 1 ist die Geologie einiger bekannter Alpengipfel dargestellt.

Tab. 1: Geologie einiger bekannter Alpengipfel

Gebirge	Höhe (m ü.M.)	Geologie
Mont Blanc	4.807	kristallines Zentralmassiv, Granit
Dufourspitze	4.634	penninische Monte Rosa-Decke hochgradig metamorphisierte Gneise (Eklogitfazies)
Matterhorn	4.478	Dente Blanche Decke, unterostalpine Klippe aus Gneisen und Gabbros über Penninikum
Zugspitze	2.963	Oberostalpiner Wettersteinkalk
Grossglockner	3.797	Penninische Ophiolite, Prasinit
Drei Zinnen	2.998	Südalpiner Dachsteindolomit

Ein Querschnitt durch die Ostalpen (Abb. 4a)

Das Querprofil durch die Ostalpen beginnt im Norden mit dem Molassebecken, einer Vorlandsenke. Der Südrand der Molasse ist von alpinen Deckeneinheiten überfahren und entsprechend gegliedert in eine weitgehend ungestörte Vorlandmolasse und in die überschobene, subalpine Faltenmolasse. Nach Bohrungen und geophysikalischen Messungen erstreckt sich die Faltenmolasse bis ca. 20 km unter die Deckeneinheiten der Ostalpen. Die Molasse erreicht mit 5.000 m ihre größten Mächtigkeiten unmittelbar am Alpenrand. Die Tatsache, dass die nördlichen Kalkalpen teilweise auf tertiärer Molasse liegen, ist die Grundlage für Erdöl- und Erdgasbohrungen im Bereich der Kalkalpen.

Südlich an die Faltenmolasse schließen das Helvetikum und das Ultrahelvetikum an, die hier, im Gegensatz zu den Westalpen, nur als schmaler Streifen am Nordrand der Alpen entwickelt sind (vgl. Abb. 2). Das Gleiche gilt für den nun folgenden Rhenodanubischen Flysch, der zum penninischen Faziesbereich gehört. Daran schließen sich die (ober-) ostalpinen Kalkmassive der nördlichen Kalkalpen an. (Ober-) ostalpin ist auch die nördliche Grauwackenzone, die aus altpaläozoischen Schiefern und Grauwacken besteht und die landschaftlich mit ihren weichen, hügeligen Formen, einen starken Kontrast zu den Kalkalpen und dem südlich anschließenden Penninikum des Tauernfensters liefert. Die Grauwackenzone tritt vor allem entlang der ostalpinen Längstäler von Inn, Salzach und Mürz auf. Südlich der Salzach erkennt man im Rahmen des Penninkums des Tauernfensters ostalpine und penninische Einheiten. Im Zentrum des Tauernfensters ragt das europäische Grundgebirge in Form der Zentralgneise durch die Schieferhüllen. Der schmale südliche Rahmen des Tauernfensters wird durch die unterostalpine Matreier Schuppenzone, eine tektonische Mélange-Zone, gebildet. Durch die weichen und tektonisch mürben Schiefer ist diese Zone charakterisiert durch Talweitungen, große Schwemmfächer und niedrige Pässe. Nach

Molasse: ursprüngliche Bezeichnung für Sandsteine in der West-Schweiz, aus denen man Mühlsteine herstellen konnte (lat. molere = mahlen). Der Begriff wird heute weltweit für marin-kontinentale klastische Ablagerungen im Vorland eines Gebirges verwendet.

Abb. 4a
Tektonische Querprofile durch die Alpen. (a) Ostalpen (nach BRANDNER 1980).

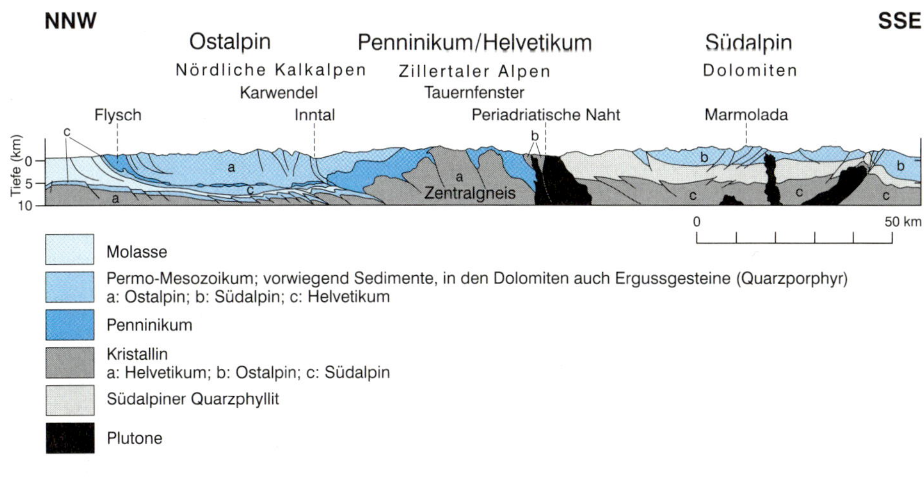

Süden schließt sich das ostalpine Altkristallin an, stellenweise noch mit der autochthonen mesozoischen Sedimentdecke (Lienzer Dolomiten). Drauzug und Karawanken werden von Permo-Mesozoikum gebildet. Nach der tiefgreifenden Störungszone der Periadriatischen Naht folgt das Südalpin mit den Dolomiten und den Julischen Alpen, die sich mit ihren imposanten Dolomitbergen deutlich gegenüber den ostalpinen Einheiten abheben. Der Übergang in die Molasse der Poebene ist vom nördlichen Alpenrand grundverschieden. Während im Norden die alpinen Decken weitflächig auf die Molasse aufgeschoben sind und diese teilweise verfaltet haben, lagert sich die Molasse im Süden störungsfrei an die flachlagernden südalpinen Gesteine an.

Ein Querschnitt durch die Westalpen (Abb. 4b)

Die Abfolge der tektonischen Einheiten in den Westalpen unterscheidet sich von den Ostalpen durch die unterschiedliche flächenmäßige Ausdehnung der wesentlichen Einheiten. Vergleichbar zu den Ostalpen ist die Gliederung der Molasse in eine weitgehend ungestörte Vorland- und in die subalpine Molasse. Letztere ist von den penninischen und

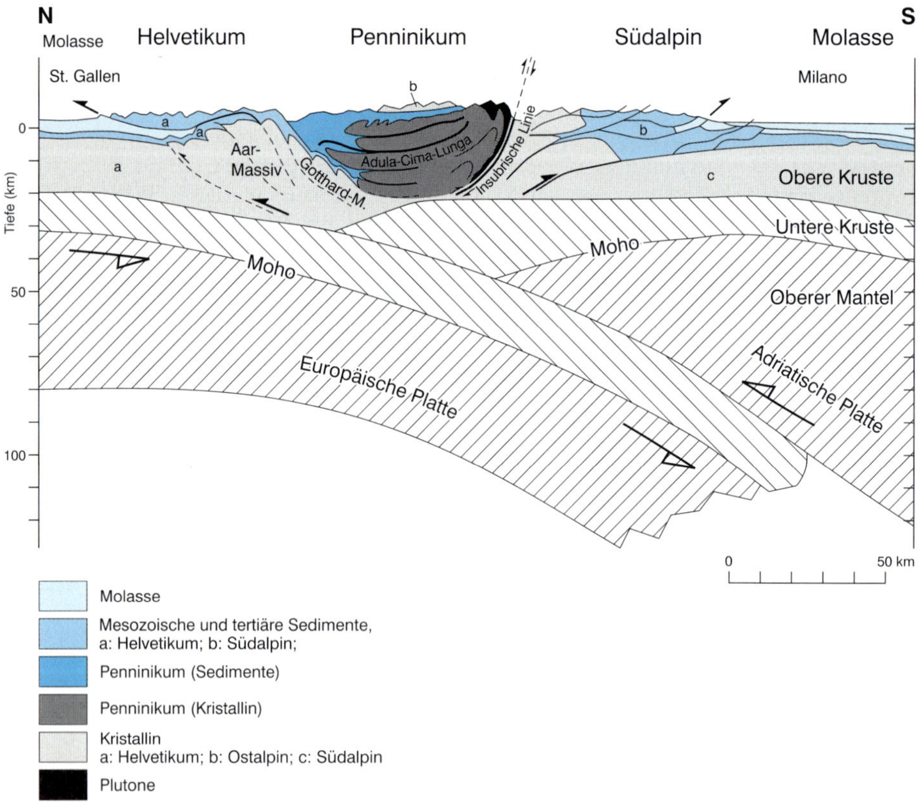

Abb. 4b
Tektonische Querprofile durch die Alpen. (b) Westalpen (nach PFIFFNER 1992).

helvetischen Decken überfahren und selbst von Bewegungen betroffen, die während der Überschiebung stattgefunden haben. Der gesamte Sedimentstapel des westlichen Schweizer Mittellandes, d.h. Molasse und Mesozoikum, wurden auf den Anhydritschichten der Trias nach Nordwesten verschoben, was im Zusammenhang mit der Jurafaltung steht.

An die Molasse schließen sich das Helvetikum und das Ultrahelvetikum an, die aber einen viel größeren Raum im Vergleich zu den Ostalpen einnehmen (vgl. Abb. 2). Landschaftlich und geologisch stellt das Helvetikum mit seinen massiven Bergen aus Karbonatgesteinen vielfach das Äquivalent der ostalpinen nördlichen Kalkalpen dar. Das Helvetikum und der Untergrund der tertiären Molasse werden zur „Externzone" der Westalpen gerechnet. Aus diesem Sedimentstapel ragen die kristallinen Zentralmassive teilweise heraus. Nach Süden zu folgt die „Internzone" mit dem penninischen Faziesbereich, der durch kristalline Gesteine und Sedimente gekennzeichnet ist. Penninische Einheiten können auch als Decke weit nach Norden transportiert worden sein, wo sie heute als Klippe, wie z.B. in Form der Schweizerischen „Préalpes", direkt auf der subalpinen Molasse aufliegen. Ostalpine Einheiten sind zumeist nur noch als Erosionsreste, d.h. als „Klippen", erhalten (z.B. das Matterhorn mit der Dente Blanche Decke; Farbfoto 2). Die ostalpinen Gesteine sind in den Westalpen, wo sie den Südrand der Internzone bilden, nur spärlich vertreten. Die penninischen und ostalpinen Einheiten werden nach Süden zu durch die Periadriatische Naht vom Südalpin getrennt. Unmittelbar südlich der Periadriatischen Naht ist durch relative Heraushebung die südalpine Sedimentdecke entfernt und das kristalline Grundgebirge kommt in einem schmalen Streifen an die Oberfläche. Im Piemont schließt die jungtertiäre Füllung des Po-Beckens direkt an die penninischen Einheiten an.

— Klippen: Klippen sind Deckenreste höherer tektonischer Einheiten und weisen auf deren ehemals viel weitere Verbreitung hin.

1.1.1 Helvetikum und Ultrahelvetikum

Das Helvetikum hat an der Oberfläche seine größte Verbreitung in der Schweiz, zieht aber als schmaler Streifen auch am Nordrand der Ostalpen entlang. Es reicht vom Rhônetal bei Genf bis zur Iller in Oberbayern. Seine maximale Breite erreicht das Helvetikum im Glarner Land mit rund 50 km. Die Sedimente kamen vor allem im Mesozoikum auf dem Südrand eurasiatischen Kontinentalplatte zum Absatz. Die Gesamtmächtigkeiten betragen bis zu 2.000 m. Das mesozoische Schichtpaket entspricht in vielem demjenigen des Juragebirges. Beide wurden in einem Schelfmeer am Nordrand der Tethys abgelagert. Entsprechend dominieren Kalksteine. Südlich von Genf treten die Gesteine des französischen Faltenjura mit den jurasischen Gesteinen des Westalpenbogens (Chaînes subalpines) in Verbindung.

Die gebankten Kalkschichten der helvetischen Sedimente prägen den Charakter vieler Berggipfel, die zu den bekanntesten der Alpen gehören (Bornes, Dents du Midi, Diablerets, Wildhorn, Wildstrubel, Doldenhorn, Blümlisalp, Eiger, Brienzer Rothorn, Titlis, Pilatus, Churfirsten, Alpstein und Kanisfluh).

— Helvetische Sedimente wurden auf dem Schelfbereich am Südrand des europäischen Kontinents abgelagert (hauptsächlich Kalke und Mergel).

Altkristallin: paläozoisches, prävariskisches, polymetamorphes Grundgebirge, das in Form der Kristallinmassive, als überschobenes, oberostalpines Altkristallin, kristallines Südalpin oder alpin verfaltet und metamorph überprägt in penninischen und unterostalpinen Decken auftritt.

In den Westalpen bildet das Helvetikum die äußeren Bereiche, die „Externzone" der französischen Alpen. Östlich des Alpenrheins ist das Helvetikum über den Bregenzer Wald, Vorarlberg und das Allgäu zu verfolgen, wobei die Ausstrichbreite deutlich abnimmt. Östlich der Iller sind bis in das Gebiet von Wien helvetische Gesteine nur lokal entlang des Nordrandes der Kalkalpen aufgeschlossen.

Schweizerisches und französisches Helvetikum unterscheiden sich tektonisch. In der Schweiz und im nordöstlichen Hochsavoyen sind die helvetischen Decken allochthon. Sie wurden 30 bis 50 km nach Norden transportiert. Die Hauptbewegungen erfolgten im Miozän. Südlich davon liegen die helvetischen Sedimente in der „Dauphiné-Zone" dagegen zunehmend weniger allochthon auf dem Grundgebirge.

Das Ultrahelvetikum stellt einen faziellen Übergangsbereich zwischen dem Helvetikum und dem Penninikum dar. Ursprünglich lag der Sedimentationsraum des Ultrahelvetikums südlich des Helvetikums (Abb. 3). Das Wasser war tiefer, weshalb die Sedimente toniger und mergeliger sind. Es dominieren Kalksteine, Mergel und Tonsteine.

Die Kristallinmassive

Bedeutende Gebirgsgruppen der Alpen, wie etwa der Mont Blanc (Farbfoto 6), sind helvetische Kristallinmassive. Sie werden auch als Zentral- oder Externmassive bezeichnet und dem „Infrahelvetischen" Komplex zugeordnet (Pfiffner 1993). Es handelt sich um prätriadische Gesteinskörper, zu denen in den Westalpen z.B. das Aarmassiv, das Gotthardmassiv, das Aiguilles Rouges-Massiv und das Mont Blanc-Massiv gehören. Sie galten lange Zeit als autochthon und als nicht in den Deckenbau mit einbezogen. Neuere Erkenntnisse zeigen aber, das auch die Massivblöcke nach Norden verschoben sind. Es handelt sich um Stücke des alten, variskischen, europäischen Grundgebirges, wie es im Schwarzwald und den Vogesen zu Tage tritt. Bezüglich der Gesteinszusammensetzung sind sie aber auch mit penninischen Kristallindecken zu vergleichen (Altkristallin, spätvariskische Granite, permokarbone Sedimente). Ebenso vergleichbar sind südalpines und teilweise ostalpines Kristallin. Unterschiedlich ist jeweils nur der Metamorphosegrad. Teile des Kristallins wurden bei der alpinen Deformation zusamengestaucht und überschoben. Die Sedimente blieben weitgehend im Verbund mit dem kristallinen Sockel.

Die Massive bestehen aus dem aus verschiedenen metamorphen Gesteinen zusammengesetzten „Altkristallin" und jüngeren, meist variskischen, magmatischen Gesteinen, mit Graniten, Dioriten, Syeniten und Granodioriten, von denen viele in den Zentralmassiven freigelegt sind (z.B. zentraler Aaregranit, Mont Blanc-Granit). Die Bildungsgeschichte des Altkristallins ist sehr komplex. Es scheint Relikte aller wesentlichen europäischen Gebirgsbildungen, der cadomischen, kaledonischen und variskischen Orogenese, zu enthalten. Mit Ende des Variszikums war die Entstehung des Grundgebirges abgeschlossen.

Ursprünglich lagen über den Zentralmassiven helvetische, penninische und ostalpine Decken. Am Nordrand des Aaremassivs wurde der Kontakt Kristallin/Sedimente verfaltet. Deshalb liegen in einigen Gipfeln Klippen von Kristallin auf Sedimenten. Viele berühmte Gipfel der Berner Hochalpen tragen deshalb Klippen von derartig überschobenem Kristallin (z.B. Wetterhorn: 3.704 m ü.M., Mönch: 3.099 m ü.M., Jungfrau: 4.158 m ü.M.).

1.1.2 Penninikum

Penninische Gesteine unterschiedlichen Metamorphosegrades bauen große Teile der Schweizer und der französischen Alpen auf. Sie gehören dort zur „Internzone". In den Ostalpen werden sie weitgehend von den ostalpinen Einheiten der Adria-Platte überdeckt. Das westalpine Penninikum taucht in Liechtenstein und Graubünden (Vaduz-Arosa-Oberhalbstein-Sils-Bernina-Poschiavo) unter das Ostalpin ab. Nur in wenigen tektonischen Fenstern ist das Penninikum in den Ostalpen unter der erodierten ostalpinen Hülle sichtbar (Abb. 2). Die penninischen Einheiten können nach ihrer Lage im ehemaligen Meeresbecken dreigeteilt werden. In der Abfolge von Norden nach Süden ist dies zunächst der Walliser Faziesbereich. Hier kamen die Bündnerschiefer, die „schistes lustrés" (Glanzschiefer) des Wallisertroges, zur Ablagerung. Weiche Kalk- und Tonschiefer bilden heute die Berge zwischen Brig und Nufenenpass, im Bedrettotal, Safiental, Hinterrheintal, Domleschg, Schanfigg und Prättigau. Die penninische Flyschzone in den Ostalpen, zwischen Rhein und Wiener Becken, wird als „Rheno-danubischer Flysch" bezeichnet und ist dort nur als schmales Band am Nordrand der Alpen ausgebildet.

Die Briançonnais-Schwelle trennte den Walliser Trog vom Piemont-Ozean. Als Schwellenfazies dominieren Kalksteine. Der Chablais und die Schweizer „Préalpes" stammen aus der Sedimenthülle des Briançonnais. Penninische Sedimente liegen hier im Süden auf einer Unterlage ultrahelvetischer Sedimente sowie im Norden auf überfahrener Molasse.

Im Piemont-Faziesbereich kamen die Bündnerschiefer und Radiolarite des Piemont-Ozeans zur Ablagerung (Foto 9). Sie bilden zusammen mit den Ophiolithen (ozeanische Krustengesteine wie Basalte, Gabbros, Serpentinite) die höchsten penninischen Einheiten. Bei den Ophiolithen handelt sich um nicht subduzierte Überreste eines größeren Ozeans. Den Ophioliten kommt große Bedeutung für den Beweis der Existenz ozeanischen Lithosphärenmaterials zu. Größere zusammenhängende Ophiolithmassen finden sich bei Saas-Zermatt, im Oberhalbstein und im Malenco, östlich des Bergeller Granits. Bekannte Gipfel aus Ophioliten sind der Combin im Wallis und der Großglockner in den Hohen Tauern (Foto 1). Im nördlichen Walliser-Trog wurde die Kruste zwar auch ausgedünnt, aber eigentliche ozeanische Kruste wurde nur lokal gebildet. Die penninischen Gesteine wurden im Zeitraum Trias bis Kreide abgelagert. Die Trias ist jedoch nur geringmächtig vertreten, es dominiert der Jura, im Unterschied zum sedimentären Ostalpin mit vorwiegend triadischen Gesteinen.

penninische Sedimentationsräume:
- Walliser Trog: Trogfazies mit Sandsteinen, Tonen, Kalksanden
- Briançonnais-Schwelle: flachmarine Kalke und Mergel
- Piemont-Ozean: Tiefseesedimente (Radiolarite, Sandsteine, Tone).

Ophiolithe: ozeanisches Krustenmaterial, vor allem aus dem Piemont-Ozean (Gabbros, Serpentinite, Basalte).

Flysch: marine, klastische, meist turbiditische Sedimente (vielfach Sandsteine und Tonschiefer), die im Vorlandbecken eines Kollisionsorogens abgelagert wurden. Der Begriff wurde durch Bernhard Studer 1827 nach einem im Berner Oberland gebräuchlichen Begriff für die zu Rutschungen und Fließen neigenden Schichten eingeführt.

Foto 1
Der Großglockner (3.797 m ü.M.)
Der höchste Gipfel der österreichischen Alpen besteht aus umgewandelter ozeanischer Kruste (Prasinit, Ophiolith) aus der Tiefsee des penninischen Ozeans. Die neuzeitlichen Moränen des Ködnizkees sind an ihrem spärlichen Bewuchs gut zu erkennen (VEIT 25.08.1987).

Typisch für den nordpenninischen und nordhelvetischen Bereich sind mächtige Flyschablagerungen. Flyschsedimente markieren in den Alpen die Periode des größten Zusammenschubs, gekennzeichnet durch das Auftreten von Inselketten mit benachbarten, sich rasch eintiefenden Meeresbecken. Flyschablagerungen sind entsprechend regional unterschiedlich alt. Je nach Beginn der orogenen Bewegungen lag der Beginn der Flyschsedimentation im Ostalpin in der Unterkreide und im Penninikum in der Oberkreide. In den äußeren Bereichen erfolgte sie bis ins Oligozän. Der nordhelvetische Flysch wurde in der Hauptsache während des Eozäns bis ins Unteroligozän abglagert. Als Wildflysch werden chaotische Gleitmassen mit einer schiefrigen Matrix bezeichnet. Komponenten darin sind von unterschiedlicher Größe und Lithologie.

Vom Baustil her lassen sich im Penninikum drei Deckentypen unterscheiden (PFIFFNER 1993). Einerseits gibt es Decken aus kristallinem Grundgebirge, die aus abgeschertem Oberkrustenmaterial bestehen. Bei diesen Kristallindecken handelt es sich um Kilometer mächtige, nordvergente Decken aus Gneis. Die Überschiebungsweiten betragen bis zu 20 km. Andererseits gibt es Sedimentdecken, bei denen die mesozoisch-känozoischen Sedimente vom kristallinen Grundgebirge abgeschert sind und schließlich eine Mischung aus ozeanischen Krustengesteinen, Ophioliten, Radiolariten und Bünderschiefern.

Das Ostalpin bildete den Nordrand der adriatischen Kontinentalplatte und ist in folgende tektonische Einheiten gegliedert:
- Oberostalpin
- (Mittelostalpin)
- Unterostalpin

1.1.3 Ostalpin

Ostalpine Decken sind Teile der adriatischen Platte des afrikanischen Kontinents, welche bis zu 100 km weit auf die europäische Lithosphärenplatte aufgeschoben sind, wobei anfängliche westgerichtete Bewegungen in der Kreide im Verlaufe des Tertiärs in nördliche Bewegungsrichtungen änderten (Kap. 1.2). Ostalpin sind alle Gesteine, die tektonisch über dem Penninikum liegen. Hierzu gehören z.B. altkristalline Decken, die paläozoischen Grauwackenzonen sowie permomesozoische Sedimente. Die größte oberflächliche Verbreitung haben die ostalpinen Decken in den Ostalpen. Auch weite Teile der Schweizer Alpen müssen ursprünglich von zusammenhängenden ostalpinen Einheiten überdeckt gewesen sein. Sie wurden allerdings im Tertiär abgetragen, wie die Erosionsklippen belegen. Eine Klippe ostalpiner Decke ist beispielsweise die Dent Blanche-Decke im südlichen Wallis, die als ostalpine Kristallinplatte mit Gneisen und Gabbros über dem penninischen Bernhard-Komplex mit Sedimenten und Grüngesteinen liegt. Zu der Dent Blanche-Decke zählt auch die Gipfelpartie des Matterhorns (Farbfoto 2). Einen weiteren Hinweis auf die ehemals großräumige Überdeckung liefert der hohe Metamorphosegrad der penninischen Gesteine, woraus mächtige Überdeckungen gefolgert werden können.

Das Ostalpin wird tektonisch in ein Ober- und ein Unterostalpin, teilweise auch noch in ein Mittelostalpin, unterterteilt.

— tektonische Fenster:

- Tauernfenster
- Gargellen-Fenster
- Unterengadiner Fenster
- Semmering-Fenster
- Wechsel-Fenster
- Rechnitz-Fenster

Oberostalpin

Die nördlichen Kalkalpen in Deutschland und Österreich bestehen aus oberostalpinen permomesozoischen Sedimenten, wobei Triasgesteine dominieren. Sie sind eine vom Alpenrhein bis zum Wiener Becken verlaufende, 40 bis 50 km breite Zone. Die vorherrschenden Gesteine bestehen aus Flachwassersedimenten mit einem hohen Anteil an Riffmaterial, die auf einer ständig absinkenden flachen marinen Plattform abgelagert wurden. Die dominierenden Kalke und Dolomite der Trias verleihen den Kalkalpen ihr charakteristisches Gepräge als hochalpines Kettengebirge (Perseier Spitze 3.036 m ü.M., Dachstein 2.996 m ü.M., Zugspitze 2.963 m ü.M., Hochkönig 2.941 m ü.M.; Foto 2). Sie ruhen allochthon auf verschiedenen tektonischen Unterlagen; am Südrand auf der nördlichen Grauwackenzone, mit welcher der Verband noch re-

Foto 2
Wettersteingebirge
Die ostalpinen Gesteine stellen die triassische Karbonatplattform der Adriatischen Platte dar und sind als Decke weit nach Norden transportiert. Die steilen und weitgehend unbewachsenen Hänge sind empfindlich gegenüber Erosion. Steile Murkegel durchziehen die Waldstufe (VEIT 19. Juni 1999).

lativ eng ist, oder auf oberostalpinem Altkristallin. Im Norden besteht die Unterlage aus nordpenninischem Flysch (Rhenodanubischer Flysch). Die in geringerer Verbreitung vorhandenen Jura- und Kreide-Sedimente sind in Mulden als Erosionsrelikte erhalten. Am Nordrand treten die Kalkalpen gegenüber den vorgelagerten weicheren und morphologisch tiefer liegenden Flyscheinheiten wandartig heraus. Dies trifft auch für die südliche Grenze der Kalkalpen gegen die anschließende Nördliche Grauwackenzone mit ihren weicheren Formen zu.

Das Oberostalpin gleicht in vielen Einzelheiten dem Südalpin, was auf Grund der ursprünglich engen Nachbarschaft und des einheitlichen Ablagerungsraumes nicht verwundert. Die nördlichen Kalkalpen sind ca. 150 km weit transportiert worden. Im Falle des Drauzuges (Lienzer Dolomiten) oder der Engadiner Dolomiten blieb die ostalpine Sedimentdecke im Verband mit dem Sockel.

Südlich an die nördlichen Kalkalpen schließt die paläozoische nördliche Grauwackenzone an, die ihr Pendant im Süden hat (Paläozoikum von Graz, Gurktaler Alpen). Die nördliche Grauwackenzone ist 10 bis 25 km breit und reich an Lagerstätten. Hier liegt mit dem „Steirischen Erzberg" die grösste Eisenerz-Lagerstätte der Alpen. Eisenspat ($FeCO_3$) und Magnesit ($MgCO_3$) wurden schon in der Römerzeit abgebaut. Im Gebiet von Kitzbühel tritt auch Kupferkies auf, was schon seit der Keltenzeit bekannt ist. Diese Vorkommen begründeten im Mittelalter den Reichtum des Handelshauses der Fugger mit.

Zum Oberostalpin zählt auch das permische Haselgebirge mit seinen reichen Evaporitvorkommen. Die Steinsalz führenden Serien wurden in flachen Meerespfannen abgelagert und sind durch einen raschen Wechsel von Salz-, Anhydrit- und Tongesteinen gekennzeichnet. Im Gebiet von Berchtesgaden, Hallein und im Salzkammergut wird das Salz seit prähistorischer Zeit im Untertagebau bzw. durch Auslaugen gewonnen. Das Salz war auch von Bedeutung für die „Hallstätter Kultur" der frühen Eisenzeit (750 bis 450 v.Chr.).

Auch kristalline Gesteine kennzeichnen weite Bereiche des Oberostalpins, wie z.B. den Kristallinblock der Silvrettadecke, die östlich anschliesende Ötztaldecke, das Gailtal-Kristallin südlich des Drauzugs sowie insgesamt das Altkristallin der Ostalpen.

Unterostalpin

Das Unterostalpin lag ursprünglich nördlich vom Oberostalpin, d.h. in der Nähe des Piemont-Ozeans. Das westlichste Vorkommen ist die „Dente Blanche-Decke" in der Schweiz und Italien. An der Grenze Unterostalpin/Penninikum, einer ehemaligen Plattengrenze, ist eine unterostalpine/penninische Mischzone entwickelt. Bekannte Beispiele sind die Aroser Schuppenzone in der Schweiz, die Gerloszone am Gerlospass und die Matreier Zone am Südrand des Tauernfensters. Diese Mischzonen sind durch besonders weiche, kleinräumig wechselnde Gesteine, breite Talzonen, niedrige Pässe und häufig durch verstärkte Schwemmfächer- und Muraktivität gekennzeichnet.

Mittelostalpin

Teilweise treten permomesozoische Sedimente noch im Verband mit der kristallinen oder paläozoischen Unterlage auf. Diese Sedimente sind beim tektonischen Transport zurückgeblieben und zum Teil in die kristalline Unterlage eingeschuppt worden. Ein Teil dieser Serien wird als „mittelostalpin" bezeichnet (TOLLMANN 1977). In diesem Sinne ist das Mittelostalpin ein eigener Ablagerungsraum gewesen. Nach TOLLMANN (1977) bestehen große Teile der ostalpinen Kristallindecken (Silvretta-Decke, Ötztaldecke, Altkristallin, Schobergruppe, Defereggen-Gebirge, Kreuzeck-Gruppe) aus Mittelostalpin. Je nach Autor wird demnach der Begriff „Oberostalpin" nicht übereinstimmend verwendet.

In der Nähe der Periadriatischen Naht biegen die Südenden der penninischen und der ostalpinen Decken von flacher in steile Lagerung um. Dies ist das Resultat einer gewaltigen Rückfalte, welche die ehemals flach einfallende Kontaktzone steilstellte.

Tektonische Fenster

Östlich der Linie Bodensee – Comer See taucht das Penninikum unter das Ostalpin ab. An einigen Stellen kommen jedoch die internen Bereiche des Penninikums in tektonischen Fenstern unter der ostalpinen Überdeckung zum Vorschein. Hier sind die hangenden Einheiten abgetragen. Das externe Penninikum bildet die schmale ostalpine Flyschzone unter dem Nordrand der nördlichen Kalkalpen. Tektonische Fenster sind damit eine typische Erscheinung der Ostalpen. Das größte ist das Tauernfenster, das sich zwischen dem Brennerpass bzw. dem Sill-Tal im Westen und dem Katschberg-Pass bzw. dem oberen Mur-Tal im Osten, auf eine Länge von 160 km und einer Breite von 30 km, erstreckt (Abb. 2, Fotos 1, 8). Der penninische und helvetische Inhalt des Fensters wird umgeben von ostalpinen Deckeneinheiten. Im Kern des Tauernfensters ist der prätriadische Sockel in Form der Zentralgneise aufgeschlossen. Dabei handelt es sich, wie auch bei den Kristallinmassiven der Westalpen, um alte Kerne des europäischen Kontinents, die teilweise als Kristallindecke transportiert wurden. Als tektonische Baueinheiten sind sie deshalb dem Helvetikum zuzuordnen (LAMMERER 1990).

Mehrere Zentralgneiskerne, wie der Zillertal-Venediger Kern, der Grantspitz-Kern, der Sonnblick-Kern und das Hochalm-Ankogel-Massiv, wechseln entlang des Alpenhauptkammes in Sattel- und Muldenstrukturen mit den penninischen Gesteinen ab. Im Bereich der Glocknerdepression z.B. tauchen die Zentralgneise unter der penninischen Glocknerdecke ab. Zum Teil befindet sich unmittelbar auf dem Zentralkristallin eine autochthone Bedeckung mit Permomesozoikum (Hochstegenzone). Einen großen Anteil des penninischen Fensterinhaltes nehmen die Bündnerschiefer ein, die – wie in den Westalpen – von Ophioliten durchsetzt sind. Ein berühmtes Beispiel ist der Großglockner, der aus Prasinit besteht (Foto 1). Im Norden grenzt das Penninikum des Tauernfensters entlang der Pinzgau- oder Salzach-Störung an die nördliche, ostalpine Grauwackenzone bzw. den Innsbrucker Quarzphyllit.

Periadriatische Naht: Die Periadriatische Naht ist eine tiefgreifende Störungszone, die die ostalpinen und penninischen Einheiten von dem Südalpin trennt. Entlang der Periadriatischen Naht fanden steile Aufschiebungen und Blattverschiebungen statt.

Dolomiten: Die Bezeichnung „Dolomiten" als Landschafts-, Gesteins- und Mineralname geht auf den Franzosen Déodat de Dolomieu zurück, der 1789 auf die große Verbreitung eines mit verdünnter Salzsäure wenig brausenden Gesteins in Südtirol hinwies. 1791 hat Horace Bénédict de Saussure zu Ehren von Dolomieu den Gesteinsnamen eingeführt, der 1864 auf die ganze Berggruppe übertragen wurde.

1.1.4 Südalpin

Das Südalpin taucht an der Dora Baltea aus den jungen Ablagerungen der Poebene auf. Gegen Osten zu verbreitern sich die Südalpen zum Seengebirge und zu den Bergamasker Alpen. Entlang der Judikarien-Linie springen sie dann weit nach Norden vor und umfassen Judikarische Alpen, Dolomiten, Lessinische, Venetianische, Karnische und Julische Alpen. Zum Südalpin zählen auch die Karawanken.

Das Südalpin ist entlang einer tiefgreifenden Störungszone, der Periadriatischen Naht, gegen das Ostalpin und das Penninikum abgegrenzt. Sie erreicht Sprunghöhen bis zu 25 km und setzt im Gebiet der Dora Baltea im Westen an. Regional hat sie unterschiedliche Bezeichnungen. Von Westen nach Osten sind dies „Insubrische Linie", „Tonale Linie", „Judicarien-Linie" und „Pustertal-Linie". In der Schweiz wurde im Tertiär der Block nördlich der Periadriatischen Naht um mindestens 25 km herausgehoben. Gleichzeitig fanden auch bedeutende Horizontalverschiebungen statt. Entlang dieser dextralen Blattverschiebungen wurde der Nord-Block relativ zum südlichen um 60 bis 70 km nach Osten bewegt. Im Osten, im Bereich der Karawanken, fanden neben den Blattverschiebungen sowohl nord- als auch südgerichtete Bewegungen statt.

Im Südalpin wurden die Einheiten ebenfalls mehr als 10 bis 20 km bewegt. Seismische Untersuchungen belegen, dass die Südalpen in den letzten Phasen der Gebirgsbildung in ein Paket von flach südwärts übereinandergeschobenen Spänen-Decken-zerlegt worden sind. Sie sind das Resultat der letzten Phase der Einengung bzw. Kollision. Die Deformationsfront ergriff im Tertiär laufend weiter südlich gelegene Teile (Pfiffner et al. 1997). Der südalpine Faziesbereich zeigt – wenn auch nur lokal in den Karnischen Alpen – die früheste marine Ingression in den alpinen Raum an. Sie erfolgte am Ende der variskischen Orogenese, so dass Oberkarbon und Perm marin entwickelt sind (Gwinner 1971).

Die Südalpen bestehen aus einem kristallinen Grundgebirgssockel, der von vulkanischen und plutonischen Gesteinen des Perm durchbrochen und von mesozoischen Sedimenten überlagert wird. Da die Heraushebung im Norden, unmittelbar südlich der Periadriatischen Naht, am stärksten war, ist hier der kristalline Sockel entblößt, während südlich davon bei stufenweisem tektonischem Absinken permische, mesozoische und tertiäre Sedimente und Vulkanite enthalten sind, die dann ihrerseits unter der jüngeren Füllung des Po-Beckens verschwinden. Die alpine Metamorphose war im Südalpin nur schwach.

Das südalpine Grundgebirge wird großräumig in zwei Einheiten geteilt, die beide aus Gesteinen bestehen, welche eine kaledonische und eine variszische Metamorphose mitgemacht haben. In der Strona-Ceneri-Zone treten Gesteine wie Gneise, Amphibolite, Glimmerschiefer, Marmor und Quarzite auf, die typisch für die obere und mittlere Erdkruste sind. Die Gesteine der Ivrea-Zone sind dagegen in der unteren Erdkruste, an der Kruste-Mantel-Grenze, entstanden. Sie treten in einem langgestreckten, maximal 10 km breiten Streifen zwischen der

Foto 3
Langkofel- (3.181 m ü.M.) und Sellagruppe, Südtiroler Dolomiten
Dachsteindolomit, Raibl-Formation und Cassianer Dolomit ragen aus den weichen Tuffiten heraus und bilden das typische Relief der Dolomiten. Am Fuß der steilen Felswände liegen teilweise Felsstürze und verbreitet Schutthalden (VEIT 22.08.2000).

Dora Baltea und Lucarno auf. Es handelt sich um einen Komplex basischer bis ultrabasischer Gesteine, die von granitfaziellen Gneisen begleitet werden. Die Gesteinsdichten betragen bis zu mehr als 3 g cm^{-3}. Unter der Ivrea-Zone liegt nach seismischen Untersuchungen wieder weniger dichtes Krustenmaterial in 20 bis 40 km Tiefe. Daraus ist zu folgern, dass Teile des Bereiches Kruste-Mantel in Form des Ivrea-Körpers die sialische Oberkruste in nördlicher bzw. nordwestlicher Richtung als Block überfahren haben.

Prominenter Vertreter der permischen Vulkanite ist der Bozener Quarzporphyr in Südtirol, der auf 2.500 km^2 Fläche und mit 3 km Mächtigkeit auftritt. Im Bereich des Luganer Sees wird der Quarzporphyr rund 1.000 m mächtig, aber die Fläche beträgt nur 50 km^2. Die permischen Granite von Montorfano und Baveno werden verbreitet als Bausteine verwendet. Im höchsten Stockwerk bilden die mesozoischen Sedimente das markante Relief der Dolomiten. Ausschlaggebend für die Landschaft ist der Gegensatz zwischen der Riff-Fazies mit ihren markanten Bergstöcken und der vulkanogen-detritischen Fazies der Mittleren Trias mit ihren weichen Geländeformen (Foto 3).

Durch die unterschiedlich resistenten Schichten wird das charakteristische Stockwerkrelief der Dolomiten geprägt, das wegen der stärkeren Heraushebung im Norden eine charakteristische Abfolge erkennen lässt (Abb. 5). Im Rosengarten beispielsweise herrscht der Schlern-Dolomit vor. Im Schlern sind zusätzlich die hangenden Raibler Schichten erhalten. In der Sella-Gruppe steigt der Schlern-Dolomit steil aus sanften Talhängen empor. Sein Steilrelief endet an den eine flache Platte bildenden Raibler Schichten, die als Grundwasserstauer wirken. Daraus ragen steil die Wände des Dachstein-Dolomits hervor. Auch bei den Drei Zinnen bilden die Raibler Schichten das Niveau, aus dem die Zinnen aus

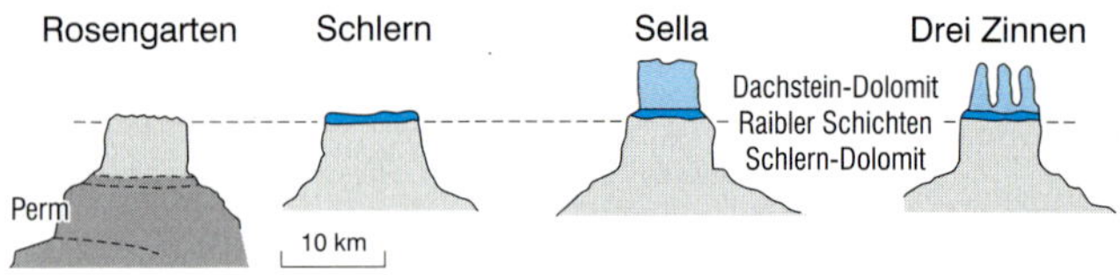

Abb. 5 *Schematisches Profil durch die Dolomiten (nach MÖBUS 1997). Durch die leichte Schrägstellung der Schichten ist der Aufbau der charakteristischen Gebirgsstöcke unterschiedlich komplex (vgl. Foto 1).*

Dachsteindolomit herausragen. Die Riffklötze erheben sich z.T. allseitig isoliert aus den mit vulkanogenem Material erfüllten Becken, wie am Langkofel, in der Sella-Gruppe, der Pelmo-Civetta-Pala-Gruppe, der Marmolada, am Schlern und im Rosengarten.

erste alpine (eoalpine) Orogenese (Mittelkreide, vor ca. 80 Mio. Jahren): Der Piemont-Ozean wurde unter die Adriatische Platte subduziert. Die Subduktionszone fällt nach Osten ein.

1.2 Zeitlicher Ablauf der Alpenentstehung (Abb. 6)

Die ältesten Bauelemente der Alpen sind die Kristallinmassive, die präkambrische bis paläozoische Orogenesen einschließlich der variskischen Orogenese erlebt haben. Im Perm fand unter zunächst tropischen, dann wüstenhaften Verhältnissen ein intensiver Abtrag der Gebirge statt. Grabenbrüche in der Kruste wurden begleitet von anfangs saurem, später auch basischem Vulkanismus, die Gräben wurden mit klastischen Sedimenten und Karbonaten aufgefüllt. Hierzu gehört beispielsweise der südalpine Bozener Quarzporphyr ebenso wie der Glarner Verrucano, eine 1.600 m mächtige Schichtfolge permischer Sedimente und Vulkanite, die in den helvetischen Deckenstapel einbezogen worden sind.

Abb. 6 (S. 31) *Plattentektonische Entwicklung der Alpen vom oberen Jura bis ins Miozän (nach KÜHNI & PFIFFNER 2001, © Blackwell Science Ltd.). Die heutige Situation ist in der Abb. 4b dargestellt. Durch divergende Plattenbewegungen kommt zwischen dem afrikanischen und dem europäischen Kontinent ozeanische Kruste zum Vorschein (Piemont-Ozean). In der Kreide kehrt sich die Bewegungsrichtung der Platten um. Aus Divergenz wird Konvergenz. In der Kreide fällt die Subduktionszone noch nach Osten ein. Im Tertiär ist die Bewegung vorwiegend Nord-Süd gerichtet. Dadurch kommt es schließlich zur Kollision von Afrika und Europa und zu gewaltigen Deckenüberschiebungen.*

Die Anfänge der alpinen geosynklinalen Entwicklung zeichnen sich in den östlichen Südalpen durch die marine Entwicklung oberkarbonisch-permischer Sedimente in den westlichen Ausläufern der Paläotethys ab. Ungefähr gleichzeitig gab es während des Zechsteins im nördlichen Mitteleuropa ein Vordringen der Nordsee nach Süden. In der Trias drang aus Südosten ein flaches Epikontinentalmeer vor. Auf dem stetig absinkendem Untergrund wurden karbonatische Sedimente abgelagert. Seit der mittleren Trias bestand eine Verbindung vom Germanischem Becken zur Tethys über die Westalpen. Ab dem unteren Jura bis in die Unterkreide setzte eine starke Dehnungstektonik ein. Durch das Auseinanderbrechen des alten Riesenkontinents „Pangäa" entstand ein Ozeanbecken etwa von der Größe des heutigen westlichen Mittelmeeres. Dies war die Geburtsstunde der Tethys als Urmittelmeer. Das Aufreißen der Tethys ist ursächlich an die Öffnung des Atlantik gebunden. Im südlichen Penninischen Ozean, als zentralem Teil der Tethys mit ozeanischer Kruste, bildeten sich basische und ultrabasische Vulkanite sowie Sandsteine, Tone und Kalksande der Bündnerschiefer. Die ozeanische Kruste, deren Vertreter heute die Ophiolithe darstellen, bildete sich nur im Piemont-Trog. Im Walliser Trog wurde zwar die kontinentale Kruste auch ausgedünnt, aber ozeanische Kruste trat nur lokal in Erscheinung. In der Unterkreide erreichte der Piemont-Ozean seine größte Ausdehnung.

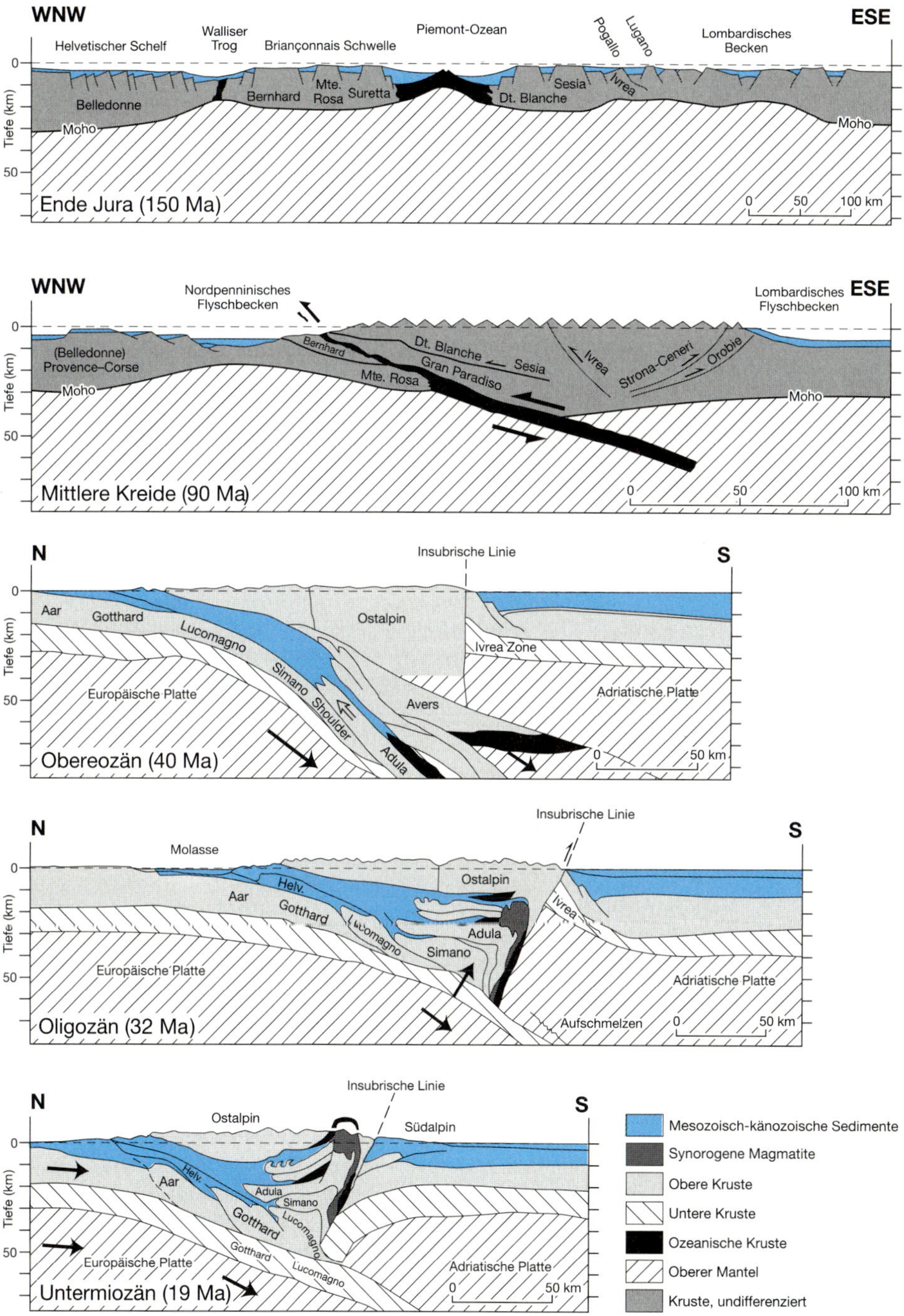

WNW
ESE
Helvetischer Schelf
Walliser Trog
Briançonnais Schwelle
Piemont-Ozean
Pogallo
Lugano
Lombardisches Becken
Belledonne
Bernhard
Mte. Rosa
Suretta
Dt. Blanche
Sesia
Ivrea
Moho
Tiefe (km)
0
50
Ende Jura (150 Ma)
0 50 100 km
WNW
ESE
Nordpenninisches Flyschbecken
Lombardisches Flyschbecken
(Belledonne) Provence–Corse
Bernhard
Dt. Blanche
Sesia
Gran Paradiso
Mte. Rosa
Ivrea
Strona-Ceneri
Orobie
Moho
Mittlere Kreide (90 Ma)
0 50 100 km
N
S
Insubrische Linie
Aar
Gotthard
Lucomagno
Simano
Shoulder
Adula
Ostalpin
Avers
Ivrea Zone
Europäische Platte
Adriatische Platte
Obereozän (40 Ma)
0 50 km
N
S
Insubrische Linie
Molasse
Helv.
Aar
Gotthard
Lucomagno
Ostalpin
Adula
Simano
Ivrea
Europäische Platte
Adriatische Platte
Aufschmelzen
Oligozän (32 Ma)
0 50 km
N
S
Insubrische Linie
Ostalpin
Südalpin
Aar
Helv.
Adula
Simano
Gotthard
Lucomagno
Europäische Platte
Adriatische Platte
Untermiozän (19 Ma)
0 50 km
Mesozoisch-känozoische Sedimente
Synorogene Magmatite
Obere Kruste
Untere Kruste
Ozeanische Kruste
Oberer Mantel
Kruste, undifferenziert

zweite alpine Orogenese (Tertiär, vor ca. 50 bis 5 Mio. Jahren): Kollision des europäischen Kontinents und des adriatischen Kontinentalrandes; Nord-Süd-Konvergenz der Platten.

alpine Intrusionen (25 bis 40 Mio. Jahre v.h.):
- Bergeller Granodiorit, Tonalit
- Adamello-Pluton
- Rieserferner-Tonalit
- Biella-Syenit

Ab der mittleren Kreide kehrten sich die Plattenbewegungen um, weil die Öffnung des Atlantiks nun weiter nach Süden ausgriff und dadurch Afrika eine Rotationsbewegung gegen den Uhrzeigersinn durchführte. Die adriatische Mikroplatte wurde von der Afrikanischen Platte vor 130 bis 80 Mio. Jahren getrennt. Aus der Dehnung wurde nordost-südwest gerichtete Kompression (PFIFFNER 1992; PFIFFNER et al. 2000). Entlang der nach Osten einfallenden Subduktionszone wurde in der Folge der Piemont-Ozean unter die Adriatische Platte subduziert. Ostalpine Decken wurden nach Westen überschoben. Diese erste alpine (eoalpine) Orogenese setzte in der Mittelkreide vor rund 80–90 Mio. Jahren ein. Gewisse Krustenstücke gerieten in große Tiefen und wurden von einer Hochdruckmetamorphose überprägt. Diese frühalpine Hochdruckmetamorphose produzierte Gesteine der Blauschiefer- und der Eklogitfazies. Unter anderen Mineralen tritt auch Coesit auf, der sich bei Temperaturen von 500–800 °C in einer Tiefe von rund 45 bis 100 km bildet.

Im Tertiär (Oberes Eozän und Oligozän) erfolgte eine Reorientierung der Plattenbewegungen. Die Kompression wechselte auf nördliche Richtungen und es bildete sich eine nach Süden einfallende Subduktionszone aus. Dabei wurde zunächst der Piemont-Ozean und dann die Briançonnais-Schwelle subduziert. Schließlich kam es zur Kollision der Afrikanischen Platte mit dem europäischen Kontinentalrand. Dies führte zur zweiten alpinen Orogenese. In den Hohen Tauern wurden beispielsweise 15 bis 20 km mächtige ostalpine Decken aufgelagert. Permische Granite und Tonalite wurden zum Zentralgneis umgewandelt. Durch die Kontinent-Kontinent-Kollision verschwand auch der Walliser Trog und die Alpen begannen sich über den Meerespiegel zu erheben. In Beckenbereichen kamen Flyschsedimente zur Ablagerung und ab dem Oligozän begann die Sedimentation im nordalpinen Molassetrog, der sich mit großer Erstreckung zwischen Genf und Wien ausbildete. Sedimentation setzte allerdings nicht nur im Alpenvorland, sondern auch inneralpin in tertiären Becken ein, die vor allem in den Ostalpen eine größere Verbreitung haben (Inntal, Ennstal, Lungau, Mur- und Mürztal, Norische Senke, Lavanttaler und Klagenfurter Becken). Die tertiären Beckenfüllungen enthalten teilweise abbauwürdige Kohleflöze.

Entlang der Periadriatischen Naht drangen im Tertiär durch Aufschmelzungsprozesse im Erdmantel jungalpine Plutone auf, die mit einer Sammelbezeichnung als „Periadriatika" gekennzeichnet werden. Hierzu gehören beispielsweise der Bergeller Granit, der Adamello-Pluton und der Rieserferner-Tonalit (Abb. 2). Etwa zeitgleich setzte im Miozän vor ca. 30 Mio. Jahren die Hauptheraushebung der Alpen ein. Allerdings ist hierbei zu berücksichtigen, dass regional die Hebungen als Folge der Krustenverkürzungen unterschiedlich alt sind und stark streuen. Durch die kräftige Heraushebung setzte die bis heute stark durch Abtrag beeinflusste Umgestaltung der Alpen zu einem Hochgebirge ein. Das Gewässernetz war noch bis ins Miozän radial nach außen gerichtet, in den westlichen Alpen lagen noch die ostalpinen Einheiten auf Penninikum und Helvetikum. Im Mittelmiozän waren die ostalpinen Decken in der Schweiz aufgrund der verstärkten Heraushebung bereits weitgehend entfernt. Die Längstäler entwickelten sich seit etwa 10 Mio. Jahren (SCHLUNEGGER et al. 1998). Die Hebung hält auch heute noch an und erreicht im Schnitt 0,5 bis 1 mm pro Jahr. In der Schweiz liegen zwei Hebungsmaxima von 1,5 bis 2,0 mm im Raum Chur und bei Brig/Visp im Wallis. Einen Hinweis auf andauernde tektonische Prozesse liefern Erdbeben.

Erdbeben

Zerstörerische Erdbeben treten in den Alpen zwar selten auf, aber das Schadens- und Gefahrenpotential ist enorm, wenn man an die Menschen und Städte in den Alpen und am Alpenrand oder an Bauwerke wie Stauseen etc. denkt. In den Alpen sind zwischen 1000 und 1983 in einigen Gebieten mehr als 20 Erdbeben der Stärke V (Mercalli-Skala) und mehr aufgetreten (PAVONI et al. 1992). Erdbebenzentren liegen in der Schweiz in Graubünden (St. Galler Rheintal), im Wallis (Sion) und in der Region Basel. In Basel fand das stärkste Erdbeben der letzten 1.000 Jahre in der Schweiz am 18. Okt. 1356 statt. Es hatte die Intensität IX-X. Allerdings sind hier die Ursachen in der Tektonik des Oberrheingrabens zu suchen. Die beiden alpinen Erdbebenzentren der Schweiz fallen mit heutigen Hebungsmaxima (bis zu 2 mm pro Jahr) zusammen. Die bis heute andauernde Tektonik ist auch dadurch zu erkennen, dass selbst spätglaziale Moränen teilweise noch verstellt sind. Das gilt beispielsweise für die Südseite des Aaremassivs, vom Vorderrheintal bis ins Goms im Oberwallis. Hier können verstellte Daunmoränen mit Sprunghöhen bis zu 10 m beobachtet werden. Bei den Egesen-Moränen ist die Verstellung geringer und liegt in der Größenordnung von 1 bis 4 m (RENNER 1982).

In Österreich ist die wichtigste Erdbebenlinie die Mur-Mürz-Linie, auf die rund die Hälfte aller Erdbeben in Österreich entfällt. Danach folgt das Wiener Becken. Auch entlang der periadriatischen Naht treten Erdbeben auf, mit einem Starkbebenzentrum im Raum Villach. Hier fand auch das stärkste in Österreich aufgezeichnete Beben am 25.01.1348 statt. Es erreichte die Magnitude 10, verbunden mit dem Bergsturz des Dobratsch sowie mit Siedlungszerstörungen im gesamten Klagenfurter Becken und im unteren Gailtal (LICHTENBERGER 1997). Die Auswirkungen reichten bis nach Friaul, wo es erst 1976 wieder zu einem starken Ereignis (Magnitude 6,5) kam. In Friaul waren 1976 mehr als 100 Gemeinden mit über 1.000 Toten und 80.000 Obdachlosen betroffen.

Als Motor der andauernden Tektonik kommen mehrere Prozesse in Betracht. Zusätzlich zu dem Aufstieg, der durch isostatische Ausgleichsbewegungen im Zusammenhang mit der Krustenverdickung verursacht ist, müssen auch andauernde Krustenverkürzungen durch Kompression in Betracht gezogen werden. Ebenso könnten glazialisostatische Bewegungen durch den Abbau des letztkaltzeitlichen Eisstromnetzes und die damit in Zusammenhang stehende Entlastung eine Rolle spielen.

— Mercalli-Skala: Die zwölfstufige Skala (Intensitäten) gibt die Schadenswirkung auf Lebewesen, Bauten und die Landschaft an. Bei der Intensität V gehen Fenster und Geschirr teilweise kaputt, Gegenstände fallen um.

— Richter-Magnitude: Die Magnituden sind ein Maß für die maximale Amplitude der Bodenbewegung, die bei einem Erdbeben im Seismogramm zu erkennen ist. Die Skala ist logarithmisch, so dass sich bei einer Erhöhung der Magnitude um 1 die Amplitude der Bodenbewegungen um den Faktor 10 steigert.

FRAGEN

1 *Lithologisch gibt es in den Ostalpen entlang eines Nord-Süd-Profiles eine gewisse Symmetrie von silikatischen Gesteinen im Zentrum und karbonatischen Gesteinen am Nord- und Südrand. Wie ist das zu erklären?*

2 *Was unterscheidet die West- und die Ostalpen hinsichtlich ihres geologisch-tektonischen Baus?*

3 *Worin unterscheidet sich das Südalpin hinsichtlich des geologisch-tektonischen Baus von Ostalpin, Penninikum und Helvetikum? Welche Konsequenzen hat dies für das heutige Relief (Dolomiten)?*

4 *Wieso heben sich die Alpen noch maximal 1 bis 2 mm a^{-1} und welche geologisch-geomorphologischen Phänomene stehen damit im Zusammenhang?*

5 *Wieso gibt es in den Alpen Salzlagerstätten und Gips?*

6 *Was versteht man unter tektonischen „Klippen“ und „Fenstern“? Wie ist die geographische Verteilung dieser Phänomene und warum ist das so?*

7 *Welche geologischen Gemeinsamkeiten haben Schwarzwald, Vogesen, das Mont Blanc-Massiv und die Zentralgneise des Tauernfensters?*

8 *Was sind plattentektonische Gemeinsamkeiten von Alpen und Himalaya bzw. Unterschiede im Vergleich zu den Anden und den ostafrikanischen Hochgebirgen? Wieso gibt es in den Alpen im Unterschied zu den beiden letztgenannten Gebirgen keinen aktiven Vulkanismus? Wieso gab es in den Alpen tertiären Vulkanismus?*

9 *Wieso begann sich die Tethys ab der mittleren Kreide zu schließen, nachdem vorher seit dem Jura Dehnungstektonik vorherrschte?*

10 *Welche plattentektonische Bedeutung haben die Ophiolithe?*

2 Klima

2.1 Die Alpen im europäischen Klimaraum

Das Klima der Alpen ist das Resultat der langfristigen Dynamik der synoptischen, großräumigen Wettersysteme und deren reliefbedingter Abwandlung. Entsprechend lässt sich ein vierfacher Formenwandel mit großräumigen Übergangsbereichen beobachten:

– **planetarisch:** Die Alpen liegen entlang der Nord-Süd-Achse zwischen etwa 44 bis 48°N im Übergangsgebiet zwischen dem gemäßigten mitteleuropäischen und dem mediterranen Klima. Sie stellen vor allem für die bodennahen Luftschichten ein Hindernis dar und beeinflussen diese thermisch und mechanisch. Betrachtet man die mittleren nordhemisphärischen Bodendruckkarten der Monate Januar und Juli, so zeigen sich die jahreszeitlichen und durch Kontinentaleffekte modifizierte Situationen der planetarischen Frontalzone (Abb. 7).

– **west-östlich:** In östlicher Richtung erfolgt ein Wechsel zwischen feucht-ozeanischen Luftmassen der Westalpen und dem trocken-kontinentalen Klima des Pannonischen Beckens.

– **peripher-zentral**: Der feucht-kühle Alpenrand kontrastiert zum inneralpinen trocken-warmen Klimaraum mit höherem Strahlungsgenuss.

– **hypsometrisch**: Die Klimaelemente variieren mit der Höhe. Dadurch kommt es zur Ausbildung klimabedingter Höhenstufen.

Großräumig wird das Wettergeschehen in den Alpen durch drei Druckgebilde gesteuert, das Islandtief, das Azorenhoch und über dem Kontinent das sibirische Kältehoch im Winter bzw. lokale Hitzetiefs im Sommer (Abb. 7). Je nach geographischer Position variiert der Einfluss dieser Druckgebilde jahreszeitlich durch das Hin- und Herschwanken der Zirkulationsglieder zwischen den Mittelwerten. Damit beschäftigt sich die Wetterlagen-Klimatologie. Neben der jahreszeitlichen gibt es noch eine langfristige Periodizität in der Intensität der beiden Gegenspieler Islandtief und Azorenhoch. Diese langfristigen Schwankungen, in der Größenordnung von mehreren Jahren bis Dekaden, werden als Nordatlantische Oszilation (NAO) bezeichnet (Kap. 10.1.3). Die NAO hat Einfluss auf das Wettergeschehen in Europa, speziell im Winter.

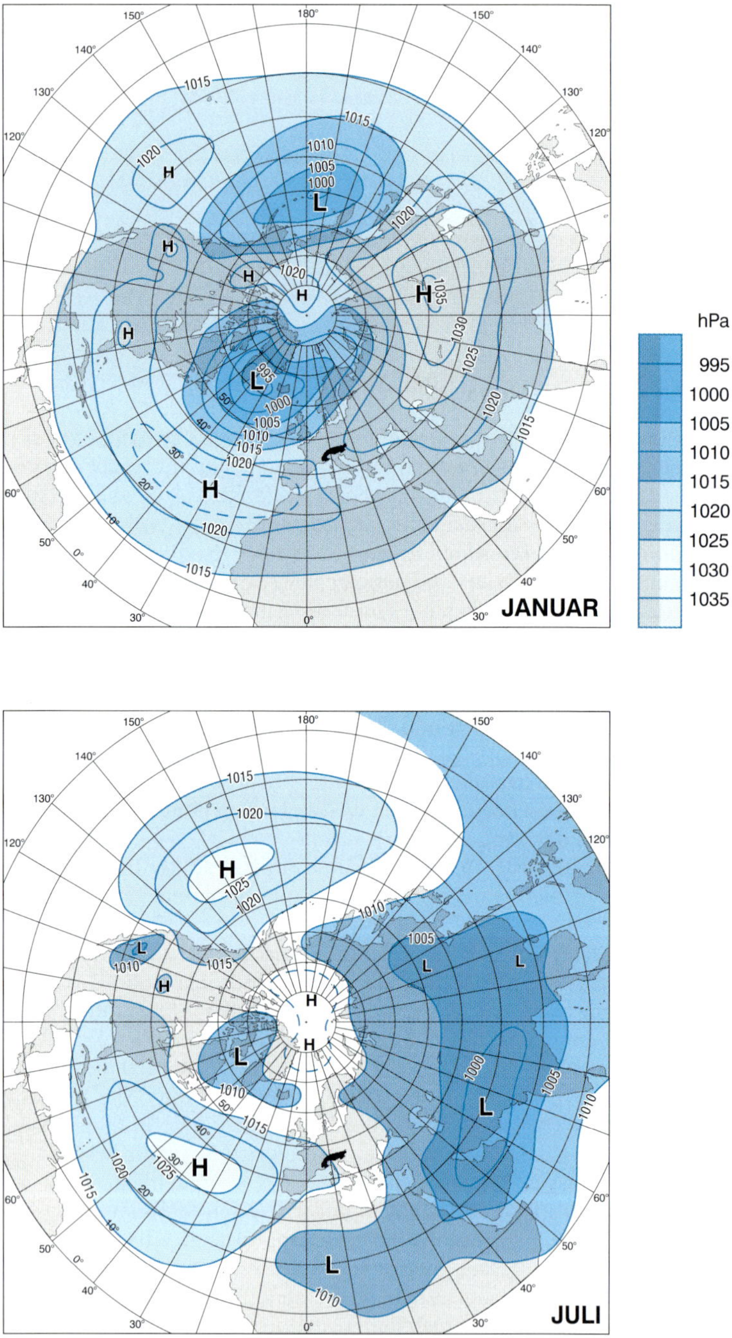

Abb. 7
Mittlere Bodendruckkarten der Nordhemisphäre (nach DEFANT *&* MÖRTH *1978).*

a) Januar: Das kräftige Islandtief hat sich mit dem Sonnenstand äquatorwärts verschoben. Es steuert auf seiner Südseite die Frontensysteme von Zyklonen gegen Nord-, Mittel- und Süd-Europa. Das Azorenhoch ist schwächer ausgebildet als im Sommer. Die Druckdifferenz zum Islandtief beträgt 28 hPa. Vor allem im Hochwinter verbindet es sich häufig mit dem mächtigen kalten Bodenhoch über Sibirien, welches dann kontinentale Bodenkaltluft aus Nordosten gegen die Alpen steuert.

b) Juli: Die mittlere Druckdifferenz zwischen dem Islandtief und dem Azorenhoch beträgt nur 16 hPa. Die Westwinddrift ist schwächer und Mitteleuropa unterliegt vermehrt dem blockierenden Einfluss des mächtigen, nach Norden verschobenen Azorenhochs. Über der eurasiatischen Kontinentmasse haben sich aufgrund der Oberflächenerwärmung mehrere Hitzetiefs gebildet. Kleinräumig betrachtet ist oft eine ganze Schar solcher Tiefdruckherde über Spanien, Portugal, Frankreich und den Alpen auszumachen, welche im Hochsommer oft zu Gewitter führen.

Hohe Luftdruckunterschiede zwischen Islandtief und Azorenhoch führen zu intensiven Westerlies und verstärkter zonaler Zirkulation. Dadurch sind die Winter in den Alpen wärmer, wie z.B. in der Periode 1975 bis 1995. Bei geringen Luftdruckunterschieden werden die Westwinde abgeschwächt und es kommt eher zu meridionalen Luftströmungen. Durch die Zufuhr polarer Kaltluft werden die Alpen im Winter dadurch eher kälter, wie z.B. im Winter 1962/1963.

2.1.1 Wetterlagen

Die geschilderten Druckgebilde über Eurasien und der Wechsel von zonaler und meridionaler Zirkulation führen zu immer wiederkehrenden, charakteristischen Wetterlagen in Europa und den Alpen. Hess & Brezowsky (1969) scheiden in Europa 29 Großwetterlagen aus. Die Haupteinteilung erfolgt hierbei nach den Zirkulationsformen zonal, gemischt oder meridional. Dabei nehmen die Alpen nur eine Randstellung ein. Entsprechend wird dem Mittelmeereinfluss wenig Beachtung geschenkt. Deshalb modifizierte Lauscher (1954) das Schema von Hess & Brezowsky in den Ostalpen. In der Schweiz besteht ein Schema von 40 Lagen (Salvisberg 1996; Wanner et al. 2000a). Im Unterschied zu den anderen Bearbeitern basiert die Gruppierung von Schüepp (1968) auf den objektivierten meteorologischen Verhältnissen innerhalb eines verhältnismäßig kleinen Gebietes von zwei Breitengraden Radius (rund 222 km). Die Haupteinteilung erfolgt nach den drei Typen: konvektive Lagen, advektive Lagen, Mischlagen. Tab. 2 zeigt ein vereinfachtes Schema der Wetterlagenhäufigkeit nach Jahreszeiten. Deutlich geht daraus der Wechsel zwischen kontinentalen und maritimen Luftmassen hervor. Im Sommer treten vor allem konvektive Flachdruck- und antizyklonale bzw. Nordlagen auf, im Winter dominieren dagegen Nord-,

— Wetterlagen beschreiben den Wetterzustand der wichtigsten meteorologischen Elemente über einem definierten Gebiet. Die charakteristische Zeitdauer ist ein Tag.

— Nord- und Südstaulagen führen jeweils auf der Luvseite meist zu hohen Niederschlägen und auf der Leeseite zu Föhn.

Tab. 2: Jahreszeitliche Häufigkeit (%) von Wetterlagen im zentralen Alpenraum

Lagen	Jahr	Frühling	Sommer	Herbst	Winter
hoch	16,3	11,5	21,4	17,3	15,8
flach	27,4	29,0	35,7	28,4	16,2
tief	7,4	8,7	8,3	6,9	5,7
konvektiv	**51,1**	**49,2**	**65,3**	**52,6**	**37,6**
West	10,9	9,0	9,6	10,4	14,3
Nord	16,6	16,7	12,2	14,8	23,2
Ost	5,2	6,3	2,0	4,5	8,1
Süd	10,0	12,2	5,9	11,5	10,1
advektiv	**42,7**	**44,2**	**29,7**	**41,2**	**55,7**
gemischt	6,2	6,6	5,0	6,2	6,6

nach Wanner et al. (2000a)

antizyklonale und Westlagen. Im Frühling herrschen vermehrt flache bis zyklonale, im Herbst dagegen antizyklonale Wetterverhältnisse vor. Im Folgenden sind einige der häufigen Wetterlagen kurz erläutert (vgl. Abb. 8).

Westlage

Hierbei liegt das Haupttiefdruckgebiet im Nordatlantik bei Island und ein deutliches Hochdruckgebiet auf den Azoren. Dadurch werden die Westwinde intensiviert, mit zonaler Luftströmung vom Nordatlantik bis nach Nord- und Mitteleuropa. Das Schwergewicht hat die Westlage im Herbst und im Winter. Die Fronten der ostwärts wandernden Tiefs überqueren die Alpen in rascher Folge und sorgen für häufige Niederschläge. In den meist kurzen Phasen der Wetterbesserung (meist ein bis drei Tage) schieben sich Keile des Azorenhochs zum Alpenraum vor. Das Wetter ist entsprechend unbeständig und wechselhaft.

Hochdrucklage

Vom Azorenhoch bis zum Alpenraum schiebt sich ein Hochdruckkeil vor. Bei winterlicher Hochdrucklage liegt eine Strahlungsinversion bei 500 bis 1.500 m ü.M. In den Tieflagen herrscht Nebel mit relativ schadstoffbelasteter Luft mangels Austausch. Oberhalb der Inversion ist das Wetter wolkenarm, trocken und klar. Bei sommerlicher Hochdrucklage befindet sich die Subsidenzinversion meist etwas höher, zwischen 1.500 und 2.500 m ü.M., und ist schwächer ausgeprägt. Die häufigsten und stabilsten Hochdrucklagen treten im Herbst (September, Oktober) und im Winter (Januar, Februar) auf. Im Herbst übertrifft die Wahrscheinlichkeit der Hochdrucklage diejenige der Westlagen. Hochdrucklagen dauern häufig mehr als eine Woche.

Staulagen

Staulagen treten bei bevorzugter meridionaler Zirkulation auf. Man unterscheidet Süd- und Nordstaulagen, wobei die großräumigen Nordstaulagen überwiegen. Im Sommer sind die Staulagen etwas reduziert, Nordstau tritt vor allem im Frühjahr und Winter auf. Für die angestauten Gebiete bedeuten diese Lagen meist ausgeprägte Schlechtwetterlagen. Sie erzeugen auf der jeweils gegenüberliegenden Alpenseite Föhn, wobei der Südföhn meist ausgeprägter ist als der Nordföhn (Abb. 21). Beim Südstau liegt ein Tief nördlich der Alpen, mit Kern bei den Britischen Inseln. Südlich der Alpen herrscht Schlechtwetter, im Norden Föhn. Bei der Nordstaulage liegt ein Hochdruckgebiet im Westen und ein Tief im Osten. Dazwischen fließt kalte polare Luft aus dem Norden mit Niederschlägen auf der Nordseite. Die Nordstaulage ist verant-

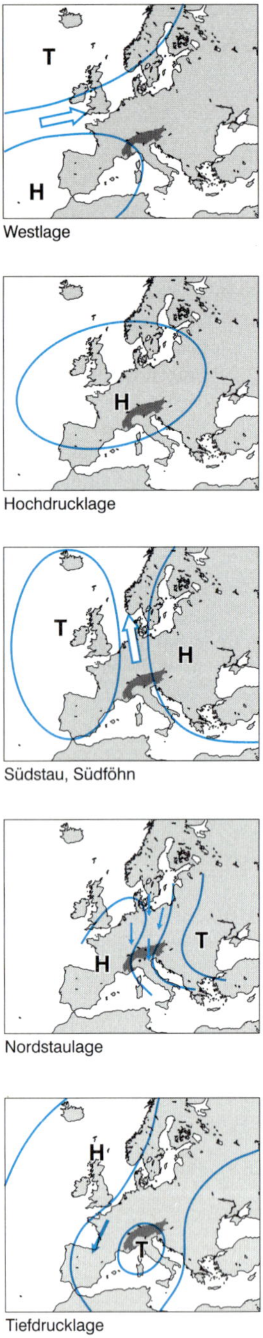

Abb. 8: *Typische Wetterlagen im Alpenraum (nach* ALBRECHT *et al. 1994).*

wortlich für Wetterstürze im Sommer. Vor allem im Osten kann der Temperatursturz innerhalb von ein bis drei Tagen 15 bis 20 °C betragen. Die Schneefallgrenze im Sommer sinkt dadurch auf 2.700 bis 2.400 m ü.M. ab. Die Frostgrenze liegt nicht selten auf 2.000 m ü.M.

Tiefdrucklage

Bei der Tiefdrucklage befinden sich ortsfeste Tiefs nördlich der Alpen und sehr oft auch über Italien und dem Mittelmeer (Genuatief), bei gleichzeitigem Hochdruck im Nordwesten. Sie entstehen bei Kaltlufteinbrüchen aus dem nordatlantisch-nordeuropäischen Raum. Tiefdrucklagen bilden sich hauptsächlich im Frühjahr, aber auch im Herbst und Winter (vgl. Abb. 9).

Gewitterlage

Gewitter treten in den Alpen typischerweise in zwei synoptischen Situationen auf. Zum einen innerhalb feuchtwarmer, labiler Luftmassen am Rande eines Hochs (Wärmegewitter, eher auf der Alpensüdseite), zum anderen an hereinbrechenden Kaltfronten (Frontgewitter). Gewitter haben ihr Maximum im Sommer. Die meisten gewitterauslösenden Fronten greifen von Westen oder Nordwesten über die Alpen. Sie treten deshalb häufig bei sommerlicher Westlage und dem Beginn einer Nordstaulage auf.

2.1.2 Einfluss der Alpen auf das großräumige Klimageschehen

Die Alpen werden nicht nur von den europäischen, großräumigen Zirkulationsbedingungen beeinflusst, sondern sie üben auch in mehrfacher Hinsicht eine modifizierende bzw. entscheidende Rolle als Auslöser von großräumigen Prozessen aus. Sie verstärken den europäischen, meridionalen Temperaturgradienten. Weiterhin ist eine Niederschlagszunahme auf die Alpen zu bereits im Vorland festzustellen, und zwar auch bei gleicher Meereshöhe. Dies wird – abgesehen von den luftmassenbedingten Vorraussetzungen durch den Aufwindeffekt ausgelöst, der den Aufstieg der Luftmassen schon verursacht, bevor das Hindernis der Alpen erreicht ist. In der Schweiz ist das Mittelland berühmt für seine Bodennebel unterhalb 600 bis 700 m ü.M., die vor allem im Herbst und Winter auftreten. Sie entstehen durch das Abfließen kalter Luft aus den Alpen, die am Jurarand gestoppt wird. Dies steht im Kontrast zum südlichen Alpenvorland, wo die Kaltluft frei abfließen kann. So hat beispielsweise Locarno am Lago Maggiore 18 % mehr Sonnenscheinstunden als Zürich.

Bei schwacher synoptischer Strömung und starker Sonneneinstrahlung wird die bodennahe Atmosphäre vor allem thermisch beeinflusst (Hangwinde, Talwinde, Gebirgs-Vorland-Winde; Kap.2.6). Im Fall von starken Winden, welche oft mit Frontdurchgängen verbunden sind, dominieren mechanische Effekte, wie beispielsweise die Umströmung der Alpen mit Leezyklogenesen, d.h. vertikaler Wirbelachse, oder der Über-

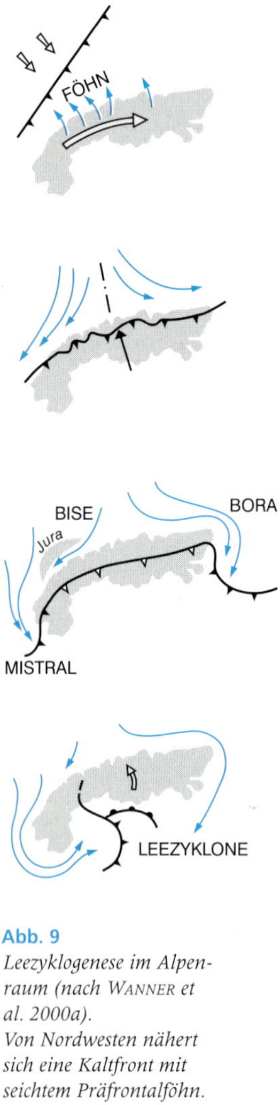

Abb. 9
Leezyklogenese im Alpenraum (nach Wanner et al. 2000a).
Von Nordwesten nähert sich eine Kaltfront mit seichtem Präfrontalföhn. Die Front wird beim Auftreffen auf die Alpen deformiert und die Kaltluft umströmt die Alpen im Osten und im Westen. Die entsprechenden Winde werden regional als Mistral, Bise und Bora bezeichnet. Auf der Südseite der Alpen bildet sich schließlich über dem Golf von Genua die Leezyklone.

strömung mit horizontaler Achse (Föhn; Kap. 2.6). In diesem mesoskaligen Bereich (200 bis 2.000 km) werden Wellen ausgelöst, die sich vertikal als hydrostatische Gebirgswellen oder horizontal als Leewellen fortpflanzen. Außerdem kommt es auch zum Aufhalten und zur Umlenkung synoptischer Systeme.

Leezyklogenese

Die Leezyklogenese ist das Beispiel einer mehr mechanischen als thermischen Beeinflussung der Atmosphäre, wodurch es fast explosionsartig zu der Bildung von Sturmtiefs über dem Golf von Genua kommt. Der typische Verlauf sieht folgendermaßen aus (Abb. 9): Beim Durchgang einer Kaltfront aus Nord bis Nordwest, mit starken Winden und Niederschlägen, kommt es im Lee der Alpen zur Bildung einer Zyklone. Dies geschieht vor allem im Herbst, Winter und Frühjahr. Durch die spezielle Form der Alpen weist die im Lee der Hauptströmungsrichtung West-Nordwest gelegene Zone der nördlichen Adria die größte Häufigkeit gebirgsinduzierter Zyklogenesen aller vergleichbarer Gebiete der Erde auf. Beim Herannahen der Front bildet sich eine starke Südwestströmung aus, die warm-feuchte, instabil geschichtete Luft mit hohen Windgeschwindigkeiten in die Alpen bringt. Dies führt zu Südstau und dem Südföhn. Beim Durchgang der Front bildet sich stabil geschichtete kalte Luft auf der Nordseite, die nicht in der Lage ist die Alpen zu überströmen. Die polare oder arktische Kaltluft wird aufgeteilt und fließt in zwei divergenden Ästen gegen Südwesten und Südosten. Durch Aufspalten und laterales Umfließen der Alpen entsteht der Mistral im Westen, zwischen Massiv Central und den Alpen, sowie die Bise zwischen Jura und Alpen. Der Mistral ist ein das Rhônetal hinabschießender kalter und böiger Wind, der durch die Düsenwirkung des Tals zwischen Alpen und Zentralplateau verstärkt wird und oft Sturmstärke erreicht. Die Bise setzt sich im unteren Rhônetal fort und verstärkt dort das Talwindsystem. Die Richtung Osten über das nördlichen Alpenvorland transportierte Kaltluft wird, kanalisiert zwischen Alpen und Dinariden, schließlich zur Bora. Dieser kalte Fallwind an der Küste Istriens und Dalmatiens stürzt häufig wie ein Wasserfall auf die warme Adria hinab und erreicht oft Sturmstärke. Gleichzeitig findet die Leezyklogenese über dem Golf von Genua statt. Die Leezyklonen haben dann im wesentlichen zwei Zugbahnen: Eine verläuft über die Ostalpen nach Osteuropa, die andere am Nordrand des Mittelmeeres. Alpine Leezyklonen sind damit in den Übergangsjahreszeiten entscheidend für Niederschläge im östlichen Mittelmeerraum. Schließlich wird im Norden durch Anhäufung kalter Luftmassen die Kaltfront-Inversion durchbrochen und die Kaltluft fließt über die Alpen, mit dem Einsetzen des Nordföhns. Im Schnitt bilden sich 30 Leezyklonen in den Alpen pro Jahr (Schär et al. 1998).

2.2 Strahlung, Temperatur und Luftdruck

Der Genfer Bergsteiger und wahrscheinlich erster Gebirgsmeteorologe der Welt, Horace Bénédict de Saussure (1740–1799), führte erste systematische Messungen der Temperatur im Juli 1788 durch, gleichzeitig auf dem Col du Géant (3.360 m ü.M., in der Nähe des Mont Blanc), in Chamonix (1.050 m ü.M.) und in Genf (375 m ü.M.), und errechnete daraus einen Höhengradienten. Die ersten nationalen alpinen Wetterdienste wurden Mitte des 19. Jahrhundert eingerichtet. In diesen Zeitraum fallen auch die ersten hochalpinen Stationen (Tab. 3).

Strahlung

Die auf der Erdoberfläche eintreffende Sonnenstrahlung ist stark von der Klarheit oder Trübung der Atmosphäre, z.B. durch Aerosole und Wasserdampf, abhängig. Entsprechend steigt im Jahresdurchschnitt die Globalstrahlung mit der Höhe an, und zwar um 7 bis 10 % (wolkenlos) bzw. 9 bis 11 % (bewölkt) pro 1.000 m (Abb. 10). Jahreszeitlich kann sich dieser Gradient verstärken, abschwächen oder sogar umkehren. Verstärken kann er sich beispielsweise im Winter, wenn die Talnebel die Globalstrahlung in den Tieflagen unterdrücken, während oberhalb der Inversionsschicht sehr hohe Werte erreicht werden. Im Sommer können durch die Wolkendecke im Bereich der Gipfel und Hochlagen dort relativ niedrige Werte auftreten.

Auch die Anteile von direkter und diffuser Strahlung wechseln sowohl mit der Höhe als auch jahreszeitlich. Bei blauem Himmel nimmt mit der Höhe die diffuse Strahlung ab, die direkte aber in stärkerem Maße zu, so dass insgesamt die Globalstrahlung ansteigt. Auf dem Sonnblick (3.106 m ü.M.) beträgt der Anteil der diffusen Strahlung an der Globalstrahlung im Mai 70 %, im Oktober 32 % (Barry 1992).

— Globalstrahlung = direkte + diffuse Strahlung

Die Strahlungsbilanz kennzeichnet die Summe aller einfallenden minus der reflektierten Strahlung.

— Mit größerer Höhe gewinnt die Strahlung als ökologischer Faktor zunehmend an Bedeutung.

— Mit der Höhe kühlt sich die Luft feucht-adiabatisch durchschnittlich um 0,5 bis 0,6 °C pro 100 Höhenmeter ab, trocken-adiabatisch jedoch um 1 °C pro 100 m.

Tab. 3: Charakteristika einiger hochalpiner Klimastationen

Station	Höhe (m ü.M.)	Luftdruck seit	Temperatur seit	Niederschlag seit
Zugspitze	2.962		1900	1901
Sonnblick	3.106	1880	1886	1890
Säntis	2.500	1883	1864	1883
Jungfraujoch	3.577		1923	
Davos Weissfluhjoch	2.540		1936	
Gr. St. Bernhard	2.479		1817	
St. Gotthard	2.108		1781	
Villacher Alpe	2.135		1933	1933
Pic du Midi de Bigorre	2.860		1881	

nach Rudloff (1962); Barry (1992)

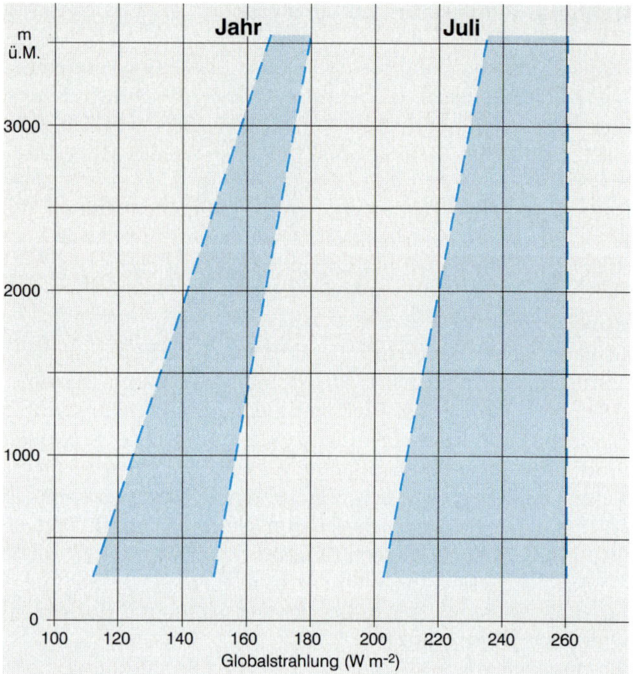

Abb. 10
Höhenabhängigkeit der Globalstrahlung, basierend auf Messungen an 37 Schweizer Stationen (nach Körner 1999b). Die Zunahme mit der Höhe wird vor allem bei den Jahresmitteln deutlich, da sich hier die Winter mit häufigen Nebeln in den Tieflagen bemerkbar machen. Im Sommer ist der vertikale Trend abgeschwächt, da nun die Nebel die Strahlung in den Hochlagen dämpfen und durch den höheren Sonnenstand eine bessere Besonnung der Talböden möglich ist.

Die Strahlungsbilanz ist lokal sehr unterschiedlich und u.a. abhängig vom Bewuchs und der Schneebedeckung. So hat Schnee eine Albedo von mehr als 65 %, Gras von ca. 20 %. Die Strahlungsbilanz, d.h. die mittlere Nettostrahlung, nimmt wegen der längeren Schneebedeckung mit der Höhe ab.

Die zunehmende Strahlung mit der Höhe, vor allem die direkte Strahlung, ist von großer ökologischer Bedeutung für viele Prozesse. So können, trotz niedriger Lufttemperatur, z.B. relativ hohe Blatt- und Bodentemperaturen auftreten und dadurch lokale Standortbedingungen geschaffen werden, wie sie die Lebewesen sonst nur in viel geringerer Meereshöhe antreffen (Kap. 5, 6). Neben Faktoren wie Höhenlage, Bewölkungsgrad, Bewuchs und Schneebedeckung machen sich in den Alpen – wie in jedem Hochgebirge – bezüglich der Strahlungsbilanz das Relief und Expositionsunterschiede extrem bemerkbar. Letztere sind aufgrund des flachen Sonnenstandes vor allem im Winter ausgeprägt. Auf nordexponierten Hängen besteht dann der geringe Strahlungsgenuss teilweise fast ausschließlich aus diffuser Strahlung, was unter anderem zu einer deutlich längeren Schneedeckendauer, im Vergleich zu Südhängen, führt. Die stärkste Erwärmung erfolgt entsprechend auf den südexponierten Hängen, vor allem auf den Südwest-Hängen. Auf den südostexponierten Hängen liegt morgens noch Tau, der erst verdunstet werden muss. Im Hochsommer sind die Südosthänge strahlungsbegünstigt, und zwar aufgrund der nachmittäglichen Bewölkung auf den Südwesthängen am Nachmittag.

Durch das ausgeprägte Relief findet in den Alpen eine starke Horizontüberhöhung statt, die die effektiv mögliche Sonnenscheindauer an einem Ort drastisch herabsetzen kann, vor allem im Winter bei niedrigem Sonnenstand. Abb. 11 zeigt ein Beispiel aus der Umgebung von Davos. Deutlich fallen im Januar die Unterschiede zwischen den verschiedenen Expositionen auf. NE- bis N-exponierte Hänge werden im Winter teilweise überhaupt nicht besonnt.

Großräumig betrachtet erhalten die Zentralalpen im Vergleich zu den nördlichen und südlichen Randgebieten einen höheren Strahlungsgenuss (Abb. 12). Dies ist vor allem durch die geringere Bewölkung und die geringeren Niederschläge bedingt. Die Unterschiede machen sich entsprechend besonders in den Tieflagen bemerkbar. Die inneralpinen Hochtäler, wie z.B. das Engadin, sind durch besonders klare und staubfreie Luft und UV-reiche Strahlung ausgezeichnet, so dass ihre heilklimatische Wirkung zur Errichtung von Sanatorien Anlass gegeben hat. Die kurzwellige Strahlung wird besonders leicht in der Atmosphäre gestreut und ist von daher sehr von der Luftfeuchtigkeit und der Bewölkung abhängig. Je kurzwelliger die Strahlung, umso stärker variiert sie entsprechend in Abhängigkeit von der Seehöhe, der Jahreszeit etc. Wegen der klaren Luft im Winter ist die UV-Strahlung in dieser Jahreszeit besonders hoch (Tab. 4).

Lufttemperatur

Durch das Relief und die hohe Aufragung der Alpen wird der Nord-Süd-Gradient der europäischen Klimazonen verstärkt. Unterhalb 1.500 m ü.M. sind die Südalpen im Jahresdurchschnitt um 2 bis 4 °C wärmer als der Norden – und das bei lediglich rund 200 km Entfernung, d.h. der horizontale Temperaturgradient ist rund zweimal so hoch wie sonst in Mitteleuropa und wie es nach den Breitengraden zu erwarten

UV-Strahlung:
- UV-A. 315-400 nm
- UV-B: 280-315 mm

Tab. 4: UV-B-Sonnenstrahlung in verschiedenen Seehöhen und zu verschiedenen Jahreszeiten in den Alpen (Strahlung in 200 m ü.M. = 100 %)

Höhe (m ü.M.)	Sommer (%)	Winter (%)
3.500	200	480
3.000	195	440
2.500	190	390
2.000	182	330
1.500	170	280
1.000	145	220
500	125	150

nach Sauberer + Dirmhirn (1958), aus Franz (1979)

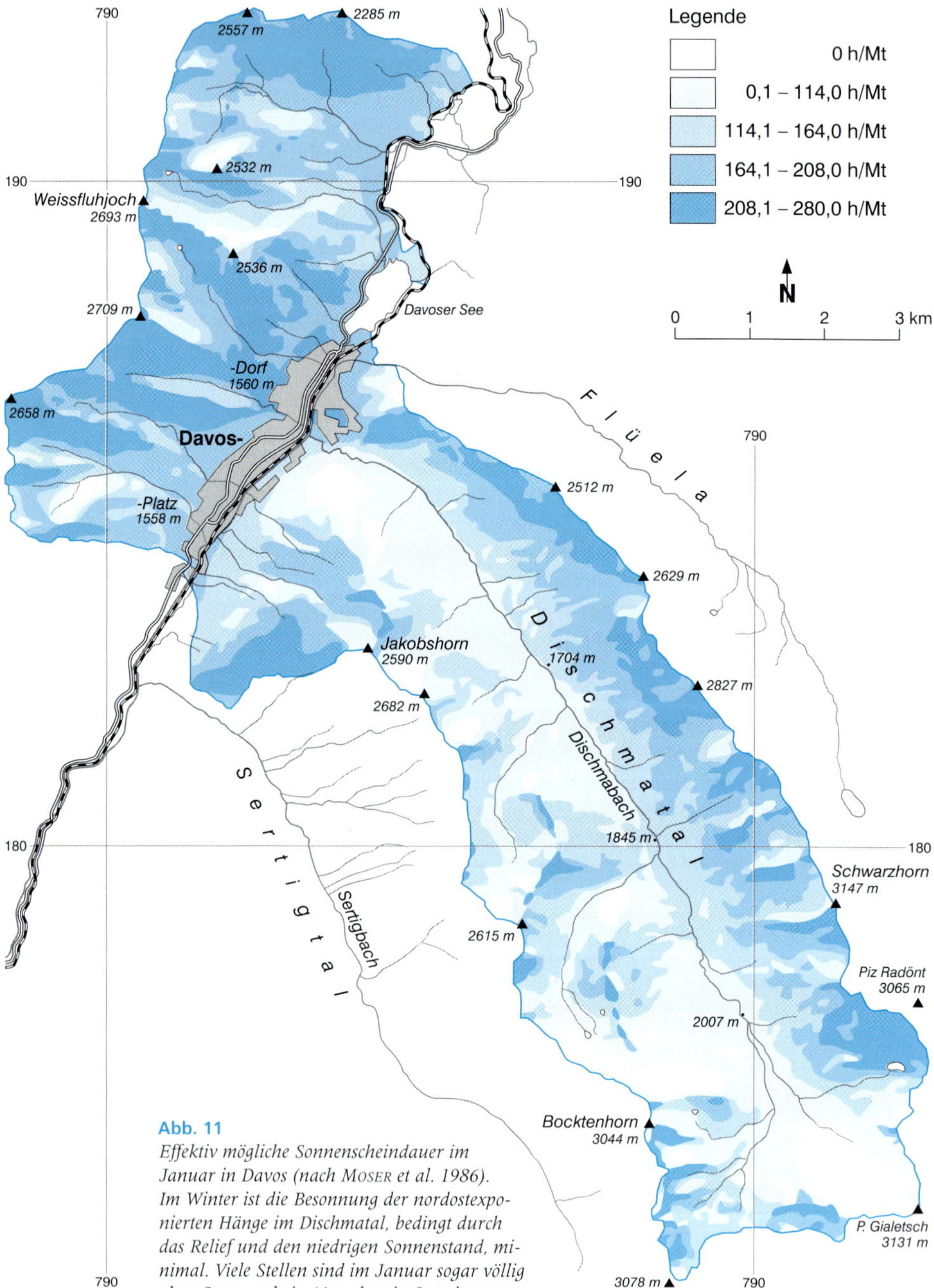

Abb. 11
Effektiv mögliche Sonnenscheindauer im Januar in Davos (nach MOSER *et al. 1986). Im Winter ist die Besonnung der nordostexponierten Hänge im Dischmatal, bedingt durch das Relief und den niedrigen Sonnenstand, minimal. Viele Stellen sind im Januar sogar völlig ohne Sonnenschein (Angaben in Stunden pro Monat).*

wäre. Ursache dieses Phänomens dürfte der abschirmende Effekt der Alpen gegenüber kalten Luftmassen aus dem Norden sein. Bei diesen Wetterlagen tritt dann zusätzlich noch der Effekt des Nordföhns mit reduzierter Wolkenbildung, hohem Strahlungsgenuss und höheren Temperaturen auf der Südseite auf.

Mit zunehmender Höhe kühlt sich die Luft um rund 0,65 °C pro 100 m ab (Abb. 13). Dieser Wert ist konventionell festgelegt und kann im Einzelfall lokal, regional und auch jahreszeitlich deutlich davon abweichen. In den Alpen ist der Gradient in der Regel im Winter niedriger und liegt bei rund 0,4 °C, im Sommer bei 0,7 °C. Bedingt durch Temperaturinversionen in den Tälern kann der winterliche Gradient sogar negativ werden. Dadurch können auf Talböden im Winter um 5 bis 10 °C niedrigere Temperaturen als an den Hängen auftreten. Bekannt sind diese Kaltluftseen z.B. aus dem Oberengadin, dem unteren Etschtal und dem Klagenfurter Becken. Aber auch in Kleinformen, wie etwa Dolinen im Hochgebirgskarst der nördlichen Kalkalpen, wurden bei Inversionen Temperaturunterschiede bis zu 20 bis 30 °C gemessen, mit absoluten Extremwerten von –53 °C. Die Temperatur-Minima liegen dann in den Tälern oft nicht viel über den Gipfeltemperaturen. Die Gradienten um 0,5 bis 0,6 °C pro 100 m beziehen sich auf eine mittlere Luftmasse mit

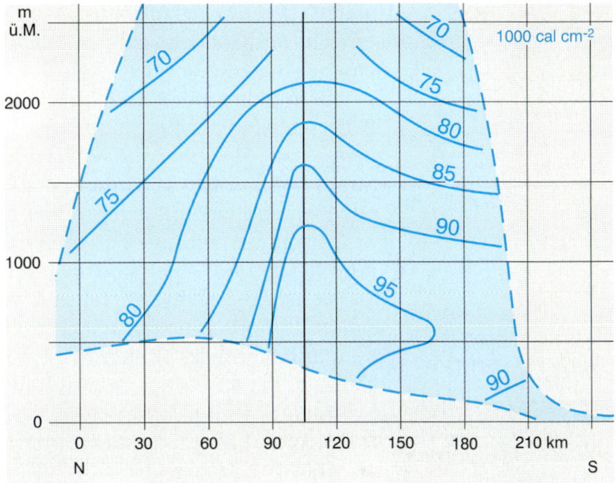

Abb. 12
Absorbierte Globalstrahlung im Querprofil durch die Alpen (nach Fliri 1971). Deutlich ist der höhere Strahlungsgenuss der relativ kontinentalen Zentralalpen im Vergleich zu den Randalpen zu erkennen.

Abb. 13
Höhenabhängigkeit der Lufttemperatur (nach Schüepp et al. 1978). Dargestellt sind die Mitteltemperaturen der Bezugsperiode 1931 bis 1960 für Januar und Juli. Unterhalb ca. 2.000 m ü.M. weicht die Nordseite im Winter vom generellen Höhentrend durch besonders niedrige Temperaturen ab, die Südseite zeigt dagegen im Sommer in den Tieflagen eine positive Temperaturabweichung.

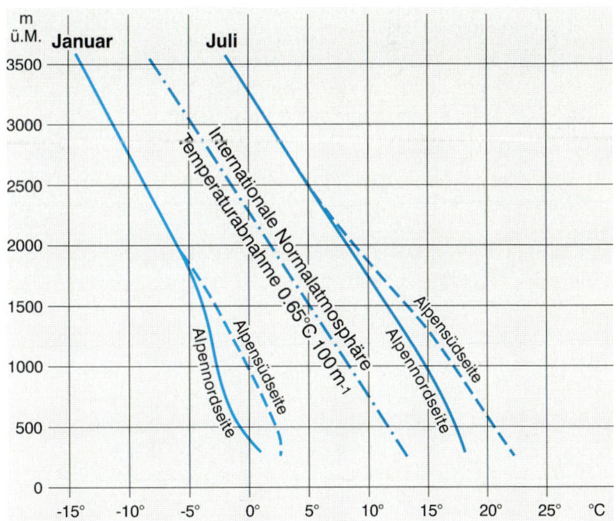

feucht- und trockenadiabatischem Höhengradienten. Bei trockener Luft erreicht der Gradient nahezu 1,0 °C pro 100 m, was u.a. bei Südföhn eine wichtige Rolle spielt (Kap. 2.6.2).

Mit zunehmender Höhe machen sich strahlungsbedingt teils starke Unterschiede zwischen Luft-, Blattoberflächen- und Bodentemperatur bemerkbar. Der über das Relief und die Schneeverteilung gesteuerte Strahlungshaushalt gewinnt in der Höhe für Pflanzen und die Bodenlebewesen an Bedeutung gegenüber der Lufttemperatur.

Im Sommer wird die Luft auf dem Talboden, wegen Windstille, stark aufgeheizt. Die Gipfel sind dagegen wegen der Winde relativ kälter. Freistehende, isolierte Gipfel sind deshalb gegenüber der freien Atmosphäre thermisch benachteiligt. Dieses „Gipfelphänomen" führt zu einer Absenkung der Höhenstufen auf frei aufragenden Gipfeln im Vergleich zu benachbarten Gebirgsgruppen.

Im Vertikalprofil unterscheiden sich die Alpennord- und die Südseite durch die kälteren und inversionsanfälligeren Stationen der Nordseite (Abb. 13). Dieser Effekt betrifft vor allem die unteren Höhenstufen und klingt mit der Höhe, ab ca. 2.000 bis 2.400 m ü.M., ab. Im Sommer sind dagegen die unteren Höhenlagen der Alpensüdseite gegenüber der Nordseite thermisch bevorzugt.

Die Isolinien gleicher Temperatur liegen in den Zentralalpen höher als in den Randgebieten, was zu dem Anstieg der meisten Höhenstufen und der Waldgrenze, der Schneegrenze etc. beiträgt (Abb. 20, 48, 50). Verursacht wird dieser „Massenerhebungseffekt" durch die Tatsache, dass die Erwärmung der Luft durch Rückstrahlung von der Bodenoberfläche erzeugt wird und damit die „Heizfläche" im Gebirge höher liegt als in der freien Atmosphäre. Hier spielt allerdings auch die höhere Kontinentalität und Niederschlagsarmut eine Rolle, wodurch die Strahlungsbilanz positiver ausfällt, die Schneedeckendauer kürzer ist und sich die Vegetationszeit verlängert. In den Tälern kommt noch ein „Geometrieeffekt" hinzu. Bei gleichem Strahlungsangebot ist pro Fläche in den Tälern im Vergleich zum Alpenvorland ein kleineres Luftvolumen zu erhitzen (Steinacker 1987).

Mit der Höhe bzw. im Vergleich Talboden/Hang neh-

Abb. 14
Höhenabhängigkeit der Anzahl von Frostwechsel- und Eistagen in den Ostalpen (nach Fritz 1976). Das Maximum der Frostwechsel in der Luft liegt in einem mittleren Höhenbereich. Unterhalb davon ist es zu warm, oberhalb davon werden zunehmend auch tagsüber keine positiven Temperaturen erreicht, so dass die Eistage dominieren.

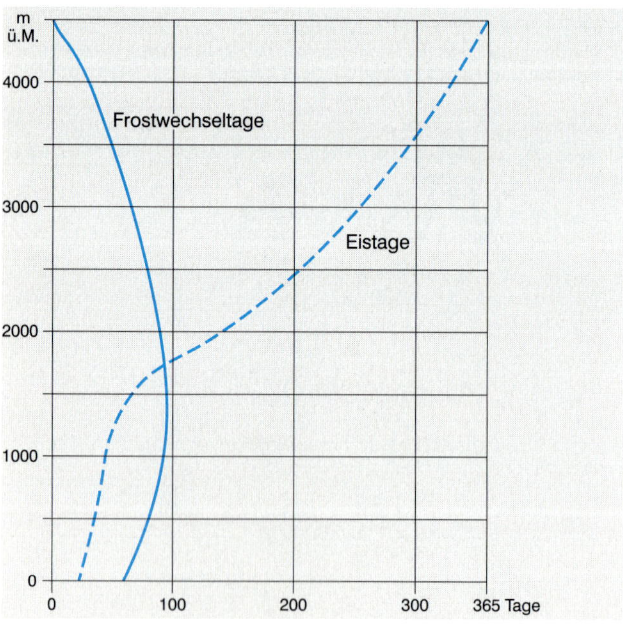

men die Temperaturamplituden ab. Dies gilt sowohl für Tages- wie auch für Jahresschwankungen. Dadurch sind die Gipfel thermisch ozeanischer getönt als ihr tiefer gelegenes Umland. Bei Boden- und Blattoberflächentemperaturen ist der Trend umgekehrt. Dort nimmt mit der Höhe strahlungsbedingt auch die Temperaturamplitude zu (Kap. 5; Abb. 40).

Eine wichtige ökologische Rolle spielen auch die Frostwechsel, d.h. der tägliche oder jahreszeitliche Wechsel von Gefrieren und Auftauen. Die Höhenstufe mit den meisten Frostwechseln befindet sich nicht in der periglazialen Höhenstufe oberhalb der Waldgrenze oder noch höher, sondern deutlich tiefer (Abb. 14; Tab. 5). Das Maximum der Frostwechsel liegt etwa bei 1.400 bis 1.700 m ü.M., in den relativ trockenen Zentralalpen etwas höher als in den feuchteren Randalpen. Allerdings muss man bei diesen Angaben berücksichtigen, dass sie sich auf die Lufttemperatur beziehen. Bezüglich der Bodentemperaturen liegen keine systematischen Messungen aus den unterschiedlichen Höhenstufen vor. Hier sollte strahlungsbedingt das Frostwechsel-Maximum höher liegen, allerdings kommt hier die Schneedecke als weiter zu berücksichtigendes Element hinzu.

Bezüglich der Lufttemperatur nehmen die Frostwechsel nach unten hin wegen ansteigender Temperaturen ab, nach oben hin wegen der sehr niedrigen Temperaturen ebenfalls, so dass an vielen Tagen der Nullpunkt nicht mehr überschritten wird. Oberhalb der Waldgrenze nehmen deshalb die Frosttage im Vergleich zu tieferen Lagen ab, die Eistage aber zu. In trockenen Gebieten sind die Frostwechsel häufiger als in feuchteren Gebieten.

Ähnlich wie bei der Strahlung diskutiert, sind aber die Frostwechsel neben der Höhe von einer Vielzahl anderer Faktoren abhängig, wie z. B. Schneebedeckung, Relief, Exposition etc. In Gipfellagen können Südlagen erheblich mehr Frostwechsel als Nordlagen aufweisen (Tab. 6).

Tab. 5: Anzahl der Frostwechsel (Luft) pro Jahr im oberen Rheintal

Station	Höhe (m ü..M.)	Frostwechsel pro Jahr
Gotthard	2.093	83
Bernhardin	2.070	90
Davos	1.650	195
Splügen	1.471	155
Platta	1.379	150
Klosters	1.207	149
Thusis	711	117
Reichenau	597	103

nach Rodler (1885)

Tab. 6: Expositionsabhängige Frostwechsel- und Eistage auf dem Jungfrau-Ostgrad (3.700 m ü.M.)		
	Nordexp.	**Südexp.**
Eistage	328	148
Frostwechseltage	22	196
Frostfreie Tage	15	21

nach MATHYS (1974)

Luftdruck

Der Luftdruck nimmt nahezu linear mit der Höhe ab. Auf 5.000 m ü.M. beträgt er etwa nur noch die Hälfte im Vergleich zum Meeresniveau (Tab. 7). 38 % der irdischen Luftmasse liegen unterhalb des Höhenniveaus des Gipfels des Großglockners (3.798 m ü.M.; TOLLNER 1969). Entsprechend sinkt auch der Partialdruck von CO_2. Das bedeutet, Pflanzen, die heute auf 2.600 m ü.M. leben, haben einen CO_2-Partialdruck, wie er auf dem Meeresniveau zu Beginn der industriellen Revolution herrschte (Kap. 10.2.2).

Tab. 7: Luftdruck in Abhängigkeit von der Meereshöhe

Meereshöhe (m ü.M.)	Luftdruck (hPa)	Jahresmitteltemperatur (°C)
0	1.013	15,0
1.000	899	8,5
2.000	795	2,0
3.000	701	–4,5
4.000	616	–11,0
5.000	541	–17,5

nach BARRY (1992)

2.3 Niederschlag

Niederschlagsmessungen in Hochlagen sind relativ selten und mit Fehlern behaftet.

Obwohl die Alpen, im Vergleich mit anderen Hochgebirgen, wahrscheinlich weltweit das dichteste Netz an Klimastationen aufweisen, mit einem mittleren Stationsabstand von 10 km (FREI & SCHÄR 1998), existieren nach wie vor relativ wenige Stationen mit Niederschlagsmessungen in den Hochlagen. Der ganz überwiegende Teil der Klimastationen liegt in den Talräumen unterhalb der Waldgrenze. Insgesamt gibt es in den Alpen rund 8.000 Niederschlags-Messstationen (SCHÄR et al. 1998). Die längste Niederschlagsmessreihe der Hochlagen existiert vom Großen Sankt Bernhard (2.472 m ü.M.), nämlich seit 1818. Ein grundlegendes Problem der Hochlagen ist der große Fehler der Niederschlagsmessungen. Bedingt durch das Relief und vor allem durch die hohen Windgeschwindigkeiten, in Kombination mit dem hohen Anteil an Schneeniederschlag, kommt es zu Messfehlern in der Größenordnung von durchschnittlich 15 % für Regen und 50 % für Schnee (Sevruk 1997). Meist werden die wahren Werte dadurch unterschätzt. Die Fehler nehmen mit der Höhe zu. So liegen die systematischen Fehler in Lugano (336 m ü.M.) bei 4 %, auf dem San Bernadino (1.608 m ü.M.) dagegen bei 21 %. Wegen der größeren Windgeschwindigkeiten sind die Fehler im Winter größer als im Sommer. Damit können auch Jahresgänge verfälscht sein.

Räumliche Verteilung

Die räumliche Niederschlagsverteilung im Alpenraum zeigt die Abb. 15. In den Ostalpen sind die feuchten Nord- und Südränder markant. Sie heben sich deutlich von den trockenen Zentralalpen ab, speziell auf dem Meridian von Innsbruck. In der Schweiz ist diese Zonierung weniger deutlich, da sich das nordalpine und das südalpine Niederschlagsband auf der Höhe des Gotthardpasses berühren. Die inneralpinen Trockentäler sind aber auch in den Westalpen sichtbar. Im Aosta-Tal und der Haute Durance liegt der Jahresniederschlag unter 550 mm, im Mittelwallis sinkt er auf unter 450 mm, steigt dann bei Sion auf 590 mm. Im oberen Etschtal und im Vintschgau liegt er bei 600 mm. Schlanders ist mit 485 mm (Periode 1931bis 1960) der trockenste Ort im Alpenraum. Die Trockenheit ist vor allem durch Luv-Lee-Effekte

Die Südseite der Alpen ist durchschnittlich feuchter als die Nordseite.

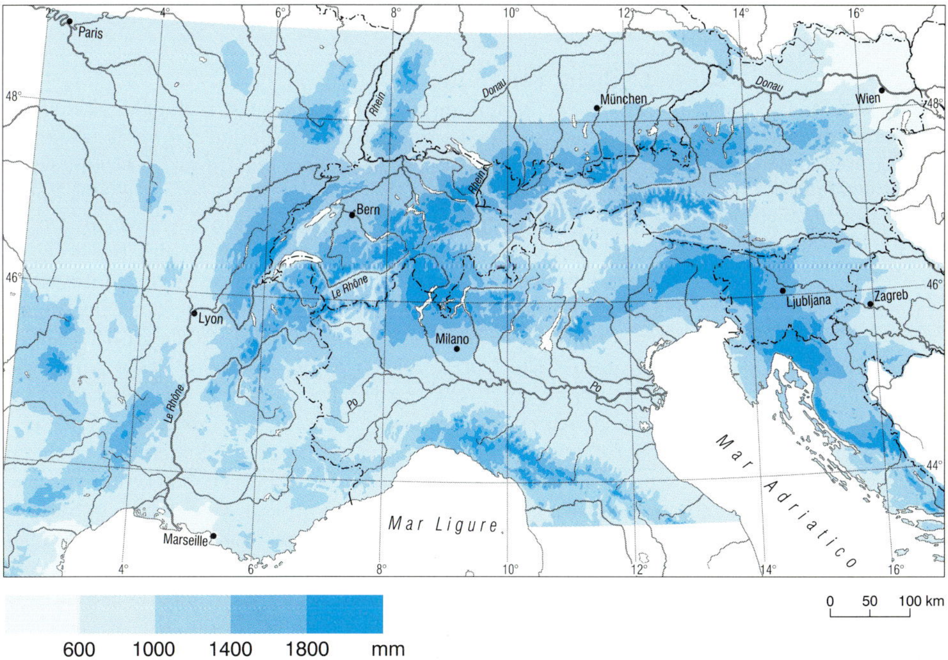

Abb. 15. *Mittlere jährliche Niederschläge im Alpenraum 1971 bis 1990 (nach Schwarb et al. 2000)*

verursacht. Die maximalen Niederschläge treten in Hochlagen auf und erreichen Werte von 3.500 mm.

Auf der Südseite der Alpen sind die Niederschläge höher als auf der Nordseite. Bei der Anzahl von Tagen mit Niederschlägen von mehr als 1 mm ist der Trend umgekehrt. 104 Tagen im Süden stehen 140 Tage im Norden gegenüber. Dies weist auf eine unterschiedliche Niederschlagsgenese hin. Im Süden fallen die meisten Niederschläge während konvektiver Sommergewitter, oft mit Hagel. Im Norden haben dagegen frontale und orographische Niederschläge geringerer Intensität den Hauptanteil. Die 24-Stunden-Maximalniederschläge liegen in Lugano bei 263 mm im August; in Zürich um 103 mm im September, in Salzburg bei 135 mm im Juli, in Bozen betragen sie 206 mm (MÜLLER 1983). Im Juli 1987, bei schweren Unwettern in der Schweiz, lag das 24-Stunden-Maximum in Frasco bei 392 mm. Die Starkniederschläge im Süden werden vor allem durch die Advektion warmer und feuchter Luft vom Mittelmeer verursacht. Besonders wirksam ist dieser Mechanismus im Herbst, wenn ein Pool warmer, feuchter Luft über dem Mittelmeer vorhanden ist. Der Süden erhält auch regelmäßig starke Niederschläge im Zusamenhang mit der Leezyklogenese beim Herannahen einer Kaltfront (Kap. 2.1.2). Die Gewitterhäufigkeit nimmt vom Alpenrand Richtung Hauptkamm ab (FLIRI 1975). So hat beispielsweise Vent im Ötztal rund 7,4 Tage a^{-1} mit Gewitter, im Unterlauf der Ötz bei Umhausen sind es bereits 17,0 Tage a^{-1}. Diese Niederschlagsverteilung spiegelt sich im Ötztal auch durch die unterschiedliche Häufigkeit von Murereignissen wider (AULITZKY 1994).

Jahreszeitliche Verteilung

Feuchte und trockene Jahreszeiten treten in den verschiedenen Regionen der Alpen zu unterschiedlichen Zeitpunkten auf.

Die jahreszeitliche Verteilung der Niederschläge ist regional unterschiedlich. Der Norden ist eher sommerfeucht, der Süden wegen der mediterranen Prägung winterfeucht bzw. mit einem Maximum im Frühling und im Herbst. Da in den Südalpen trotzdem ein ganzjährig humides Klima auftritt, wird es – im Unterschied zum mediterranen Klima mit ausgeprägter Sommertrockenheit – auch als insubrischer Klimatyp bezeichnet. Dazwischen liegt die zentralalpine Trockenzone, deren Jahresgänge im Westen ausgeglichener sind als im Osten, wo ein Niederschlagsmaximum im Sommer erkennbar ist. Damit kommt auch die größere Kontinentalität der Ostalpen im Vergleich zu den Westalpen zum Ausdruck. Der größte Winteranteil liegt in den französischen Westalpen und im Wallis. Dieser Anteil nimmt nach Osten hin ab. Der Anteil des Frühlingsniederschlages ist im Piemont am größten, im Süden größer als im Norden. Der Sommeranteil steigt von Westen nach Osten und von Süden nach Norden, vor allem auch im zentralen Alpenraum. In Schlanders erreicht z.B. der Sommer 41 % des Jahresniederschlages. Dies hat auch Auswirkungen auf die fluviale Dynamik und Murganggefahr, weil damit in den Hochlagen der zentralen Alpen die Niederschlagsmaxima mit dem Schneeschmelzmaximum zusammenfallen. Der Herbstanteil wächst von Norden nach Süden und von Osten nach Westen.

In Abb. 16 sind einige typische Situationen dargestellt. Im Winter (Januar) sind die inneralpinen Trockengebiete besonders trocken. Der nordalpine Bereich ist relativ feucht. Ursache sind vorwiegend Tiefdruckgebiete über Nordeuropa und Nordwestströmungen. Im Frühling (April) treten besonders große Niederschlagsmengen am südlichen Alpenrand (Tessin, Karnische Alpen, Julische Alpen) auf. Dies ist eine Folge der vorwiegenden Südströmungen und der einsetzenden Gewitter im Spätfrühling. Im Sommer (Juli) sind die Südwestalpen trocken, die zentralen und östlichen Alpen dagegen niederschlagsreich, besonders der nordalpine Bereich. Für diese Verteilung sind vor allem Gewitter verantwortlich. Im Herbst (Oktober) ist die Verteilung ähnlich wie im Frühling. Die starke Verdunstung des warmen Mittelmeerwassers sowie die häufigen Tiefdruckgebiete im westlichen Mittelmeer tragen zum Transport von großen Wassermengen in den Alpenraum bei. Hierbei kommt es in den Südalpen besonders häufig zu Starkniederschlägen.

Höhengradient

Mit der Höhe nimmt der Niederschlag in den Alpen zu, regional allerdings sehr unterschiedlich (Abb. 17). Die nicht nur höhenabhängige, sondern generell reliefinduzierte Niederschlagsdifferenzierung ist eine Folge der vorwiegend advektiven Niederschläge. Auf der Südseite ist der Gradient flacher als im Norden, die Jahresniederschläge sind ins-

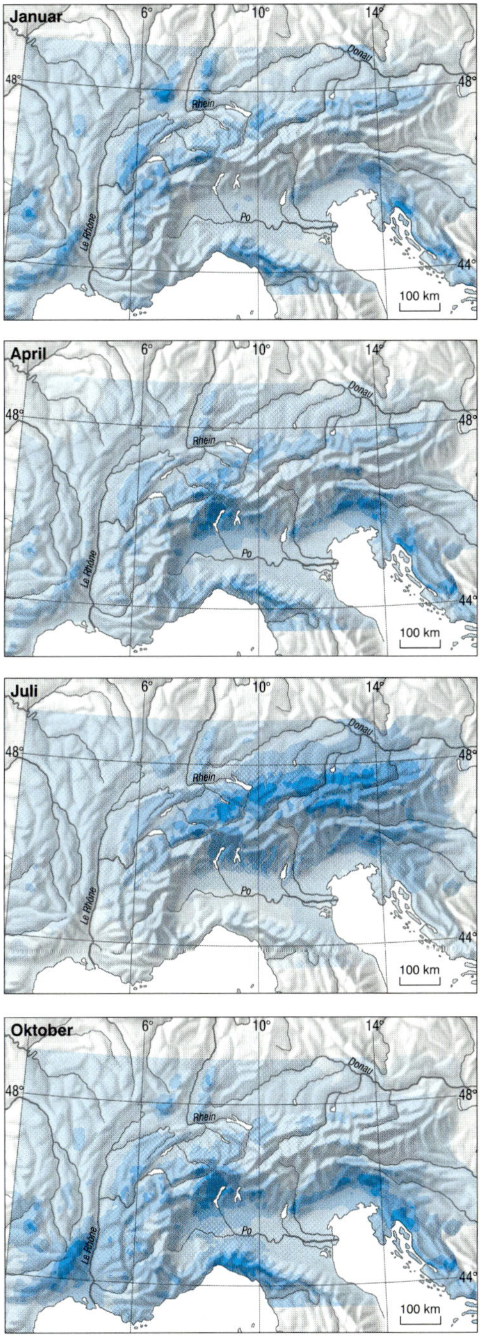

Abb. 16
Mittlere Niederschlagshöhen ausgewählter Monate im Alpenraum 1971 bis 1990 (nach S*CHWARB et al. 2000).*
Im Januar liegt das Maximum am Nordrand, im April im Tessin, im Juli erhalten die relativ kontinentalen Zentral- und Ostalpen höhere Niederschläge, und im Oktober liegt das Maximum wieder eher im Tessin. Praktisch zu allen Jahreszeiten sind die Niederschläge in den Julischen Alpen sehr hoch.

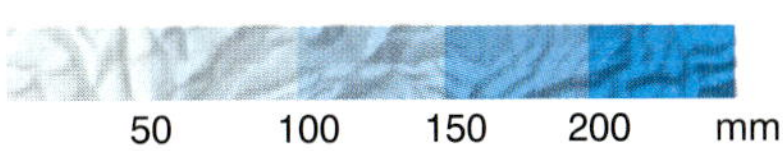

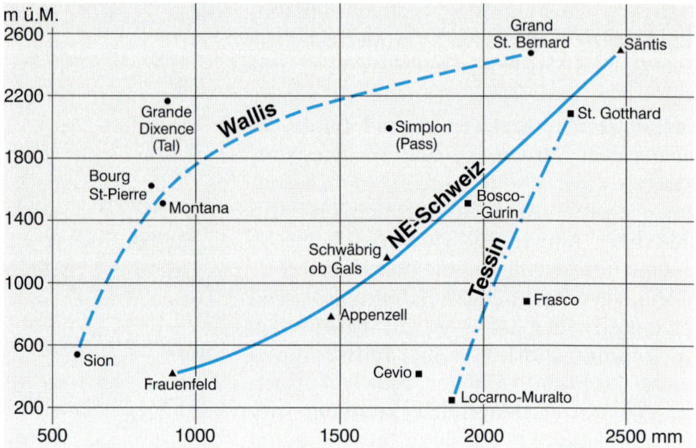

Abb. 17
Höhenabhängigkeit der Jahresniederschläge 1931 bis 1960 in den Schweizer Alpen (nach SCHÜEPP et al. 1978, aus WANNER 1993). Die Alpensüdseite ist im Vergleich zur Nordseite feuchter, die Nordseite zeigt einen stärkeren Höhengradienten. In den Zentralalpen (Wallis) treten die Tallagen als Trockeninseln hervor. Oberhalb ca. 2.500 m ü.M. gleichen sich die Niederschlagsmengen der unterschiedlichen Regionen einander an.

gesamt höher. In den zentralalpinen Trockentälern ist die Zunahme bis 2.000 m ü.M. nur gering, gleicht sich aber darüber im Gipfelniveau auf Werte der Randalpen an. Entsprechend variiert der Niederschlagsgradient von maximal 200 mm pro 100 m Höhe in den Randalpen bis hin zu weniger als 60 mm 100 m^{-1} in den Inneralpen und Teilen der Südalpen.

Der absolute Wasserdampfgehalt sinkt mit der Höhe. Auf 3.000 m ü.M. beträgt er nur noch ca. 30 % des Gehaltes auf Meereshöhe. Trotzdem nehmen mit der Höhe die Niederschläge zu.

Da mit abnehmender Temperatur bei zunehmender Höhe der absolute Wasserdampfgehalt sinkt, müssten die Niederschläge eigentlich mit der Höhe abnehmen. Die Ursache dafür, dass sie aber trotzdem zunehmen, liegt an der Zunahme der Windgeschwindigkeit mit der Höhe, so dass insgesamt die an der Gelände- bzw. der Vegetationsoberfläche vorbeistreichenden Luftmassen, und damit auch die Niederschläge, relativ groß sind. Der erhöhte Niederschlag wird dabei vor allem durch die höhere Ergiebigkeit der Niederschläge und nicht durch größere Häufigkeit verursacht. Die vertikale Niederschlagsabhängigkeit wird durch Inversionslagen verwischt, die ihre Obergrenze im Winter meist bei 1500 bis 1.800 m ü.M., im Sommer aber bei 2.600 m ü.M. haben. Die winterliche Wolkendecke ist dabei meist Tag und Nacht ausgebildet, im Sommer tritt häufig neben der hochgelegenen Wolkendecke noch ein zusätzliches nächtliches Maximum bei 1.500–1.800 m ü.M. auf (BARRY 1992).

Auf den Gipfeln kann der Nebelniederschlag erhebliche Anteile am Gesamtniederschlag erreichen. Auf dem Sonnblick (3.106 m ü.M.) liegt der Nebelniederschlag in der Regel über dem mit Totalisatoren gemessenen Niederschlag, und es treten ca. 275 Tage im Jahr mit Nebel auf. Allgemein weisen die Hochlagen mehr als 70 % der Tage mit Nebel auf. In den Tälern tritt das Häufigkeitsminimum der Nebel unmittelbar oberhalb der Schönwetter-Inversionen auf. Zeitlich liegt das Nebelmaximum in den Hochlagen im Frühjahr und Sommer, in den Tieflagen im Herbst und Winter. In Tälern und vor allem in Beckenlagen kann der herbstlich-winterliche Nebel, verbunden mit Inversionslagen, lange anhalten. So hat das Grazer Becken durchschnittlich rund 140 Nebeltage, Klagenfurt ca. 89 Nebeltage im Jahr (WALLÉN 1977).

Die relative Luftfeuchte erreicht in den Tälern in den frühen Morgenstunden die höchsten, am Nachmittag die niedrigsten Werte. Sie verhält sich damit invers zur Lufttemperatur. In den Hochlagen sieht es anders aus. Dort wird die höchste Luftfeuchte um die Mittagszeit erreicht, durch Aufsteigen der wasserdampfreichen Luft in größere Höhen. Dabei kommt es zur Abkühlung und Erhöhung der relativen Feuchte. Nachts führt die absinkende Luft zu einer Abnahme der relativen Feuchte in den Hochlagen. Deshalb findet in Gipfelregionen häufig keine Taubildung statt.

Verdunstung

Die Verdunstung setzt sich zusammen aus der Transpiration und der Evaporation. Beides zusammen wird als Evapotranspiration bezeichnet. Ein Sonderfall der Evaporation ist die Interzeption, der Verdunstungsanteil des Niederschlags, der von der Pflanzendecke an den Blattoberflächen etc. zurückgehalten wird. Die Tranpiration verringert sich oberhalb der Waldgrenze am Übergang zu den alpinen Rasen und geht dann oberhalb der Rasengrenze gegen Null. Die Evaporation ist schwer zu quantifizieren. Einerseits ist eine Zunahme mit der Höhe durch die hohe Strahlung und den Wind zu erwarten, andererseits nehmen die Temperaturen ab, wodurch die Verdunstung reduziert wird. Klar ist nur, dass mit zunehmender Höhe relativ der Anteil der Evaporation an der Gesamtverdunstung steigt, da die Transpiration abnimmt. Als grober Richtwert kann in alpinen Rasen etwa mit gleichen Anteilen von Transpiration und Evaporation gerechnet werden (KÖRNER et al. 1989).

Arten der Verdunstung:
- Transpiration: Verdunstung durch die Pflanzen;
- Evaporation: Verdunstung von freien Wasser- und Geländeoberflächen;
- Evapotranspiration: Transpiration + Evaporation;
- Interzeption: vorübergehendes Speichern von Niederschlag an Pflanzenoberflächen; von dort kann das Wasser durch Evaporation oder durch Abtropfen abgeführt werden;
- Sublimation: Verdunstung von Schnee mit direktem Übergang in den dampfförmigen Zustand.

Zu unterscheiden ist noch zwischen der potentiellen und der aktuellen (effektiven) Verdunstung. Die potentielle Verdunstung wird tatsächlich nur dort erreicht, wo ausreichend Feuchte zur Verfügung steht. Die effektive Verdunstung nimmt deutlich mit der Höhe ab (Abb. 18), obwohl die erhöhte Strahlung und die Windgeschwindigkeiten in der Höhe dem entgegenwirken. Aber andere Faktoren wie die lange Dauer der Schneedecke, die kühlen Temperaturen, die flachgründigen Böden mit geringem Wasserspeichervermögen und die abnehmende Vegetationsbedeckung führen zu der Abnahme. Unterhalb von 700 m ü.M. beträgt die mittlere Jahresverdunstung bis zu 560 mm, wenn man die Seeflächen hinzurechnet sogar bis zu mehr als 700 mm. Oberhalb von 700 m ü.M. ist der Einfluss der Seen wegen des kleinen Flächenanteils gering. Auf 3.000 m ü.M. beträgt die effektive Verdunstung nur noch 230 mm.

Die Verdunstung von Schnee geht über zwei Wege. Zum einen geschieht sie durch Sublimation bei hoher Einstrahlung. Dabei erfolgt ein direkter Übergang von Schnee zu Wasserdampf, also von der festen in die gasförmige Phase. Andererseits findet auch Evaporation statt. Die Sublimation verbraucht mehr Energie als die Evaporation. Die Sublimation ist in den Alpen relativ gering, im Unterschied etwa zu den

Abb. 18
Mittlere jährliche aktuelle Verdunstung 1973 bis 1992 in Abhängigkeit von der Höhe (nach Menzel et al. 1998).

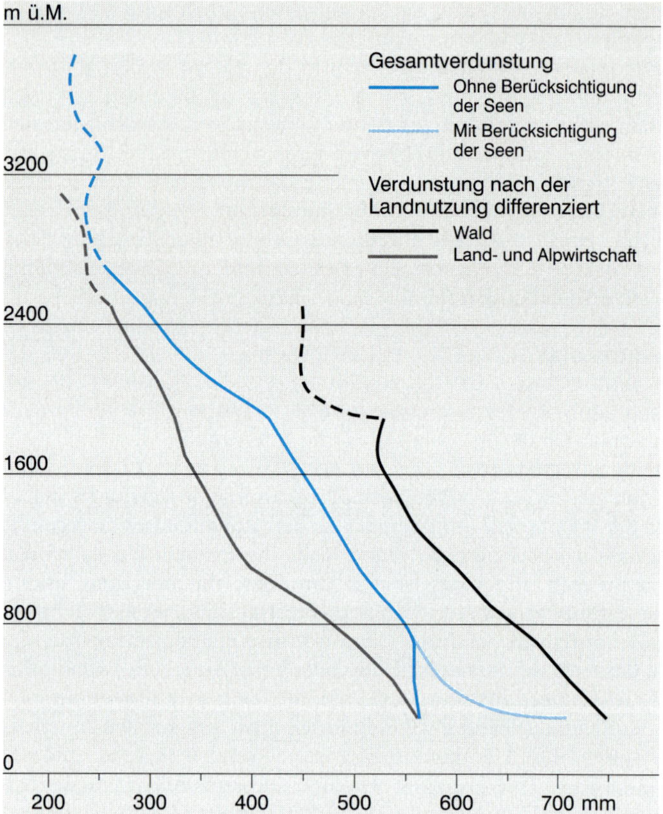

trockenen Subtropen, wo sie erhebliche Anteile, oft ein Mehrfaches der Evaporation, erreichen kann. Auf dem Sonnblick beträgt die jährliche Nettosublimation, d.h. die Sublimation minus der Kondensation, 19 mm. Die Nettoverdunstung von Wasser beträgt gleichzeitig 194 mm. Damit ist die Sublimation dort rund 10 % der Evaporation. Im Vergleich dazu liegt der Jahresniederschlag bei 2.700 mm. Die Sublimation nimmt strahlungsbedingt mit der Höhe zu. Im Winter ist die Sublimation hoch, im Sommer gering, da hier vorwiegend Kondensation in Hochlagen stattfindet (Barry 1992).

Die Angaben für die Interzeption schwanken naturgemäß sehr stark. Sie liegen im Wald am höchsten, mit Interzeptionsverlusten von 13 bis 69 % des Niederschlags, bei Nadelhölzern etwas höher als bei Laubhölzern. Im Bereich des Krummholzgürtels sinken die Werte auf etwa 10 % und erreichen in den alpinen Rasen die geringsten Werte mit 5 bis 10 % (Dirnböck & Grabherr 2000). Die prozentualen Interzeptionsverluste variieren sehr stark in Abhängigkeit von der Niederschlagsintensität.

2.4 Schnee

Schneemächtigkeit

Die Schneemächtigkeit nimmt nicht generell mit der Höhe zu, zumindest nicht linear, auch wenn lokal Gradienten ermittelt werden können (Abb. 19a). In Tirol wächst beispielsweise die mittlere Schneehöhe um 5,5 cm pro 100 m, die größte Schneehöhe um 9 cm pro 100 m (FLIRI 1991). Der Zeitpunkt maximaler Schneedecke verlagert sich mit der Höhe jahreszeitlich nach hinten und erfolgt in Hochlagen oft erst im Zeitraum März bis Mai. Die Verspätung mit der Höhe beträgt rund zwei Tage pro 100 m. Die Verhältnisse variieren allerdings regional sehr stark, so dass diese statistischen Werte nur selten verwirklicht sind. Generell ist eine Tendenz zu bemerken, dass die Mächtigkeit bis zur Höhenlage der winterlichen Inversion zunimmt. Darüber, d.h. oberhalb von rund 1.000 m ü.M., nimmt die Schneemächtigkeit oberhalb der Nebeldecke wegen der hohen Einstrahlung zunächst deutlich ab, um erst danach wieder anzusteigen. Im Falle einer zweiten, höher gelegenen Inversion wiederholt sich diese Abfolge. In der Schweiz liegt die durchschnittliche maximale Schneedecke bei 2.700 m ü.M. (MARTINEC 1987). Darüber nimmt die Mächtigkeit wieder ab, was nicht zuletzt für den Wintersport und die immer höher gelegenen Pistenanlagen von Bedeutung ist (Kap. 8).

Der Schneeanteil am jährlichen Niederschlag wächst um 2,5 bis 3,5 % pro 100 m. Oberhalb von 3.500 bis 4.000 m ü.M. fällt praktisch 100 % des Niederschlages in fester Form.

Der Verlauf der Zunahme und der Abnahme der Schneedecke im Winter ist in verschiedenen Höhenstufen unterschiedlich. Zu Beginn des Winters gibt es idealerweise einen Höhengradienten. Im Verlauf des Winters wird dieser Gradient stärker, da unterhalb 1.500 m ü.M. gelegentliches Tauwetter und Regen auftritt, während in Hochlagen die Akkumulation weitergeht. Gegen Ende des Winters nehmen in den großen Höhenlagen die Schneemächtigkeiten noch zu, während sie in den Tieflagen schon längst wieder ausdünnen bzw. der Schnee abgeschmolzen ist. Während der Akkumulationsphase wird die Schneehöhe unterhalb der Waldgrenze vorwiegend durch die Höhenlage bestimmt. Oberhalb der Waldgrenze beginnen mit zunehmender Höhenlage die Windwirkungen über die Höhenabhängigkeiten zu dominieren. Oberhalb von 2.000 m ü.M. ist, vor allem bei isolierten, in die freie Atmo-

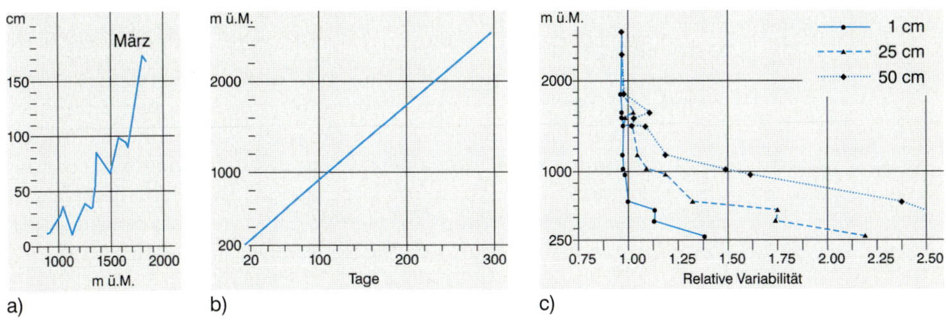

Abb. 19
Variationen der Schneedecke mit der Höhe.
a) Höhenabhängigkeit der Schneemächtigkeit im März (nach WITMER 1984).
b) Höhenabhängigkeit der Tage mit Schneebedeckung im Zeitraum 1959/60 – 1978/79 (nach SCHÜEPP et al. 1980).
c) Jährliche relative Variabilität der Schneedeckendauer mit der Höhe, für Schneemächtigkeiten von 1 cm, 25 cm und 50 cm (nach BENISTON 1997, © Kluwer Academic Publishers).

sphäre aufragenden Bergketten und -kämmen, die Geländebeschaffenheit stärker für die Schneehöhe verantwortlich als die Meereshöhe. Die Verteilung des Schnees wird wegen der Windwirkung unregelmäßig. Auf Freiflächen ist die Schneeakkumulation in der Regel höher als unter Wald, da auf den Bäumen hohe Interzeptionsverluste auftreten.

Der Abbau der Schneedecke verläuft räumlich und zeitlich anders als der Aufbau. Der Abbau ist sehr stark vom Strahlungshaushalt abhängig und der wiederum ist reliefbedingt. Dadurch kommt es nicht nur zu einem höhenstufenbedingten, sondern vor allem zu einem fleckenhaften Ausapern. Aus der reliefbedingten Steuerung des Abbaus ergibt sich auch von Jahr zu Jahr ein ähnliches Muster. Die Vegetation spiegelt dieses Muster genau wieder (Kap. 6.3.4). Oft hält sich der Schnee im Bereich von Temperaturinversionen (Talboden) länger als an den Hängen. Bei der Schneeschmelze erfolgt der Abfluss zum Teil in der Schneedecke selber, wo durch die Schneediagenese unterschiedlich durchlässige Schichten entwickelt sind, oder er erfolgt auf der gefrorenen Bodenoberfläche.

Von Jahr zu Jahr schwanken die Schneehöhen erheblich. Die Abweichungen vom langjährigen Mittelwert betragen bis zu 350 %. Auch längerfristige Trends treten auf, allerdings nur in tieferen Lagen. So ist seit den 80er Jahren des 20. Jahrhunderts in der Schweiz unterhalb 1.500 m ü.M. ein Rückgang der Schneehöhen festzustellen (Kap. 10.1.2; Abb. 82). Auch der Zeitpunkt größter Schneehöhe kann von Jahr zu Jahr bzw. Jahrzehnt deutlich wechseln. Dies zeigen Ergebnisse von mehr als dreihundert langjährigen Messreihen in den Ostalpen (Lauscher & Lauscher 1975). Eine deutliche Höhengrenze liegt bei 1.500 m ü.M. Unterhalb davon verändert sich das Datum maximaler Schneehöhe, im statistischen Mittel über längere Zeiträume, mit der Meereshöhe kaum. Es liegt zwischen dem 20. Januar und dem 10. Februar. Oberhalb von 1.500 m ü.M. dagegen verschiebt sich das Datum sehr stark mit der Höhe. Bei 3.000 m ü.M. liegt es im Mittel erst im April oder Mai.

Die Wasserrücklage der Schneedecke erreicht ihr Maximum einige Wochen nach dem Maximum der Schneedeckenmächtigkeit. Am Nord- und Südrand der Alpen ist das Wasseräquivalent im Vergleich zu den Zentralalpen höher (Fliri 1991).

Schneedeckendauer

Die Zahl der Tage mit mehr als 1 cm Schneedecke wächst statistisch um 2,6 Tage pro 100 m Höhe (Abb. 19b). Dieser statistische Wert unterliegt natürlich erheblichen örtlichen und zeitlichen Abweichungen. Durch die Abschirmung der Zentralalpen nimmt die Dauer der Schneedecke vom Alpenrand zum Zentrum um zwei Tage pro 10 km ab. All diese statistischen Angaben sind im konkreten Witterungsverlauf der einzelnen Jahre fast nie verwirklicht. Mit der Höhe existiert ein steiler Gradient. In den Ostalpen gibt es im Durchschnitt in 1.000 m ü.M. etwas mehr als 100 Tage im Jahr mit Schneebedeckung, auf 2.000 m ü.M. sind es be-

Tab. 8: Schneedeckendauer in Abhängigkeit von der Höhe am Beispiel Österreichs

Höhe (m ü.M.)	Tage mit Schneebedeckung
3.000	365
2.000	200 – 250
1.000	110 – 145

nach LAUSCHER (1978)

reits 250 Tage, und in 2.500 m ü.M. sind es 300 Tage (Tab. 8). Entsprechend fallen auf 3.000 m ü.M. im August 65 % des Niederschlages als Schnee, auf 2.000 m ü.M. sind es nur noch 12 bis 15 % (LAUSCHER 1976, in: BARRY 1992). Die jährliche Variabilität ist unterhalb von 1.500 bis 1.700 m ü.M. sehr groß, nimmt aber oberhalb davon deutlich ab (Abb. 19c).

Thermische Eigenschaften des Schnees

Die Schneedecke hat eine isolierende Funktion für den Boden und die bodennahe Vegetation. Der thermische Widerstand der Schneedecke hängt von der Dichte des Schnees bzw. dessen effektiver Wärmeleitfähigkeit und der Mächtigkeit der Schneedecke ab. So hält eine Schneedecke von ungefähr einem halben Meter die Temperatur der Bodenoberfläche um 0 °C, obwohl die Lufttemperatur unter –30 °C liegt. Gerade die schneereichen Hochlagen in der oberen alpinen und der subnivalen Höhenstufe können als Folge davon stellenweise erstaunlich geringen Bodenfrost aufweisen. Je geringer die Schneedichte ist, umso besser ist die Isolation. Die thermale Leitfähigkeit variiert zwischen 0,3 mW cm^{-1} $°C^{-1}$ bei geringer Dichte und 4 mW cm^{-1} $°C^{-1}$ bei hoher Dichte. Im Vergleich dazu hat Glaswolle eine Wärmeleitfähigkeit von 0,4 mW cm^{-1} $°C^{-1}$. Im Laufe der Zeit wandelt sich der Schnee über Firn zu Eis. In den Alpen dauert dieser Prozess ca. 15 bis 20 Jahre. Dabei verändert der Schnee seine Dichte (s. Tab. 9) und damit auch seine Wärmeleitfähigkeit. Durch Verdichtung, z.B. auf Skipisten, kann sich die Wärmeleitfähigkeit verzehnfachen. Wenn alpine Böden im Herbst vor

Der Schnee hat eine wichtige Funktion als Wasserspeicher und zur Isolation von Boden, Tieren und Vegetation gegen Frost.

Tab. 9: Änderung von Dichte, Luftgehalt und Albedo von Schnee bis Eis

	Dichte (g cm^{-3})	Luftgehalt (%)	Albedo (%)
Pulverschnee	0,05 – 0,056	90	70 – 90
Altschnee	0,35	62	40 – 60
Firn	0,6 – 0,8	13 – 35	40 – 60
Gletschereis	0,8 – 0,9	2 – 13	20 – 40

nach LANG (1983)

dem Einsetzen der winterlichen Schneedecke einfrieren, können sie unter der Schneedecke durchaus wieder auftauen, obwohl die Lufttemperatur weiter absinkt. Bei geringen Schneehöhen kann sich der Effekt allerdings umkehren. Der Wärmeverlust durch die langwellige Ausstrahlung kann dann die isolierende Wirkung des Schnees sogar übertreffen. Durch diesen „Herbstschneeeffekt" (KELLER 1994) können die Bodentemperaturen im Vergleich zur aperen Situation oder im Vergleich zu einer mächtigen Schneedecke sogar sinken.

Schneegrenzen

Die jahreszeitliche oder auch die im langjährigen Durchschnitt gemittelte Schneegrenze hat eine wichtige Funktion im Ökosystem der Alpen (z.B. für die Lebewesen, für die Verwitterung und Bodenbildung, für Permafrost). Sie trennt schneebedeckte von schneefreien Flächen. Trotz ihrer großen ökologischen Bedeutung wird sie im allgemeinen Sprachgebrauch sehr unterschiedlich definiert. Sie ist nicht durch einfache Temperaturparameter zu erfassen. Folgende Schneegrenzen lassen sich unterscheiden (GROSS et al. 1978):

Temporäre Schneegrenze: Sie trennt schneebedeckte von schneefreien Flächen zu einem beliebigen Zeitpunkt. Im Frühjahr und Sommer ist die Ausaperung sehr ungleichmäßig und reliefbedingt. Deshalb ist zu diesem Zeitpunkt die temporäre Schneegrenze kaum durch Isohypsen festzulegen.

Firnlinie, Altschneelinie: Am Ende des Haushaltsjahres (Spätsommer) wird aus der temporären Schneegrenze die Firnlinie bzw. Altschneelinie. Der Begriff Firnlinie ist jedoch irreführend, da Firn metamorphisierter Schnee ist, der schon eine Ablationsperiode überdauert hat. Deshalb ist der Begriff Altschneelinie geeigneter.

Firngrenze: Die Firngrenze ist die Grenze von Firn zu Eis. Sie wird nur sichtbar, wenn die Altschneelinie höher liegt. Die Firngrenze verläuft dann immer im Ablationsgebiet.

Gletscher-Schneegrenze: Sie kennzeichnet die Lage der Gleichgewichtslinie der Gletscher im Mittel über mehrere Jahre bei ausgeglichenem Massenhaushalt (Kap. 4.2). Die Gleichgewichtslinie bildet am Ende des glaziologischen Haushaltsjahres die Trennlinie zwischen dem Ablations- und dem Akkumulationsgebiet. Ihre mittlere Höhenlage schwankt von Jahr zu Jahr. Die Gleichgewichtslinie bzw. die Gletscher-Schneegrenze liegt – wegen des Mikroklimas – in der Regel 100 bis 200 Höhenmeter tiefer als die Schneegrenze im nicht vergletscherten Gebiet.

Klimatische Schneegrenze: Sie charakterisiert einen Mittelwert aller Altschneelinien über einen größeren Raum und eine längere Zeit. Ihre Höhenlage in den Alpen variiert regional etwa zwischen 2.700 und 3.400 m ü.M. (Abb. 20). Durch die Abstraktion von lokalen Gegebenheiten ist sie nicht direkt im Gelände sichtbar. Die klimatische Schneegrenze wird in der Regel zur Abtrennung der subnivalen von der nivalen Höhenstufe verwendet, was bei ihrer eher statistischen Natur nicht unproblematisch ist (Kap. 6.3).

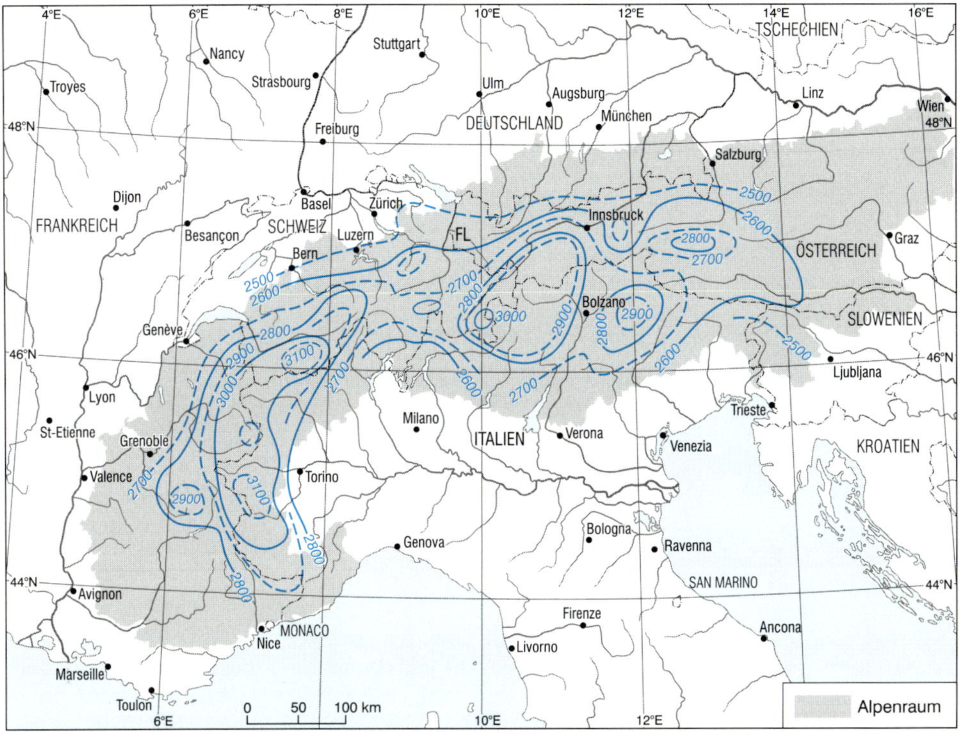

Abb. 20
Höhenlage der klimatischen Schneegrenze (m ü.M.) im Alpenraum in der Mitte des 20. Jahrhunderts (nach Danielli 1963, in Stone 1992).

2.5 Luftfremdstoffe

Selbst die entferntesten Gebiete der Alpen tragen heute Spuren anthropogener Verunreinigungen, die teils aus den Alpen oder ihrer unmittelbaren Umgebung stammen, teils aber durch Ferntransport aus den europäischen Ballungs- und Industriegebieten angeliefert werden (Tab. 10; Tab. 11). Die Immissionen können auch in Hochlagen beachtlich sein, bei Stickstoff beispielsweise 12 kg N ha^{-1} a^{-1} bzw. 1,2 g N m^{-1} a^{-1}. Zwar sind die Konzentrationen meist geringer als in Tieflagen, aber dafür erhalten die Hochlagen ja wesentlich mehr Niederschlag. Deshalb ist die nasse Deposition von Fremdstoffen in den inneralpinen Trockentälern relativ gering. In feuchteren Gebieten liegt die jährliche nasse Deposition hochalpiner Lagen in der gleichen Größenordnung wie in der Grenzschicht unterhalb 1.000 m ü.M.

Der Fremdstoffeintrag in Hochlagen unterliegt starken jahreszeitlichen und langfristigen Schwankungen. Jahreszeitlich liegt das Minimum im Winter, wenn die Luftmassen der Hochlagen, wegen stabiler meteorologischer Bedingungen, von den Tieflagen entkoppelt sind. Deshalb ist die Luftfeuchtigkeit gering und es treten geringe Gas- und

Luftfremdstoffe: alle Stoffe, deren Quellen außerhalb des Depositionsgebietes liegen und die durch die Atmosphäre eingetragen werden. Es kann sich dabei um Schadstoffe, aber auch um Nährstoffe handeln.

Tab. 10: Jährliche mittlere Element-Konzentrationen 1988/89 des Niederschlages in verschiedenen Höhenlagen der Ostalpen

Station	Höhe (m ü.M.)	Niederschlag (mm)	pH	NH_4^+	Na^+	K^+	Ca^{2+}	Mg^{2+}	Cl^-	NO_3^-	SO_4^{2-}
							(µeq l^{-1})				
Kufstein	700	1.337	4,4	41	6	2	19	4	13	39	49
Innervillgraten	1.730	779	4,9	25	5	2	24	4	5	14	29
Sonnblick	3.106	3.092	4,8	17	9	2	25	3	9	12	26

nach PUXBAUM et al. (1991)

Tab. 11: Summe der nassen Deposition 1988/89

Station	NH_4^+	Na^+	K^+	Ca^{2+}	Mg^{2+}	Cl^-	NO_3^-	SO_4^{2-}
				meq/m^{-2}				
Kufstein	55	8	3	26	5	17	51	65
Innervillgraten	19	4	2	18	3	4	11	23
Sonnblick	52	27	6	76	9	29	36	80

nach PUXBAUM et al. (1991)

Aerosolgehalte auf. Im Sommer setzt vertikale Durchmischung und Konvektion ein, wobei die durchmischte Grenzschicht auf bis über 3.000 m ü.M. angehoben wird. Oberhalb der winterlichen Grenzschicht schwanken die Aerosolgehalte jahreszeitlich um den Faktor 10. Alkali- und Erdalkali- sowie Chlorid-Gehalte nehmen erst über einer Meereshöhe von 3.600 m deutlich ab (ZOBRIST 1983). Deutlich zeigen sich diese jahreszeitlichen Schwankungen auch im Eis (Kap. 10.4.2).

Die pH-Werte des Niederschlages weisen eine deutliche räumliche Differenzierung auf. In Österreich nehmen sie von 5,0 in den Zentralalpen auf 4,3 bzw. 4,7 in den Randalpen ab. Unverschmutzter Regen hat einen pH-Wert von 5,6 (ORTHOFER & KIENZL 1990).

Hinsichtlich Ozon sind besonders erhöhte Lagen in den Alpen, um 1.000 m ü.M., chronisch belastet. Insgesamt ist die Alpensüdseite stärker von Ozon betroffen als die Nordseite. Die hohe Belastung an der Südseite tritt vor allem dann auf, wenn Luft aus Mailand herangeführt wird. Im Unterschied zu den Ballungsgebieten wird aber in den Alpen das Ozon nachts mangels der dafür nötigen Stickoxide (Verkehr) nicht abgebaut. Besonders hohe, kurzfristige Ozonanstiege auf den höchsten Gipfeln sind eine Folge von stratosphärischen Ozonausbrüchen.

Auch die Reaktorkatastrophe in Tschernobyl 1986 hat ihre Spuren in den Alpen hinterlassen. Bis heute (1999) beträgt die Aktivität der langlebigen Radionuklide ^{137}Cäsium, mit einer Halbwertszeit von 30 Jahren, in den Böden der Alpen noch immer 70 % des Anfangswertes. Die Belastung ist in den Alpen überdurchschnittlich hoch, aber regional unterschiedlich, was mit der Niederschlagsverteilung zum Zeitpunkt der

Katastrophe zusammenhängt. Die Spitzenwerte der Bodenbelastung mit ^{137}Cäsium liegen in Österreich bei 190 kBq m^{-2}, in den italienischen Alpen bei 67 kBq m^{-2}, im Piavetal bei 457 kBq m^{-2}. Höhere Werte gibt es nur in der Ukraine, in Weissrussland und in Teilen Skandinaviens. In den Westalpen sind die Spitzenwerte geringer und liegen bei 35 kBq m^{-2} (Frankreich), 48 kBq m^{-2} (Schweiz) und 75 kBq m^{-2} (Deutschland; www.cipra.org).

2.6 Windverhältnisse

2.6.1 Lokalwinde

Lokalwinde treten auf, wenn die großräumige, synoptische Zirkulation schwach ausgeprägt ist und die Winde vorwiegend thermisch ausgelöst werden. Sie treten dann im Tag-Nacht-Wechsel als thermotopographische Ausgleichströmungen auf.

Hangwind

In größeren Alpentälern stellt sich häufig eine lokale Hang-Tal-Zirkulation ein (Abb. 21). Sie beruht auf den Temperaturgegensätzen zwischen der hangnahen und der freien Atmosphäre. Das Maximum der Windgeschwindigkeit der Hangauf- bzw. Hangabwinde tritt in einigen Metern bis in 10 bis 30 m Höhe über Grund auf. Durch die absinkenden

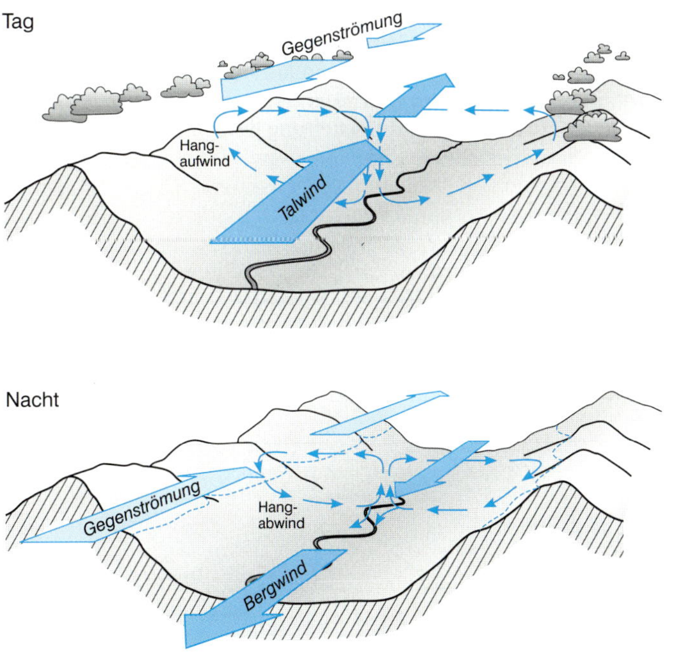

Abb. 21
Tal-, Hang- und Bergwinde in einem Gebirgstal (nach Oke 1987, aus Wanner 1993).

Luftmassen über der Talmitte erscheinen die Talböden im Vergleich zu den Hängen oft als Trockeninseln. Dieser Effekt verstärkt noch die durch Luv-Lee-Effekte verursachte Niederschlagsarmut der inneralpinen Trockentäler. Generell setzen Hangwinde vor den Berg- und Talwinden ein. Die Hangaufwinde sind thermodynamisch bedingt stärker als die Hangabwinde.

Bergwind, Talwind

Dynamisch haben Berg-Talwindsysteme die gleiche Ursache wie die Hangwinde und sind mit ihnen gekoppelt (Abb. 21). Talwinde setzen zwischen 9 und 12 Uhr vormittags ein und enden abends. Danach kehrt sich die Richtung um und der Bergwind setzt in der Nacht ein. Er wird aber nie so stark wie der Talwind. Bei großen Tälern tritt oberhalb der Talatmosphäre eine massenkompensierende Gegenströmung auf. Talwinde können Windstärken erreichen, die hinsichtlich der landwirtschaftlichen Nutzung die Errichtung von Windschutzstreifen (z.B. Pappelreihen) nötig machen. Berg-Talwinde haben eine wichtige Funktion bei der Belüftung inneralpiner Becken mit häufigen Inversionslagen und randalpinen Ballungszentren. Sie können aber auch Schadstoffe in höher gelegene Bereiche transportieren. Als eine besondere Form des Bergwindes könnte man den nur wenige Meter mächtigen Gletscherwind bezeichnen. Über der kalten Gletscheroberfläche fließt auch tagsüber die Luft ab und kann lokalklimatisch wirksam werden.

2.6.2 Föhn

Der Föhn ist ein warmer Fallwind, der als Leeseitenphänomen bei Nord- und Südstaulagen entsprechend als Süd- oder Nordföhn auftritt, Sturmstärke erreichen kann und zu Erwärmung und Austrocknung auf der Leeseite führt. Ablauf und Entstehung des Föhns sollen am Beispiel des Südföhns dargestellt werden.

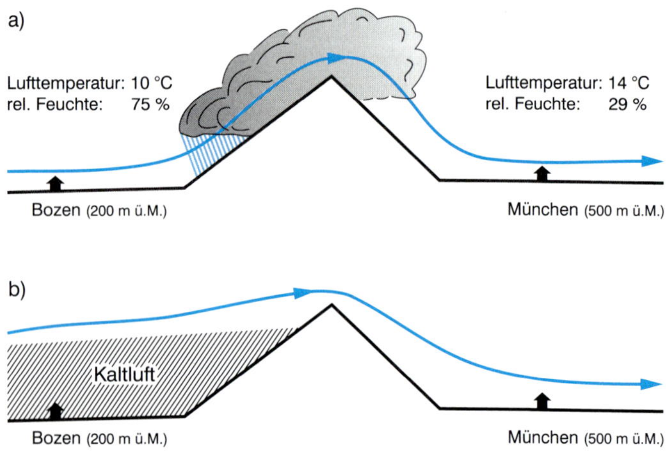

Abb. 22
Zwei Föhntypen (nach CADEZ 1967, aus BARRY 1992).
a) klassischer thermodynamischer Föhn mit Betonung des Kondensationseffektes und trocken-adiabatischen und feucht-adiabatischen Temperaturgradienten;
b) „antizyklonaler" Föhn mit Kaltluft auf der Südseite der Alpen.

Die klassische Föhntheorie betont den Kondensationseffekt, d.h. den thermodynamischen Föhneffekt (Abb. 22a). Er beruht auf der Abkühlung der Luft im Luv beim Aufsteigen um fast 1 °C pro 100 m. Dieser trocken-adiabatische Gradient verändert sich ab dem Kondensationsniveau durch die Freisetzung latenter Wärme in den feucht-adiabatischen mit 0,5 bis 0,6 °C pro 100 m. Über dem Alpenkamm bildet sich eine charakteristische Wolkenwand, die Föhnmauer, aber auf der Nordseite herrscht klare und trockene Luft. Beim Absteigen der Luftmasse erfolgt eine trocken-adiabatische Erwärmung um 1 °C pro 100 m. Die Folge davon sind höhere Temperaturen im Lee im Vergleich zum Herkunftsgebiet und Trockenheit. Bei Südföhn steigt die Temperatur auf der Nordseite oft abrupt um über 10 °C, die relative Luftfeuchte kann Werte von weniger als 30 % annehmen. Dies führt häufig zu einer raschen Schneeschmelze, zu erhöhter Lawinengefahr und zu einer Verlängerung der Vegetationsperiode in den Übergangsjahreszeiten. Bei Extremereignissen können die Temperaturunterschiede zwischen Luv- und Leeseite sehr groß sein, wie z.B. beim „Jahrhundert-Föhn" am 7. und 8.11.1982. Hier stieg die Temperatur in Zürich auf 20 °C, im Vergleich zu 2 °C in der Poebene. Bei dem Föhnsturm wurden Dächer abgedeckt, Autos umgekippt und Bäume entwurzelt.

In den Föhngassen können wärmeliebende Kulturpflanzen gedeihen. Bevorzugte Föhngassen sind die Linie Gotthardpass–Altdorf, das Rheintal von Chur zum Bodensee und das Wipptal vom Brenner bis Innsbruck. Wenn sich der Föhn vor allem in den Taldurchlässen abspielt, spricht man von „seichtem Föhn".

Südföhn tritt im Wallis statistisch an 33 Tagen im Jahr auf, in Innsbruck an 60 Tagen. In München sind es nur fünf Tage, wegen der größeren Entfernung von den Alpen. Die größte Häufigkeit erreicht der oft auf der Vorderseite von Tiefdruckgebieten auftretende Südföhn im Frühjahr (April/Mai) und Herbst, mit einem deutlichen Minimum im Sommer. Dieses ist durch das Fehlen föhngünstiger Wetterlagen aufgrund der weiter nördlich verlaufenden Frontalzone zu erklären. Die bis zum Boden durchgreifenden Föhnwinde bewirken eine Säuberung der Talkessel. Nebel, Dunst und Smog werden durch frische, relativ trockene Luft ersetzt. In den Alpentälern ist daher der Föhn im Winter eine wirksame Erscheinung gegen das Überhandnehmen der Luftverschmutzung.

Die thermodynamische Föhntheorie vermag aber nicht alle auftretenden Phänomene zu erklären (Seibert 1993). So herrscht bei Südföhn in der Poebene oft Windstille. Oder auf der Luvseite fällt kein Niederschlag. Das sind immerhin ca. 30 % aller Tage mit starkem Föhn in Innsbruck. Trotzdem treten die für Föhn typischen Temperaturunterschiede auf. Selbst in den Fällen, in denen tatsächlich Niederschläge im Luv fallen, reicht die dabei frei werdende Kondensationswärme nur zur Erklärung von einem Drittel des längs der Brennerachse beobachteten Temperaturunterschiedes aus.

Folgende Faktoren müssen entsprechend zusätzlich bzw. hauptsächlich berücksichtigt werden: Föhn ist oft an das Auftreten bestimmter

Großwetterlagen gebunden, die einen großräumigen synoptischen Druckgradient erzeugen, der für einen Wind mit gebirgsquerender Komponente sorgt. Typisch und günstig für Südföhn ist die Vorderseite eines von Westen nahenden Tiefdruckgebietes mit seinem Kern nördlich der Alpen (Abb. 9). In der Höhe stellen sich dabei zunehmend Südwinde ein. Im Luv kommt es zur Advektion von wärmerer Luft über die potentiell kältere Luft der Poebene und des Alpenvorlandes. Häufig liegt hier noch eine stagnierende, stabil geschichtete, alte Kaltluftzunge des vorhergehenden Hochdruckgebietes (Abb. 22b). Mit fortschreitend zyklonaler Lage kann es in den im Luv gestauten Luftmassen zu Bewölkung und Stauniederschlägen kommen. Wenn es auf der Luvseite regnet, tritt der von der thermodynamischen Föhntheorie beschriebene Effekt tatsächlich ein, aber er liefert nur einen zusätzlichen und nicht den dominierenden Beitrag. Je stabiler die Luft im Süden geschichtet war, um so größer ist der Unterschied zur Leeseite. In so einem Fall steigt die Luft von der Poebene bis zum Alpenhauptkamm nur wenig auf, unterhalb von 1.500 bis 2.000 m ü.M. bleibt sie sogar blockiert und nimmt nicht an der Föhnströmung teil. Wo die Luft über den Hauptkamm stürzt, lösen sich die Wolken auf, und zwar so abrupt, dass eine Föhnmauer entsteht. Diese Wolkenmauer kann auch erst 10 km hinter dem Hindernis liegen. Typisch sind dabei die „Föhnfische" (*Altocumulus lenticularis*). Der Zusammenbruch des Föhns erfolgt, wenn das föhnverursachende Tief mit der Kaltfront ankommt. Wenn dann die Kaltluft eine größere vertikale Mächtigkeit als die Alpen erreicht hat, ist die Föhnlage vorbei. Gleichzeitig setzt plötzliche Wetterverschlechterung ein.

FRAGEN

1. *Wodurch wird das Klima der Alpen großräumig bestimmt?*
2. *Wie beeinflussen die Alpen ihrerseits als Gebirgskörper das Klima?*
3. *Wieso verschärfen sich in den Hochlagen der Alpen die Expositionsunterschiede und damit die mikroklimatischen Unterschiede im Verhältnis zu den Tieflagen?*
4. *Wodurch erklärt sich die höhere Kontinentalität der Zentralalpen im Vergleich zu den Randbereichen?*
5. *Wieso liegt das Frostwechselmaximum der Luft in mittleren Höhenlagen?*
6. *Wieso sind Niederschlagsmessungen in den Hochlagen der Alpen ungenau?*
7. *Wie sind die Niederschläge (Gesamtmenge, jahreszeitliche Verteilung) auf der Alpensüdseite im Vergleich zur Nordseite?*
8. *Was sind die raum-zeitlichen Unterschiede der Schneedecke im Vergleich von winterlichem Einschneien und dem Ausapern im Frühjahr?*
9. *Welche Funktionen hat der Schnee im Ökosystem?*
10. *Wie entsteht Föhn?*

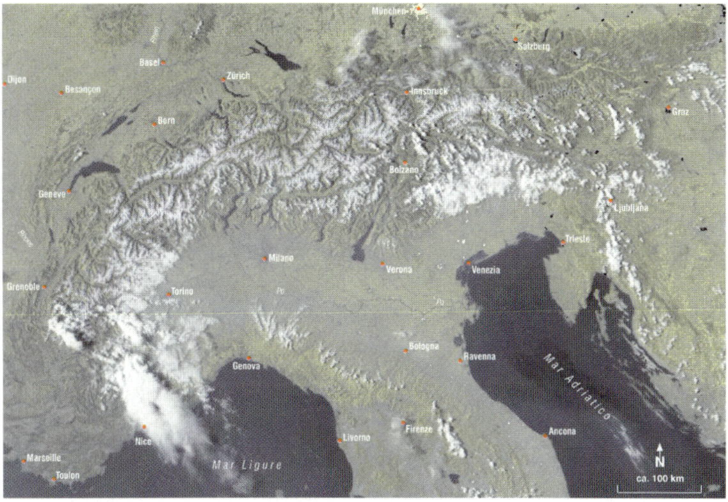

Farbfoto 1: ***Satellitenbild der Alpen.*** *Die Aufnahme des NOAA-12 vom 26. Juni 2001 um 15.42 Uhr zeigt den Alpenbogen, dargestellt in der Kanalkombination 2,2,1. Die Daten wurden von der Empfangsstation der Gruppe für Fernerkundung (Geographisches Institut der Universität Bern) aufgezeichnet und archiviert. Eine reduzierte Version der Rohdaten kann als Quicklook unter http://saturn.unibe.ch/rsbern angesehen werden. © 2001 Gruppe für Fernerkundung.*

Farbfoto 2: ***Das Matterhorn (4.478 m ü.M.).*** *Der wohl bekannteste Gipfel der Schweiz ist aus harten Gesteinen der Dente Blanche Decke (unterostalpine Klippe; Dente Blanche mit 4.357 m ü.M. rechts im Bild) aufgebaut, die den penninischen Bünderschiefern und Ophiolithen aufliegt. Im Hintergrund sind die neuzeitlichen, nur spärlich bewachsenen Moränen des Zmuttgletschers zu erkennen. Die Gornergrad-Bahn im Vordergrund, planierte Skipisten und Schneekanonen und der damit zusammenhängende Tourismus bilden empfindliche Eingriffe in den alpinen Naturraum, stellen aber auch eine wichtige ökonomische Grundlage dar (Veit 14.08.1999).*

Farbfoto 3: ***Fiume Tagliamento bei Pioverno/Venzone***
Anthropogen weitgehend ungestörter Flussabschnitt mit Umlagerungszonen und Schotterbänken (VEIT 21.08.2000).

Farbfoto 4: ***Lämmerenboden (2.305 m ü.M.; Berner Oberland)***
Hochalpines Gletschervorfeld mit verzweigtem Flusssystem. Im Hintergrund Glacier de la Plaine Morte und Weisshorn (2.948 m ü.M.) (VEIT 18.08.1997).

Farbfoto 5: ***Teischnitztal (2.250 m ü.M.; Osttirol)***
Alpine Talaue mit mehreren holozänen Terrassenniveaus und mäandrierendem Gletscherbach (Veit 06.09.1986).

Farbfoto 6: ***Mont Blanc (4.807 m ü.M.) mit Glacier des Bossons***
Die Gletscherzunge reicht bei Chamonix bis in den Wald. Wegen der tiefen Lage der neuzeitlichen Moränen ist ihre Bewaldung bereits weit fortgeschritten (vgl. Fotos 2 und 3). Im Bild links neben der Gletscherzunge ist die Einfahrt zum Mont Blanc-Straßentunnel zu erkennen, der Chamonix mit Italien verbindet. Nach der Brandkatastrophe vom 24. März 1999 und der Schließung des Tunnels erfolgten heftige Diskussionen über die Wiedereröffnung, speziell für Lkw und die damit zusammenhängenden Folgen für die Verkehrbelastung im Raum Chamonix (Veit 18.07.2000).

Farbfoto 8: ***Holozäne Solifluktionsdecken und Böden in den Hohen Tauern (2.650 m ü.M.)***
In der Grabung ist ein jüngerer Solifluktionslobus angeschnitten, der einen älteren überlagert. Der jüngere, grau erscheinende Lobus trägt lediglich eine initiale Bodenbildung (Lockersyrosem). Auf dem älteren Lobus darunter ist ein früh- bis mittelholozäner Podsol entwickelt, erkennbar an dem ockerfarbenen Bs-Horizont. Dieser fossile Podsol bildet im Bild-Vordergrund den Oberflächenboden (VEIT 18.08.1993).

Farbfoto 9: ***Deckschichten in der montanen Höhenstufe der Provençalischen Alpen***
Über den grauen Mergeln ist die Deckschicht deutlich an dem hohen Steingehalt (weiße Kalksteine) erkennbar. Bei der Verlagerung hangabwärts hat die Deckschicht die Kalksteine aus eingeschalteten Kalksteinlinsen aufgenommen und mittransportiert. Darüber folgt eine jüngere Deckschicht aus mergeligem, weitgehend steinfreiem Material (VEIT 24.07.2000).

Farbfoto 11: ***Verspülte Deckschichten in der montanen Höhenstufe des Iseltales (Osttirol)***
Die sandige Deckschicht aus lokalem, hangaufwärts anstehendem altkristallinem Material überlagert rinnenartig eine karbonatische, spätglaziale Moräne des Iselgletschers. Auf diesen Rinnenfüllungen haben sich im Unterschied zur Moräne nicht Pararendzinen und Braunerden, sondern Podsole entwickelt (vgl. Abb. 45c; VEIT 19.08.1987).

Farbfoto 12: ***Felshumusboden (O-C-Profil) in der subalpinen Höhenstufe auf Kalksteinen des Dachsteins (Veit 08.09.2000).***

Farbfoto 13: ***Tangelrendzina auf Dolomit in der alpinen Höhenstufe der Dolomiten (Drei Zinnen; 2.300 m ü.M.)***
Die ca. 40 cm mächtige Auflage besteht überwiegend aus Of- und Oh-Lagen. Ein eigentlicher Ah-Horizont ist nicht entwickelt. Im Hintergrund das typische Relief der Dolomitstöcke mit steilen Wänden und Schutthalden (Veit 12.09.2000).

Farbfoto 15: ***Fossiler Podsol in der periglazialen Höhenstufe der Hohen Tauern (2.600 m ü.M.)***
Die Aufnahme zeigt einen fossilen frühholozänen Podsol in ca. 1 m Tiefe. (grau = fAhe-Horizont; braun = fBsh-Horizont). Vor der Bedeckung mit Solifluktionsschutt eines jüngeres Lobus (oberer Bildteil) wurde der Boden durch 5 cm mächtige verspülte, fein geschichtete, goldfarbene Glimmerplättchen zugedeckt. Dies weist auf die massive Rasenzerstörung und gesteigerte Erosion in den Solifluktionsphasen hin (Veit 13.08.1987).

Farbfoto 16: ***Lärchen-Arven-Wälder im Bereich der Waldgrenze bei Zermatt (Veit 27.09.1999).***

Farbfoto 17: ***Kryptogamenkruste (grau) im Ködnitztal (Hohe Tauern, 2.550 m ü.M.)***
Flechten gehen in den Alpen bis auf die höchsten Gipfel. Speziell in der subnivalen und nivalen Höhenstufe spielen die Kryptogamen eine wesentliche Rolle als Erosionsschutz (Veit 21.07.1998).

Farbfoto 18: ***Steingletscher (Berner Oberland)***
Die Zunge des Steingletschers zeigt eine typische Situation in den Alpen, mit Gletschertor, Gletschersee und neuzeitlichen Moränen mit spärlicher Vegetationsbedeckung (Veit 12.10.1999).

a)

b)

Farbfoto 19: ***Der untere Grindelwaldgletscher im 18. und 19. Jahrhundert (aus Holzhauser & Zumbühl 1999)***
a) 1794, Gemälde von A. Koch (Öl auf Leinwand), Muzeum Narodowe we Wroclawiu, Wroclaw, Polen. Das Gemälde wurde erst 1823 in Rom angefertigt, aber auf der Grundlage eines Aquarells von 1794.
b) 1826, Zeichnung von S. Birmann (Bleistift, Aquarell, Gouache), Kunstmuseum Basel.

Farbfoto 20: ***Der Rhônegletscher im 19. und 20 Jahrhundert (aus Holzhauser & Zumbühl 1999)***
a) 1856, Fotografie von F. Martens, London Alpine Club Library.
b) 1998, Fotografie von H. Zumbühl.

a)

b)

Farbfoto 7: ***Solifluktionsloben am Furkapass (Schweiz)***
Oberhalb der Baumgrenze setzen in den Alpen periglaziale Bodenbewegungen ein, die z.B. anhand der Solifluktionsloben zu erkennen sind. Im Bild gehen die bewachsenen Loben der alpinen Höhenstufe oberhalb von ca. 2.600 m ü.M. in unbewachsene Loben der subnivalen Höhenstufe über. Durch unterschiedliche Bewegungsraten und Alter der Solifluktionsloben bildet sich ein feines Mosaik an Pflanzengesellschaften und Böden (Veit 23.08.1999).

Farbfoto 7

Farbfoto 10

Farbfoto 10: ***Deckschicht aus Flugstaub über Phyllit in der montanen Höhenstufe der südlichen Hohen Tauern.*** *Die feinkörnige äolische Deckschicht, die stellenweise nach der Ablagerung noch verspült wurde, überlagert die grauen Schiefer. In der Deckschicht hat sich eine podsolige Braunerde entwickelt. Die Untergrenze des Bsv-Horizontes stimmt mit der Untergrenze der Deckschicht überein (Veit 10.09.1986).*

Farbfoto 14: ***Eisenpodsol im Obergoms, Wallis (1.500 m ü.M.).*** *Der Podsol ist in einer silikatischen Solifluktionsdecke (ockerfarben; Gneise, Glimmerschiefer) entwickelt, die im Spätglazial unter periglazialen Bedingungen gebildet wurde. Unter der Rohhumusauflage folgt ein bleicher Auswaschungshorizont (Ae-Horizont), darunter der ockerfarbene Anreicherungshorizont (Bs-Horizont; Veit 02.08.2000).*

Farbfoto 14

Farbfoto 21

Farbfoto 21: ***Fossile Böden in der periglazialen Höhenstufe der Hohen Tauern (2.500 m ü.M.).*** *Mehrgliedrige holozäne Solifluktionsdecken sind durch fossile Bodenhorizonte getrennt. An der Basis wird eine Braunerde mit ihrem Ah-Horizont sichtbar. Sie wurde an dieser Stelle vor rund 1800 Jahren von einem jüngeren Solifluktionslobus überfahren. Zwei weitere fossile Ah-Horizonte belegen danach noch den mindestens zweifachen Wechsel von Solifluktions- und Bodenbildungsphasen (vgl. Abb. 78) (Veit 23.08.1986).*

3 Wasser

3.1 Die Alpen als „Wasserschloss" Europas

Die Alpen sind das „Wasserschloss" Europas. Die Gerinne entwässern über den Rhein in die Nordsee, über den Inn und die Donau ins Schwarze Meer und über Rhône und Po ins Mittelmeer (Abb. 23). Die Alpen haben hydrologisch eine überregionale Bedeutung bis weit in die Vorländer und liefern Trinkwasser, Bewässerungswasser und Wasserkraftenergie für Millionen von Menschen. Obwohl z.B. die Alpen am Einzugsgebiet des Rheins (160.000 km^2) nur eine Fläche von 23 % ausmachen, trägt dieser alpine Anteil zu 50 % (1.000 $m^3\ s^{-1}$) zum totalen Abfluss in die Nordsee bei (Tab. 12; Abb. 24). Im Winter sind es rund 30 % und im Sommer 70 %. Bei der Rhône liegt der alpine Gebietsanteil bei 32 %, die aber zu 47 % des Vorlandabflusses beitragen. Beim Po sind die Verhältnisse 32 % zu 56 %.

Der Gebietsabfluss in den Alpen liegt um das Dreifache über dem Wert der Vorländer.

Die Wasserspeicherung im Eis der Gletscher umfasst gesamtalpin ein Volumen von rund 100 km^3. In den Alpenseen sind die Werte gut doppelt so hoch.

Der Wasserreichtum der Alpen beruht auf mehreren Voraussetzungen. Wesentlich sind die höheren Niederschläge in der Höhe, bei gleichzeitig abnehmender Evapotranspiration (Kap. 2.3), sowie die Wasserspeicherung in Gletschern, Schnee, Permafrost und Seen. Die Wasserreserven, die 1980 in den natürlichen und künstlichen Seen und als Schnee und Eis in der Schweiz lagerten, entsprachen rund der 3,5fachen Menge des Niederschlages. Der Gebietsabfluss in den Alpen beträgt durchschnittlich mehr als 50 bis 60 $l\ s^{-1}\ km^{-2}$, im Vergleich zu 10 $l\ s^{-1}\ km^{-2}$ im Vorland.

Die europäischen Metropolen haben einen hohen Wasserverbrauch. Je nach Grundwasserverhältnissen und wegen der teils starken Ver-

Tab. 12: Beitrag der Alpen zum Abfluss im Vorland am Beispiel von Rhein, Rhône und Po

	Rhein	Rhône	Po
Alpenanteil	23 %	32 %	32 %
Beitrag zu Abfluss in Vorland	50 %	47 %	56 %

nach Mountain Agenda (1998)

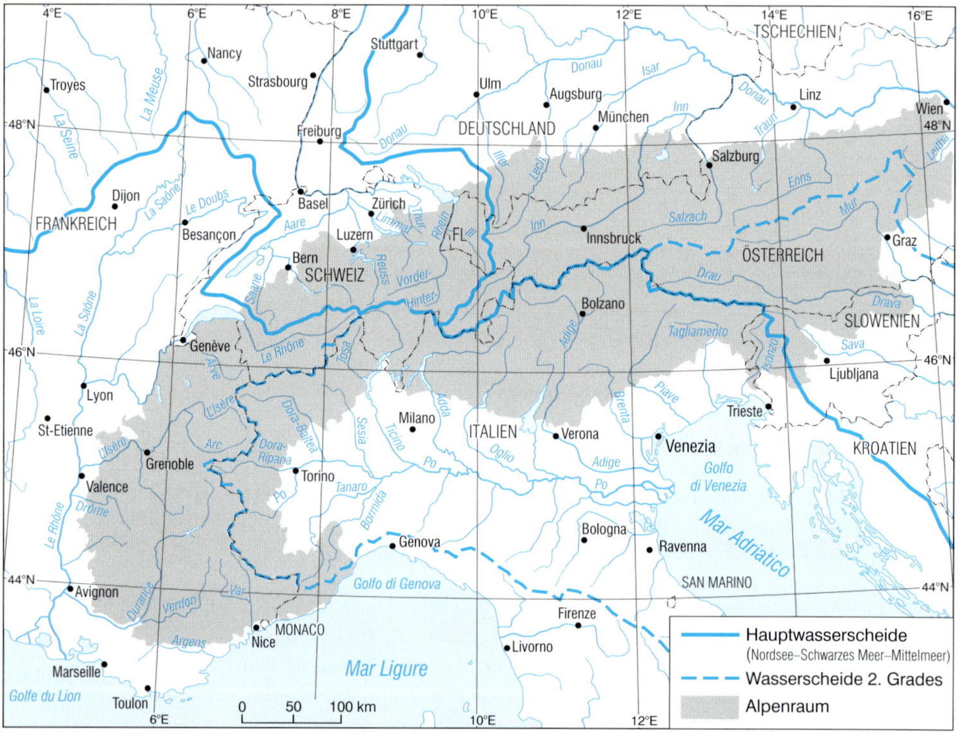

Abb. 23
Gewässernetz und Hauptwasserscheiden der Alpen.

schmutzung des Oberflächenwassers erfolgen häufig Zulieferungen aus großer Entfernung. Im Hinblick auf die Alpen erfolgt dies teils aus Oberflächenwasser (Niederlande: Rheinwasser; Süddeutschland: Bodensee), teils aus Grundwasser (Wien, Salzburg: aus den Karstgebieten der nördlichen Kalkalpen). Im mediterranen Bereich sind die Metropolen noch

Abb. 24
Wasserbilanz der Alpen (nach Mountain Agenda 1998).

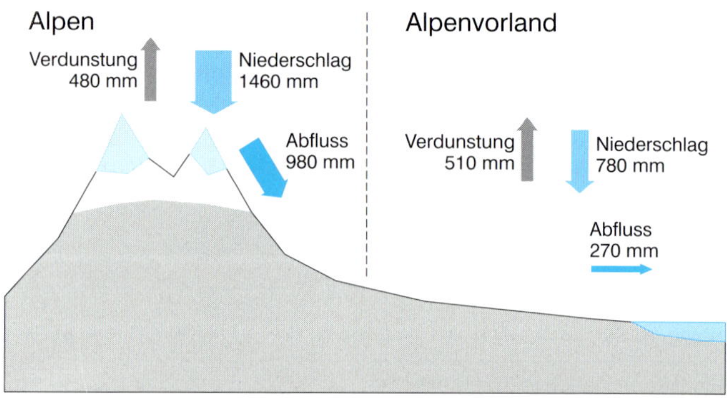

stärker auf die Wasserlieferung aus den Alpen angewiesen. Turin z.B. errichtete bereits 1896 eine 60 km lange Trinkwasserleitung vom 1.800 m ü.M. gelegenen Pian della Mussa in den südlichen Grajischen Alpen. Die moderne Intensivlandwirtschaft in der Provence, an der Cote d'Azur und in der Po-Ebene verbraucht ebenfalls große Wassermengen. Da die Niederschlagsmaxima in den angrenzenden Südalpenräumen im Frühjahr und Herbst liegen, die Landwirtschaft das Wasser aber im Sommer braucht, werden Stauseen angelegt. Der größte Stausee im Alpenraum, der 20 km lange „Lac de Serre-Poncon" in den französischen Seealpen, dient im Wesentlichen der Bewässerung von zusätzlichen 60.000 ha im nicht alpinen Teil des Durance-Tales zwischen Sisteron und Avignon.

3.2 Fließgewässer

Innerhalb der Alpen liegt ein großer Teil der Einzugsgebiete oberhalb der Waldgrenze. Bei Rhein, Rhône und Inn sind es jeweils mehr als 50 % der Einzugsgebietsflächen, die sich oberhalb von 2.000 m ü.M. erstrecken (Abb. 25). Damit kommt den Prozessen innerhalb der alpinen, subnivalen und nivalen Höhenstufen eine wesentliche Bedeutung zur

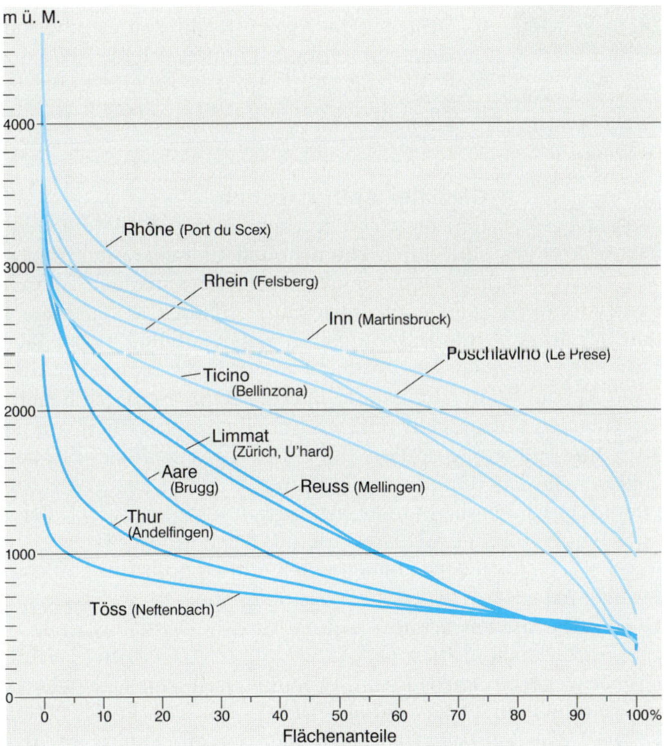

Abb. 25
Hypsometrische Kurven verschiedener alpiner Flusseinzugsgebiete (nach BREINLINGER *et al. 1991).*

Foto 4: ***Murschuttfächer im Susasca-Tal (Schweiz)***
Die Aktivität auf dem Schuttfächer unterhalb der Waldgrenze wird entscheidend durch die Prozesse und Veränderungen in der alpinen und subnivalen Höhenstufe gesteuert. In der Karmulde liegt ein Blockgletscher. An den steilen und unbewachsenen Schutthalden der Kar-Rückwand setzen mehrere Murbahnen an (Veit 25.08.2000).

Steuerung der Wasser- und Sedimentfrachten zu. Änderungen der Schneebedeckung, der Gletscherausdehnungen oder der Vegetationsbedeckung der alpinen Rasen können zu massiven Veränderungen (Hochwässer, Muren, Schwemmfächer) bis auf die Talböden der subalpinen und montanen Höhenstufen führen (Fotos 2, 4, 5, Farbfoto 6).

3.2.1 Abflussregimes

Ökologisch ist bei den Fließgewässern nicht nur die gesamte Wassermenge, sondern auch die jahreszeitliche Verteilung des Abflusses sowie die Speicherung des Niederschlages in Seen und Gletschern von Bedeutung. Das „Abflussregime" kennzeichnet die relativen oder absoluten Schwankungen. Beim glazialen Abflussregime erzeugt die Gletscherspende das sommerliche Abflussmaximum, beim nivalen Regime wird die Dominanz der Schneeschmelze sichtbar. Nivo-pluvial bedeutet, dass das Schneeschmelz-Abflussmaximum größer ist als das zweite, vom Regen erzeugte. Beim pluvio-nivalen Regime ist es umgekehrt. Bei Klimaänderungen können sich die Abflussregimes wandeln (Kap. 10.5). Folgende Haupttypen treten in den Alpen auf (Weingartner & Aschwanden 1992; Abb. 26a):

Glaziales Abflussregime

Einzugsgebiete mit einem glazialen Abflussregime sind durch einen hohen Gletscheranteil und eine tages- und jahreszeitlich schwankende Gletscherspende gekennzeichnet. Typisch ist dabei die Dominanz der Monate Juli und August, in denen rund 60 % der Jahresabflussmenge abfließen. Im Zeitraum von Mai bis September sind es sogar 90 %. Die Winterabflüsse sind gering. Typischerweise haben die entsprechenden Einzugsgebiete einen hohen Gletscheranteil von mehr als 30 % und eine große mittlere Höhe. Bei etwas niedrigerer Höhenlage sinkt der Gletscheranteil und die Schneeschmelze setzt etwas früher ein. Dadurch werden die Monate Mai und Juni stärker betont. Die Abflussspitzen im Juli und August werden dagegen gedämpft.

Sommerliche Schneefälle haben einen großen positiven Einfluss auf den Massenhaushalt der Gletscher, was unter anderem durch die höhere Albedo des frischen Schnees bedingt ist. Die Gletscherspende wird dann entsprechend reduziert (Abb. 26b). Am Hintereisferner verringerte beispielsweise ein einziger starker Sommerschneefall im Jahr 1958 den Juli-Abfluss um 27 %, den Jahresabfluss um 7 % (Röthlisberger & Lang 1987). Am Vernagtferner betrug der mittlere Abfluss am 1. Au-

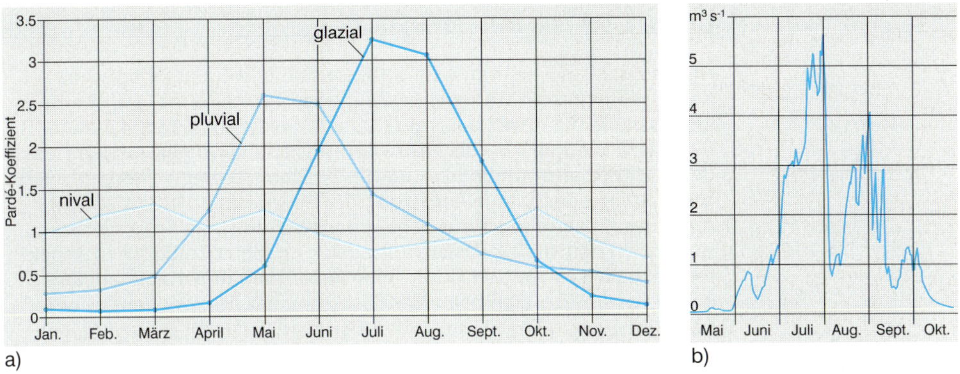

Abb. 26
Abflussgänge alpiner Gewässer.
a) Abflussregimes (nach WEINGARTNER *&* ASCHWANDEN *1992), glazial: Beispiel Rhône/Gletsch, nival: Beispiel Allenbach/Adelboden, pluvial: Beispiel Faloppia/Chiasso;*
b) Abflussgang des Vernagtbaches 1983 (Gletscheranteil: 84 %; nach RÖTHLISBERGER *&* LANG *1987).*

gust 1983 5,61 $m^3 s^{-1}$. Nach Neuschneefällen am 2. August ging der Abfluss auf 0,696 $m^3 s^{-1}$, d.h. um 88 % zurück. Regen, der auf eine Schneedecke fällt trägt in der Regel ereignisbezogen nicht zum Gebietsabfluss bei. Verantwortlich hierfür sind die thermische und mechanische Speicherung. Wasser, das in eine Schneedecke eindringt, deren Temperatur unter 0 °C liegt, gefriert und gibt dabei seine latente Wärme an den Schneekörper ab. Dadurch erfolgt eine Aufwärmung bis zum isothermen Beharrungszustand; erst dann kann weiteres Schmelzen stattfinden. Bei der mechanischen Speicherung wird in Abhängigkeit vom Metamorphosezustand eine bestimmte Menge an Wasser entgegen der Schwerkraft zurückgehalten (hygroskopisch und kapillar gebundenes Wasser).

Nivales Abflussregime

Zwischen glazialem und nivalem Abflussregime gibt es Übergänge. Beim glazionivalen Abflussregime erfolgt eine stärkere Betonung der Monate Juni und Juli durch die Schneeschmelze. Die Bedeutung des Septembers nimmt ab. Die Gletscheranteile liegen in der Regel unter 20 %. Beim nivoglazialen Regime erfolgt der maximale Abfluss im Juni, aber auch der Mai ist von Bedeutung. Die Vergletscherung beträgt nur noch wenige Prozent. Beim nivalen Regime beginnt die Schneeschmelze in tieferen Lagen im April, die Hauptphase liegt im Mai und Juni. Während der Monate Mai bis September fließen nur noch 70 % der Jahressumme ab. Die Einzugsgebiete sind unvergletschert.

Nivo-pluviale und pluvio-nivale Abflussregime

Bei tief liegenden Einzugsgebieten ohne Vergletscherung ist der jährliche Abflussgang typischerweise mehrgipfelig, mit Abflussspitzen im Frühjahr während der Schneeschmelze und einem zweiten Maximum im Herbst, bedingt durch die Niederschläge. Der Einfluss der sommerlichen Verdunstung wird sichtbar und kann bis zu 600 bis 700 mm a^{-1} betragen (Kap. 2.3; Abb. 18). Bezogen auf größere Einzugsgebiete treten rein pluviale Abflussregimes in den Alpen kaum auf. Lediglich in den

Hochwasser und Niedrigwasser

Hochwasser- und Niedrigwasserabflüsse sind wichtige ökologische Kenngrößen alpiner Gerinne. Beide spielen auch eine wesentliche Rolle im Zusammenhang mit Naturgefahren und werden in Kap. 4.5 näher diskutiert. Die Kenntnis der Hochwasserdynamik und der entsprechenden Abflüsse sind von Bedeutung für die Planung von wasserbaulichen Maßnahmen, die optimale Nutzung der Ressourcen, die Bewirtschaftung von Anlagen sowie für den Gewässerschutz. Eine Rolle hierbei spielt auch der Niedrigwasser-Abfluss der – neben ökologischen Aspekten bezüglich Fauna und Flora – eine Bedeutung im Zusammenhang mit Wasserableitungen beim Kraftwerksbau hat. Hierbei geht es um die „Restwassermenge", die in den Gerinnen verbleibt (Kap. 8.4). Bei geringer Restwassermenge ist ein natürliches Ausräumen der Geschiebe nicht mehr möglich und das Material akkumuliert sich über längere Zeiträume. Kommt es dann zu einem Hochwasserabfluss, besteht die verstärkte Gefahr eines Murganges. Vielfach wird zur Charakterisierung des Niedrigwasser-Abflusses eine Wassermenge definiert, die in 95 % aller Fälle erreicht oder überschritten und dementsprechend in nur 5 % der Fälle unterschritten wird (Aschwanden & Kau 1999). In der Schweiz ist dies der Wert Q_{347} (347 Tage im Jahr), sonst auch der Wert Q_{95} (347 Tage = 95 % des Jahres).

tief gelegenen Nebenflüssen sind teilweise pluviale Charakteristika vorhanden, d.h. mehrere niederschlagsbedingte Abflussspitzen im Jahresverlauf. In den großen Tälern macht sich der alpine Einfluss mit der Dominanz der Schneeschmelze bis weit ins Vorland bemerkbar (Tab. 12).

3.2.2 Sedimentfrachten und Abtragungsraten

Lösungsfracht: gelöste chemische und organische Stoffe.

Bei der Beurteilung der Denudationsraten bzw. der spezifischen Sedimentfrachten der Gerinne ist zu unterscheiden zwischen mechanischem (physikalischem) und chemischem Abtrag einerseits und Lösungs-, Suspensions- (Schweb-) und Grobmaterialfracht (Geschiebe, Geröllfracht) andererseits. Die Methoden zur Erfassung der einzelnen Anteile sind unterschiedlich und oft nicht direkt vergleichbar. Denudation und Sedimentfrachten werden durch eine Reihe von Faktoren gesteuert. Diese sind teilweise hydraulisch bedingt, wie z.B. das Gefälle, die Wassertiefe und die Fließgeschwindigkeit, teils durch die Gebietsparameter wie Niederschlag, Temperatur, Böden, Vegetation und Landnutzung. Speziell die Messungen der Suspensions- und Grobmaterialfrachten sind häufig durch Verbauungsmaßnahmen oder durch Zwischenspeicherung im Gerinne oder in Seen verfälscht. Bei großen Einzugsgebieten sind deshalb die spezifischen Sedimentfrachten häufig nur halb so groß wie bei kleineren Einzugsgebieten. Kontinuierliche Messungen der Grobmaterialfrachten sind wegen des Aufwandes darüber hinaus relativ selten.

Allgemein lässt sich sagen, dass in der Regel bei kleinen alpinen Einzugsgebieten der physikalische Abtrag den chemischen um mindestens eine Größenordnung übersteigt, während in den großen Einzugsgebieten die Unterschiede nicht so gravierend sind (Tab. 13, 14, 15, Abb. 27). Die höchsten Anteile an Lösungsaustrag erreichen Gebiete mit löslichen Gesteinen, wie z.B. die nördlichen und südlichen Kalkalpen, sowie das Helvetikum. Gesamtalpin liegen die Denudationsraten bei 100 bis 650 mm pro 1.000 Jahren (Hinderer 1999, 2001). Der mechanische Abtrag ist dabei in den westlichen kristallinen Alpen am höchsten, mit über 600 mm pro 1.000 Jahren, in den nördlichen und südlichen Kalkalpen dagegen am geringsten. Der gesamte Massenexport aus den Alpen liegt in der Größenordnung von 74 Mio. t a^{-1}, wovon rund zwei Drittel auf den Feststoffaustrag und ein Drittel auf den Lösungsaustrag entfallen. Die spezifische Sedimentationsfracht beträgt in den Alpen einige 100 t km^{-2} a^{-1} und ist natürlich bei den einzelnen Einzugsgebieten genauso variabel wie die Denudationsrate. Umgerechnet aus den oben

Suspensionsfracht: Partikel, die klein und leicht genug sind, um vom Wasser schwebend mitgeführt zu werden. Dominante Korngrößen sind Schluff und Ton. Der Sand nimmt – je nach Strömungsgeschwindigkeit – eine Übergangsstellung zur Geröllfracht ein.

Tab. 13: Verhältnisse von Feststoff- und Suspensionsfrachten der Tsidjiore Nouve (Wallis, Schweiz)

Jahr	Feststofffracht %	Suspensionsfracht %
1981	40	60
1982	33	67

nach Gurnell (1987); Einzugsgebietsgröße: 4,8 km^2; Gletscheranteil: 70 %

Tab. 14: Suspensionsfrachten in verschiedenen vergletscherten Einzugsgebieten des Wallis (Schweiz)

Einzugsgebiet	Größe (km^2)	Suspensionsfracht (m^3 km^{-2} a^{-1})
Massa	195	500
Dixence	101	650
Drance	678	850

nach Bezinge (1987)

Tab. 15: Feststofffrachten im Wallis (Schweiz)

Einzugsgebiet	Größe (km^2)	m^3 a^{-1}	m^3 km^{-2} a^{-1}
Gorner	80	17.000 – 35.000	200 – 450
Stafel	36	8.000 – 15.000	215 – 420
Ferpecle	36	5.000 – 12.000	140 – 330
Bertol Inférieur	8,2	1.200 – 4.000	150 – 500
Tsidjiore Nouve	4,8	400 – 2.000	80 – 400

nach Bezinge (1987)

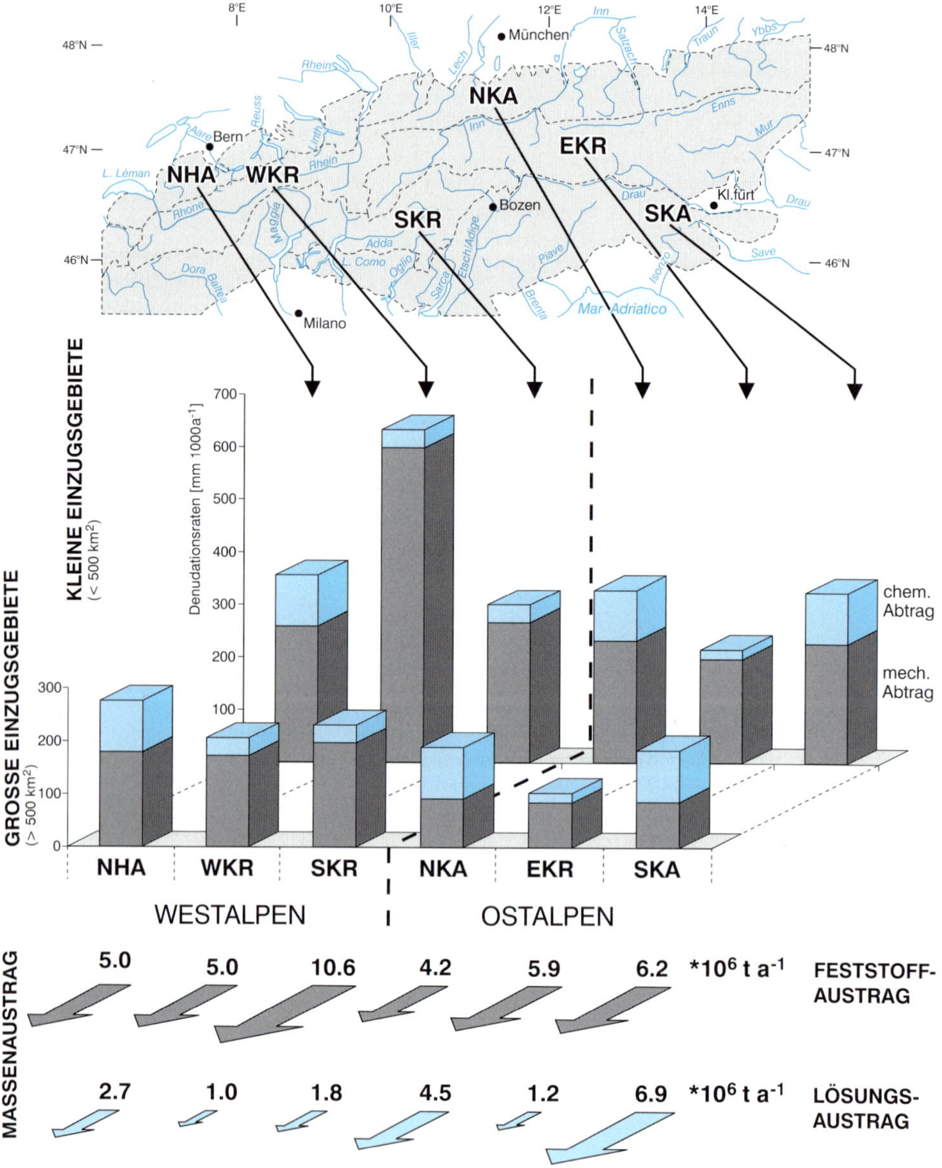

MASSENAUSTRAG ALPEN GESAMT	FESTSTOFFAUSTRAG:	**50 * 10^6 t a^{-1}**
	LÖSUNGSAUSTRAG:	**24 * 10^6 t a^{-1}**

genannten Denudationsraten von 100 bis 650 mm pro 1.000 Jahren, erhält man Werte von 250 bis 1.625 t km^{-2} a^{-1}. In stark vergletscherten Einzugsgebieten können die Sedimentfrachten auf 1.800 bis 4.500 t km^{-2} a^{-1} ansteigen (GURNELL 1987).

Die Gesamtfrachten nehmen mit der Größe des Einzugsgebietes zu. Bezogen auf die Schwebstofffracht liegen die mittleren Jahreswerte der Periode 1979 bis 1993 z.B. bei 3,6 Mio. t a^{-1} (Rhein, Mündung in den Bodensee), 1,9 Mio. t a^{-1} (Rhône, Porte du Sex), 474.000 t a^{-1} (Ticino, Bellinzona) oder 106.000 t a^{-1} (Aare, Brienzwiler; JAKOB & SPREAFICO 1997). Bei kleineren Einzugsgebieten können sie auch deutlich darunter liegen (Tab. 15).

Diese Mittelwerte dürfen natürlich nicht über eine hohe jährliche Variabilität hinwegtäuschen. Am Rhein liegen die Schwankungsbreiten der letzten Jahrzehnte z.B. zwischen 259.000 t a^{-1} (1971) und 17,5 Mio. t a^{-1} (1987). Am Ticino betragen die Werte zwischen 12.700 t a^{-1} (1990) und 3,6 Mio. (1979). Insgesamt sind die Feststofffrachten stark mit dem Abfluss gekoppelt. Dieser wiederum ist bei hochgelegenen Einzugsgebieten teilweise negativ mit dem Niederschlag, aber positiv mit der Temperatur verknüpft (Kap. 3.2.1). Im Stausee Grande Dixence (Wallis) z.B. variiert der Eintrag von Suspensionsfracht zwischen 50.000 m^3 in kalten und 150.000 m^3 in warmen Sommern, was die Bedeutung der Gletscherspende zeigt. Am Rhein beträgt die mittlere monatliche Suspensionsfracht allein im Juli mehr als 1,2 Mio. t. Am Ticino in den Südalpen treten die Spitzenwerte (250.000 t) dagegen eher im Oktober auf. Die Maxima sind häufig mit Abflussspitzen verbunden, die, wie der Niederschlag, entsprechend regional zeitlich unterschiedlich auftreten (Kap. 2.3). Bei den nivalen Einzugsgebieten spielt der Deckungsgrad der Vegetation eine entscheidende Rolle, gerade im Grenzbereich der alpinen und subnivalen Höhenstufe (Tab. 16; Kap. 6.3). Der hohe Abtrag in der subnivalen Höhenstufe ist neben der geringen bis fehlenden Vegetationsbedeckung auch bedingt durch das späte Auftauen des Bodeneises im Unterboden (verstärkter Oberflächenabfluss) und durch periglaziale Prozesse, wodurch Lockermaterial zur Verfügung gestellt wird (z.B. Solifluktion; Kap. 4.3.1).

Tab. 16: Jährlicher Abtrag (1988 bis 1991) im periglazialen Einzugsgebiet des Glatzbaches, Osttirol

	Gesamtgebiet	alpin	subnival
Abtrag (m^3 km^{-2} a^{-1})	35	3	100
Vegetations-bedeckung	63 %	95 %	14 %
Höhe (m ü. M.)	2.450 – 2.900	2.450 – 2.650	2.650 – 2.900

nach HÖFNER (1995); Einzugsgebietsgröße: 1,3 km^2; Gletscheranteil: 0 %

Geröllfracht: Schotter und Sand, teilweise Blöcke. Diese wird am Boden des Gerinnes gerollt oder geschoben bzw. in kleinen Sprüngen bewegt.

Gemessen an den Sedimentfrachten beträgt die durchschnittliche Denudation in den Alpen 10 bis 65 cm 1.000 a^{-1}.

Abb. 27 (S. 80)
Mittlere mechanische und chemische Denudationsraten unterschiedlicher Einzugsgebiete in den Alpen (nach HINDERER 1999). Werte nach Vermessungen von Stauraumverlandungen bzw. Sedimentfrachtmessungen an Flüssen.
NHA: nordhelvetische Alpen (helvetische Decken, Préalpes, subalpine Molasse)
NKA: nördliche Kalkalpen und subalpine Molasse
WKR: westliche kristalline Alpen
SKR: südliche kristalline Alpen
EKR: östliche kristalline Alpen und Tauernfenster
SKA: südliche Kalkalpen.

Foto 5
Mächtige Schwemmfächer im Kalsertal (Osttirol)
Die Oberflächen der spätglazialen-frühpostglazialen Schwemmfächer liegen ca. 50 m über dem Kalserbach und dienen als hochwassersichere Siedlungsstandorte oder werden landwirtschaftlich genutzt (Veit 23.08.1987).

Sedimentfrachten in den Gerinnen sind in der Regel nicht mit flächenhaften Abtragungsprozessen an den Hängen zu korrelieren. Meist erodieren die Gerinne sehr stark lateral und in die Tiefe und nehmen von dort ihre Fracht auf. Der Eintrag von Material erfolgt meist linienhaft über kleine Nebengerinne oder auch episodisch über Ereignisse wie Lawinen, Felsstürze und Muren.

Denudationsrate (mm 1.000 a^{-1}) = spezifische Sedimentfracht (t km^{-2} a^{-1}) × 0,4.

Im Spätglazial, nachdem die Gletscher aus den Vorländern der Alpen und aus den meisten Talregionen verschwunden waren, lagen die Denudationsraten und Sedimentfrachten um Größenordnungen höher, da die Hänge mit labilen und weitgehend unbewachsenen Lockermassen bedeckt waren (Kap. 9.2.3). Am Bodensee-Rhein z.B. war der Sedimenteintrag mit ca. 40 Mio. t a^{-1} gut zehnmal so hoch wie heute (Hinderer 2001). Zeugen dieser Periode sind spät- bis postglaziale Schwemmfächer und Murkegel, die weite Bereiche alpiner Talböden aufbauen (Foto 5). Kleine Einzugsgebiete ohne perennierenden Abfluss haben häufig gerade die größten Kegel. Auf ihnen geht aktuell bei Starkniederschlägen die Akkumulation weiter. Bei stärkerem Gefälle sind die Kegel meist zerschnitten und in mehrere Generationen differenziert, so dass die älteren Oberflächen weitgehend hochwassersicher und bevorzugtes Siedlungsgebiet sind. Besonders groß sind die Murkegel in den inneralpinen Trockentälern, wie beispielsweise im Vintschgau. Der größte Murkegel der Alpen dürfte der Kegel des Alpgrabenbaches sein, die so genannte Malser Heide, mit 13,25 km^2.

3.2.3 Ökologie

Wildfluss-Ökosysteme sind durch ständigen Wechsel des Gefälles und der Fließgeschwindigkeit sowie eine stark unterschiedliche Wasser- und Geschiebeführung in verschiedenen Jahreszeiten charakterisiert. Da die

Transportkraft des Wassers mit zunehmender Fliessgeschwindigkeit und Wasserführung wächst, werden zu Zeiten der Hochwässer Kies und Geröll transportiert. Lässt die Schleppkraft des Wassers nach, so bleiben die Geschiebe an flachen und breiten Talabschnitten als Inseln aus Kies und Geröll liegen. Beim nächsten Hochwasser werden diese Inseln und Uferbänke teilweise erneut umgelagert. Dadurch wechseln die Lebensbedingungen kleinräumig und zeitlich sehr stark. Für Pflanzen und Tiere bedeutet dies den Zwang zur Entwicklung spezieller Strategien. Weiden (*Salix* spec.) und die Deutsche Tamariske (*Myricaria germanica*) beispielsweise haben biegsame Äste, die dem abfließenden Wasser nur geringen Widerstand bieten. Verletzungen der Triebe regen ihr Wachstum noch an. Uferreitgras (*Calamagrostis pseudophragmites*) kann frisch aufgeschüttete Sandbänke durch unterirdische Ausläufer rasch besiedeln.

Die Flussbetten, Auen und Täler sind Wanderstraßen der Vegetation und der Fische. Dabei vollziehen sich die Wanderungen sowohl flussauf- wie auch flussabwärts. Heute sind leider eine große Zahl der Flussstrecken im Alpenraum durch Wasserkraftnutzung beeinträchtigt (Kap. 8), bei den großen Tälern bis zu 80 %. Dadurch existieren natürliche Umlagerungsstrecken als Lebensraum für Pflanzen und Tiere nur noch eingeschränkt. Eine der bedeutendsten naturnahen Umlagerungsstrecken der Alpen befinden sich am Tagliamento in Friaul-Julisch Venetien (Farbfoto 3). Der Oberlauf des Lech und seine Seitenbäche bilden das letzte große Wildflusssystem der Nordalpen. Der Tiroler Lech ist das Rückgrat der „Biotopbrücke Lechtal". Sie hat eine wesentliche Bedeutung für den Naturschutz in Mitteleuropa, denn sie beherbergt vier Pflanzensippen, die die Biotopbrücke zwischen Alpen und den Mittelgebirgen bilden. Dazu gehören Sippen, die ihre Hauptverbreitung in den Alpen haben und entlang des Lechs weit ins Vorland reichen, wie auch Sippen, die von den Kalkhügeln der Schwäbischen und Fränkischen Alp entlang des Lechs in die Alpen vordringen. Hinzu kommen Sippen, deren Teilareale in den Alpen und auf der Schwäbischen und Fränkischen Alp über das Lechtal verbunden sind, und Sippen, die innerhalb Mitteleuropas einen Verbreitungsschwerpunkt im Lechtal haben. Im Zuge des Naturschutzes und von Renaturierungsversuchen wird den Flüssen teilweise wieder mehr Wasser zugeführt, um eine Mindest-Restwassermenge zu gewährleisten (Kap. 3.2.1; 8.4). Dadurch ist in Flussabschnitten, die durch die Wassernutzung zeitweise austrockneten, wieder ganzjähriger Abfluss möglich. Aber weder die Dynamik natürlicher Schwankungen noch die Wassermengen reichen häufig aus, um ökologisch intakte Verhältnisse wiederherzustellen. Außerdem ist das Wasser oft nährstoffbelastet und produziert im Sommer Algenteppiche.

Flussauen

Flussauen gehören zu den vielfältigsten und beststrukturierten biologischen Einheiten in Europa. Sie zeichnen sich besonders auch durch ihre Artenvielfalt aus. Durch anthropogene Maßnahmen sind natürliche

Flussauen sind ökologisch wertvoll, da sie eine Fülle unterschiedlicher Habitate bieten (Biodiversität), Wanderstraßen für Pflanzen und Tiere darstellen sowie eine wichtige Rolle bei der Hochwasserretention spielen.

Auenbereiche in den Alpen stark reduziert worden. Alpine Auen sind durch ihre intensive Dynamik charakterisiert, mit einem stark wechselnden täglichen und saisonalen Abfluss, der je nach Abflussregime unterschiedlich ausgebildet ist. Entsprechend finden auch kräftige Materialverlagerungen statt, von kubikmetergroßen Felsblöcken bei Wildbächen bis zu feinen Sanden und Schluffen in geschützten Abschnitten und hinter Steinen und Geröllinseln.

Für die Tierwelt wechseln die entscheidenden Faktoren Strömung, Wassertemperatur, Sauerstoffgehalt und Schwebstoff- bzw. Geröllfracht sowohl entlang der Gerinne als auch teils auf kürzeste Entfernung (z.B. die Strömung vor oder hinter einem Stein). Als höchstgelegene Auen könnte man die Gletschervorfelder bezeichnen, die noch artenarm und wenig bewachsen sind (Farbfotos 4, 5). Der Oberlauf der Gletscherbäche ist ein extremer Lebensraum. Dies ist bedingt durch die niedrigen Wassertemperaturen von wenig über 0 °C, die stark wechselnde Wasserführung, eine hohe Strömungsgeschwindigkeit und eine geringe Stabilität des Gewässerbodens. Zusätzlich ist das Wasser sehr nährstoffarm. Entsprechend lebt hier nur eine Art, die Fliege *Damesa steinböcki*. Die Larven dieser Fliege haften sich am Grund an Steinen, Grobsand und Gletschereis fest. Sie ernähren sich von gelösten Mineralien, die mit der Suspensionsfracht der Gletscherspende reichlich angeliefert werden, und gelöster organischer Substanz (Gletscherflöhe etc.). Die Nahrungszufuhr ist allochthon, d.h. es besteht kein Kreislauf. In einiger Entfernung vom Gletscher können sich benthische Algen als Primärproduzenten ansiedeln. Ihre Kolonien dienen Chironomiden-Larven als Nahrung. Die Mehrheit der geringen Zahl von Tierarten bilden aber immer noch Detritophage. Nahrungskonkurrenz und Raumkonkurenz finden nicht statt, da sowohl die Nahrung als auch der Lebensraum von der Biozönose nur zu einem geringen Teil genutzt werden. Begrenzend sind die extremen abiotischen Faktoren. Die Tiere passen sich an, indem z.B. im Winter wegen der niedrigen Temperaturen die Larven bestimmter Eintagsfliegen das Wachstum einstellen und erst im folgenden Frühjahr wieder fortsetzen. Die Entwicklung kann sich auch über zwei und mehr Jahre hinziehen (Kap. 7.2). Wegen der hohen Strömungsgeschwindigkeiten sind flache, abgeplattete Körperformen und Haken, Krallen, Saugnäpfe etc. zum Festhalten günstig.

Von den Fischen ist im Oberlauf der Gebirgsbäche die Bachforelle heimisch. Sie hat Konkurrenz durch das Einsetzen der amerikanischen Regenbogenforelle erhalten, die stärkere Temperaturschwankungen und höhere Abwasserbelastung verträgt. Dadurch wurde die Bachforelle großflächig verdrängt. Im Mittellauf gesellt sich noch die Äsche hinzu.

Hinsichtlich der Pflanzenwelt stellen sich auf den unterhalb der Waldgrenze gelegenen Talböden der montanen und collinen Höhenstufe (Kap. 6.3) als Pionierarten oft schuttbesiedelnde Arten der alpinen Höhenstufe ein, die mit dem Wasser herabgespült wurden. Hierzu zählen beispielsweise das Alpen-Leinkraut (*Linaria alpina*), die Alpen-Gämskresse (*Pritzelago alpina*) und das Kriechende Gipskraut (*Gypsophi-*

la repens). Vegetation und Böden differenzieren sich klar in Abhängigkeit von der Überflutungshäufigkeit, dem Grundwasserabstand und dem Substrat, dass von sehr feinkörnigen Ablagerungen (Schluff, Feinsand) bis hin zu Kies und groben Blöcken variieren kann. Werden die Inseln und Uferbänke seltener überflutet und damit längere Zeit nicht verändert, so kommen Gehölzpflanzen wie die Deutsche Tamariske (*Myricaria germanica*), die Lavendel-Weide (*Salix elaeagnos*) und andere hinzu und bilden eine Weiden-Tamariskenflur (Riess & Schauer 1982; Abb. 28). Auf etwas weiter aus dem Wasser herausragendenden Kiesbänken kann auch der Sanddorn (*Hippophae rhamnoides*) auftreten, der zusammen mit der Lavendel-Weide einen flussbegleitenden Auenwald auf kalkreichen Schotterbänken bildet. Bei eher schluffigem Material sind die Grauerle (*Alnus incinata*) und verschiedene Weidenarten konkurrenzstärker und verdrängen die lichtbedürftigen Pionierarten

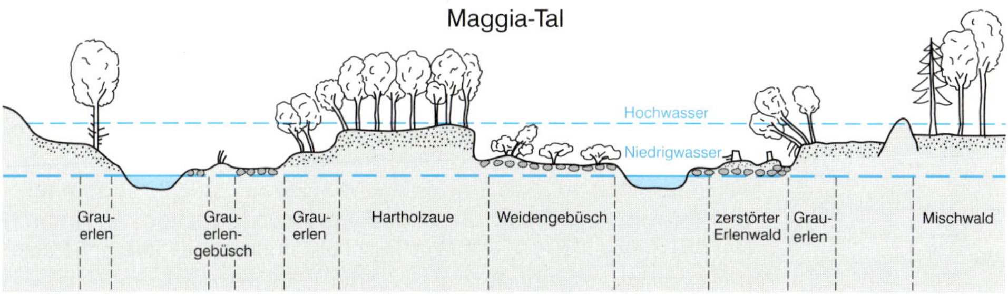

a)

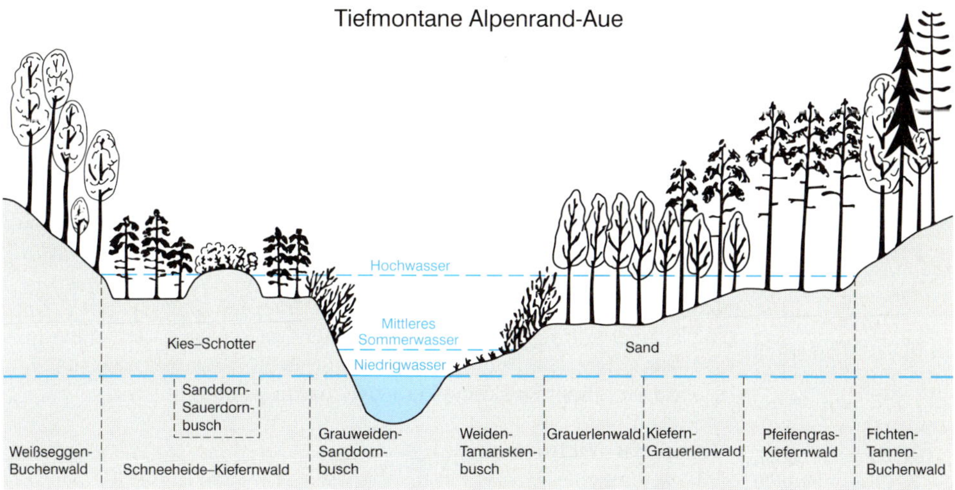

b)

Abb. 28
Schematische Auenquerschnitte in unteren Höhenstufen der Alpen. a) Maggia-Tal, Tessin (350 m ü.M.; nach Bayard & Schweingruber *1991; © Birkhäuser Publishing Ltd.); b) tiefmontane Alpenrand-Aue (nach* Mayer *1974; © Spektrum Akademischer Verlag, Heidelberg, Berlin).*

(Weichholzaue). Ein einziges Hochwasserereignis kann genügen, um diese Abfolge zu zerstören, so dass die Sukzession von neuem beginnt. In den flussferneren und höher über dem Mittelwasserspiegel gelegenen Teilen der Aue mischen sich in Tieflagen auch Harthölzer wie die Esche (*Fraxinus excelsior*), die Bergulme (*Ulmus glabra*) und die Eiche (*Quercus robur*) dazu (Hartholzaue) und verdrängen die Weichhölzer.

Die Talauen werden häufig entlang des gestuften Längsprofils der Gerinne durch Engstellen und Schluchten unterbrochen. Unterhalb der Waldgrenze sind die Talauen bei geringem Gefälle meist gerodet, häufig durch Dämme vor Überflutungen geschützt und durch Wiesen und Weiden landwirtschaftlich genutzt. Hinzu kommt die starke anthropogene Beeinflussung der Gerinne durch Staumaßnahmen, Flussregulierungen und Wasserableitungen (Kap. 8.4).

3.3 Seen

In den Alpen gibt es rund 4.000 Seen in Form von Karseen, Transfluenzpassseen, Zungenbeckenseen, Toteisseen, Bergsturzseen und Gletscherseen, um nur einige Typen zu nennen. Darüber hinaus stehen mit der alpinen Hydrologie rund 40 Alpenrandseen in Verbindung. Es handelt sich meist um Zungenbeckenseen und wassererfüllte Trogtäler. Die Seen haben sich mit dem abschmelzenden Eis am Ende der letzten Kaltzeit gebildet (Kap. 9). Mit Abstand die größten Seen sind die Vorlandseen wie der Genfer See (581 km^2) und der Bodensee (539 km^2). In den Alpenseen ist gut doppelt so viel Wasser gespeichert wie im Gletschereis. Für die Schweiz bedeutet dies beispielsweise 136 km^3 Seewasser, im Vergleich zu 74 km^3 Wasser in Form von Gletschereis (Stand: 1980).

Ähnlich wie die Fließgewässer erfüllen die Seen mehrere Funktionen. Einerseits sind sie touristisch außerordentlich attraktiv, teils mit massiver Verbauung der Ufer durch Hotelkomplexe. Andererseits bilden sie wertvolle Biotope, die vor allem in Tieflagen und bei den Alpenrandseen auch durch Fischzucht und Fischfang genutzt werden. Hochgelegene Seen sind wegen der Nährstoffarmut und teils wegen der starken Versauerung meist fischarm, wie generell durch das kalte Wasser die Produktivität nicht sehr hoch ist. Darüber hinaus spielen die Seen eine wichtige Rolle für die alpine Hydrologie und Hochwassergefahr, da sie als Retentionsraum für Wasser und Sedimente fungieren. Größere Seen beeinflussen das Mikroklima, indem vor allem der Temperaturgang ausgeglichener wird.

Bedingt durch die hohen Sedimentfrachten der Gerinne (Kap. 3.2.2), werden die Seen stark zusedimentiert. Speziell die Alpenrandseen sind heute schon viel kleiner als zu Beginn des Holozäns, teilweise sind sie seitdem schon völlig verschwunden.

Temperatur und Dichteschichtung: Die maximale Dichte von Wasser wird bei +4 °C erreicht (0,999973 g cm^{-3}), beim Gefrierpunkt von 0 °C liegt sie bei 0,999841 g cm^{-3} bis 0,9168 g cm^{-3} (Eis), bei 8 °C bei 0,999849 g cm^{-3}.

Temperaturschichtung

Ein wesentliches Element in der Ökologie von Seen ist die Temperatur- und Dichteschichtung, die eine Gliederung der Wassersäule in Hypolimnion, Metalimnion und Epilimnion zur Folge hat (Abb. 29). Der vertikale Wärmetransport wird durch dichteabhängige Schichtungen im Wasserkörper eingeschränkt. Den größten Einfluss auf die Ausbildung der Schichtung im See hat die von der Temperatur abhängige Dichteanomalie des Wassers. Sie hat für wasserlebende Organismen existentielle Bedeutung. Da Tiefenwässer nur bis zu rund 4 °C abkühlen und Gewässer von oben zufrieren, bleibt ein gesicherter Überwinterungsraum.

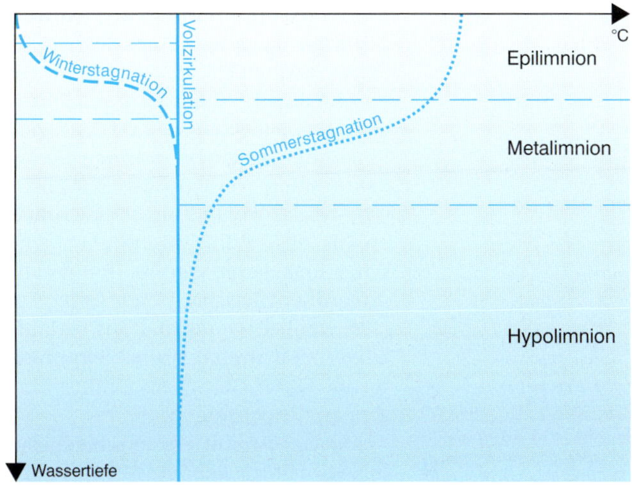

Abb. 29 *Temperaturschichtung in Seen.*

In den Tieflagen der Alpen und am Alpenrand herrscht vor allem der dimiktische Seentyp vor, mit zwei Vollzirkulationen im Frühjahr und im Herbst und einer Temperatur von ca. 4 °C im Hypolimnion. Entscheidend hierfür ist die Anomalie des Wassers, das bei 4 °C seine größte Dichte erreicht. Der normale Verlauf der Schichtung im Jahresverlauf sieht etwa folgendermaßen aus: Im Frühjahr ist eine Vollzirkulation entwickelt, bei der durchgehend Temperaturen um 4 °C auftreten. Im Sommer setzt eine stabile Schichtung ein (Sommerstagnation), die zu einer starken Erwärmung des Epilimnions von bis zu über 20 °C führt, während das Hypolimnion bei 4 °C verbleibt. Dazwischen liegt das Metalimnion, die Zone des stärksten Temperaturgradienten. Im Herbst setzt durch die Abkühlung und Wind wieder Vollzirkulation ein. Im Winter können die Seen gefrieren, was in den Vorlandseen aber nur selten geschieht. In historischer Zeit sind diese Ereignisse gut dokumentiert und können klimageschichtlich ausgewertet werden (Livingstone 1997; Pfister 1999).

In den höheren Lagen der Alpen tritt vor allem der kalt-monomiktische Typ auf, bei dem die Vollzirkulation normalerweise im Sommer stattfindet und die thermische Schichtung wegen der hohen Windgeschwindigkeiten wenig stabil ist. Dadurch werden vor allem flache Seen oft bis zum Boden durchgemischt. Hochalpine Seen sind nur rund drei Monate im Jahr, teilweise auch nur ein bis zwei Monate, ohne Eis. Unter der Eisdecke liegen die Temperaturen bei 2 bis 4 °C, und die Schichtung beginnt häufig direkt mit dem Meta- und Hypolimnion. Auch seichte Seen frieren praktisch nie bis zum Grunde zu. Das Eis erreicht durchschnittliche Mächtigkeiten von weniger als 0,80 m. Darauf liegt noch die Schneedecke, was für den winterlichen Energieeintrag von Bedeutung ist. Eine 20 cm dicke Schicht aus trockenem Altschnee reduziert die Strahlung um 99 %.

Vom See Lej da San Murezzan im Engadin (1768 m ü.M.) liegen Daten des Eisaufbruchs – d.h. von dem Tag, an dem der See komplett eisfrei ist – seit 1832 vor. Demnach wurde der Eisaufbruch durch die Erwärmung des 19. und 20. Jahrhunderts vom 18. Mai (1840) auf den 5. Mai (1990) vorverlegt.

Schwebstoffgehalte und Strahlungsdurchlässigkeit

Seen mit vergletschertem Einzugsgebiet haben einen hohen Gehalt an Schwebstoffen („Gletschermilch"). Am Pasterzen-Gletscher erfolgte allein im Juli 1960 ein Eintrag von ca. 26.000 t in den Margaritzenspeicher. Das entspricht 850 t d^{-1}. Am Stausee der Grande Dixenxe im Wallis können in einem warmen Sommer bis zu 150.000 m^3 Sedimente akkumuliert werden (Kap. 3.2.2). Diese gewaltigen Mengen bewirken eine rasche Verlandung der künstlich angelegten Stauseen. Der Eintrag an Suspensionsfracht ist direkt abhängig vom Massenhaushalt der Gletscher und damit von der Temperatur. Bei negativem Massenhaushalt mit großer Gletscherspende ist die Suspensionsfracht – tageszeitlich und jahreszeitlich – maximal. Im Verlauf des Tages wird das Maximum am frühen Nachmittag, zum Zeitpunkt der maximalen Eisschmelze, erreicht. Ohne Gletscheranschluss sind die Seen meist relativ klar und arm an Suspensionen.

Abb. 30 *Abhängigkeit der Warvenmächtigkeit eines proglazialen Sees (Oeschinensee, Berner Oberland) von der Sommertemperatur und dem Jahresniederschlag (nach* LEEMANN *&* NIESSEN *1994a, © Hodder Arnold Verlag, London).*

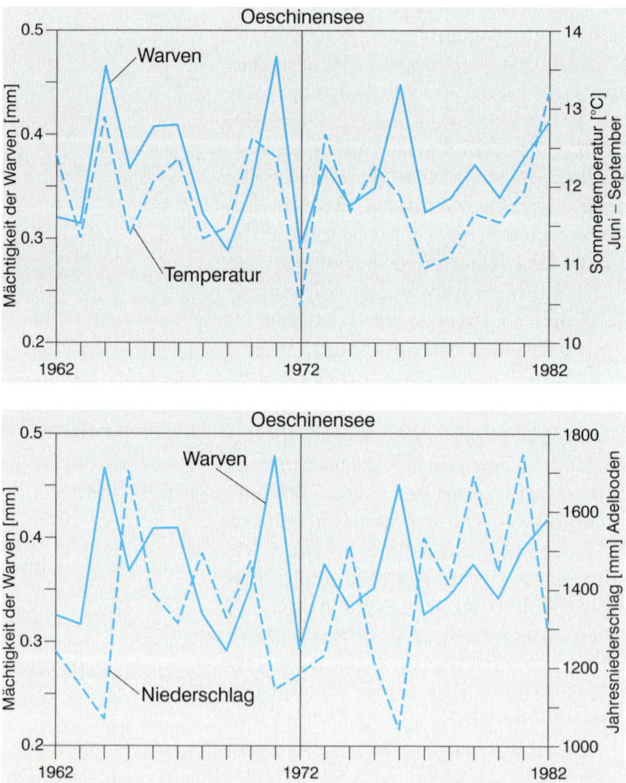

Die jahreszeitlich unterschiedlichen Verhältnisse führen häufig zu einer Schichtung der Seesedimente in Warven. In proglazialen, gletscherbeeinflussten Seen bestehen die Warven aus einer basalen sommerlichen Sand- oder Schlufflage, die nach oben in eine winterliche Tonlage übergeht. Dabei zeigt sich eine gute Korrelation mit der Lufttemperatur (Abb. 30). Keine klare Korrelation besteht dagegen zum Niederschlag. Der Niederschlag kann sogar negativ korreliert sein (Abb. 26b). Wenn viel Sommerniederschlag fällt, ist es meist kalt, d.h. es erfolgt weniger Schmelze, und bei Schneeniederschlag ist die Albedo erhöht. Längerfristig ist bei proglazialen Seen bei einer starken Reduktion der Gletscherausdehnung eine abnehmende Tendenz der Sedimentlieferung festzustellen.

Der Schwebstoffgehalt steuert den Strahlungshaushalt und die Eindringtiefe der Strahlung. Die Transparenz beträgt in den Alpenseen durchschnittlich 6–12 m. Bei eutrophierten Tieflandseen sind diese Werte deutlich niedriger. Im Winter ist die

Strahlungsdurchlässigkeit je nach Eisdicke und Schneebedeckung starken Schwankungen unterworfen. Teilweise ist dann für das Phytoplankton noch Assimilation möglich, teilweise nicht mehr. Bei der Strahlung dominiert der Bereich des sichtbaren Lichtes zwischen 400 und 600 µm. Am tiefsten dringt grünes Licht ein, auch Blau und UV haben hohe Eindringtiefen. Das Phytoplankton scheint an den unteren Intensitätsbereich der Strahlung adaptiert zu sein, da es im Sommer in tiefere Wasserschichten absinkt und nur im Winter nahe der Oberfläche verbleibt.

Eutrophierung

Im Gegensatz zu den relativ sauberen Seen der Hochlagen verschlechtert sich mit abnehmender Meereshöhe in der Regel, durch die zunehmende Industrialisierung und Besiedlung im Einzugsgebiet, der Zustand der Seen. Allerdings sind selbst viele Alpenrandseen noch oligotroph (Brienzer See, Thuner See, Walensee in der Schweiz). Andere Alpenrandseen sind bereits mehr oder weniger stark eutrophiert. Der Wechsel von oligotrophen Seen hin zu eutrophierten Seen seit dem Ende des 19. Jahrhunderts ist bei diesen Seen gut belegt. Beim Zürichsee z.B. war das Tiefensediment vor 1890 rein anorganisch. Danach setzten erhöhte Ablagerungen der Kieselalgen und Faulschlammalgen ein. Der Seesaibling (*Salvelinus salvelinus*), eine Art der Tiefe, ist seit ca. 1910 als Folge des Sauerstoffmangels ausgestorben. Die Felchen erhalten sich nur dank künstlicher Brut. Die Ufer sind sehr stark mit Algen belastet, die absterben, verfaulen und stinken. Das Maximum der Eutrophierung trat in den 70er-Jahren des 20. Jahrhunderts auf. Seitdem hat sich die Situation vielfach durch Abwasserreinigung und strengere Gesetzgebung wieder etwas verbessert. Durch das Phosphatverbot in Waschmitteln (in der Schweiz 1986) haben die Phosphatgehalte meist um über 50 % abgenommen. Die Schwermetallgehalte, wie Cu, Zn und Pb, stiegen nach der Jahrhundertwende (19./20. Jahrhundert) deutlich an.

Hochalpine Seen sind in der Regel relativ sauber. Ihr Chemismus wird stark durch das Gestein und die Böden im Einzugsgebiet geprägt.

Auch der Bodensee war früher oligotroph mit einem artenreichen Edelfischbestand mit Seefelchen (*Coregonus* spec.) und Seesaibling. Seit ca. 1920 setzte eine rasante Eutrophierung ein, mit Sauerstoff-Schwund und Faulschlammbildung in der Tiefe. Zunächst ermöglichte die einsetzende Eutrophierung einen Anstieg der Planktondichten und damit auch des Fischbestandes. Ab 1960 gingen die Fänge jedoch deutlich zurück. Heute ist der Felchenbestand an künstliche Brut gebunden. Früher wurden die organischen Sedimente vollständig remineralisiert. Die Einschwemmungen des Rheins (durchschnittlich 4 Mio m^3 a^{-1}) waren fast ausschließlich anorganisch und trugen durch Phosphatfällung zur Selbstreinigung bei. Jetzt ist die Abwasserbelastung vieler Zuflüsse so hoch, dass sich in den Schwemmfächern Faulschlammablagerungen massieren.

Am Luganer See, am Silvaplana-See im Oberengadin und am St. Moritz-See ist die Eutrophierung des 20. Jahrhunderts durch eine starke Zunahme der Akkumulation organischen und anorganischen Kohlenstoffs und des Phosphates belegt (Züllig 1988; Niessen et al. 1992b). Die Eutrophierung und der steile Anstieg der autochthonen Massenakkumulation setzte mit dem starkem Ausbau des Tourismus in den 60er Jahren ein (Ohlendorf et al. 1997).

„Burgunderblut"

Bei stark eutrophierten Seen kommt es häufig zur Massenvermehrung von Algen. So geschah es auch 1825 am Murtensee in der Schweiz. Der Volksmund deutete dies als das Aufsteigen des Blutes der in der Schlacht von 1476 ertrunkenen Burgunder. Bei dem „Burgunderblut" handelt es sich um die Wasserblüte einer Schwingfaden-Blaualge (*Oscillatoria rubescens*). Ähnliche „Blutgeschichten" über rote Ablagerungen gibt es im Volksmund in den Alpen viele. Außer den Algen gehören dazu auch der gelegentliche rote Saharastaub auf dem Schnee und tertiäre Rotlehme in den Ostalpen (Kap. 5.6).

Nährstoffe und pH-Werte in Gebieten mit silikatischen Gesteinen

Oberhalb der Waldgrenze sind die alpinen Gewässer generell sehr sauber im Hinblick auf Abwasserzuflüsse. Auf silikatischen Gesteinen sind die Seen meist sauer, nährstoffarm und sauerstoffreich. Die Konzentration an Nährstoffen ist deshalb in Hochlagen der Zentralalpen deutlich geringer als am Nord- und Südrand der Alpen. Die Leitfähigkeiten liegen überwiegend unterhalb von 50 µS cm^{-1} und die Ionen-Aktivitäten unterhalb von 1 meq l^{-1} (Psenner & Zapf 1990). Mangelfaktor ist das Orthophosphat, speziell im oberflächennahen Epilimnion.

Die pH-Werte oberhalb der Waldgrenze liegen bei 5,0 bis 7,6. Kleinste Seen mit einem kleinem Einzuggebiet sind am sauersten, im Tessin beispielsweise mit pH-Werten um 4,6 bis 5,5. Diese Seen sind daher bereits natürlicherweise im kritischen pH-Bereich und schlecht gepuffert gegenüber anthropogenen Säureeinträgen (Boggero et al. 1998). Mit abnehmendem pH nimmt der Anteil an freien Metallionen zu. Erhöhte Aluminiumgehalte sind toxisch für Fische. Bei pH-Werten < 6 und einer Alkalinität (Säurebindungsvermögen bis pH 4,3) von weniger als 0,02 meq l^{-1} (= 0,02 mmol l^{-1}) treten erste Schäden an der Lebewelt auf. Diesen Grenzwert haben 22 % bzw. 33 % der 55 Tessiner Seen erreicht. Deshalb sind diese Seen fischfrei bis fischarm bzw. ausgesetzte Fische werden geschädigt oder können sich nicht fortpflanzen.

In den kristallinen Alpen nehmen mit zunehmender Höhe des Einzugsgebietes die Konzentrationen der basischen Kationen (Ca^{2+}, Mg^{2+}, Na^{+}, K^{+}), der Kieselsäure und die Alkalinität (von 0,25 meq l^{-1} auf 0,01 meq l^{-1}) exponentiell ab (Abb. 31), d.h. die Wässer werden saurer und haben schließlich die Zusammensetzung der lokalen atmosphärischen Deposition. Die Nährstoffarmut ist eine Folge der langsamen chemischen Verwitterung in der Höhe. Die Verwitterungsraten nehmen mit der Höhe ab, von 500 meq m^{-2} a^{-1} in 300 m ü.M. auf 20 meq m^{-2} a^{-1} auf

2.400 m ü.M. In Tieflagen ist die Alkalinität wesentlich höher, obwohl der saure atmosphärische Eintrag ein Vielfaches höher ist.

Die unterschiedlichen Böden im Einzugsgebiet haben einen großen Einfluss auf die Zusammensetzung des Wassers. Die pH-Werte und die Basensättigung können auf vergleichbaren Gesteinen in den Böden sehr unterschiedlich sein, was kleinräumig zu Differenzen in den verschiedenen Seen führen kann. Jahreszeitliche Schwankungen der pH-Werte um mehr als eine Einheit sind durch CO_2-Übersättigung verursacht. Sie kann durchschnittlich das Fünffache des atmosphärischen Gleichgewichtes betragen und wird vor allem durch die lange Eisbedeckung verursacht. Bei niedrigem Redoxpotential kommt es zur Freisetzung von Ca^{2+}-Ionen. Kurzfristige pH-Schwankungen treten im Frühjahr bei der Schneeschmelze auf. Einen Einfluss auf die pH-Werte haben auch die sauren atmosphärischen Einträge. Dies gilt besonders bei Seen mit natürlicher geringer Alkalinität und schlechten Puffermöglichkeiten. Von 413 untersuchten alpinen Seen in Italien, Österreich und der Schweiz trifft dies immerhin auf zwei Drittel der Seen zu, die eine Alkalinität von unter 0,2 meq l^{-1} (= 0,2 mmol l^{-1}) aufweisen (Marchetto et al.1994).

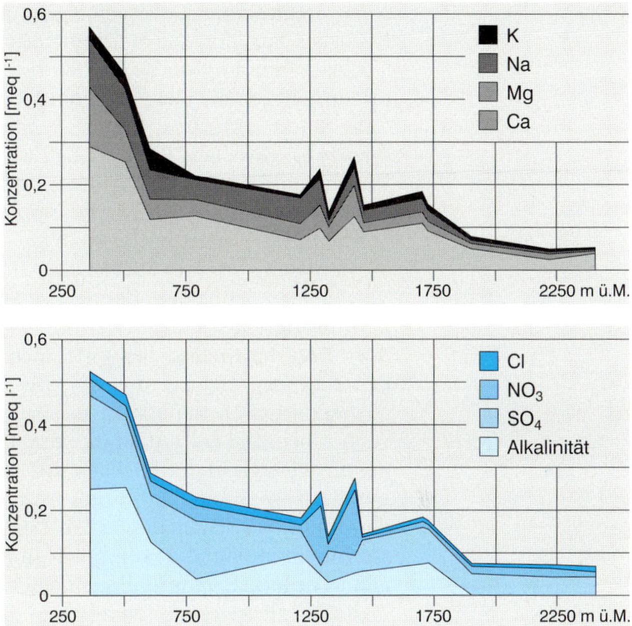

Abb. 31
Chemische Beschaffenheit der Gewässer in Gneisgebieten in Abhängigkeit von der Meereshöhe (Tessin; nach Zobrist & Drever 1990).

Nährstoffe und pH-Werte in Gebieten mit karbonatischen Gesteinen

Auf Karbonatgesteinen haben auch alpine Seen einen hohen pH-Wert, oft um 7,8 bis 9 (Müller et al. 1998). Erhöhte Gehalte an Stickstoff und Phosphor treten vor allem in Gebieten mit Landwirtschaft auf. Die Gehalte an Natrium und Kalium steigen mit den urbanisierten Anteilen. Interessanterweise ist die Korrelation der Nährstoffgehalte mit der Höhe besser als mit dem Anteil an Landwirtschaft. Sie sind sehr niedrig in Gebieten ohne Vegetation. Der geogene, verwitterungsbedingte Einfluss nimmt mit steigender Meereshöhe ab. Mit der Höhe wechseln die Nährstoffgehalte teils sprunghaft. Unterhalb von 700 m ü.M. sind die Stickstoffgehalte mit 0,05 bis 0,6 mmol l^{-1} deutlich höher. Oberhalb 700 m ü.M. liegen die Gehalte unter 0,05 bis 0,08 mmol l^{-1}. Die Gehalte an organischem Kohlenstoff sind unterhalb 700 m ü.M. doppelt so hoch wie darüber. Die Kalziumwerte betragen unterhalb 700 m ü.M. 1,5 bis 3 mmol l^{-1}, oberhalb 700 m ü.M. 0,5 bis 1,5 mmol l^{-1}. Für Magnesium liegen die entsprechenden Werte bei 0,2 bis 1 mmol l^{-1} (unterhalb 700 m ü.M.) bzw. bei < 0,2 mmol l^{-1} (oberhalb 700 m ü.M.). Der scharfe Wechsel bei 700 m ü.M. entspricht im Mittel der Höhenlage der häufigen atmosphärischen Inversion (Kap. 2). Dadurch wird belastete Luft gefangen, die Seen werden stärker belastet.

Die Nitrat-Konzentrationen in alpinen Seen liegen deutlich über den Werten vieler anderer abgelegener Hochgebirgsseen der Erde, etwa im Vergleich zu Schweden, den Rocky Mountains oder zum Pirin-Gebirge in Bulgarien (Psenner & Zapf 1990). Von 413 untersuchten alpinen Seen liegt der Median bei 0,015 meq l^{-1}, im Einzelfall aber auch deutlich darüber (Marchetto et al. 1994). Die Ionen-Konzentration in der atmosphärischen Deposition zeigt einen klaren Gradienten vom südlichen Alpenrand zum Alpeninneren. Ursache ist der Eintrag aus den Industriegebieten in der Poebene. Im Niederschlag wie auch in den Seen nehmen z.B. Sulfat, Nitrat und Ammonium auf 50 % ab. Stickstoff in der atmosphärischen Deposition nimmt von 0,114 mmol l^{-1} in Stabio am Alpenrand auf 0,054 mmol l^{-1} in Piotta ab. Neben einem vertikalen gibt es demnach ganz klar auch einen horizontalen Gradienten.

Außer niedrigen pH-Werten und damit verbundenen toxischen Wirkungen sind die Lebensbedingungen alpiner Seen insgesamt relativ hart für die Lebewesen. Die Vegetationsperiode ist kurz und die Seen werden häufig durchmischt. Verbunden mit intensiver Strahlung, niedrigen Temperaturen, langer Eisbedeckung und Nährstoffmangel führt dies zu einer relativ geringen Artenvielfalt.

3.4 Grundwasser

Die regionale Verteilung der Grundwasservorkommen ist in den Alpen sehr unterschiedlich. Obwohl Wasser im Allgemeinen keinen Mangelfaktor darstellt, kann es lokal und zeitlich entweder gesteinsbedingt (Karstgebiete) und/oder in Tourismuszentren zu Engpässen kommen. Die Probleme treten dabei durch die Schnee- und Eisschmelze weniger in den Sommermonaten auf. Im Winter kann es aber kritisch werden. Speziell am frühen Abend, wenn Duschen und Gastwirtschaftsbetriebe auf Hochtouren laufen, ist das Wasserangebot minimal, gleichzeitig aber der Bedarf maximal.

Verbreitung, Ergiebigkeit und Eigenschaften der Aquifere werden entscheidend durch die Gesteine, die quartären Talfüllungen und die Karstgebiete geprägt. Karstgebiete und Talfüllungen zeigen klar die größte Ergiebigkeit. Dabei ist ein typischer Jahresgang erkennbar. Von Oktober bis März/April überwiegt der Niederschlag den Abfluss. Der Schneespeicher wird aufgefüllt. Der Abfluss der Bäche (Basisabfluss) ist hauptsächlich durch Grundwasser gespeist, der Grundwasser-Speicher wird somit entleert. Ab März/April beginnt die Schneeschmelze. Der

Schneespeicher wird entleert und gleichzeitig der Grundwasser-Speicher aufgefüllt bis überfüllt (LEIBUNDGUT 1984).

In den Kalkalpen werden in den Karstgebieten hohe Fließgeschwindigkeiten des Grundwassers von teilweise mehreren Kilometern in wenigen Stunden erreicht. Daraus resultiert eine schlechte Filterwirkung und eine hohe Verschmutzungsanfälligkeit des Grundwassers. In Karstgebieten beträgt der Anteil der unterirdischen Entwässerung bis zu 75 %. Die Wässer sind meist schwach alkalisch, mit pH-Werten um 7,5 und Wasserhärten um 8 bis 18 °dH. Die Quellschüttungen sind extrem variabel, aber im Maximum sehr ergiebig. Die Kläfferquelle am Hochschwab liefert beispielsweise bis zu 10.000 l s^{-1}. Quellen treten vor allem dort auf, wo stauende Schichten im Untergrund vorhanden sind. In Österreich wird rund ein Drittel der Bevölkerung aus Karstwässern versorgt. Ein bekanntes Beispiel ist die Stadt Wien, die mehr als 95 % des Trinkwassers aus dem Hochgebirgskarst der nördlichen Kalkalpen erhält. Die erste Wiener Hochquellenleitung transportiert seit 1873 Karstwasser aus dem Rax-Schneeberg-Massiv, wo die meisten Quellen an der Grenze zu den undurchlässigen Werfener Schichten entspringen. Sie liefert rund 220.000 m^3 d^{-1} (LICHTENBERGER 1997). Die zweite Wiener Hochquellenleitung führt seit 1910 vom über 220 km entfernten Hochschwabmassiv. Sie liefert 230.000 m^3 d^{-1}. Aus Kalkalpenquellen werden beispielsweise auch Salzburg und Innsbruck versorgt. In Gebieten, in denen Schiefer, Flysch und kristalline Gesteine dominieren, ist die Grundwasserneubildung gering. Ausnahmen sind hier tektonische Zerrüttungszonen, Bergstürze und quartäre Talfüllungen sowie teilweise eingeschaltete verkarstungsfähige Gesteine (z.B. das Grazer Paläozoikum oder Gipsvorkommen der Trias im Penninikum). Rigide Gesteine wie Granite oder quarz-feldspatreiche Gneise sind stärker geklüftet und durchlässiger. Schlecht durchlässig sind alle verschieferten Gesteine.

Die chemischen Charakteristika der Grundwässer spiegeln die geologische Situation wider. So prägen Gipsvorkommen beispielsweise Calcium-Sulfat-Wässer (Préalpes, Schweiz). Im Bereich der kristallinen Kerne sind die Wässer dagegen nur schwach mineralisiert, können aber eine relativ hohe Radioaktivität aufweisen (Aarmassiv: Disentis mit St. Placidusquelle). Im Flysch sind die Wässer – bei geringer Ergiebigkkeit – meist alkalisch (pH 8 bis 10) und sehr hart (22 bis > 99 °dH). Im Bereich der helvetischen Sedimentdecken (z.B. Leukerbad, Ragaz-Pfäfers) treten viele Thermen auf. Die Thermenlinine am Westrand des Wiener Beckens steht mit Grundwasser aus dem Hochkarst in Verbindung (Bad Fischau, Bad Vöslau, Baden).

Säuerlinge sind beispielsweise aus den Bünder Alpen bekannt. Hier ist die Erdkruste besonders dick. Möglicherweise sind karbonatische Sedimente während der alpidischen Orogenese in sehr große Tiefen gedrückt worden, so dass sie nachhaltig einer Kohlendioxid freisetzenden Thermometamorphose ausgesetzt sind (z.B. Scuols im Engadin). Die Säuerlinge in der Ost-Steiermark und im Burgenland stehen im Zusammenhang mit tertiärem Vulkanismus (Bad Gleichenberg, Bad Radkersburg, Bad Taztmannsdorf). Schwefel- und Solequellen sind häufig an das permische Salinar des Haselgebirges gebunden (Bad Goisern, Bad Ischl, Bad Aussee, Hall in Tirol).

Die inneralpinen Täler und Becken, die mit quartären Sedimenten verfüllt sind, die speziell in übertieften Talabschnitten erhebliche Mächtigkeiten erreichen können, spielen eine bedeutende Rolle für die Wasserwirtschaft (Kap. 4.2; 9). Probleme gibt es lediglich dort, wo feinkörnige Ablagerungen mit geringen Durchlässigkeiten überwiegen, wie z.B. im Vorarlberger Rheintal. Bei einer Wechsellagerung von Sanden, Schottern und Seetonen bestehen Grundwasser-Stockwerke, teils mit gespanntem Grundwassser. Aber auch bei den quartären Ablagerungen bestehen erhebliche Unterschiede. Lehmige Grundmoränen und Schwemmlehme haben häufig Wasserspenden von nur 0 bis 3 l s^{-1} km^{-2}. Bei kiesigen Wallmoränen, Schwemmsanden und Schottern steigt die Spende auf über 6 bis 15 l s^{-1} km^{-2}. Am ergiebigsten sind fluvioglaziale Akkumulationen im Vorland, außerhalb der pleistozänen Vergletscherungen. Ungünstige Bedingungen bestehen bei den Talfüllungen am ehemals periglazialen Ost- und Südostrand der Alpen. Hier sind die Täler meist von umgelagertem, feinkörnigem Tertiär erfüllt. Ausnahmen bilden die großen tektonischen Senkungsfelder, in denen alpine Schotter abgelagert wurden (z.B. die Mitterndorfer Senke mit der dritten Wiener Wasserleitung sowie die Kleine und Große Ungarische Tiefebene).

In den Alpen dominiert die Quellwasser-Nutzung (Schichtquellen, Karstquellen, Hangschuttquellen). In den kristallinen Alpen sind dies Kluft- und Schuttquellen mit meist geringer Schüttung. Die Belastbarkeit der Quellen ist bezüglich der Wassermengen sehr groß, aber bezüglich der Wasserqualität relativ gering, aufgrund der geringen Regenerationsmöglichkeiten des Wassers. Die Grundwasserspeicher stellen im alpinen Raum eine besondere Situation dar. Infolge der starken Gefälle können die Speicher sehr verletzlich sein. Insbesondere größere Tiefbauten (Tunnels) bergen die Gefahr in sich, dass Speicher angeschnitten werden, was zu plötzlichem Wasseraustritt führen kann. Wegen des komplizierten geologischen Baus sind häufig die hydrogeologischen Wassereinzugsgebiete nicht mit topographischen Wasserscheiden abzugrenzen (Abb. 32).

Abb. 32
Grundwasserflüsse im Hochgebirge am Beispiel des Wetterhorns (Berner Oberland; nach LEIBUNDGUT 1984).

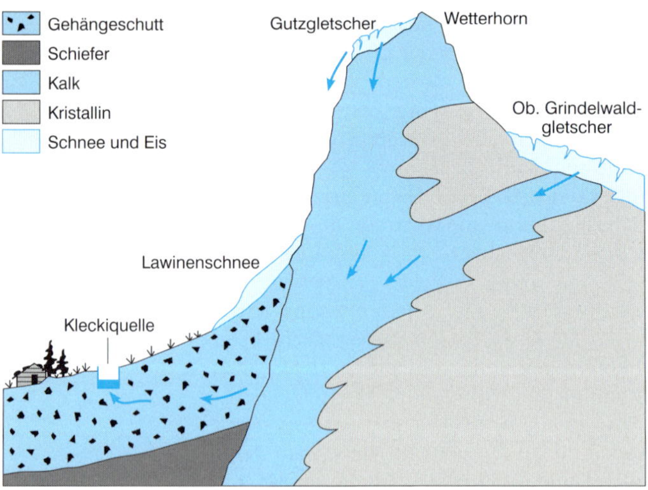

FRAGEN

1. *Mit der Höhe sinkt der Wasserdampfgehalt der Luft. Wieso nehmen die Niederschläge trotzdem mit der Höhe zu?*
2. *Wieso sind die Alpen das Wasserschloss Europas?*
3. *Wodurch werden die Sedimentfrachten in den Gerinnen gesteuert?*
4. *Welche Rolle spielen Seen im Wasserhaushalt der Alpen?*
5. *Wie empfindlich reagieren die alpinen Seen gegenüber sauren atmosphärischen Einträgen?*
6. *Wieso ist das Entwässerungsnetz in den Hohen Tauern dichter und der Oberflächenabfluss intensiver als auf dem Dachsteinplateau?*
7. *Welche Bedeutung haben die wiederholten quartären Vereisungen für die Grundwassernutzung der alpinen Täler?*
8. *Welches sind die wichtigsten Grundwasserspeicher im Alpenraum?*
9. *Was sind die besonderen Merkmale von Karstwässern?*
10. *Wie sind die großen randalpinen Seen entstanden?*

4 Relief und geomorphologische Prozesse

4.1 Großrelief und Stockwerkbau

— Das Relief der Alpen ist das Ergebnis tektonisch-geologischer Gesteinseinheiten unterschiedlicher Resistenz, phasenhafter tertiärer Heraushebung unter wechselfeucht-tropischem Klima, quartärer Überprägung im Wechselspiel von Kalt- und Warmzeiten sowie spätglazial-holozäner Verwitterung und Massenverlagerungen.

Die Alpen sind wie jedes Gebirge durch das Wechselspiel endogener, geologisch-tektonischer Vorgänge und exogener Verwitterungs- und Abtragungsprozesse geformt. Tektonische Struktur und unterschiedliche Lithologien mit ihrer unterschiedlichen Resistenz gegenüber Abtragung führen zu charakteristischen Landschaftsbildern und Oberflächenformen in verschiedenen Teilräumen der Alpen. Sehr erosionsanfällig sind beispielsweise die penninischen und helvetischen Flyschgesteine (feingeschichtete Abfolgen klastischer Sedimente) und Schiefer, vor allem wenn sie – wie die Bündnerschiefer – in Wechsellagerung mit mesozoischen Sand- und Tonsteinen sowie Kalksteinen und Dolomiten auftreten. Deutlich resistenter sind die Karbonatgesteine aus den verschiedenen tektonischen Einheiten des Helvetikums, Penninikums, des Ost- und Südalpins. Am härtesten verhalten sich die Gneise und Granite des prätriadischen kristallinen Grundgebirges und der tertiären Intrusionen (Kap. 1.1).

In Bereichen mit harten Karbonatgesteinen dominieren teils ausgedehnte Hochplateaus (Dachstein, Totes Gebirge; Foto 7). Ihre gute Erhaltung ist vor allem auf die Wasserdurchlässigkeit im Zusammenhang mit Verkarstungsprozessen und den dadurch bedingten geringen bis fehlenden Oberflächenabfluss zurückzuführen. Ihre Entstehung reicht bis ins Tertiär zurück. Die Hochplateaus brechen oft mit steilen Wänden zu den Talregionen ab. Steile und schroffe Wände charakterisieren auch die Bereiche, in denen die Karbonatgesteine in weichere Gesteine (z.B. Mergel, Schiefer, Tuffite) eingeschaltet sind bzw. diese überlagern. Dazu zählen vor allem die Riffstotzen der Dolomiten (Fotos 3, 21). Treten Kalksteine in wechselnder Schichtlagerung mit weicheren Gesteinen auf und sind die Gesteinspakete tektonisch verstellt, dann bilden sich alpine Schichtkammländer, wie sie z.B. in den westlichen Kalkalpen, im Helvetikum von Nizza über die Provence, die Dauphiné und Savoyen bis an den Rand des Berner Oberlandes ausgebildet sind.

In den kristallinen Alpen kann man zwischen den eher massig verwitternden Gneisen und Graniten sowie den weichen Schiefern und

Flyschgebieten unterscheiden. Schiefer- und Flyschgebiete bilden häufig Pässe und Ausraumzonen (Kitzbühl, Prättigau). Die Bergformen sind zugerundet und haben teils eher Mittelgebirgscharakter. Die Täler zeigen in diesen Bereichen häufig Weitungen, die Hänge sind oft instabil und durch Rutschungen beeinflusst. Der größte Teil des Niederschlages muss in diesen Gebieten wegen der relativ wasserundurchlässigen Gesteine oberflächlich abfließen und ist bei entsprechenden Starkregenereignissen oder lang anhaltenden Dauerregen der Grund für Erosion und verstärkte Murganggefahr. Am resistentesten sind die Granite und Gneisgebiete. Die höchsten Berge der Alpen bestehen deshalb aus diesen Gesteinen (Tab. 1, Farbfotos 2, 6).

Im Tertiär entwickelten sich unter wechselfeucht-tropischen Verhältnissen vor Anlage der Längstäler und noch geringer Erhebung über den Meeresspiegel ausgedehnte Flächensysteme in den Alpen, wie sie heute für viele wechselfeucht-tropische Gebiete der Erde charakteristisch sind. Durch die spätere Ausbildung der Quer- und Längstäler und vor allem durch die intensive Hebungstektonik seit dem Miozän (Kap. 1.2) sind diese Flächen zwar stark zerstört worden, aber in Teilen der Alpen immer noch gut erkennbar und weit verbreitet (Fotos 6, 7, 8). Stark vereinfachend und abgesehen von Gipfelbereichen könnte man sagen, dass es um so flacher wird, je höher man in den Alpen kommt. Die steilen Abschnitte liegen meist in der subalpinen und montanen Höhenstufe so-

Foto 6 (oben): ***Einzugsgebiet des Glatzbaches, südliche Großglocknergruppe***
Die mittlere Höhe der Fläche beträgt 2.700 m ü.M. Sie ist ein typisches Beispiel einer jungtertiären Fläche, die viele Hochlagen der Alpen charakterisieren (vgl. Foto 7). Die weichen Schiefer am Südrand des Tauernfensters sind intensiv fluvial zerschnitten und sehr frostempfindlich (Solifluktionsloben). Am Übergang der alpinen zur subnivalen Höhenstufe lösen sich die Rasenflächen mehr und mehr auf. Im Hintergrund der Großglockner (3.797 m ü.M.; Veit 04.09.1987).

Foto 7 (Mitte): ***Verkarstete Hochfläche auf dem Dachsteinplateau***
Wegen weitgehend fehlender Oberflächenentwässerung durch die Verkarstung der Karbonatgesteine ist die Fläche der jungtertiären Raxlandschaft gut erhalten. Der Krummholzgürtel der nördlichen Kalkalpen ist durch das Nebeneinander ausgedehnter Latschengebüsche und nackter Felsoberflächen charakterisiert. Im Hintergrund der Hohe Dachstein (2.995 m ü.M.; Veit 19.08.2000).

Foto 8 (unten): ***Eiskeller und Schwertkar (südliche Großglocknergruppe)***
Die beiden Kare sind sehr schöne Beispiele eiszeitlicher Landschaftsgestaltung durch die Gletscher. Am Ausgang der Kare liegen unbewachsene neuzeitliche Moränen. Auf den spätglazialen Moränen im Vordergrund sind weitgehend geschlossene alpinen Rasen entwickelt (Veit 15.08.1987).

wie oberhalb der klimatischen Schneegrenze in der nivalen Höhenstufe. Relativ flach dagegen ist die alpine Höhenstufe (Kap. 6.3.4; Foto 6).

Die Flachformen können in mehrere Niveaus gegliedert werden. Dies ist teils eine Folge phasenhafter Heraushebung und Abtragung (Rumpftreppen), teils sind tektonische Verstellungen für eine Vielzahl der Flächen verantwortlich. Die Parallelisierung der Flächen über die gesamten Alpen ist wegen der differenzierten Tektonik kaum möglich. Aus dem gleichen Grund und wegen petrographischer Unterschiede ist auch der Erhaltungszustand sehr unterschiedlich. Prinzipiell kann man bezüglich der räumlichen Verbreitung der Flächen zwei Typen unterscheiden, die älteren talunabhängigen Flächen und die jüngeren talbegleitenden Flächen. Ein Beispiel für talunabhängige Flächen ist die „Raxlandschaft". Der Begriff der Raxlandschaft (LICHTENECKER 1926) bezieht sich auf die Raxalpe nordwestlich des Semmering, am Ostrand der nördlichen Kalkalpen. Sie ist nur dort gut ausgeprägt, wo flachlagernde Schichten, wie die Dachsteinkalke (Dachsteinplateau; Foto 7), auftreten. Kleine Reste finden sich noch im Wettersteingebirge (Zugspitzplatt). Wegen der verkarsteten Hochfläche hat sich das Relief gut erhalten, denn aufgrund des durchlässigen Kalksteines gibt es kaum Oberflächenabfluss. Die Raxlandschaft ist in mehrere Niveaus gegliedert. Ihr Alter gilt als Miozän/Pliozän. Die Raxlandschaft bildet, wie auch jüngere Flächenstockwerke, verbreitet das Nutzungsstockwerk der Almen.

Die vermutlich oligozäne Augensteinlandschaft (LICHTENECKER 1926) ist eine hypothetische Fläche die nicht mehr erhalten ist. Reste finden sich nur noch in Form von überwiegend kristallinen Geröllen auf der Raxlandschaft. Die Ablagerungen müssen aus dem südlich gelegenem Kristallin stammen. Da sie noch keine Komponenten aus dem Tauernfenster enthalten, können die Hohen Tauern damals noch nicht so weit aufgewölbt gewesen sein. Die kristallinen Augensteinsedimente sind mit ihren silikatischen Ablagerungen zum Teil mitverantwortlich dafür, dass in den Kalkalpen Podsole auftreten (Kap. 5). Außer dem Relief haben sich teilweise auch die Böden der Altflächen bis heute erhalten bzw. sie sind in Hangmulden und Dolinen zusammengeschwemmt. Diese reliktischen „Rotlehme" oder „Terrae calcis" sind entsprechend der besseren Erhaltung der Flächen in den Ostalpen stärker verbreitet (Kap. 5.3.2; 5.6).

Das Entwässerungsnetz war zur Zeit der Augensteinlandschaft noch axial nach außen gerichtet, erkennbar an den großen Nagelfluh-Schwemmfächern in der nordalpinen Molasse. Im Jungtertiär verstärkte sich die Heraushebung der Alpen, was eine erhöhte fluviale Tiefenerosion und die Entwicklung der Längstäler zur Folge hatte, so dass nach und nach die Akkumulation auf den großen Nagelfluh-Schwemmfächern aussetzte. Gelegentlich haben sich Quertäler auch erst nach Ausbildung der Längstäler entwickelt, wie am Inn, dessen Quertal erst ab dem Obermiozän existiert (FISCHER 1994). In der Frühphase der Eintiefung bildeten sich am Ende des Tertiärs noch talbeglei-

Foto 9
Val Bedretto, Richtung Nufenenpass (Gotthard-Massiv)
Eiszeitliches Trogtal mit Trogschulter. Die südexponierte Talseite (im Bild rechts) ist sowohl im Almenstockwerk der Trogschultern wie auch in den talnahen Bereichen intensiver landwirtschaftlich genutzt. Wie in vielen Längstälern der Alpen verläuft entlang des Talbodens eine Störungszone, die die Gneise und Granite des Gotthard-Massivs (im Bild rechts) von den penninischen Bündnerschiefern (im Bild links) trennt (VEIT 21.07.2000).

tende Flächensysteme aus, wie z.B. das Firnfeld- und Flachkarniveau in den Ostalpen (CREUTZBURG 1921). In den quartären Kaltzeiten dienten diese hochgelegenen Flachformen (ehemalige Tal-Ursprünge, Quelltrichter), sobald die Gletscher-Schneegrenze tiefer lag als bevorzugte Akkumulationsflächen. Heute finden sich in diesen Höhen Kare und Firnfelder. Aus den Westalpen werden entsprechende Flächensysteme und Hochtalböden von ANNAHEIM (1946) beschrieben. Als weiteres Relikt tertiärer talbegleitender Flächensysteme werden die glazial überschliffenen Trogschultern gedeutet (Kap. 4.2). Je stärker die Gebirgsgruppen herausgehoben wurden bzw. pleistozän vergletschert waren, um so mehr ist der Stockwerkbau bzw. sind die Altflächen zerstört.

Außer der Tektonik richtet sich das Entwässerungsnetz auch nach der unterschiedlichen Resistenz der Gesteine. Im Zuge der Heraushebung kam es dadurch zu einer Betonung der geologisch-tektonischen Struktur. Die Flussläufe, vor allem in den Längstälern, folgen häufig tektonischen Großstrukturen oder lithologischen Grenzen. Beispiele sind das Salzachtal, das untere Mölltal, das Drautal, die Brennerfurche, die Achse Martigny-Chur entlang von Rhônetal-Furkapass-Urserental-Oberalppass-Vorderrheintal, das Engadin, das Veltlin, der Vintschgau, das Virgental in der Matreier Zone am südlichen Tauernfenster oder das Val Bedretto am Südrand des Gotthard-Massivs (Foto 9).

4.2 Glaziale Formen und Prozesse

Glaziale Formen sind Abtragungs- und Aufschüttungsformen, die auf die Tätigkeit bewegten Gletschereises zurückgehen. Dies können sehr junge Formen sein, entstanden durch die seit Jahrzehnten zurückweichenden Gletscher (Kap. 10.4), oder sie können im Holozän oder in den pleistozänen Kaltzeiten gebildet worden sein (Kap. 9). Mit 3.000 km² (Ende des 20. Jahrhunderts) sind ca. 2 bis 3 % der Gesamtfläche der Alpen vergletschert, die Westalpen stärker als die Ostalpen. Bei den mehr als 2.000 Gletschern handelt es sich überwiegend um kleine Kar- und Hanggletscher in strahlungsgeschützten Hochlagen. Das Eisvolumen umfasst rund 100 km³. Große Gletscher können aber auch die ganze periglaziale Höhenstufe (Kap. 4.3) durchziehen und bis in die Waldstufe hinabreichen, wie z.B. die Pasterze (Österreich), der Aletschgletscher (Wallis), der Glacier Blanc und der Glacier Noir (Pelvoux-Massiv) sowie der Glacier des Bossons bei Chamonix (Farbfoto 6). Neben der Größe,

Alpengletscher:
- 2.000 Gletscher;
- 3.000 km² Fläche;
- 100 km³ Eis.

Bestimmung des Massenhaushaltes:
- glaziologische Methode;
- geodätische Methode;
- hydrologische Methode.

Höhe und Exposition des Einzugsgebietes spielt dabei der Niederschlag eine entscheidende Rolle. So reicht in den Julischen Alpen, einem der niederschlagsreichsten Gebiete der Alpen (3.500 bis 4.000 mm; Kap. 2.3), der Montasch-Gletscher trotz relativ niedriger Gebirgshöhen mit seinem Stirnende bis in 1.860 m ü.M.

Gletscher spielen in vielerlei Hinsicht eine wichtige Rolle. Hierzu gehört die touristische Attraktivität, der Einfluss auf den Wasserhaushalt, die Bedeutung für die Energiegewinnung, Einflüsse auf das Mikroklima, der Zusammenhang mit Naturgefahren und zunehmend auch die Funktion als sensibler Indikator für den globalen Klimawandel, durch den seit Jahrzehnten ein kräftiger Gletscherschwund verursacht wird (Kap. 10.4). Die Gletscherschwankungen des Holozäns und erst recht die massive Vergletscherung der Alpen in den Eiszeiten haben das Relief der Alpen entscheidend mitgestaltet (Abb. 33). Typische Erosions- und Akkumulationsformen sowie entsprechende Sedimente führen nicht nur zu dem bekannten attraktiven und abwechslungsreichen Relief, sondern auch zu sehr unterschiedlichen oberflächennahen Substraten und hydrogeologischen Verhältnissen. Heutige Prozesse und Standortbedingungen sind daher ohne Kenntnis der quartären Landschaftsgeschichte nicht verständlich (Kap. 9).

Zu den typischen glazialen Erosionsformen zählen die Kare (Foto 8), die Trogtäler (Foto 9), die geschliffenen Felswände, Rundhöcker, Hän-

Abb. 33
Typischer Formenschatz und Ablagerungen eines glazial überprägten alpinen Tales (nach VAN HUSEN 1987).
1 = Kar
2 = Trogschulter
3 = Moräne
4 = Kamesterrasse
5 = Hängetal
6 = Bergsturz
7 = Bergzerreißung und Talzuschub
8 = Schwemmkegel
9 = Talboden mit holozänen und quartären Lockersedimenten.

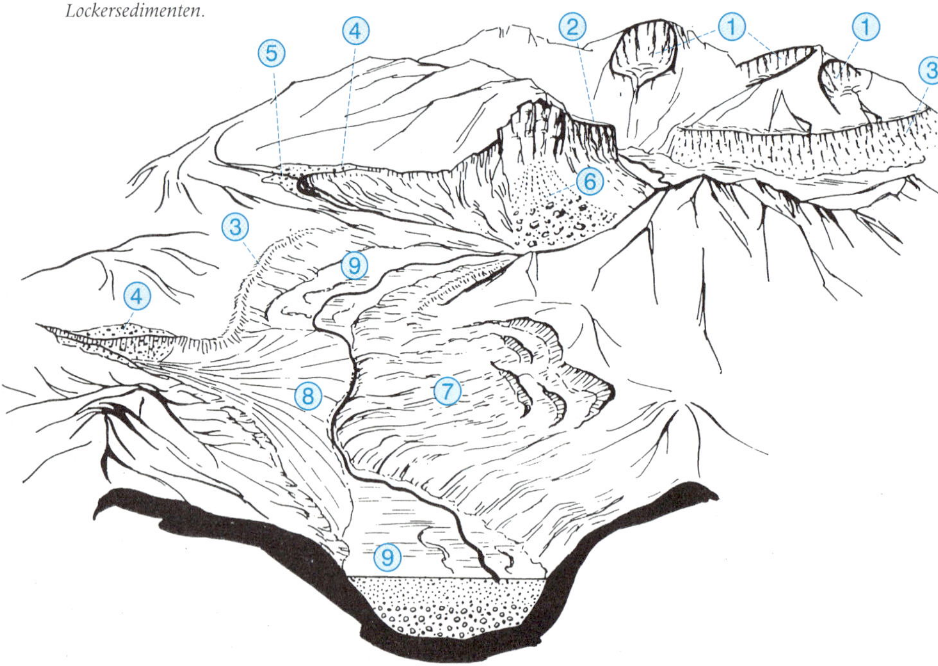

getäler und die Talübertiefungen. Abhängig von der Eisphysik, der Eistemperatur, dem Bewegungsmechanismus der Gletscher und den Reliefverhältnissen, kann die Gletschererosion sehr groß, aber auch sehr klein sein. Die meisten Gletscher der Alpen weisen relativ hohe Eistemperaturen auf. Sie sind warm bzw. temperiert. Bei ihnen liegt die Temperatur des Gletschereises im Zehrgebiet – mit Ausnahme der Wintermonate – im Bereich des Druckschmelzpunktes. Dadurch bildet sich an der Basis, an der Grenze zum Gesteinsuntergrund, ein dünner Schmelzwasserfilm. Das Eisfließen erfolgt plastisch. Bei kalten Gletschern hingegen liegt die Temperatur ständig unter dem Druckschmelzpunkt. Es tritt kein Schmelzwasser an der Basis auf. Die Gletscher sind an den Untergrund mehr oder weniger festgefroren und Eisbewegungen erfolgen als ruckartige Blockbewegungen.

Detersion: Glazialerosion durch eingefrorene Gesteinspartikel im Eis (Gletscherschliff).

Detraktion: Glazialerosion durch Herausbrechen von Gesteinsbrocken aus dem Fels, meist durch Druckentlastung unter dem Eis im Lee von Felsbuckeln.

Abtragungsformen

Als markantes Landschaftsbild stellen die Kare mit ihren steilen Wänden ein typisches Ergebnis der pleistozänen Glazialerosion dar (Foto 8). Häufig sind die Karböden übertieft und die Kare durch eine Karschwelle abgeschlossen. Diesem Umstand verdanken viele Karseen ihre Entstehung. Die typische Zuspitzung vieler markanter Gipfel der Alpen ist teils auf das Auftreten von mehreren Karen an den unterschiedlichen Bergflanken zurückzuführen (Karlinge).

Weiter talabwärts sind durch die pleistozänen Gletscher häufig Trogtäler entstanden, die sich durch steile Talflanken und eine flache Trogschulter auszeichnen. Die Verflachungen werden oft durch Almen oder als Siedlungsraum genutzt. Südexponierte Trogschultern sind die „Sonnenterrassen" der Alpen. In diesem Zusammenhang sind auch die Hängetäler zu sehen. Bedingt durch die eiszeitlich geringere Erosionskraft in den Nebentälern streichen die Talböden oft einige hundert, im Extremfall auch 800 m und mehr (Ritomtal über Ambri-Piotta) über dem Haupttal aus. Die oft Hunderte von Metern hohen Talwände werden teils durch imposante Wasserfälle oder enge Schluchten unterbrochen. Sie stellen damit einerseits bedeutende Verkehrshindernisse dar, die nur durch Serpentinen überwunden werden können und teils bis heute zu starker Isolierung der Täler führen. Andererseits sind die großen Vertikalerstreckungen wegen der zur Verfügung stehenden hohen Reliefenergie beliebte Standorte für Hochdruckkraftwerke (Kap. 8.4.2). Auch Trendsportarten machen sich den Höhenunterschied zu Nutze (Paragliding).

Rundhöcker: vom Gletscher überschliffene asymmetrische Felsbuckel mit stromlinienförmig gerundeter abgeflachter Stoßseite (durch Detersion) und kantiger, steilerer Leeseite (durch Detraktion).

Die talbodennahen Bereiche werden meist von spät- bis postglazialen Schwemm- und Murkegeln oder von Moränen und glazifluvialen Ablagerungen aufgebaut (Kap. 9). Letztere können erhebliche Mächtigkeiten erreichen, da viele alpine Täler glazigen übertieft sind. Im Vergleich zum heutigen Talboden können diese Übertiefungen einige 100 m erreichen. Besonders ausgeprägt ist diese Erscheinung dort, wo sich mehrere Gletscher vereinigen, sowie an Engstellen mit hoher Fließgeschwindigkeit. Am Konkordiaplatz im Jungfraugebiet (Aletschgletscher) ist der Talboden gegenüber dem unteren Aletschgletscher um mindestens 500 m übertieft (Labhart 1995). Auch außerhalb der heutigen Vergletscherung treten Übertiefungen als Folge der eiszeitlichen großen Gletscherausdehnungen auf. Entsprechend sind die Täler häufig mit einigen 100 m quartären Ablagerungen verfüllt. Im Inntal liegt die Quartärbasis stellenweise 1.000 m tief. Bei Andermatt sind es 267 m, an der Mündung des Rissbaches in die Isar ist das Quartär 362 m mächtig. Im Loisach-Tal gibt es Stellen mit mehr als 500 m mächtigem Quartär. Zwischen den übertieften Talabschnitten liegen flache Schwellenbereiche.

Mit den Talübertiefungen sind auch Gefahren verbunden. So bohrten beim Bau des Lötschbergtunnels (Wallis) am 24. Juli 1908 die Arbeiter unter dem Gasterntal vom festen Fels her eine wasserführende Talfüllung an. Der in den Stollen eindringende Kies- und Schlammstrom füllte diesen auf einer Länge von 1.800 m auf, 24 Arbeiter starben. Das enge Tal mit seinem Felsriegel am Ausgang gegen Kandersteg war mehr als 160 m unter die Talsohle übertieft und mit Lockermaterial aufgefüllt (Labhart 1995). Beim Bau des Gotthard-Eisenbahntunnels 1872 bis 1880 hatten die Arbeiter mehr Glück. Nur rund 40 m Fels trennten unter Andermatt die Tunnelbauer von 250 m mächtigen Lockerschuttmassen des übertieften Urserentales.

Im Bereich der eiszeitlichen Gletscherstirnen liegen die übertieften Zungenbecken, in den Alpen meist am unmittelbaren Alpenrand bzw. im Bereich der Molasse. Die Zungenbecken haben sich nach dem Eisabbau im Spätglazial meist mit Seen gefüllt. Bei vielen großen Alpenrandseen, wie z.B. dem Thuner-, Zuger-, Zürich- und Bodensee, liegt der Felsuntergrund ungefähr auf Meeresniveau. Bei alpennäheren Seen, wie dem Genfer-, Brienzer-, Vierwaldstätter- und Walensee, befindet sich die Felsbasis sogar einige 100 m unter dem Meeresspiegel. Auf der Alpensüdseite liegt der Felsuntergrund am Lago Maggiore und dem Lago di Como bei mehr als 600 m bis zu 1.000 m unter dem Meeresniveau. Diese Extremwerte auf der Alpensüdseite stehen allerdings mit einer komplexen Entwicklung in Verbindung, die nicht primär durch quartäre Gletscher bedingt ist. Ursache der starken Erosion und canyonartigen Eintiefung war möglicherweise die Austrocknung des Mittelmeeres im „Messinian Event" vor rund 5,5 Mio. Jahren und damit die Tieferlegung der Erosionsbasis (Bini et al. 1978). Zum Teil sind die pleistozänen Zungenbecken seit dem Ende der Würmeiszeit schon vollständig verfüllt worden (z.B. Rosenheimer Becken). Die meisten noch nicht verlandeten Becken liegen in den Kalkalpen bzw. deren Vorland, da die Flüsse weniger Suspensionsfracht führen als diejenigen aus kristallinen Gebieten (Kap. 3.2.2).

Akkumulationsformen

Zu den verbreitetsten glazialen Akkumulationsformen und Ablagerungen gehören Moränen, teils gut erkennbar in Form von Wällen als End-, Mittel- und Seitenmoränen, häufiger als Überdeckung der anstehenden Gesteine durch Grundmoränen (Abb. 33, Foto 10; Farbfoto 18), um nur einige Typen zu nennen. Für die Bodenentwicklung, die Vegetation und hinsichtlich des Grundwassers oder als Baugrund können dadurch völlig neue Standortverhältnisse auftreten. Im Hinblick auf Boden und Vegetation wird die Bedeutung am anschaulichsten, wenn kalkalpine Geschiebe auf sauren kristallinen Gesteinen, oder umgekehrt, abgelagert wurden. Teilweise schaffen die Moränen überhaupt erst die Vorraussetzung, dass sich tiefgründige Böden entwickeln können (Kap. 5).

Foto 10
Erdpyramiden bei Euseigne (Wallis)
Die Alpentäler sind als Folge der Eiszeiten von den Talböden bis über die Waldgrenze weitflächig von Moränen bedeckt. Im Bild sind die Moränen an der hellen Farbe an den Hängen des Val d'Hérens zu erkennen. Durch Erosion der pleistozänen Moränen sind stellenweise bizarre Formen entstanden, wie die Erdpyramiden im Vordergrund. Die Säulen bilden sich im Schutz großer Moränenblöcke (Veit 17.07.2000).

Mengenmäßig bedeutend sind auch die glazifluvialen Ablagerungen durch die Schmelzwässer, also im periglazialen Gletschervorfeld (Kap. 3.2.2). Neben Schottern und Sanden, die teils als Schwemmfächer und Schotterplatten, teils als Flussterrassen entwickelt sind, treten in Bereichen, in denen im Pleistozän Zungenbeckenseen und Moränenstauseen existierten, auch feinkörnige Sedimente wie Schluffe und Tone auf, die häufig jahreszeitlich gebändert sind (Bändertone, Warven). Diese Wechsellagerung von grobkörnigen und feinkörnigen quartären Ablagerungen ist von großer Bedeutung für die Entwicklung und heutige Nutzung von Grundwasserkörpern. Für die Gesamtheit der regelhaften Abfolge glazialer Aufschüttungsformen, wie Grundmoräne – Zungenbecken – Endmoräne – glazifluviale Schotter (Sander) – Urstromtal (z.B. Donau oder Po), haben Penck & Brückner (1901–1909) den Begriff „glaziale Serie" geprägt.

Massenbilanzen und Gletscher-Gleichgewichtslinie

Wegen der großen wasser- und energiewirtschaftlichen Bedeutung wird in den Alpen die Massenbilanz vieler Gletscher jährlich ermittelt, teilweise seit mehr als 40 Jahren (Tab. 17). Dadurch kann auch die Höhenlage der Gleichgewichtslinie, die Akkumulations- und Ablationsgebiet trennt, bestimmt werden. Die Bestimmungen des Massenhaushaltes erfolgen entweder nach der glaziologischen Methode mit direkten Messungen der Akkumulation und Ablation auf dem Gletscher (Schneepegel, Schneeschächte) oder mit der geodätischen Methode, indem wiederholte photogrammetrische Aufnahmen über mehrere Jahre hinweg ausgewertet und daraus die Volumenänderungen errechnet werden. Bei der hydrologischen Methode wird der Massenhaushalt über die Speicheränderung bestimmt, die eine Funktion des Niederschlages, der Verdunstung und des Abflusses ist. Bei einem stationären Gletscher ist die Speicheränderung im Jahresdurchschnitt ausgeglichen. Dann entspricht der jährliche Abfluss der Differenz zwischen Jahresniederschlag und Verdunstung.

Massenbilanzen und Gletscher-Gleichgewichtslinie (Fortsetzung)

Tab. 17: Langjährige Massenbilanzstudien an alpinen Gletschern

Gebiet	Massenbilanzen seit	Gebiet	Massenbilanzen seit
Sonnblickkees	1963	Limmern Gletscher	1959
Hintereisferner	1952	Griesgletscher	1961
Vernagtferner	1965	Aletschgletscher	1922
Silvretta	1960	Glacier de Sarennes	1948

nach Röthlisberger & Lang (1987)

Die Bestimmung der Gleichgewichtslinie erfolgt entweder über die höhenstufenabhängige Änderung des Massenhaushaltes, d.h. sie liegt dort, wo Akkumulation und Ablation gleich groß sind, oder über die Flächenverhältnisse. Die Flächenverhältnisse von Akkumulations- zu Ablationsgebiet eines Gletschers stehen in enger Beziehung zur Massenbilanz. Vorraussetzung ist allerdings ein ausgeglichener Massenhaushalt. Für die Alpen gilt hierbei ein Wert von rund 2:1 (Tab. 18). Tendenziell liegen die Werte in feuchten Gebieten eher unter 2, in relativ trockenen Gebieten eher darüber. Vorsicht ist geboten bei hoher Felsumrahmung des Nährgebietes oder steil abbrechender Gletscherzunge, wie etwa am Kesselwandferner, wo das Verhältnis entsprechend 4:1 beträgt.

Tab. 18: Mittlere Flächenverhältnisse Akkumulationsgebiet : Ablationsgebiet ausgewählter Gletscher bei ausgeglichenem Massenhaushalt (1965 bis 1974)

Gletscher	Gebirgsgruppe	Akk : Abl.
Hintereisferner	Ötztaler Alpen	2,1 : 1
Vernagtferner	Ötztaler Alpen	2,2 : 1
Langtalerferner	Ötztaler Alpen	1,8 : 1
Sonnblickkees	Hohe Tauern	1,6 : 1
Limmerngletscher	Glarner Alpen	1,6 : 1
Silvrettagletscher	Silvrettagruppe	1,5 : 1

nach Gross et al. (1978)

Wenn die geschilderten Verfahren aufgrund der lokalen Gegebenheiten nicht möglich oder zu aufwendig sind bzw. entsprechende Messungen nicht vorliegen, kann die Höhe der Gleichgewichtslinie abgeschätzt werden. Eine gängige Methode ist das Verfahren nach Louis (1954/55). Danach wird die Gleichgewichtslinie errechnet als der Mittelwert des höchsten Punktes der Gletscherumrahmung und des Gletscher-

Massenbilanzen und Gletscher-Gleichgewichtslinie (Fortsetzung)

endes. Die Methode liefert in der Regel zu hohe Werte. Ein weiteres Verfahren ist die Höfer'sche Methode (von Höfer 1879). Sie ist ähnlich wie das Verfahren nach Louis, jedoch wird nicht der höchste Punkt des Einzugsgebietes mit einbezogen, sondern die mittlere Höhe der Gebirgsumrahmung. Die Methode liefert in der Regel ebenfalls zu hohe Werte. Nach der Methode Lichtenecker (1938) wird die Lage der Gleichgewichtslinie durch den Ansatz der Seitenmoränen bzw. der Mittelmoränen auf dem Gletscher markiert. Diese Methode ergibt Minimalhöhen der Gleichgewichtslinie, wenn reliefbedingt (z.B. steile Felswand, enge Schlucht) die Moränen nach oben hin aussetzen.

4.3 Periglaziale Formen und Prozesse

Periglaziale Prozesse und Formen sind oberhalb der Waldgrenze weit verbreitet. Sie treten in den nicht vergletscherten Teilen bis auf die höchsten Berge auf, sind aber auch unterhalb der Waldgrenze sporadisch zu finden. Die Höhenstufe zwischen Baumgrenze und klimatischer Schneegrenze, d.h. botanisch die alpine und subnivale Höhenstufe (vgl. Kap. 6.3), wird daher auch als periglaziale Höhenstufe bezeichnet. Zu einer klaren Abgrenzung sollte zwischen Formen und Prozessen unterschieden werden. So stellen die oberhalb der Baumgrenze auftretenden Solifluktionsloben zwar periglaziale Formen dar, sie sind aber häufig inaktiv und unter anderen klimatischen Verhältnissen in der Vergangenheit gebildet worden. Aktuelle periglaziale Formung setzt flächenhaft erst in der oberen alpinen und in der subnivalen Höhenstufe ein. Hier soll der Einfachheit halber der Formenschatz als Kriterium zur Ausscheidung herangezogen werden, da Messungen über Bewegungen nicht überall zur Verfügung stehen. Entsprechend ist die Untergrenze der periglazialen Höhenstufe als die Untergrenze des gehäuften Auftretens von Solifluktionsloben definiert. Einige für die Alpen ökologisch besonders wichtige periglaziale Phänomene und Prozesse werden im Folgenden näher erläutert.

Periglazial: Sammelbegriff für die natürlichen Prozesse kaltklimatischer Gebiete, die nicht vergletschert sind. Die mittlere Jahrestemperatur liegt häufig unter 0 °C. Bodenfrost (saisonal oder als Permafrost) spielt eine wichtige Rolle. Die „periglaziale Höhenstufe" der Alpen ist die durch entsprechende Prozesse geprägte Höhenstufe oberhalb der Baumgrenze.

4.3.1 Solifluktion

Frostbedingte Substratverlagerungen hangabwärts und die Bildung von lobenförmigen und girlandenartigen Wülsten sind eine weit verbreitete Erscheinung oberhalb der Baumgrenze, speziell in der oberen alpinen und in der subnivalen Höhenstufe (Farbfotos 7, 8). Dieses langsame, frostbedingte Bodenkriechen wird als Solifluktion bezeichnet. Synonyme Begriffe sind Gelisolifluktion, Gelifluktion oder Kongelifluktion. Vom Prozess her unterscheidet man Durchtränkungsfließen, bei dem die Bewegungen bei Wassersättigung des Oberbodens stattfinden, meist über gefrorenem Untergrund, und Regelationsfließen. Bei Letzterem erfolgt die Bewegung durch Frostwechsel und damit verbundene Volumenänderungen des Bodens. Die Bodenpartikel und Gesteine werden durch die Ausdehnung beim Gefrieren senkrecht zur Oberfläche angehoben, fallen aber der Schwerkraft entsprechend beim Auftauen senkrecht zurück. In der Summe ergibt sich daraus eine Hangabwärtsbewegung.

Ein Sonderfall sehr flachgründiger Bewegungen stellt die Kammeissolifluktion dar. Vor allem in den Übergangsjahreszeiten kommt es zu häufigen Frostwechseln und nachts zur Bildung von bis zu mehreren Zentimeter langen Eisnadeln (maximal 5 bis 15 cm in einer Nacht!) unter kleinen Gesteins- und Bodenpartikeln, die dadurch senkrecht zum Hang angehoben werden. Beim Auftauen am nächsten Tag, in Schattlagen und an Nordhängen häufig auch erst nach mehreren Tagen, fallen die Gesteine und Bodenpartikel entsprechend der Schwerkraft hangabwärts. Kammeis entsteht nur auf ungefrorenem Boden.

Als Folge der Solifluktion sind häufig Steinstreifen anzutreffen, d.h. parallele Streifen von Grob- und Feinmaterial, wobei die Grobkomponenten teils aufgestellt sind. Die Steinstreifen gehen in relativ ebenen Bereichen in Steinpolygone über, bei denen der Kern aus Feinmaterial und der Rand aus Grobmaterial besteht, ein Sortierungsprozess, der durch die frostbedingten Bodenbewegungen erfolgt.

Solifluktion: Begriff von ANDERSSON (1906) für jede Form des wassergesättigten Bodenkriechens hangabwärts. Wird verbreitet – so auch hier – begrifflich auf periglaziale Fließbewegungen beschränkt. Solifluktion findet mit und ohne Permafrost statt. Sie ist zeitlich und räumlich sehr variabel.

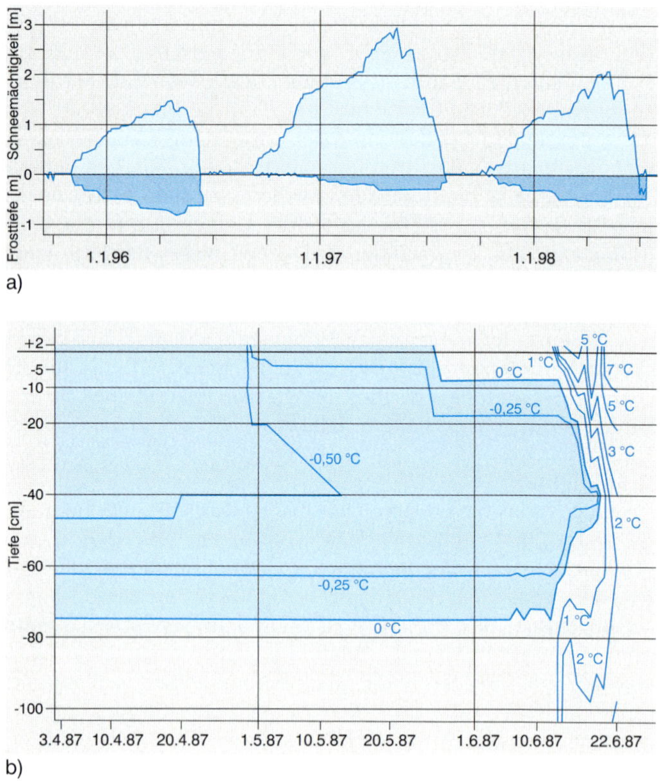

Abb. 34
Zeitlicher Verlauf des Bodenfrostes in der alpinen Höhenstufe der Hohen Tauern (2.650 m ü.M.). a) Jahresgänge der Frosttiefe 1996 – 1998 und Mächtigkeit der Schneedecke (nach JAESCHE *1999); b) Verlauf des Bodenfrostes in der Auftauperiode Juni 1987 (nach* STINGL & VEIT *1988);*

Die Häufigkeit der Frostwechsel spielt für tiefgründige Solifluktionsbewegungen keine entscheidende Rolle. Dies zeigt die vertikale Verteilung der Anzahl Frostwechseltage pro Jahr. Sie erreichen in den Alpen mit mehr als 100 Frostwechseltagen ein Maximum in der Höhenlage zwischen 1.200 und 1.800 m ü.M. (Kap. 2.2; Abb. 14). Darüber nehmen sie wegen der Zunahme der Eistage bzw. aufgrund der Schneebedeckung wieder ab. Es stehen meist nur Daten für die Lufttemperatur in 2 m Höhe zur Verfügung. Bezüglich der Bodentemperaturen gibt es kaum höhenspezifische Daten. Wie Messungen zeigen, führt eine früh einsetzende Schneedecke dazu, dass auch in Höhen über 2.500 m ü.M. der winterliche Bodenfrost häufig nur wenige Zentimeter tief eindringt (Abb. 34a). In den Hohen Tauern friert der Boden in diesen Höhenlagen durchschnittlich etwa Ende Oktober/Anfang November ein und ist bis spätestens August, in der Regel jedoch bereits im Juli des Folgejahres, wieder vollkommen aufgetaut. Das Einfrieren erfolgt zügig, ohne erkennbare Frostwechsel, und ist in seinem Tiefgang jährlich sehr unterschiedlich.

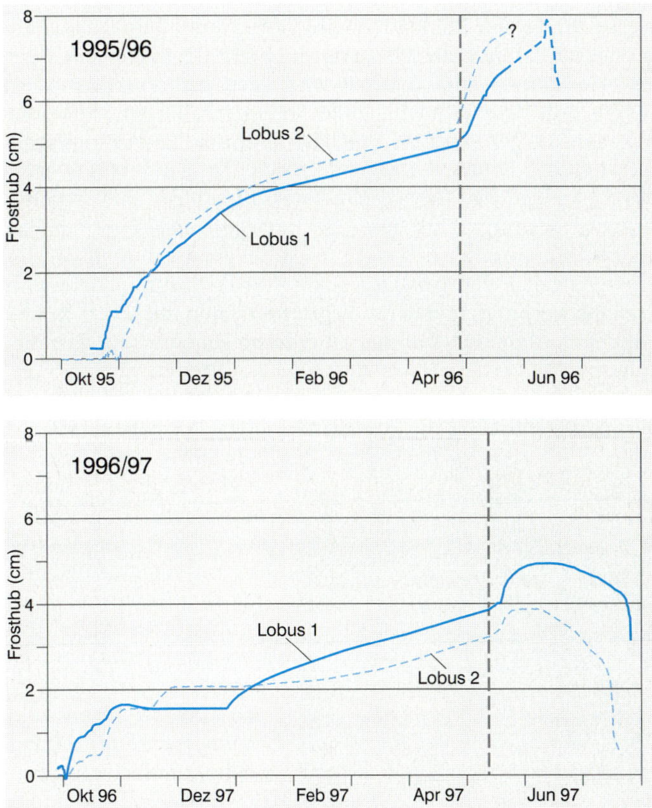

c)

Abb. 34 (Fortsetzung) *Zeitlicher Verlauf des Bodenfrostes in der alpinen Höhenstufe der Hohen Tauern (2.650 m ü.M.). c) vertikale Bodenbewegungen (Frosthub) an zwei Solifluktionsloben in den Jahren 1995/96 und 1996/97 (nach* Jaesche *1999).*

Die Auftauperiode ist am Beispiel des Frühjahrs 1987 in Abb. 34b dargestellt. Ende Mai beginnt der Boden von der Oberfläche her aufzutauen. Zwei Wochen danach setzt das Auftauen gleichzeitig von oben und unten ein. Der Bodenfrost hält sich am längsten in 40 cm Tiefe, bis er wenige Tage später vollständig verschwunden ist. Auch hierbei treten praktisch keine Frostwechsel auf. Am längsten hält sich die Bodengefrornis in einer Tiefe, oberhalb derer im Durchschnitt die maximalen solifluidalen Bewegungen stattfinden. Die darüber liegenden Bereiche sind dann, meist ist es die Zeit der frühsommerlichen Schneeschmelze, stark wasserübersättigt, nicht zuletzt weil das Wasser nicht im Boden versickern kann. Dadurch verliert der Oberboden seine bindige Konsistenz und verlagert sich langsam hangabwärts. Für tiefgründige Bewegungen, die meist mit hohen Solifluktionsbeträgen gekoppelt sind (mehrere Dezimeter Hangabwärtsbewegung pro Jahr), ist das Durchtränkungsfließen entscheidend. Dieser Prozess ist in den Alpen in der Regel auf wenige Tage bis Wochen im Jahr während der Auftauperiode im Frühjahr beschränkt.

Die Bewegungsbeträge unter dicht bewachsenem Rasen liegen in der Größenordnung von Millimetern pro Jahr. In der subnivalen Höhenstufe dagegen können die Werte auf mehrere Dezimeter pro Jahr ansteigen. Bei einem Tiefgang der Bewegungen von durchschnittlich 20 bis 50 cm, teils deutlich mehr, findet so ein erheblicher Materialtransport an den Hängen statt. Im Regelfall nimmt die Bewegungsintensität mit der Tiefe ab (Foto 11). Dabei bildet sich häufig in 40 bis 60 cm, d.h. in der Tiefenlage der lang anhaltenden Frostlinse, eine regelrechte Scherfläche aus, unterhalb derer die Bewegungen abrupt nachlassen. Sie ist häufig an fossile Ah-Horizonte gebunden, die durch ihren hohen Feinmaterialgehalt den Wasserhaushalt und die Eislinsenbildung beeinflussen. Bei Deckungsgraden der Vegetation von mehr als 50 % sind die Bewegungen unmittelbar an der Oberfläche gehemmt, so dass die Bewegungsmaxima erst in 10 bis 20 cm Tiefe auftreten.

Foto 11
Solifluktionsbewegung in den Hohe Tauern (2.650 m ü.M.)
Die verbogene Aluminiumfolie zeigt die Bewegung bis 40 cm Tiefe nach vier Jahren (1985 bis 1989). Die ursprüngliche Position der Aluminiumfolie ist durch den Zollstock markiert (Veit 12.09.1989).

Solifluktion findet auch über Permafrost statt, d.h. ganzjährig gefrorenem Untergrund. Im Unterschied zur saisonalen Bodengefrornis taut hierbei der Boden im Frühsommer lediglich von der Oberfläche her auf. Die sommerliche Auftauschicht über dem Permafrostspiegel erreicht in den Alpen Werte von maximal 3 bis 6 m.

Intensität und Tiefgang der Solifluktionsbewegungen stehen in klarem Verhältnis zum Bewuchs, weshalb man gebundene (vollständig bewachsen), gehemmte (teilweise bewachsen) und ungebundene Solifluktion (geringer Deckungsgrad bis unbewachsen) unterscheidet. Unterhalb der Waldgrenze werden Solifluktionserscheinungen durch die dichte Vegetationsdecke vollständig unterdrückt, sofern keine sekundären Störungen vorliegen. Bei anthropogenen Störungen der Vegetation (Viehtritt, Trittschäden durch Wanderer, Skipisten etc.) können die Prozesse deutlich verstärkt werden und über Rückkoppelungseffekte (verstärkter Bodenfrost, Abspülung) zu kräftiger Erosion und Ausweitung der Schäden (z.B. Blaikenbildung) führen.

Auffällig ist eine hohe räumliche und zeitliche Variabilität der Solifluktion sowie der Mächtigkeit der bewegten Schicht. Die kleinräumigen Änderungen (Abb. 35a) sind durch das Mikrorelief, den Steingehalt, die Vegetation, die Schneebedeckung und den daraus resultierenden differenzierten Bodenwasserhaushalt verursacht. Die im Frühjahr relativ zeitig aperen Stellen tragen dichtere Vegetation und weisen geringere Bewegungsbeträge auf (Abb. 35b). Schneefreie Grate und Rücken sind am kältesten, weil dort die isolierende Schneedecke fehlt. Dort gibt es aber meist genau deshalb eine dichte Vegetationsbedeckung und damit keine bzw. nur geringe Bewegungen, trotz Bodenfrost. Dies zeigt deutlich, dass neben dem Bodenfrost die Schneedeckenverteilung und die Wasserzufuhr und damit das Relief eine erhebliche Rolle spielen.

Die jährlichen Schwankungen haben klimatische Ursachen. Auf der einen Seite sind es der Einschneitermin, die winterliche Schneebedeckungsdauer und die Wintertemperatur, welche die Tiefe des Bodenfrostes steuern. Auf der anderen Seite beeinflussen die Sommertemperatur und der sommerliche Schneefall die Auftaugeschwindigkeit des Bodenfrostes. Damit sind die Faktoren, die die Intensität der Solifluktion steuern, zum Teil identisch mit den Faktoren, die den Massenhaushalt der Gletscher bestimmen (Sommertemperatur, Sommerschnee), teilweise aber auch unabhängig davon (Wintertemperatur). Langfristiges Solifluktionsmonitoring eignet sich damit, ebenso wie die Massenhaushaltsuntersuchungen an Gletschern, vorzüglich zur Klimabeobachtung bzw. zum Verfolgen ihrer Auswirkungen auf das Ökosystem. Aus verschiedenen Gebieten der Alpen liegen immerhin seit 1971/72 Messungen vor, die die hohe jährliche Variabilität belegen (Abb. 93, 94; Kap. 10.6).

Die periglazialen Formen und Prozesse zeigen auch eine deutliche Gesteinsabhängigkeit. Auf Kristallin folgt über der Baumgrenze die Rasenstufe, dann die Frostschuttstufe. Auf Kalk folgt oberhalb der Baumgrenze die Krummholzstufe, darüber direkt die Frostschuttstufe. Rasen gibt es hier nur an Standorten, auf denen die Krummholzvegetation anthropogen entfernt wurde. Außerdem sind Rasen- und Frostschuttstufe wesentlich stärker räumlich miteinander vergesellschaftet (Kap. 6).

Entlang eines Nord-Süd-Transektes durch die Ostalpen zeigt die Untergrenze der Solifluktion einen ansteigenden Verlauf. Die höchste Lage wird in den Dolomiten (2.450 m ü.M.) erreicht, nicht in den Zentralalpen (Hohe Tauern: 2.300 m ü.M.), wo andere Höhengrenzen (Wald-

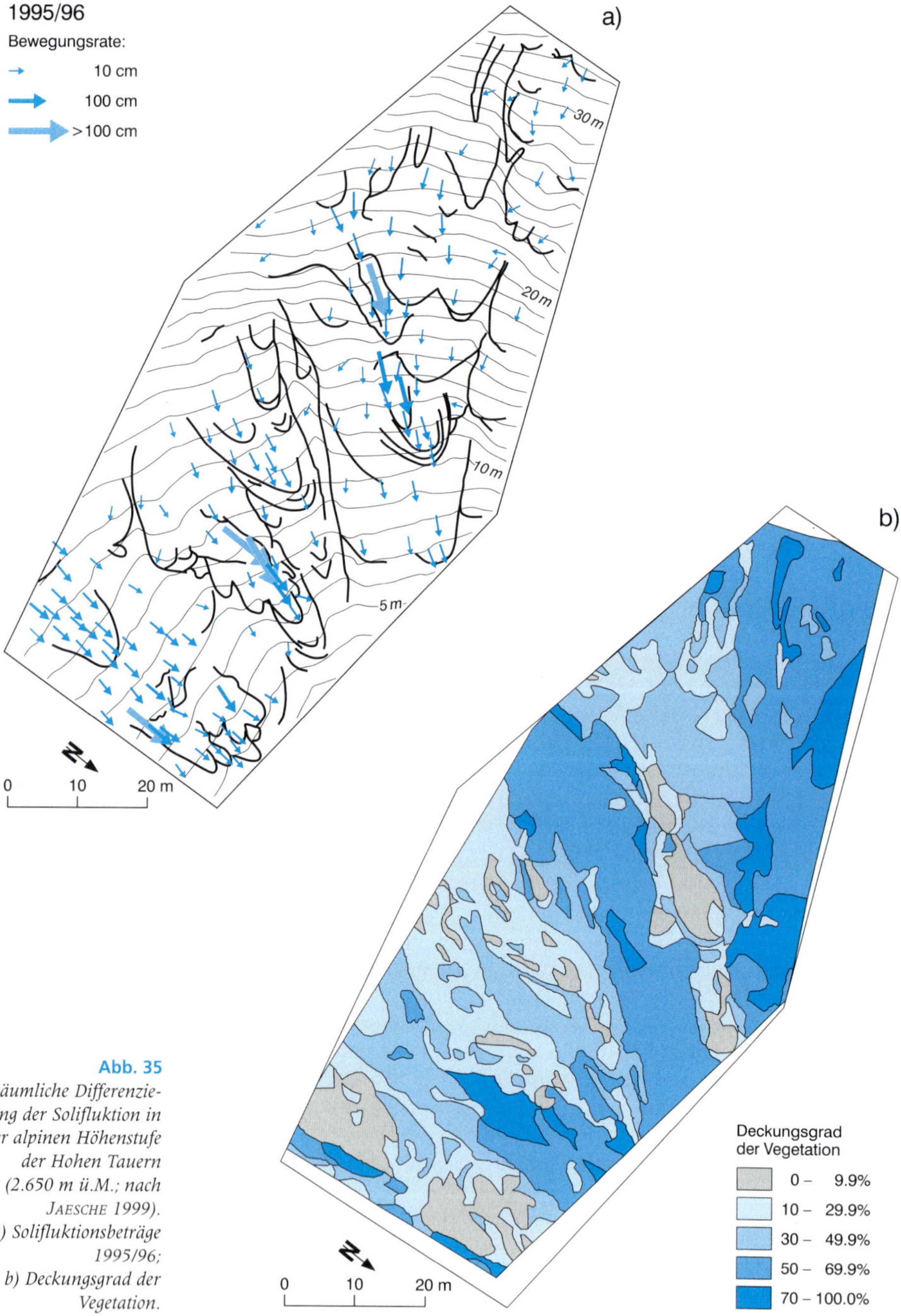

Abb. 35
Räumliche Differenzierung der Solifluktion in der alpinen Höhenstufe der Hohen Tauern (2.650 m ü.M.; nach JAESCHE *1999).*
a) Solifluktionsbeträge 1995/96;
b) Deckungsgrad der Vegetation.

grenze, Schneegrenze) ihre höchsten Positionen zeigen (Kap. 6.3; Kap. 2; Abb. 48). In den nördlichen Kalkalpen liegt sie bei 2.100 m ü.M., wobei insgesamt relief- und vegetationsbedingt starke lokale Abweichungen auftreten können (STINGL 1969).

4.3.2 Permafrost

In der oberen periglazialen Höhenstufe treten an schattigen Hang- und Hangfußlagen oberhalb von ca. 2.400 m ü.M. (Nordexpositionen) Bereiche auf, in denen der Boden bzw. das Gestein im Sommer nicht vollständig auftauen und damit ab einer bestimmten Tiefe im Jahresverlauf dauerhaft Temperaturen unter 0 °C aufweisen. Dieser Permafrost ist zunächst nur sehr fleckenhaft verbreitet (sporadischer Permafrost). In rund 2.700 bis 2.800 m ü.M. ist etwa die Hälfte des nicht vergletscherten Areals dauernd gefroren (diskontinuierlicher Permafrost) und oberhalb von 3.300 m ü.M. sind auch die wärmsten, sonnenexponierten Hänge mit Permafrost unterlagert (kontinuierlicher Permafrost; Abb. 36). In extremen Schattlagen und Eishöhlen kann Permafrost fleckenhaft auch bereits ab 1.000 m ü.M. vorkommen. Ob Permafrost entsteht oder nicht, hängt wesentlich von der Energiebilanz an der Bodenoberfläche ab. Wichtig sind hierbei vor allem die Lufttemperatur und die direkte Strahlung. In den Alpen wird für die Untergrenze des diskontinuierlichen Permafrostes eine Jahresisotherme von –1 bis –2 °C angenommen.

Permafrost: Bodenfrost, der mindestens eine Ablationsperiode überdauert; unterschieden werden
- sporadischer Permafrost;
- diskontinuierlicher Permafrost;
- kontinuierlicher Permafrost;
- aktueller Permafrost;
- fossiler Permafrost.

Die jahreszeitlichen Temperaturschwankungen im Permafrost sind bis in ca. 20 m Tiefe feststellbar (Abb. 93). Im Sommer bildet sich an der Oberfläche eine Auftauschicht, die einen bis mehrere Meter Mächtigkeit erreichen kann. Im Winter friert dieser Bereich über der Permafrosttafel wieder zu. Eine kritische Tiefe liegt diesbezüglich bei rund 6 m. Bei größeren Auftautiefen erreicht der Winterfrost die Permafrosttafel meist nicht mehr. Der Permafrost ist dann fossil und nicht mehr im Einklang mit den herrschenden Klimaverhältnissen.

Die von Permafrost eingenomme Fläche in den Alpen ist etwa doppelt so groß wie die vergletscherte Fläche und beträgt rund 5 % (Abb. 37). Permafrost hat weitreichende Bedeutung für die Hangstabilität und damit zusammenhängende ingenieurgeologische Maßnahmen, die das empfindliche thermische Gleichgewicht stören (Seilbahnmasten, Hütten und hochgelegene Restaurants), im Hinblick auf Naturgefahren, den Wasserhaushalt und für die Ökosysteme. Folgende

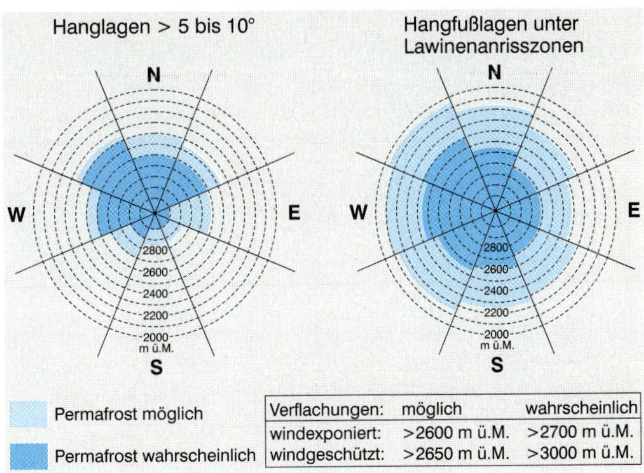

Abb. 36 *Schlüssel zur Permafrostverbreitung (nach HAEBERLI 1975).*

Kriterien, Phänomene und Methoden geben einen Hinweis auf die Existenz von Permafrost (Haeberli 1975, 1985):

- die Lage oberhalb der Waldgrenze und speziell in Gebieten mit lückenhafter bis fehlender Rasendecke;
- das Auftreten aktiver Blockgletscher (siehe unten);
- perennierende Schneeflecken, die den Sommer überdauern;
- bei sommerlichen Quelltemperaturen von unter 1 °C ist Permafrost wahrscheinlich, bei Temperaturen von über 2 °C eher unwahrscheinlich;

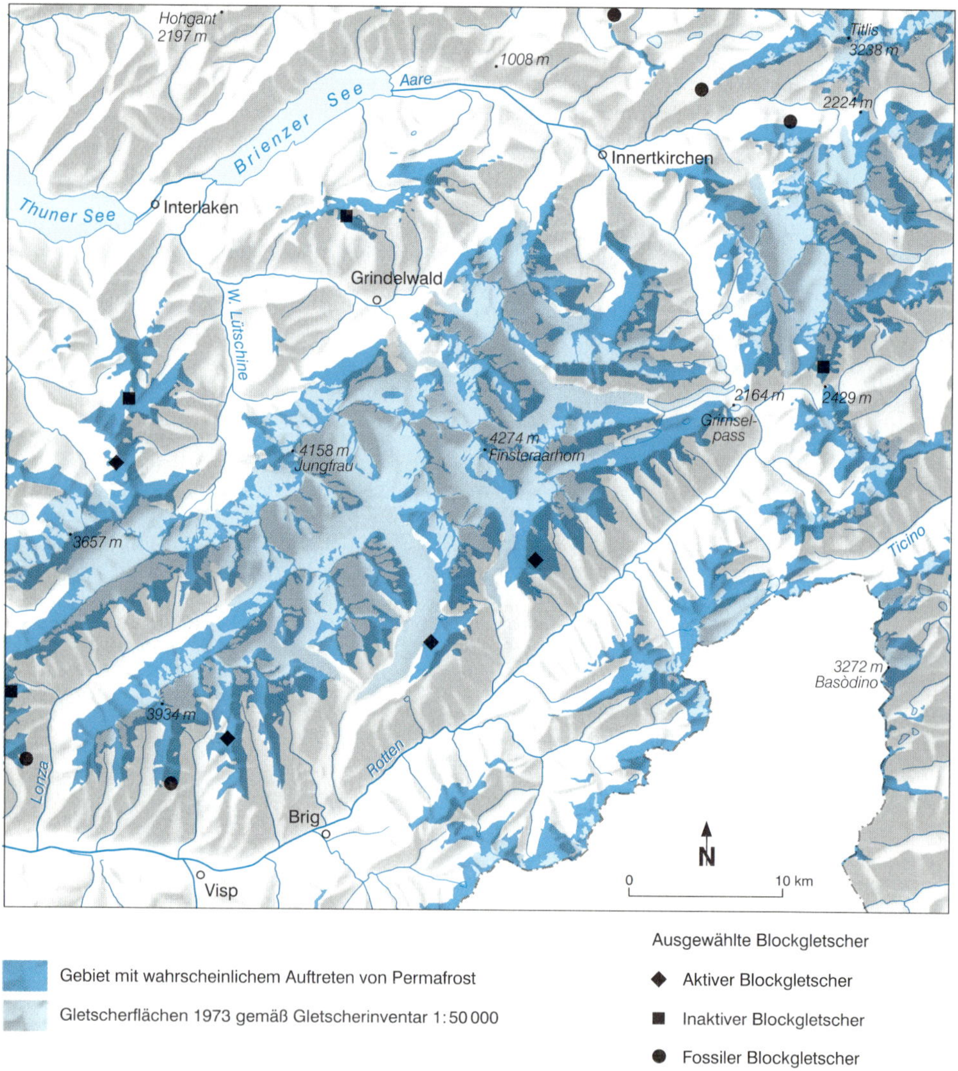

Abb. 37
Modellierte Permafrostverbreitung im Wallis (nach Vonder Mühll et al. 1999).

- BTS-Messungen: Messung der Basistemperatur der winterlichen Schneedecke (Tab. 19; siehe Kasten);
- Geoelektrik;
- Seismik;
- statistische Modelle, die die Permafrostverbreitung auf der Basis eines digitalen Höhenmodelles und mehrerer Parameter wie z.B. der Höhe, der Exposition, der Strahlung etc. abschätzen (Abb. 37), wie z.B. „Permakart" (Keller 1994), „Permamap" (Hoelzle 1994) oder „Permamod" (Frauenfelder 1998).

Blockgletscher: dauernd gefrorene, mächtige Schuttmassen, die durch das Poreneis plastisch reagieren und sich langsam hangabwärts bewegen. Sie sind keine schuttbedeckten Gletscher, sondern ein Permafrostphänomen. Der Begriff ist nach der „gletscherartigen" Fließstruktur gewählt. Zu differenzieren sind
- aktive Blockgletscher: enthalten Eis und bewegen sich;
- inaktive Blockgletscher: enthalten noch Resteis, sind aber nicht mehr im Gleichgewicht mit dem Klima und bewegen sich nicht mehr;
- fossile Blockgletscher: der Permafrost ist ausgetaut, die Blockgletscher bewegen sich nicht mehr und sind eingefallen.

Blockgletscher

Blockgletscher sind Indikatoren für Permafrost. Da zu ihrer Entstehung aber auch entsprechende Schuttmengen und steile Hänge nötig sind, ist Permafrost meist auch außerhalb von Blockgletschern verbreitet. Sie treten bei Hangneigungen zwischen 5 bis 35° auf. Im aktiven Zustand sind die Böschungen an ihrer meist 10 bis 20 m hohen Stirn steil (30 bis 40°). Blockgletscher bestehen aus einer 2 bis 4 m mächtigen Blockschicht über Feinmaterial. Sie bewegen sich mit einer Geschwindigkeit von einigen Zentimetern bis Dezimetern pro Jahr hangabwärts. Unterschiedliche Geschwindigkeiten sind wahrscheinlich vor allem durch unterschiedliche Eistemperaturen bedingt, wodurch die Deformierbarkeit variiert. Bei ungünstigen klimatischen Bedingungen werden sie zunächst inaktiv und schließlich fossil. Fossile und inaktive Blockgletscher, die bis zu einige 100 m unterhalb der aktiven Blockgletscher liegen können, geben damit wesentliche Hinweise auf klimatische Verhältnisse in der Vergangenheit (vgl. Kap. 9.2.3).

Heute sind viele Blockgletscher im unteren Verbreitungsbereich durch die Klimaerwärmung im Übergang zum inaktiven Stadium. Dies deutet sich durch das langfristige Einsacken der Oberflächen seit einigen Jahrzehnten und durch die ansteigenden Permafrosttemperaturen an (Kap. 10).

BTS-Messung

Durch Messung der Basistemperatur einer trockenen Winterschneedecke kann auf die Permafrostwahrscheinlichkeit im Untergrund geschlossen werden. Die früh- und hochwinterliche Schneedecke, welche eine sehr kleine Wärmetransportkapazität aufweist, isoliert den Boden vor kurzfristigen Schwankungen der Energiebilanzkomponenten an der Erdoberfläche. Während der Monate Februar und März, wenn die Schneedecke in den Alpen ca. 1 m oder mehr beträgt und die Schmelze noch nicht begonnen hat, bleibt die Basistemperatur der Schneedecke nahezu konstant. Die BTS wird dann vorwiegend durch den Wärmetransport der obersten Bodenschichten kontrolliert, welcher wiederum stark durch das Vorhandensein von Permafrost beeinflusst ist (Haeberli 1985). Als Faustregel gelten die in Tab. 19 aufgeführten Werte.

Tab. 19: Permafrost und BTS-Temperaturen

BTS	Permafrost
< –3 °C	wahrscheinlich
–3 bis –2 °C	möglich, unsicher
> –2 °C	unwahrscheinlich

nach Haeberli (1973)

4.4 Alpiner Hochkarst

Der alpine Karst ist überall dort ausgebildet, wo lösungsfähige Gesteine (Kalkstein, Gips, Dolomit) anstehen. Die schönsten Karstgebiete liegen demnach in den bayerischen, österreichischen, schweizerischen und den französischen Kalkalpen sowie in der Monte-Cavallo-Gruppe in den Venezianischen Alpen (Fotos 7, 12). Weniger gut ausgeprägt ist der Karst in den Dolomiten, da der Dolomit schlechter wasserlöslich ist. Besonders stark verkarstet sind Gebiete mit leicht wasserlöslichem Gips, wie z.B. am Col de la Croix (1.750 m ü.M.) in den Berner Alpen.

Im Vergleich zum Karstformenschatz der Mittelgebirge hat der alpine Karst viele Gemeinsamkeiten, aber auch einige Besonderheiten. Gemeinsam ist allen Karstgebieten das weitgehende Fehlen des oberflächlichen Abflusses. Oft versiegen auch die Gletscherbäche bald, nachdem sie das Gletschertor verlassen haben. Durch Lösung im Untergrund, bevorzugt entlang von Klüften und Schichtfugen, bilden sich Höhlen. An Kreuzungsstellen großer Klüfte, wo verschiedene Wassermassen aufeinandertreffen, ist die Lösungsintensität besonders stark, so dass hier große Höhlenkammern entstehen. Der verantwortliche Prozess ist die Mischungskorrosion (Bögli 1964). Sie beruht auf dem Effekt, dass Wässer unterschiedlicher Temperatur und damit unterschiedlichen Kohlendioxidgehaltes aufeinandertreffen. Da die Mischung der Wässer linear erfolgt, die Funktionalbeziehung zwischen Kohlendioxidgehalt und Kalksättigung aber nicht, entsteht bei dem Zusammentreffen nichtgesättigtes Wasser. Die Höhlenbildung geschieht vor allem im Bereich des Grundwasserspiegels (Karstwasserfläche). Sinkt die Karstwasserfläche, z.B. durch Eintiefung des Vorfluters, so hört die Höhlenbildung im bisherigen Bereich auf und beginnt auf tieferem Niveau von neuem. So können mit der Zeit mehrere Höhlenstockwerke entstehen. Werden bei der fortschreitenden Taleintiefung ältere Höhlen und Höhlengänge vom Talhang angeschnitten, dann bieten sie ideale Zugänge zum Höhlensystem.

Bekannte Höhlen sind etwa das Hölloch im Muotatal, die Eisriesenhöhle im Tennengebirge und die Dachsteinhöhlen. In Gebieten mit vorwiegend Riffkalken, wie etwa auf der Rax, treten keine größeren Höhlen auf. Unterirdische Höhlensysteme stellen ein großes Grundwasserreservoir dar. Quellen treten meist erst in Talbodennähe aus. Die

Quellschüttungen zeigen eine extreme Variabilität und können sehr groß sein. Die Kläfferquelle am Hochschwab liefert beispielsweise bis zu 10.000 l s^{-1}. Die unterirdischen Fließgeschwindigkeiten sind meist hoch, woraus eine schlechte Filterwirkung resultiert. Die Bedeutung der Karstwässer wird klar, wenn man bedenkt, dass z.B. rund 30 % der Bevölkerung Österreichs aus Karstwässern versorgt wird. Besonders gilt dies auch für die Stadt Wien mit Karstwässern des Hochschwab- und des Rax-Schneeberg-Massivs sowie für die Städte Salzburg und Innsbruck. In Karstgebieten sind die unterirdischen Wassereinzugsgebiete häufig völlig anders abgegrenzt, als durch das Relief zu vermuten wäre (Kap. 3.4; Abb. 32).

Karren (Schratten) sind Kleinformen im Zentimeter- bis Meterbereich (Foto 12), die durch Lösung an der Gesteinsoberfläche entstehen. Lochkarren sind rundliche Hohlformen. Auf unbewachsenen Karstflächen entstehen sie durch Regenwasser, das in kleinen Vertiefungen stehen bleibt. Unter einer Vegetationsdecke verläuft die Entwicklung intensiver (Durchfeuchtung, organische Säuren, höherer Kohlendioxidgehalt). Rillenkarren sind langgestreckt und meist mehr oder weniger parallel zueinander. Sie bilden sich durch ablaufendes Wasser. Kluftkarren können zu tiefen Lösungsspalten verwittern.

Abflusslose Hohlformen an der Oberfläche mit Durchmessern von Metern bis Dekametern (im Extremfall hunderte von Metern) werden als Dolinen bezeichnet (Foto 13). Lösungsdolinen liegen meist an Kreuzungen von Klüften (Karstschlotten). Mehrere Dolinen sind entsprechend oft linear oder winklig angeordnet. Mit dem zentripedalen Abfluss werden auch unlösliche Verwitterungsrückstände in die Doline geschwemmt und dort abgelagert. Bei tonigen Substraten und zusammengeschwemmtem Bodenmaterial kann so Untergrund abgedichtet werden und ein kleiner Dolinensee entstehen. Die Abdichtung kann auch durch eiszeitliches Moränenmaterial erfolgen. In den ansonsten wasserarmen Karstlandschaften sind diese Seen für die Landwirtschaft (Tränke) von Bedeutung und touristisch außerordentlich attraktiv.

Im Unterschied zu den Lösungsdolinen entstehen Einsturzdolinen durch den Zusammenbruch einer Höhlendecke. Wenn mehrere Dolinen so dicht beieinander liegen, dass sie sich überschneiden, dann entstehen längliche Hohlformen (Uvalas). Durch die Feinmaterialbedeckung der Böden von Dolinen und Uvalas sind dies im Bereich der alpinen Rasen häufig relativ dicht bewachsene Standorte, die im Kontrast zu den wenig bewachsenen oder sogar unbewachsenen Karstoberflächen außerhalb davon stehen. In größeren Dolinen bilden sich oft Kaltluftseen. In diesen Fällen kann es sogar zu einer umgekehrten Abfolge der Vegetation kommen, indem z.B. in den tieferen Bereichen keine Bäume mehr wachsen können.

Spezifisch für den alpinen Karst ist die große Vertikalerstreckung und damit auch die Distanz von Grundwassererneuerungs-Gebieten und den Quellaustritten sowie eine höhenstufenbedingte Abfolge des Formenschatzes. Für Letztere gilt allerdings die gleiche Problematik wie

Foto 12
Karrenkarst auf dem Dachstein-Plateau
Sowohl die freiliegenden Schichtflächen wie auch die steilen Ränder der Kalksteinbänke sind mit Lösungsformen (Karren, Schratten) übersät. Entlang von Klüften und Karstspalten können Latschen gedeihen (Veit 19.08.2000).

Foto 13 (unten)
Kleiner Dolinensee auf dem Dachsteinplateau
In der ansonsten weitgehend abflusslosen Hochfläche des Dachsteinkarstes kann der See nur wegen der Abdichtung durch lehmiges Moränenmaterial existieren. Weiterhin ist das typische Vegetationsmosaik der Latschen des Krummholzgürtels zu erkennen (Veit 19.08.2000).

beim periglazialen Formenschatz (Kap. 4.3). Es wird meist nicht zwischen Formen (die sehr alt sein können) und aktuellen Prozessen unterschieden. Zusätzlich spielen Gesteinsinhomogenitäten eine große Rolle, die teilweise höhenstufenbedingte Abfolgen überlagern. Folgende Höhenstufen des Karstes sind in den Alpen typisch (Rathjens 1982):

In der nivalen Höhenstufe (Kap. 6.3) dominiert die starke mechanische Wirkung des Frostes mit der Bildung von Frostschutt. Kalklösung tritt nur oberflächlich auf („Scherbenkarst", der streng genommen nicht zum Karst gehört, da er nicht durch Lösungsverwitterung entstanden ist).

In der alpinen Höhenstufe dominieren Karren („Karrenkarst"; Foto 12). Unter der Annahme, dass sie den eiszeitlichen Gletscherschliff nicht überstanden hätten, sind sie wahrscheinlich im Spät- bis Postglazial gebildet worden.

Karren, die bis weit in die Waldstufe ziehen, sind gerundet (Rundkarren) und möglicherweise spätglazialer Genese, als der Wald noch nicht vorhanden war. Die Zurundung ist im Zuge späterer Bodenbildung entstanden.

Dolinen treten in allen Höhenstufen auf. Sie sind teilweise mit Moränen und Rotlehmen (Kap. 5) verfüllt und können von daher sehr alt sein.

Bezüglich der Intensität und Geschwindigkeit der Kalklösung und des oberflächlichen Kalkabtrages gibt es eine Reihe von Abschätzungen und Berechnungen. Sie ist im bedeckten Karst unter Böden mit saurem Auflagehumus (Tangelrendzinen) höher als

Tab. 20: Oberflächliche Kalkabtragungsraten in den Alpen

Gebietscharakteristik	Kalkabtrag (cm 1.000 a^{-1})
Kalkhochalpen, Österreich, nackter Fels	[a]0,8 – 1,3
Muotatal, Schweiz, nackter Fels	[b]1,4
Zugspitzplatt, Wettersteingebirge, nackter Fels	[c]0,4 – 1,5
Zugspitzplatt, Wettersteingebirge, nackter Fels, Karren	[c]0,6 – 2,4
Kalkhochalpen, Österreich, Latschenbestand	[a]2,8
Muotatal, Schweiz, bedeckter Karst	[b]9,1
Zugspitzplatt, Wettersteingebirge, Tangelrendzina	[c]4,0 – 9,4
Kalkmoränenschutt, Kalkhochlapen, Österreich	[a]6,5
Warscheneckplateau, Österreich, nackter Karst	[d]0,4 – 3,0
Steinernes Meer, Berchtesgadener Alpen	[e]0,6 – 2,0

nach [a]BAUER (1964); [b]BÖGLI (1971); [c]HÜTTL et al. (1995); [d]ZWITTKOVITS (1966); [e]HASERODT (1965)

im nackten Karst. In Tab. 20 sind einige Werte für die Alpen zusammengestellt. Für das Holozän sind damit Abtragungswerte durch Kalklösung in der Größenordnung von 4 bis 30 cm, im Extrem vielleicht bis zu 90 cm anzunehmen. Schon allein dieser Sachverhalt legt nahe, dass mächtige Böden aus Lösungsrückständen der Kalksteinverwitterung (Terra fusca) nicht allein im Holozän gebildet worden sein können (Kap. 5.3.2; 5.6).

4.5 Geomorphologische Naturgefahren

Massenverlagerungen stellen in den Alpen relief- und gesteinsbedingt charakteristische Prozesse dar. Lawinen, Steinschlag, Bergstürze, Rutschungen, Talzuschub, Solifluktion, Muren, Überschwemmungen, Schwemmkegel etc. prägen viele Täler und sind natürliche Prozesse. Zu „Naturgefahren" und „Naturkatastrophen" werden diese Prozesse erst dann, wenn der Mensch durch Erschließungsmaßnahmen eingreift, so dass Siedlungen, Verkehrswege und Menschenleben von den Ereignissen betroffen sind (Fotos 14, 15, 16). Die Schäden, die durch Naturkatastrophen verursacht werden, sind in den letzten Jahren und Jahrzehnten deutlich angestiegen, meist aber nicht durch eine Steigerung oder Intensivierung der Prozesse, sondern durch eine zunehmende Erschließung gefährdeter Zonen. Im Alpenraum stehen, ökonomisch gesehen, die Schäden durch Hochwässer, Stürme und Hagel an erster Stelle. In der Schweiz bilden diese Schäden zusammen etwa 90 % der versicherten Elementarschäden.

Natürliche Prozesse der Massenverlagerung in den Alpen werden durch die menschliche Erschließung zu Naturgefahren.

Die relevanten Prozesse sind vielfach direkt klimatisch bedingt oder indirekt von Klimaschwankungen beeinflusst. Die Frage, wie sich die

Foto 14
Mure des Narrenbaches (Zwischenflüh, Diemtigtal, Schweiz) *Übermurung eines Schwemmkegels anlässlich eines Gewitters am 7. Juli 1977 (Kienholz 10.07.1977).*

Foto 15
Lawinenablagerung in Saas Fee. *Die Lawine löste sich am 1. April 1981 im Gebiet Hohbalmgletscher bzw. Ulrichshorn-Gemshorn. Im Vordergrund ist das verschüttete Skidepot bei der Skilift-Talstation zu erkennen (Kienholz 02.04.1981).*

Foto 16
Translationsrutschung (Pro Péra bei Monthey, Wallis). *Translationsrutschung aus Lockergesteinen, die in einen Murgang übergeht (Kienholz, 29.04.1975).*

Naturgefahren in Zukunft bei einem verstärkten Treibhauseffekt verändern werden, ist nicht einfach zu beantworten (Kap. 10). Auch bei einem historischen Rückblick muss man berücksichtigen, dass der Mensch schon seit langem regulierend, z.B. durch Flussverbauungen, in das System eingreift, so dass statistische Häufigkeiten von Schäden nicht unbedingt aussagekräftig sind. Hinsichtlich vieler Naturgefahren, speziell bei Überschwemmungen, Lawinen und Stürmen, scheint jedoch die Belastung im gesamten Alpenraum im 19. Jahrhundert am größten gewesen zu sein. Das 20. Jahrhundert ist eine Periode relativer Ruhe (Kap. 10).

Bergstürze, Felsstürze, Steinschlag

Steinschlag und Felsstürze sind in den Alpen aufgrund des Reliefs weit verbreitet. Sie stellen eine akute Bedrohung vor allem vieler Verkehrswege dar. Durch Verbauungsmaßnahmen, kontinuierliches Monitoring oder Sprengungen an bekannten gefährdeten Stellen versucht man das Risiko zu minimieren. Je nach Gestein und Gesteinslagerung können Frostwechsel, Tauwetterperioden, Starkniederschläge oder auch lang anhaltende Niederschläge auslösende Ursachen sein. Sturzhalden am Fuß von Felswänden, als Ergebnis dieser Prozesse, gehören in den Alpen zum charakteristischen Landschaftsbild (Foto 3). Felsstürze können auch durch Unterschneidung von Felswänden verursacht werden. Dies kann natürlich geschehen, z.B. durch Lateralerosion eines Gerinnes, oder auch durch künstliche Versteilung bei Baumaßnahmen (Straßen, Gebäude). Eine wesentliche Rolle bei Felsstürzen spielt die Klüftigkeit des Gesteins. Vor allem bei hangparallelen Klüften kommt es über Monate oder Jahre zu einer langsamen Erweiterung, bis schließlich der Abriss erfolgt.

größte Bergstürze der Alpen:
- im Kalkstein: Flims (> 9 km³);
- im Kristallin: Köfels (2 km³).

In vielen Tälern der Alpen sind Bergstürze unterschiedlicher Größe und Alter charakteristische Landschaftselemente (Abb. 38). Ihre Unterscheidung von Felsstürzen wird oft nach den verlagerten Gesteinsvolumina vorgenommen (Bergsturz: Volumen > 1 Mio. m³). Sie sind für glazial übersteilte Talflanken charakteristisch. Aus diesem Grund sind die spätglazialen Bergstürze nach dem Eisabbau die größten und häufigsten, wenngleich die Datierungsgrundlage eher spärlich und mit vielen Unsicherheiten behaftet ist. Bekannte Beispiele sind der Eibsee-Bergsturz (Zugspitze: 400 Mio. m³), der Bergsturz von Marquartstein (Chiemgauer Alpen: 50 Mio. m³), der Bergsturz von Flims (> 9 km³) und der Fernpass-Bergsturz (> 1 km³). Der Flimser Bergsturz ist der größte der Alpen, aber nach neueren Untersuchungen vielleicht doch eher holozänen Alters (8.000 bis 9.000 ^{14}C-Jahre v.h.; von Poschinger & Haas 1997). Er besteht vorwiegend aus jurassischen Kalken. Heute sind die Trümmer auf einer Fläche von 50 km² unterhalb Ilanz verteilt. Der Rhein hat sich seitdem in einer 600 m tiefen Schlucht eingegraben. Die großen Bergstürze ereigneten sich vor allem in Sedimentgesteinen (nördliche und südliche Kalkalpen). Im Kristallin sind die Bergstürze seltener und kleiner (z.B. Davos-Totalp: 0,5 km³; Klosters-Gotschna: 0,3 km³; Poschiavo: 0,17 km³).

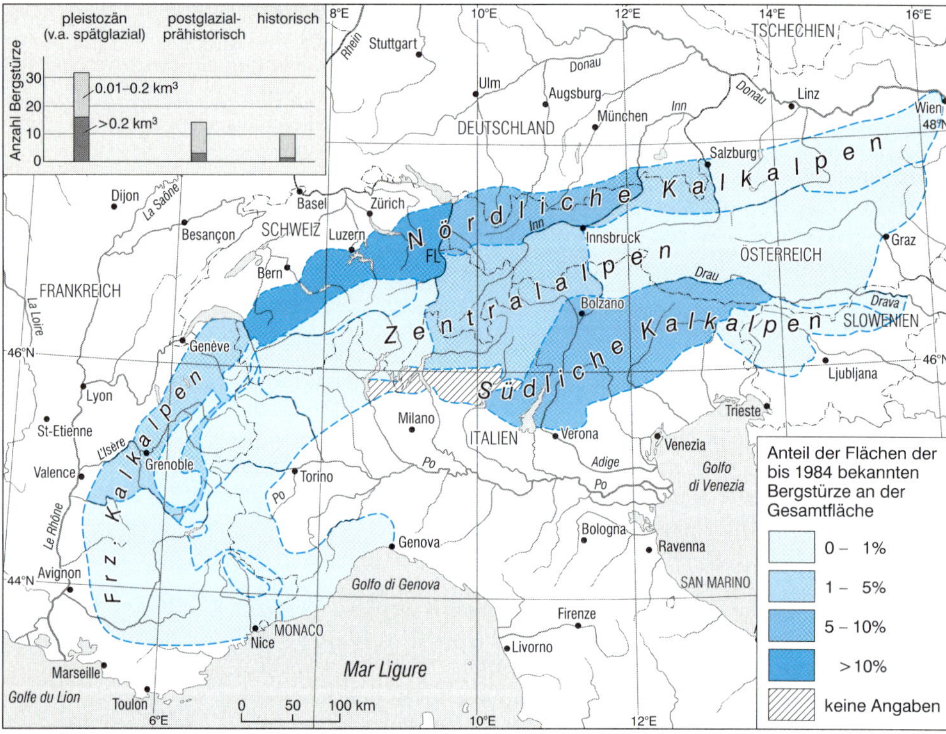

Abb. 38
Anteil der Bergsturzflächen in den verschiedenen Alpenteilen und altersmäßige Häufung (nach ABELE 1974, 1984).

Die Bergsturzaktivität hält bis heute an. Ein bekannter holozäner Bergsturz ist der Bergsturz von Köfels (Ötztal; 8.710 ± 150 ^{14}C-Jahre v.h.; HEUBERGER 1966). Es ist der größte Bergsturz der kristallinen Alpen mit einer Fläche von 12 km² und einem Volumen von 2 km³. Ein historischer Bergsturz ist beispielsweise der Bergsturz von Elm (Kanton Glarus, 11. Sept. 1881). 11 Mio. m³ Gestein rasten in weniger als zwei Minuten 620 m tief ins Tal. Der Bergsturz zerstörte einen Teil von Elm und es gab 115 Tote. Allerdings hatte hier der Mensch nachgeholfen, da der Berghang durch die Ausbeutung von Flyschschiefern untergraben worden war.

Die Auswirkungen der Bergstürze sind vielfältig. Neben den direkten Schäden führten viele historische Bergstürze durch den Aufstau der Vorfluter und die anschließenden Ausbrüche der Stauseen zu Mur- und Flutkatastrophen, wie z.B. 1987 im Veltlin und 1963 am Monte Toc (Vaiont-Tal) in den Venetianischen Alpen mit mehr als 2.000 Toten. Diese Murablagerungen bauen vielfach die Talböden auch weit unterhalb der Bergstürze auf.

Bergstürze sind häufig durch das nachfolgende Auftreten von Sackungen charakterisiert. Bei den pleistozänen Bergstürzen ist dies im

Der Bergsturz im Veltlin 1987

Im Veltlin führten Starkregen vom 16. bis 19. Juli 1987 zu Überschwemmungen. Zwischen dem 15. und 22. Juli fielen mehr als 600 mm Niederschlag. Das ist mehr als die Hälfte des durchschnittlichen Jahresniederschlages. Gleichzeitig setzte ein Wärmeeinbruch ein und führte zu erhöhtem Anfall an Schmelzwasser. Zwischen dem 18. und 19. Juli dämmte ein Schuttstrom von einem kleinen Nebental (Val Pola) die Etsch ab und führte zum Aufstau eines Sees mit einem Volumen von 50.000 m^3 und einer Tiefe von 5 m. Am 28. Juli ging dann ein Bergsturz mit einem Volumen von 35 Mio m^3 in das Etschtal nieder und verdrängte das Wasser in dem See. Der Bergsturz löste eine Wasser- und Sedimentwelle aus, die sich durch den Einschlag 2,7 km talaufwärts (!) bewegte, wobei drei Dörfer zerstört wurden (Costa 1991). Hinter dem dabei aufgeschütteten Damm bildete sich ein Bergsturz-See mit 22 Mio. m^3 Wasser. Unterhalb davon wurden 25.000 Menschen evakuiert.

Zusammenhang mit dem Niedergang auf Gletschereis und dem anschließenden Abschmelzen zu sehen. Bei jungen Stürzen rieselt das Feinmaterial mit der Zeit noch nach und füllt die Hohlräume zwischen den Blöcken. Dies macht teils die Verlegung von Häusern und Höfen nötig (Patzelt 1997).

Rutschungen und Talzuschub

In morphologisch weichen, relativ undurchlässigen Gesteinen wie Mergeln und Tonsteinen kommt es häufig bei starker Durchnässung oder Erschütterung (Erdbeben) zu Rutschungen, bei denen das Gestein längs einer Scherfläche abgleitet (Foto 16). Bei großen Rutschungen gehen Waldbestände, Siedlungen etc. mit ab. Die Scherfläche kann dabei, muss aber nicht, durch Unstetigkeiten im Gestein vorgezeichnet sein. Rotationsrutschungen bilden sich meist in homogenen tonigen und schluffigen Gesteinen aus. Die Gleitfläche ist kreisförmig und der tiefste Punkt der Scherfläche kann tiefer liegen als der ursprüngliche Hangfuß, so dass auch Teile des Talbodens in die Bewegung mit einbezogen werden können, häufig durch eine Anhebung und Stauchung des Geländes. Diese Anhebung und die Materialzufuhr durch die Rutschung sind dann häufig die Voraussetzung für Murgänge im Gerinne. Bei Translationsrutschungen gleiten Schichtpakete auf einer bestehenden Schwächezone (Schicht-, Schieferungs-, Kluftfläche) ab.

Verläuft die Abscherbewegung nicht katastrophenartig, sondern langsam über lange Zeiträume (Jahre), dann spricht man auch von „Talzuschub". In Osttirol liegen die Hangabwärts-Bewegungen des Talzuschubs in den Glimmerschiefern am Südrand des Tauernfenster (Lesachbach, Schönleitenspitze) in der Größenordnung von Dezimetern bis etwas 1 m pro Jahr. Die bewegte Schicht hat eine Mächtigkeit von 200 m. In Graubünden (Mittleres Lugnez, Nebental des Vorderrheins) liegt einer der größten Talzuschübe der Alpen, mit einer Fläche von ca. 30 km^2 (JUNG-HÜTTL 1994). Mehrere Dörfer rutschen mitsamt dem etwa 100 m dicken Schieferpaket (Bündnerschiefer) talwärts, seit 1887 um durchschnittlich 5,4 cm a^{-1}. Besonders gefährdet ist der Ort Peiden. Er liegt über dem Steilabfall zum Tal der Glenner (Glogn), die sich am Fuß der kriechenden Felsmassen 120 m tief eingegraben hat. Viele der Bauern haben 1930 das Dorf verlassen, denn die Höfe rutschten damals mit 28 cm a^{-1} den Hang hinab. Aufwendige Drainagearbeiten haben die Bewegungen auf 10 cm a^{-1} reduziert. Das Dorf besteht aus Holzhäusern (Feriendomizile für Touristen), die mitschwimmen und die Bewegungen aushalten.

Hochwässer und Muren

Murgang: schnell fließendes Gemisch von Wasser und Feststoffen mit einem hohen Feststoffanteil von ca. 30 bis 60 %.

Während Hochwasserabflüssen kommt es in den meist steilen alpinen Gerinnen zu hohen Fließgeschwindigkeiten und Änderungen der Gerinnebettgeometrien durch Erosion oder Auflandungen. Hochwässer treten vielfach in kurzen Zeiträumen von Minuten bis Stunden auf und sind schwierig vorherzusagen. Für die Dimensionierung von Baumaßnahmen, wie z.B. Brückendurchlässen, ist die Kenntnis der Dimension und der Wiederkehrzeit der Hochwässer wichtig. Da hierzu meist nur kurze Messreihen vorliegen, muss die Dimension großer Hochwässer, wie sie vielleicht nur alle 50 bis 100 Jahre auftreten, modelliert bzw. abgeschätzt werden, was mit erheblichen Unsicherheiten behaftet ist. Muren bilden sich bei hohen Anteilen von Suspensions- und Grobmaterialfrachten (Foto 14).

Jedes Einzugsgebiet reagiert im Prinzip unterschiedlich auf Niederschlags- und Temperaturänderungen, was unter anderem vom Relief, der Höhenlage, dem vergletscherten Anteil, den Gesteins- und Bodenverhältnissen sowie der Landnutzung und der Vegetationsbedeckung abhängt.

Bei hohem Gletscheranteil im Einzugsgebiet, d.h. bei glazialen Abflussregimes (Kap. 3.2.1), sind niederschlagsbedingte Hochwässer eher gering, da der Niederschlag auf den ausgedehnten Eisflächen wieder gefriert. Fällt der Niederschlag als Schnee, dann kann er sogar zu einer deutlichen Verminderung des Abflusses führen. Sind die Niederschläge aber mit einem Warmlufteinbruch und dem Anheben der 0 °C-Isotherme verbunden, dann kommt es durch die Kombination von hohen Schmelzraten und Starkniederschlägen in den unvergletscherten Bereichen der Einzugsgebiete zu Hochwasserereignissen. Diese Situation tritt vor allem in der zweiten Hälfte der Ablationsperiode auf, wenn der Winterschnee und seine Wasserkapazität minimal sind. In vergletscherten Gebieten können Hochwässer und Muren auch durch katastrophenartige Ausbrüche von Gletscherstauseen (HAEBERLI et al. 1997) oder von Wassertaschen im Eis entstehen.

Bei nivalen Abflussregimes (Kap. 3.2.1) treten Hochwässer vor allem im Zusammenhang mit der Schneeschmelze und bei Starkniederschlägen auf. Im Frühjahr bzw. Frühsommer werden diese Effekte durch das häufig noch vorhandene Bodeneis verstärkt (Kap. 4.3), da dieses eine Versickerung in den Untergrund verhindert und alles Schmelz- oder Niederschlagswasser oberflächennah abfließen muss. Durch den hohen Anteil unbewachsener oder nur spärlich bewachsener Flächen in den Einzugsgebieten ist mit der Hochwassergefahr auch häufig ein starker Materialabtrag und entsprechende Murganggefahr verbunden. In den Tieflagen entstehen Hochwässer meist durch Starkniederschläge im Zusammenhang mit Gewittern.

Eine wichtige Rolle für Hochwässer spielt insgesamt der Bodenspeicher. Häufig geht dem Hochwasserereignis eine längere Regenperiode voraus, in der der Bodenspeicher aufgefüllt wird. Kommt es dann zusätzlich zu einem Starkregenereignis, dann können Abflussspitzen auftreten. Sind die Böden sehr undurchlässig mit hohen Tongehalten, dann reicht oft das Starkregenereignis aus, um unmittelbaren Oberflächenabfluss zu verursachen.

Die Sensitivität verschiedener Höhenlagen gegenüber Klimaschwankungen und dadurch verursachter Naturereignisse ist unterschiedlich. In den Hochlagen spielen Temperaturveränderungen eine wesentliche Rolle. Bei Erwärmung kommt es hier zu Gletscherschwund und zum Abbau von Permafrost. Bei den Unwettern und Muren in der Schweiz 1987 stammten ca. 50 % der Murgänge aus ehemaligen Gletschervorfeldern, rund 30 % setzten an der unteren Permafrostgrenze an (Zimmermann & Haeberli 1992; Vonder Mühll et al. 1994). Lang anhaltende Niederschläge sind in den Hochlagen ebenfalls typische Auslöser von Muren. Tieflagen sind dagegen empfindlicher gegenüber Starkniederschlägen.

Extremereignisse mit großen Schadensfolgen werden in den Alpen vor allem durch Advektion verursacht. Eine besondere Gefährdung tritt ein, wenn aus dem Mittelmeerraum mit der Bodenströmung warmfeuchte Luft in den Alpenraum transportiert wird. Dies war 1987 der Fall. Durch die einströmende warme Luft liegt auch die Schneegrenze hoch. Zum Unterschied dazu bringen Nord- und Nordwestwetterlagen, die im Sommer vom Atlantik und der Nordsee kommen, nur halb so viel Feuchtigkeit wie die Mittelmeerluft. Außerdem liegt dann die Schneegrenze meist tiefer, so dass nicht so katastrophale Hochwässer auftreten. Insgesamt sind gewittrige Niederschläge vor allem in den Voralpen und auf der Alpennordseite für Murgänge verantwortlich. Lange Niederschlagsperioden, oft verbunden mit hoch liegender Nullgradgrenze, führen dagegen eher in Hochlagen und in den Südalpen zu Murgängen. Als Grenzwert für die stündliche Niederschlagsmenge, die entscheidet, ob es zu einem Murgang-Ereignis kommt oder nicht, wird allgemein ein Wert von 40 mm in den zentralen Alpen und von 70 mm am Alpenrand angenommen.

Gletscher

Von Gletschern gehen zahlreiche Gefahren aus. Sie hängen meist mit dem schwankenden Massenhaushalt und den dadurch bedingten Vorstoß- und Rückzugsphasen zusammen. Ein typisches Phänomen ist das

Blockieren von Gerinnen durch Gletschervorstöße ins Haupttal, der Aufstau von Seen und deren anschließende katastrophalen Ausbrüche. Hierzu gibt es zahlreiche Beispiele aus der Vergangenheit, etwa bei den Hochständen der Kleinen Eiszeit (Kap. 9.2.1; Tab. 45).

Eine andere Situation tritt bei negativem Massenhaushalt auf, wenn sich im periglazialen Gletschervorfeld Seen bilden, die gelegentlich ausbrechen. Ein bekanntes Beispiel hierfür ist der Grubengletscher im Saasertal (Wallis). Der Gletscher fließt vom 3.993 m ü.M. hohen Fletschhorn in Richtung der Gemeinde Saas Balen und hat im Gletschervorfeld mehrere periglaziale Seen. Ausbrüche dieser Seen lösten in der Vergangenheit bereits mehrfach Hochwässer und Murgänge aus (1829, 1868, 1958). 1968 wurde durch den Ausbruch 1.000 m tiefer das Dorf Saas Balen mit 170.000 m^3 Wasser und 400.000 m^3 Feststoffen überschwemmt. 1970 wiederholte sich der Vorgang. Seitdem wird der See künstlich entwässert (Kääb 1996).

Zu nennen sind im Zusammenhang mit Gletschern auch noch Ausbrüche von intra- oder subglazialen Wassertaschen sowie das Abbrechen großer Eismassen an steilen Hanggletschern. Heute werden diesbezügliche Gletscher überwacht, wie z.B. der Eigergletscher im Berner Oberland, wo mehr als 100.000 m^3 Eis die Station Eigergletscher der Jungfraubahn bedrohen. Der Beginn der Überwachung in der Schweiz war ein Gletschersturz vom 30.08.1965. Hierbei stürzte rund 1 Mio. m^3 Eis vom Allalingletscher auf die Baustelle des Staudammes in der Mattmark im Wallis. Dabei wurden 88 Menschen getötet und schwere Schäden an den Bauanlagen verursacht.

Lawinen

Der extreme Lawinenwinter 1999 hat wieder viele Lawinenopfer gefordert und die Diskussion über eine mögliche Zunahme dieser „Naturgefahr“ entfacht. Allein in der Schweiz traten 1.200 Schadenlawinen auf mit finanziellen Schäden von mehr als 600 Mio. Franken. Aber der Blick in die Vergangenheit lehrt, dass kein langfristiger Trend erkennbar ist und die Lawinenaktivität in früheren Jahrhunderten, speziell in der Kleinen Eiszeit, größer war (Kap. 10). Die Zunahme an Opfern ist eher durch die Unvorsichtigkeit der Ski- und Snowboardfahrer verursacht, die bei weitem die größte Gruppe der Betroffenen darstellen.

Die Lawinenaktivität hängt vom Relief, der Witterung (Temperatur, Neuschnee, Regen, Wind, Sonneneinstrahlung) und vom Aufbau der Schneedecke ab. Temperaturen zwischen –5 °C und 0 °C und Schneehöhen von mehr als 170 cm führen zu den sensibelsten Situationen für die Auslösung von Lawinen. Lawinenanrisse unter Wald sind selten. Die Gefahr besteht vor allem auf Kahlschlagflächen und Sturmschadensflächen bzw. oberhalb der Waldgrenze. Hoch gelegene Täler sind deshalb massiv durch Lawinen beeinflusst und teilweise Tage und Wochen abgeschlossen (Abb. 39; Foto 15).

Es gibt eine Reihe verschiedener Lawinentypen, aber die beiden wichtigsten sind Trocken- (Schneebrett, Staublawine) und Nassschnee-

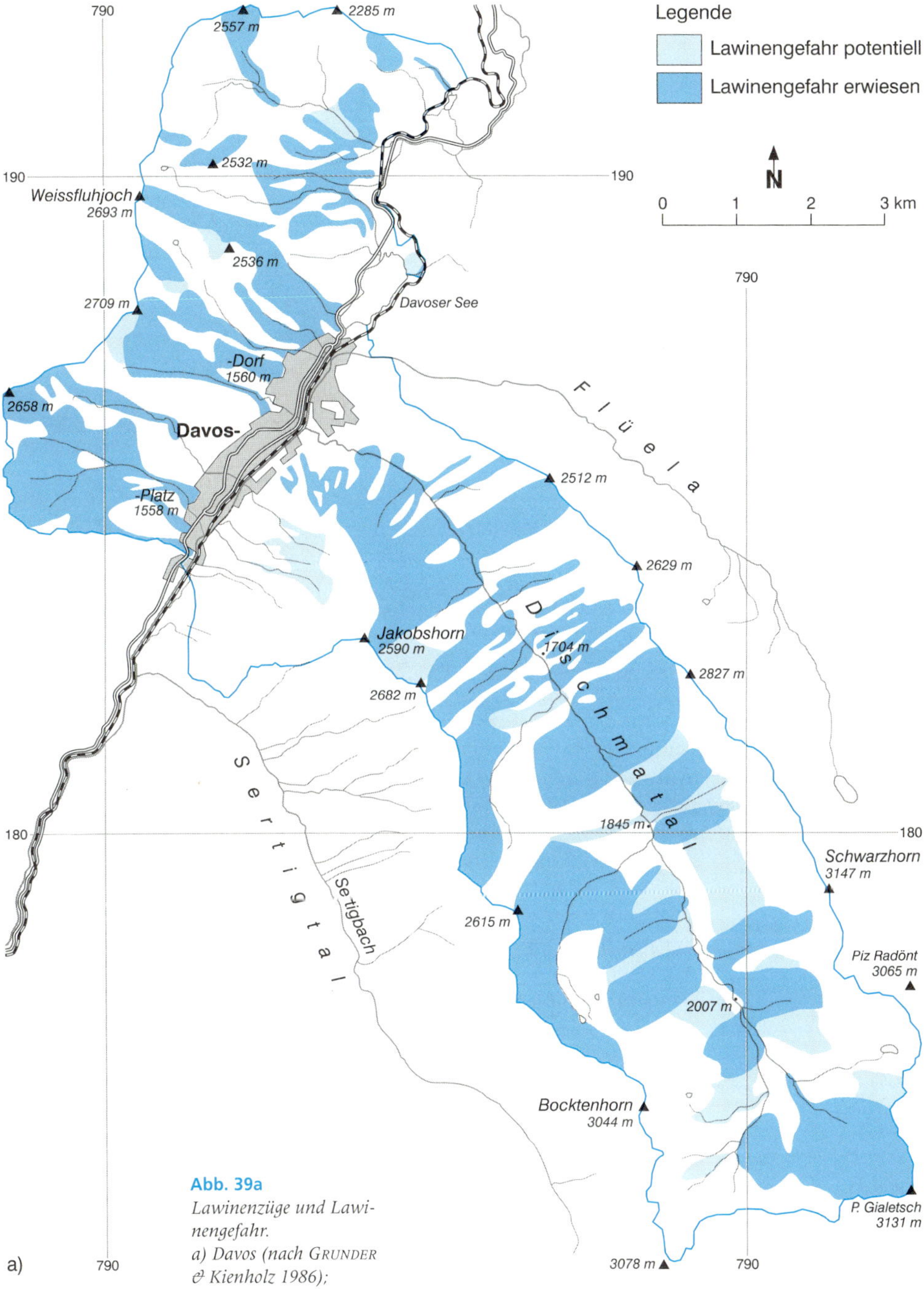

Abb. 39a
Lawinenzüge und Lawinengefahr.
a) Davos (nach G*RUNDER* *& Kienholz 1986);*

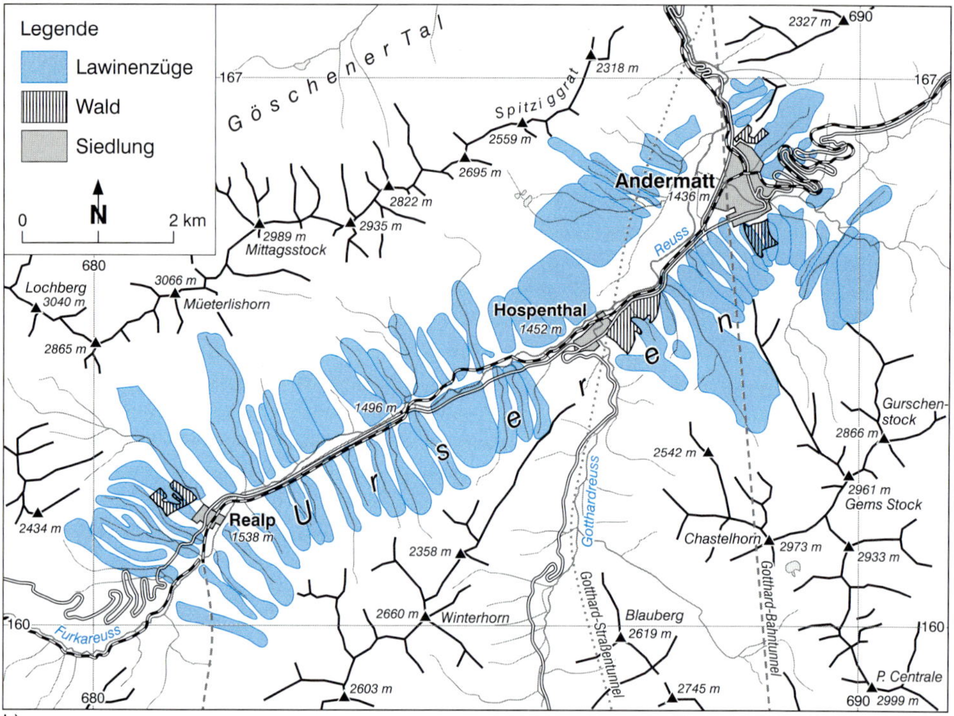

b)

Abb. 39b
Lawinenzüge und Lawinengefahr.
b) Urserental (nach MESSERLI *1989).*

schneelawinen (Fließlawinen). Bei der Schneebrettlawine spielt der Aufbau der Schneedecke eine wichtige Rolle. Durch Neuschnee erhöht sich die Auflast der obersten Schneeschicht. Entlang einer Schichtgrenze kommt es schließlich zum Abgang des Schneebrettes aus Neuschnee auf dem Altschnee. Die Geschwindigkeiten liegen meist unterhalb von 50 km h^{-1}. Es bricht bei der Talfahrt in einzelne Schollen auseinander oder geht bei trockenem Schnee in eine Staublawine über. Hierbei sind die mit dem Abgang verbundenen Druckwellen entscheidend, die in der Lage sind, Wälder zu entwurzeln und Gebäude zum Einsturz zu bringen. In der Lawine selbst kommt es zu Böen bis zu mehr als 300 km h^{-1}. Der Anbruch der Schneebrettlawine kann örtlich beschränkt sein, aber auch ganze Talhänge erfassen. Bei den eher fließend abgehenden Nassschneelawinen führt dagegen das Gewicht der Schneemassen, noch verstärkt durch Schutt, zu entsprechenden Schäden. Sie haben einen eher punktförmigen Anriss und erreichen Geschwindigkeiten bis zu 100 km a^{-1}. Nassschneelawinen reißen häufig auch Steine, Holz, Erdschollen etc. durch Anschürfen des Untergrundes mit (Grundlawinen). Nassschnee- und Staublawinen lassen sich auch als Lockerschneelawinen – im Unterschied zum Schneebrett – zusammenfassen.

Die Lawinen können, ähnlich wie Bergstürze, Rutschungen und Gletschervorstöße, zu einem Aufstau der Gerinne führen, so dass sekundäre Schadenswirkungen durch den Ausbruch eines Sees entstehen können. Die Lawinen können zu erheblichen Anteilen auch Bäume und Bodenmaterial enthalten, so dass auf den Talböden nach Abschmelzen des Schnees Lawinenschuttkegel zurückbleiben. Da der Wald durch die Lawinen stark in Mitleidenschaft gezogen wird, kann er sich nur regenerieren, wenn die Lawinen in so großen zeitlichen Abständen (Jahrzehnte) erfolgen, dass Jungwuchs aufkommen kann. Bestimmte Pflanzen wie die Grünerle sind mit ihren biegsamen Stämmen nicht so empfindlich gegen den Schneedruck und deshalb häufig in Lawinenbahnen zu finden.

FRAGEN

1 *Welcher Zusammenhang besteht zwischen der geologisch-tektonischen Großgliederung und dem Relief der Alpen?*

2 *Welche Bedeutung hat die tertiäre Reliefentwicklung für die quartäre Landschaftsgenese und für heutige Standortcharakteristika?*

3 *Erklären Sie den Prozess der Solifluktion. Durch welche Faktoren wird er gesteuert?*

4 *Was ist die Bedeutung von Permafrost im Ökosystem der Alpen und wie kann seine Verbreitung erfasst werden?*

5 *Was sind die direkten und die indirekten Folgen vieler Bergstürze?*

6 *Wie unterscheiden sich die Bildungsbedingungen für Hochwässer bei verschiedenen Höhenlagen der Einzugsgebiete bzw. bei unterschiedlichen Abflussregimes?*

7 *Was versteht man unter einer „glazialen Serie"?*

8 *Wann werden geomorphologische Phänomene zu „Naturgefahren" und „Naturkatastrophen"?*

9 *Wieso ereignen sich die größten Bergstürze in den Kalkalpen?*

10 *Hochgebirgskarst: Wo mehrere kalkgesättigte Wässer im Untergrund aufeinander treffen, findet intensive Kalklösung und Höhlenbildung statt. Wie ist das möglich?*

5 Böden

Im Vergleich zu außeralpinen Gebieten ist der Kenntnisstand über die Böden der Alpen relativ schlecht. Dies mag mit der hohen Komplexität und der kleinräumigen Vielfalt des Naturraumes zusammenhängen, die sich in einer hohen räumlichen Variabilität der bodenbildenden Faktoren Relief, Gestein, Mikroklima, Bodenwasser, Vegetation und Tierwelt widerspiegeln. Hinzu kommt, dass der Zeitfaktor im Gebirge eine bedeutend größere Rolle spielt als im Vorland. Ablagerungen wie Moränen, Hangschutt, Lawinenschutt, Schwemmfächer, äolische Sedimente, periglaziale Sedimente, Rutschungen, Bergstürze etc. unterschiedlichsten Alters überdecken in der Regel die anstehenden Gesteine, so dass unterschiedliche Entwicklungsstadien der Böden auf kleinstem Raum nebeneinander liegen. Zu dieser „horizontalen" Diversität der Böden und der bodenbildenden Faktoren gesellt sich die höhenbedingte Abfolge unterschiedlicher Böden. Nicht zuletzt unterliegen die Böden auch in den Alpen seit einigen Jahrtausenden der menschlichen Einflussnahme durch Rodungen, Land- und Forstwirtschaft, Wegebau, Anlage von Skipisten, etc.

5.1 Höhenstufung der Böden und der bodenbildenden Faktoren und Prozesse

Mit der Höhe wandeln sich alle bodenbildenden Faktoren. Dies ist teilweise eine direkte Folge der sich ändernden klimatischen Verhältnisse und der Vegetation. Andere Faktoren, wie z.B. Relief, Gestein und der Aufbau des oberflächennahen Untergrundes (Deckschichten), hängen stärker mit der geologisch-geomorphologischen Entwicklungsgeschichte und mit den quartären Klimaschwankungen zusammen. Sieht man von diesen edaphischen, d.h. lokal bedingten Faktoren einmal ab bzw. nimmt sie theoretisch als konstant an, so ergeben sich einige allgemein gültige Gesetzmäßigkeiten in der vertikalen Abfolge.

Mit der Höhe ...

... verlangsamt sich die Bodenbildung in der Regel wegen abnehmender Temperaturen. Ausnahmen hiervon gibt es zahlreiche: Im

Waldgrenz-Ökoton treten wegen der fehlenden Abschattung durch die Bäume unter Grasland zunächst wieder höhere Bodentemperaturen auf (Kap. 6.3.3), bevor in der alpinen und subnivalen Stufe die Bodentemperaturen höhenbedingt weiter sinken. Da der Niederschlag mit der Höhe in der Regel zu-, die Evapotranspiration aber abnimmt, kann bis zur Baumgrenze die Bodenbildung und Verwitterung mit der Höhe durchaus auch zunehmen. Deutlich wird dies beispielsweise bei den Podsolen, bei denen Auswaschungsprozesse eine wesentliche Rolle spielen und die häufig in subalpinen Zwergstrauchheiden ihre optimale Ausbildung erfahren.

bodenbildende Faktoren:
- Klima;
- Gestein;
- Relief;
- Bodenwasser;
- Tiere;
- Pflanzen;
- Mensch;
- Zeit.

... nimmt die physikalische Verwitterung wie z.B. die Frostverwitterung und die Insolationsverwitterung zu. Strahlungsbedingt können tagsüber an Südhängen an der Bodenoberfläche noch in Höhen von über 3.000 m ü.M. Temperaturen von mehr als 40 °C auftreten. Durch die nächtliche Ausstrahlung und Abkühlung sind demzufolge die Temperaturamplituden der Bodenoberflächen dort größer als in den Tieflagen und auch höher als in der Luft (Abb. 40, 41). Modifizierend wirkt hierbei der isolierende Einfluss der Schneedecke. Im Sommer sind die Temperaturamplituden bei Südexpositionen größer als bei Nordexpositionen. Die für die Verwitterung besonders wirksame Frostwechselhäufigkeit hat ihr Maximum in mittleren Höhenlagen (Kap. 2.2; Abb. 14). Sie ist auf gleicher Meereshöhe in Südlagen größer als in Nordlagen. In Nordlagen wird die maximale Anzahl an Frostwechseln in den Übergangsjahreszeiten (Herbst, Frühjahr) erreicht, bei Südexpositionen im Winter. In größerer Höhe kann der Bodenfrost ganzjährig vorhanden sein (Permafrost).

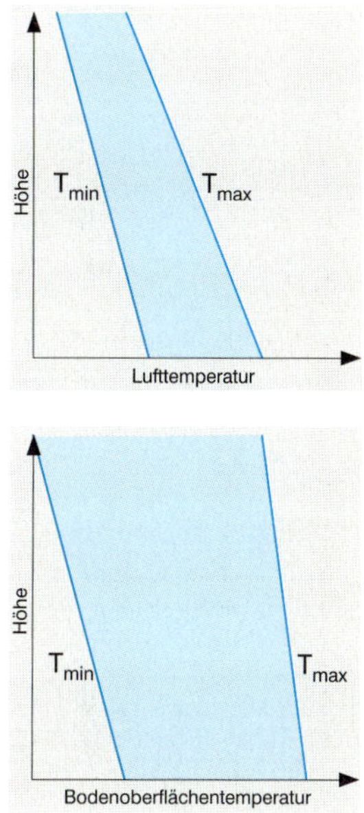

Abb. 40
Schematische Höhenabfolge der Amplituden von Luft- und Bodentemperatur (nach RICHTER 1996, © Boss Verlag GmbH, Kleve).

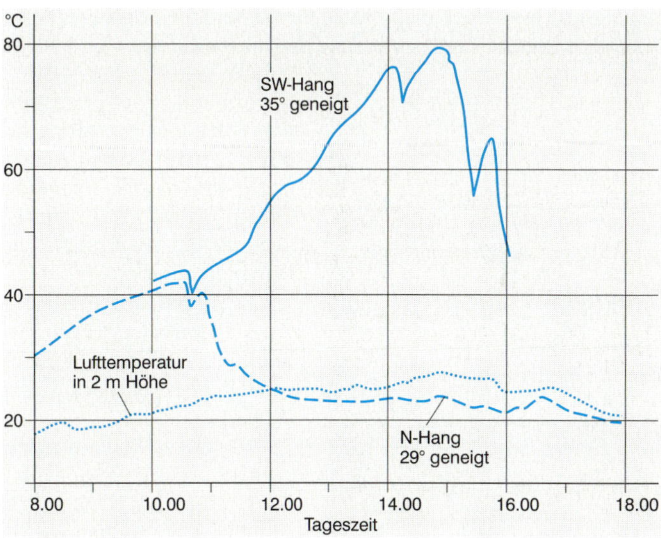

Abb. 41
Temperatur-Tagesgang in 1 cm Bodentiefe bei unterschiedlicher Exposition im Vergleich zur Lufttemperatur (Obergurgl, Ötztal, 2.000 m ü.M.; nach TURNER 1970).

... nimmt die chemische Verwitterung ab, was sich sowohl an den Böden selbst (Mächtigkeit, Intensität) als auch an der Wasserchemie kleiner Einzugsgebiete zeigt. Im Tessin konnte auf kristallinen Gesteinen z.B. eine Abnahme der Verwitterungsraten von jährlich 500 meq m^{-2} a^{-1} in 300 m ü.M. auf rund 20 meq m^{-2} a^{-1} in 2.400 m ü.M. nachgewiesen werden (DREVER & ZOBRIST 1992). Das entspricht einer Abnahme um den Faktor 25. Der Effekt mag teils direkt durch abnehmende Temperaturen erklärt werden können, aber indirekt dürfte die Bodenmächtigkeit und damit der Wasserhaushalt eine wesentliche Rolle spielen.

... nimmt der pedogen bedingte Tongehalt (Tonmineralneubildung) als Folge der geringeren chemischen Verwitterung ab (Abb. 42).

... hängt die Kationenaustauschkapazität wegen abnehmender Tongehalte stärker von der Quantität und Qualität der humosen Substanz ab.

... nehmen die Mineralisierung und die Humifizierung ab. Bedingt durch die reduzierte Aktivität der Bodenorganismen, die niedrigen Jahresdurchschnittstemperaturen und die kurze Vegetationszeit ist der Abbau der Phytomasse eingeschränkt, und es bildet sich teils mächtiger Auflagehumus. Dadurch nehmen die Humusgehalte häufig mit der Höhe zu. Dies gilt natürlich nur bis zu einer Höhenstufe, in der noch ausreichende Vegetationsbedeckung (Krummholzgürtel, Zwergstrauchheiden) vorhanden ist.

... nehmen die Alkalinität und die pH-Werte ab. Die zunehmende Versauerung wird durch den höhenstufenbedingten Vegetationswechsel von Laubwäldern bzw. Laub-Nadelwald-Mischwäldern zu Nadelwäldern verstärkt. Oberhalb der Waldgrenze kann regional der Eintrag von Flugstaub, durch den der Versauerung entgegengewirkt werden kann, eine bedeutende Rolle spielen.

... sinken die mittleren Bodentemperaturen weniger stark ab als die Lufttemperatur. Dies ist vor allem durch die winterliche Schneedecke bedingt. Dadurch liegt in 5 bis 10 cm Tiefe das Jahresmittel der Bodentemperatur um bis zu mehrere Grad über der Lufttemperatur. Als Folge der strahlungsbedingt relativ starken Erwärmung der Oberfläche und des kühlen Unterbodens reduziert sich mit der Meereshöhe die Durchwurzelungstiefe.

... nehmen die frostbedingten Substratbewegungen (Solifluktion) und damit Störungen der Bodenentwicklung zu (Kap. 4.3).

... steigt die Bedeutung des „Zeitfaktors" für die Bodenbildung. Die Anfälligkeit gegenüber klimatischen Verän-

Abb. 42
Korngrößen der dominierenden Bodentypen bei Davos in Abhängigkeit von der Meereshöhe (nach KRAUSE & PEYER 1986).

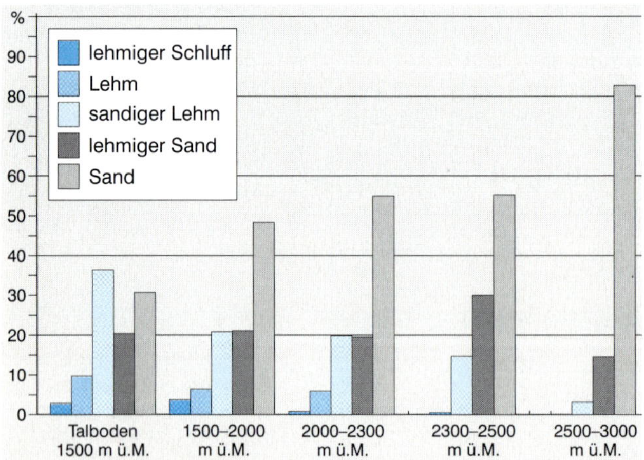

derungen nimmt zu. Die Bodenbildung wird durch Akkumulations- und Abtragungsprozesse häufiger unterbrochen als in Tieflagen (Kap. 5.5).

Als Konsequenz der geschilderten Gesetzmäßigkeiten ergeben sich für jede Höhenstufe eine Art „Klimaxbildungen" der Böden. Eine idealtypische vertikale Abfolge ist in der Tab. 21 dargestellt, differenziert nach karbonatischen und silikatischen Ausgangsgesteinen. Es muss jedoch betont werden, dass sowohl die höhenstufenbedingte Bodenabfolge wie auch die geschilderten Prozessänderungen mit der Höhe nur selten klar verwirklicht sind, da die meisten bodenbildenden Faktoren kleinräumig stark wechseln und den generellen höhenbedingten Trend überlagern. In vielen Teilen der Alpen ist auch die grobe Trennung in Böden der Karbonat- und Silikatgesteine nicht möglich bzw. erschwert. Dies gilt beispielsweise für tektonische Mischungszonen mit kleinräumigem Wechsel der Gesteine (wie die Matreier Zone in den Hohen Tauern oder die Urserenzone zwischen Gotthard- und Aarmassiv), für schwach karbonathaltige Gesteine (Kalkphyllit, Kalkglimmerschiefer der Bündner Schiefer) und für äolische Ablagerungen (silikatische Deckschichten aus den Zentralalpen auf randalpinem Kalkstein oder umgekehrt, karbonatische Staubablagerungen auf kristallinen Gesteinen). Im Kap. 5.3 sind die Bodentypen näher erläutert.

Tab. 21: Höhenstufen der Böden in den Kalk- und den Silikatalpen

Höhenstufe	Kalk-Alpen	Silikat-Alpen
nival	Rohböden (Frostschutt)	Rohböden (Frostschutt)
subnival	Rohböden (Frostschutt) inselhaft Polsterrendzinen	Rohböden (Frostschutt) inselhaft alpine Ranker, Braunerden
alpin	Pararendzinen Rasenbraunerden Tangelrendzinen Pechrendzinen	alpine Ranker, Regosole, alpine Pseudogleye, alpine Pararendzinen und Podsole aus silikatischem Flugstaub, Nanopodsole
subalpin	dystrophe Tangelrendzinen Pararendzinen, Rasenbraunerden	Humus- und Eisenpodsole Braunpodsole, Braunerden
montan	(Mull-, Moder-) Rendzinen, Terra fusca, Braunerden, schwarzerdeartige Böden in inneralpinen Trockentälern	Braunerden podsolige Braunerden Podsole
collin	(Mull-, Moder-) Rendzina, Terra fusca, Pararendzinen, schwarzerdeartige Böden in inneralpinen Trockentälern	Braunerden Parabraunerden

ergänzt nach Pallmann et al. (1938) und Graçanin (1972)

Böden wie Auenböden, Gleye, Pseudogleye, Anmoore und Niedermoore sind nicht aufgeführt, da sie in fast allen Höhenstufen auftreten können.

Durch intensive landwirtschaftliche Nutzung sind viele Böden der Alpen vor allem in Südlagen umgewandelt, erodiert bzw. kolluvial am Hang verlagert worden. Diese „anthropogenen“ Böden bzw. Bodensedimente sind nicht in Tab. 21 enthalten.

5.2 Deckschichten

In den Alpen sind die anstehenden Gesteine – bei nicht zu steilem Relief – in allen Höhenlagen häufig von lockeren Deckschichten unterschiedlicher Genese überlagert. Dadurch nehmen die Deckschichten für die Bodengenese und die heutigen Standorteigenschaften eine zentrale Rolle ein. Abgesehen von unregelmäßig verteilten Lockermassen, wie Bergsturzmaterial, Schwemmfächer, Murfächer, Lawinenkegel und Moränen etc., sind hier flächenmäßig weit verbreitete periglaziale Deckschichten gemeint, die durch Solifluktion oder äolische Prozesse entstanden sind. Häufig ist auch eine Kombination der Typen anzutreffen, d.h. Solifluktionsdecken, in die Flugstaub eingemischt ist. Die Deckschichten spielen neben der allochthonen Materialherkunft eine entscheidende Rolle für vertikale Verlagerungsprozesse im Boden, da sich an den Schichtgrenzen die bodenphysikalischen Parameter wie Dichte, Durchlässigkeit, Korngrößenzusammensetzung etc. ändern. Horizontgrenzen in Böden und Schichtgrenzen stimmen deshalb häufig überein. Deckschichten haben Einfluss auf die Versickerung und den Interflow. Sie können Staunässe verursachen oder an Stellen, an denen Deckschichten an der Oberfläche auskeilen, zur Ausbildung von Hangquellen führen. Durch die Einmischung hangaufwärts anstehender Gesteine und von Flugstaub können auch die chemisch-mineralogischen Eigenschaften der Deckschichten unterschiedlich sein. Dies ist für alle Bilanzierungen im Bodenprofil (Nährstoff- und Schadstoffgehalte, Verwitterungsindizes, Boden-Chronosequenzen etc.) und damit für viele angewandte Fragestellungen zu berücksichtigen. In Abb. 45 sind einige typische Deckschichten- und Bodenabfolgen schematisch dargestellt.

Solifluktions-Schuttdecken

Oberhalb der Waldgrenze, in der alpinen, subvnivalen und nivalen Höhenstufe, sind periglaziale Substratbewegungen durch Solifluktion offensichtlich (Kap. 4.3.1; Farbfoto 7). Bei starken Bewegungen ist die Bodenbildung sehr eingeschränkt bzw. unterbunden und geht über Initialstadien nicht hinaus. In der mittleren und unteren alpinen Stufe nehmen die periglazialen Substratbewegungen ab. Der Bereich bis zur Waldgrenze liegt aber im holozänen Schwankungsbereich der Solifluktion (Kap. 9.3.3). Hier finden sich demnach auch periglaziale Schuttdecken, die schon seit mehreren tausend Jahren stabil und bewachsen sind und wo seither Bodenbildung möglich ist. Als Folge holozäner Klimaschwankungen liegen sehr verschieden alte Solifluktionsdecken über- und nebeneinander, was auch ein kleinräumiges Mosaik an Böden verursacht (Abb. 43a, 45a; Farbfotos 7, 8). Prinzipiell können die

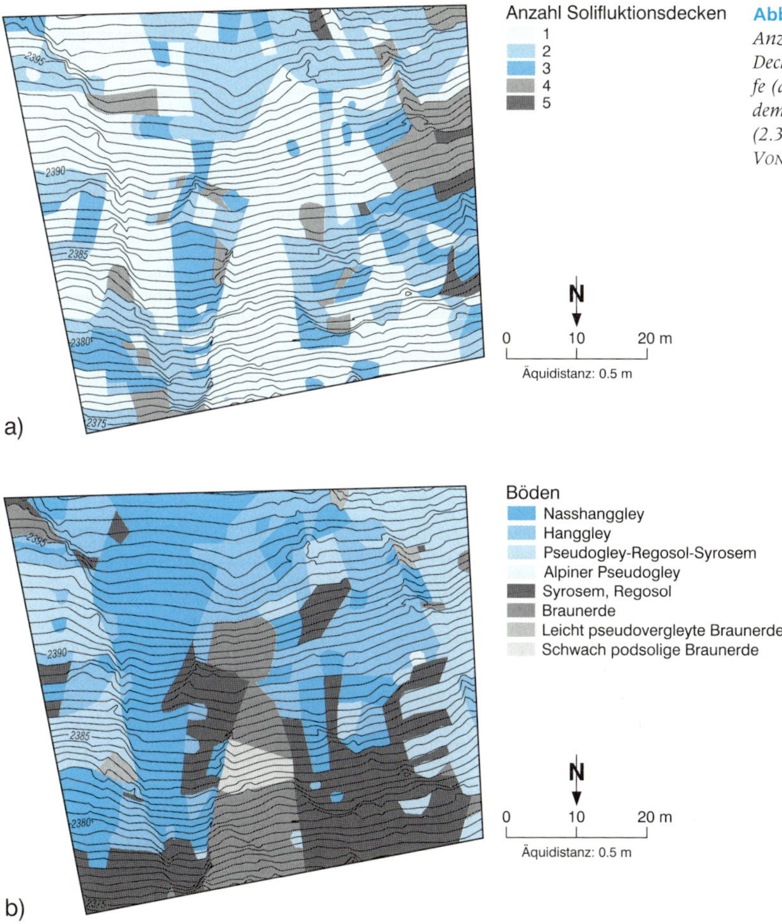

Abb. 43
Anzahl Solifluktions-Deckschichten bis 1 m Tiefe (a) und Böden (b) auf dem Furkapass, Schweiz (2.390 m ü.M.; nach VONLANTHEN *2000).*

Solifluktionsdecken oberhalb der Waldgrenze sehr verschiedene Alter haben, vom Eisfreiwerden im Spätglazial bis heute.

In der Waldstufe sind Solifluktionsdecken ebenfalls weit verbreitet (Abb. 44, 45b–d; Farbfoto 9). Da im Laufe des Holozäns die Waldgrenze aber maximal 100 bis 150 m um die heutige potentielle natürliche Höhenlage geschwankt hat, sind die Solifluktionsdecken unterhalb der Waldgrenze pleistozänen Alters. Häufig sind sie mehrgliedrig und repräsentieren mehrere Solifluktionsphasen. In Gebieten, in denen auch die großen Talböden bis ins Spätglazial hinein vergletschert waren, wie z.B. im Goms/Oberwallis mit dem Rhônegletscher, sind die Schuttdecken unter Wald recht sicher in das Spätglazial (Jüngere Dryas) einzuordnen, da sie auch auf den entsprechenden daunzeitlichen Moränen auftreten (Kap. 9.2.3). Nach palynologischen Untersuchungen lag die

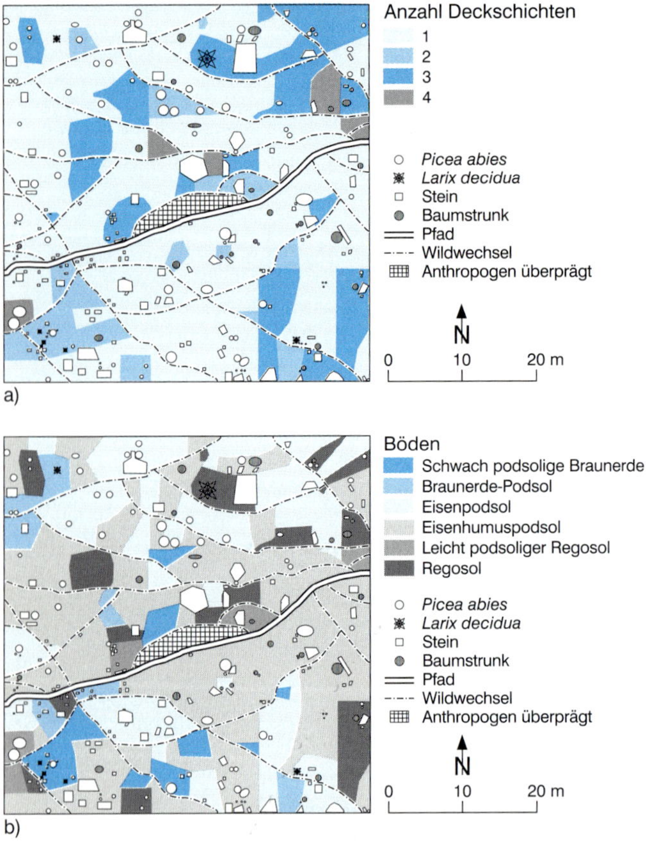

Abb. 44
Anzahl Deckschichten bis 1 m Tiefe (a) und Böden (b) im Obergoms, Wallis (1.500 m ü.M.; nach VONLANTHEN *2000).*

Waldgrenze zu jener Zeit auf dem Talboden unterhalb 1.500 m ü.M. Damit waren die Hänge oberhalb dieser Höhenlage im zentralalpinen Bereich in der Jüngeren Dryas Periglazialgebiet. In würmzeitlich eisfreien Gebieten können die Deckschichten auch älter sein, vor allem aus dem Hochglazial. Genaue Datierungen liegen bislang kaum vor. Die pleistozänen Solifluktionsschuttdecken setzen überall dort aus, wo entweder der Mensch durch Entwaldung zu ihrem teilweisen oder vollständigen Abtrag beigetragen hat oder wo durch Lawinenbahnen, Murkegel etc. entsprechende holozäne Ablagerungen dominieren.

Äolische Deckschichten und Spülsedimente

Die Hinweise auf die Existenz äolischer Deckschichten in den Alpen sind sehr zahlreich. Schon zu Begin des 20. Jahrhunderts gibt es Berichte vom Wiener Schneeberg, dem östlichsten hochalpinen Gipfel der nördlichen Kalkalpen, die äolisches, schluffreiches, kristallines Material auf dem Wettersteinkalk beschreiben. Seitdem gibt es viele Literaturhinweise auf mehrere Dezimeter mächtige äolische Deckschichten, die wohl vor allem im Spätglazial entstanden sind, bevor der Wald sich wieder ausbreiten konnte. Häufig sind die äolischen Deckschichten sekundär noch solifluidal verlagert oder verspült worden. Die kristallinen äolischen Ablagerungen in den Kalkalpen führen bodentypologisch zu silikatischen Böden auf reinem Kalk. So sind wahrscheinlich viele Böden wie Podsole, Braunerden, Parabraunerden und Parabraunerden-Terra fusca auf Kalkstein und Dolomit entstanden (Abb. 45d; Kap. 5.2, 5.3). Auch wenn es bei einzelnen Befunden noch Unklarheiten und Meinungsverschiedenheiten gibt, so kann doch die Genese der schluffreichen Deckschichten als äolischer Ferneintrag nicht geleugnet werden. Wie sonst sollten sich auch bis zu 1 m mächtige Schluffdecken auf reinen Kalksteinen bilden, die oft nur 0,1

Tab. 22: Einträge von Flugstaub in die alpine Höhenstufe in Gebieten mit Kalkglimmerschiefern und Kalkphyllit

Gebiet	Sedimentation (kg ha^{-1} a^{-1})
[1]Großglockner	66 – 1.000
– " – [1]Gamsgrube	18.600
[2]Schweiz. Nationalpark	18.500

nach [1]GRUBER (1980), [2]BRAUN-BLANQUET & JENNY (1926)

bis 0,3 % in HCl unlösliche Rückstände haben. Im Großglocknergebiet liegen die Werte für die Akkumulation von Flugstaub bei bis zu 1.000 kg ha^{-1} a^{-1}, im Extrem sogar bei mehr als 18.000 kg ha^{-1} a^{-1}, ähnlich wie im Schweizerischen Nationalpark (Tab. 22). Auch in den kristallinen Alpen gibt es äolische Deckschichten, die je nach Herkunftsgebiet teilweise karbonatisches Material enthalten und dadurch ebenfalls die ursprünglichen Eigenschaften des anstehenden Festgesteins maskieren (Abb. 45a, Farbfoto 10).

Die Prozesse der äolischen Materialverlagerung dauern in vielen Gebieten der Alpen an, speziell oberhalb der Waldgrenze, wo unbewachsene Hänge, bevorzugt Schieferhänge aus Kalkphyllit und Kalkglimmerschiefer, als ideales Auswehungsgebiet funktionieren (Tab. 22). Durch die regelmäßige Akkumulation von Flugstaub kann eine beachtliche Aufkalkung stattfinden. Der Flugstaub ist nicht nur auf die Lagen oberhalb der Waldgenze beschränkt. Wo immer vom Gestein her genügend Feinmaterial vorhanden ist und die Vegetationsdecke es zulässt, können auch bis auf die Talböden der unteren Höhenlagen rezent äolische Schluffdecken zur Ablagerung kommen. Bekannte Beispiele sind die postglazialen Lösse im St. Galler Rheintal und im Wallis. Im Bereich des Flimser Bergsturzes können auch heute noch unangenehme Staubstürme auftreten.

Deckschichten, die vorwiegend durch Spülprozesse an den Hängen entstanden sind, treten meist lokal beschrankt bzw. entlang von heutigen oder ehemaligen Abflussbahnen auf. Sie können sehr zahlreich die subalpine und montane Höhenstufe durchziehen (Abb. 45c; Farbfoto 11). Vom Alter her sind sie in den Zeitraum seit dem Spätglazial einzuordnen und meist im Zusammenhang mit natürlichen (z.B. Lawinenbahnen, Feuer) oder anthropogenen (Rodungen)Vorgängen zu sehen.

5.3 Bodentypen

In den Alpen gibt es keine einheitliche, länderübergreifende Bodensystematik. Es würde hier zu weit führen, die einzelnen nationalen Systematiken zu vergleichen. Die im Tiefland entwickelten Bodensystematiken lassen sich nur bedingt auf die Hochlagen übertragen. International gebräuchliche Klassifikationen, wie etwa der FAO-UNESCO (1974,

Bodentyp: Böden mit ähnlichem Entwicklungsstatus, die sich durch eine bestimmte Horizontkombination ausdrücken, werden zu einem Bodentyp zusammengefasst. Ein Bodentyp drückt die summarische Wirkung der bodenbildenden Faktoren und Prozesse an einem Standort aus.

1994), des nordamerikanische Soil Survey Staff (1975) oder auch die im Entstehen begriffene World Reference Base (Spaargaren 1994) sind ebenfalls nur bedingt für Hochgebirge verwendbar und bleiben hier wegen der englischsprachigen Nomenklatur außer Betracht. Die im folgenden beschriebenen Bodentypen sind in Anlehnung an die in Deutschland übliche Klassifikation (Arbeitskreis Bodensystematik der Deutschen Bodenkundlichen Gesellschaft 1998) bezeichnet. Zur prinzipiellen Charakterisierung der Böden sei auf entsprechende Lehrbücher verwiesen (z.B. Schachtschabel et al. 1998). Im folgenden werden vor allem die alpinen Besonderheiten vorgestellt. Nomenklatorisch werden diese Besonderheiten häufig durch den Zusatz „alpin" ausgedrückt (z.B. Alpiner Pseudogley, Alpine Rendzina etc.).

5.3.1 O/C-Böden, Rohböden und Ah/C-Böden

In diese Klassen fallen Bodentypen wie Fels- und Skeletthumusböden, Syroseme, Ranker, Regosole, Rendzinen und Pararendzinen, die insgesamt durch eine geringe Bodenentwicklung und spärliche Horizontdifferenzierung gekennzeichnet sind. Nicht gesondert aufgeführt sind hier Typen wie „Frostmusterböden", „alpine Hamada-Ramark" oder „alpiner Hamada-Rohboden" (Kubiena 1970; in Graçanin 1972), da es sich hierbei streng genommen nicht um „Böden", sondern um geomorphologische Periglazialerscheinungen handelt.

Felshumusböden und Skeletthumusböden (O-C-Profile)

Diese Böden sind durch das Vorhandensein einer organischen Auflage charakterisiert. Ah-Horizonte fehlen in der Regel (Farbfoto 12). Beim Skeletthumusboden auf Lockergestein kann der Humus auch in den Hohlräumen der Bodenmatrix auftreten. Die Humusauflagen können mehrere Dezimeter mächtig sein, Kluftfüllungen können bis zu 1 m tief reichen. Die organischen Auflagen bestehen typischerweise aus einem stark humifizierten Oh-Horizont, über dem noch geringmächtige L- und Of-Lagen auftreten. Diese Böden sind typisch für Gebiete, in denen relief- oder entwicklungsgeschichtlich bedingt keine Auflagerung feinmaterialreicher Deckschichten (Kap. 5.2) erfolgte. Dies gilt auch für relativ junge Geländeflächen bzw. Ablagerungen (z.B. Felsstürze). In all diesen Fällen hat die Verwitterung noch nicht ausgereicht, aus dem massiven Fels oder aus grobmaterialreichem Schutt ein stärker differenziertes Bodenprofil zu erzeugen. An exponierten Standorten kann auch intensiver Abtrag die Verwitterungsrate übertreffen, so dass es ebenfalls nicht zur Ausbildung gut entwickelter Böden kommt. Viele „Alpine Rendzinen", die in der Literatur beschrieben sind, entsprechen eher dem Typus Fels- und Skeletthumusboden, da ihnen häufig ein Ah-Horizont fehlt.

Rohböden (Ai-C-Profile)

Bei den Rohböden ist die initiale Bodenbildung durch geringmächtige Humusakkumulation (meist Ai-Horizont von weniger als 2 cm Mächtigkeit) an der Oberfläche erkennbar. Sie sind typisch für junge Substrate mit spärlicher Vegetationsbedeckung, wie in der subnivalen und nivalen Höhenstufe, aber auch in tieferen Höhenstufen auf jungen Substraten (z.B. Murfächer, Bergstürze). Bodentypologisch treten Syroseme auf Festgestein bzw. Lockersyroseme auf Lockergestein auf.

Alpine Ranker, Alpine Regosole, Alpine Rendzinen und Alpine Schwarzerden (Ah-C-Profile)

Diese Bodentypen weisen einen Ah-Horizont auf, in dem das organische Material der Auflage durch die Aktivität der Bodenfauna in den Mineralboden eingemischt ist. Speziell auf Festgesteinen, denen feinmaterialreiche Deckschichten fehlen, ist die Verwitterung meist nicht in der Lage, einen lockeren Ah-Horizont zu produzieren. Der organische Bestandesabfall bleibt an der Oberfläche liegen und akkumuliert sich zu teils mächtigem Auflagehumus (O-Lagen). In diesen Fällen wäre es korrekter, von Fels- und Skeletthumusböden zu sprechen, weil O/C- statt Ah/C-Profile vorliegen. Als Regosole werden Ah-C-Böden aus Lockergesteinen bezeichnet.

— Bodenhorizonte: durch Verwitterung und Verlagerungsprozesse entstandene Bereiche mit charakteristischen Eigenschaften (Farbe, Korngröße etc.).

Besondere Aufmerksamkeit und eine feinere Gliederung haben die Alpinen Rendzinen erfahren. Seit Kubiena (1953) sind die Subtypen Protorendzina, Alpine Pechrendzina, Alpine Polsterrendzina, Alpine Tangelrendzina, Mullartige Rendzina und Braune Rendzina bekannt. Die Ausscheidung der Sonderformen der Pech-, Polster- und Tangelrendzinen wird häufig gewählt, da Rendzinen einerseits generell nicht mehr als 30 % Humus aufweisen sollten (Alpine Rendzinen haben dagegen bis zu mehr als 80 % Humus), und da andererseits der Humus der Alpinen Rendzinen oft nur aus Auflagehumus (O-Lagen) besteht, es sich also streng genommen nicht um Rendzinen handelt.

Alpine Pech- und Tangelrendzinen treten vor allem auf sehr reinen Kalken und Dolomiten auf (Farbfoto 13). Die hohen Humusgehalte bedingen eine hohe Kationenaustauschkapazität von über 360 mval. Die Humusauflage kann, speziell bei Tangelrendzinen, rohhumus-ähnlich, d.h. sehr sauer (pH 3,5–4,0) sein und Standortverhältnisse schaffen, die den Podsolen mehr ähneln als den klassischen Rendzinen. Dieser saure Tangelhumus wird teils auch als „Alpenhumus“ bezeichnet. Die Tangelrendzinen werden in der Schweiz auch als „Rohhumusrendzinen“ bzw. „Morrendzinen“ (Mor = Rohhumus) bezeichnet. Sofern ein Ah-Horizont vorhanden ist, passt seine meist neutrale bis schwach alkalische Reaktion allerdings nicht in die typische Horizontabfolge eines Rohhumus-Bodens. Durch den Auflagehumus gedeihen acidophile Pflanzen wie die Heidelbeere (*Vaccinium myrtillus*), die Preiselbeere (*Vaccinium vitis-idaea*), der Wald-Bärlapp (*Lycopodium annotinum*) oder die Besenheide (*Calluna vulgaris*). Saure, dystrophe Tangelrendzinen sind typisch für Fichtenwälder und Latschen-Krummholz. In den Zentralalpen sind Tangelrendzinen wegen der größeren Kontinentaliät und Trockenheit seltener als in den Randalpen. Im Schwarzföhrengebiet (*Pinus nigra*) des Alpenostrandes kommen Tangelrendzinen auf Dolomit dagegen bis in die colline Stufe hinab vor.

Einzelne ^{14}C-Datierungen, die an der Basis des Tangelhumus durchgeführt wurden, ergaben Alter von 1.400 bis 4.000 ^{14}C-Jahren v.h. (BOCHTER 1984). Berücksichtigt man noch mögliche Verunreinigungen durch jüngere, von oben eingewaschene Huminsäuren, so dürfte der Humus wahrscheinlich noch älter sein. Dies zeigt die lange Zeitdauer der Bodenbildung, die sich auch aus dem paläoklimatischen Kontext ergibt (Kap. 9.3.3). Entsprechend gravierend sind die Folgen einer anthropogenen Humuszerstörung einzuschätzen, wie sie etwa bei Entwaldung, beim Skipistenbetrieb etc. auftritt.

Alpine Pechrendzinen haben häufig einen mächtigen, schmierigen Oh-Horizont aus Auflagehumus, dessen Konsistenz ihnen den Namen gibt. Alpine Polsterrendzinen treten lokal inmitten von Karbonatrohböden unter alpinen Polsterpflanzen auf, z.B. unter dem Stängellosen Leimkraut (*Silene acaulis*) oder unter der Silberwurz (*Dryas octopetala*). Zwischen den Polsterpflanzen sind häufig Kryptogamenkrusten entwickelt, die eine wichtige Rolle als Erosionschutz spielen (Farbfoto 17).

Mächtige organische Auflagen und Ah-Horizonte sowie Braunerde-Rendzinen und Braunerden können sich häufig nur entwickeln, wenn silkatische Flugstäube vorhanden sind (Kap. 5.2). Dies gilt auch für die weiter entwickelte Terra fusca, sofern sie kein Relikt älterer Klimaperioden darstellt (Kap. 5.3.2, Kap. 5.6).

Mullrendzinen treten vor allem unter Buchenwald auf. Die Humusform Mull weist auf eine rege Tätigkeit der Bodenfauna hin, wodurch es zu einer intensiven Einmischung von organischer Substanz in den Mineralboden und damit zur Bildung von Ah-Horizonten kommt.

In den inneralpinen Trockentälern (z.B. Inntal, Wallis) treten steppenartige Alpine Schwarzerden auf, die durch einen mächtigen Ah-Horizont gekennzeichnet sind. Sie sind auf die trockensten Abschnitte der collinen bis montanen Höhenstufe beschränkt, wo die Jahresniederschläge unterhalb von 700 mm bleiben. Ausgangsmaterial sind karbonatische oder silikatische Feinsedimente auf Schutt oder Schottern (Schwemmfächer, Terrassen).

Auf silikatischen Gesteinen sind die Ah-C-Böden den Rankern (auf Festgestein) bzw. den Regosolen (auf Lockergestein) zuzuordnen. Bei den Rankern können ebenfalls mächtige O-Lagen auftreten, sie erreichen jedoch, z.B. unter Grünerlenbeständen der oberen subalpinen Höhenstufe, nicht die Mächtigkeiten wie bei den Tangel- oder Pechrendzinen. Auf Mischgesteinen bzw. Schutt mit mittleren Karbonatgehalten entwickelt sich als Ah-C-Boden eine Pararendzina.

5.3.2 Terra rossa, Terra fusca (Ah-T-C-Profile)

Die rötliche Terra rossa und die braune bis rötlichbraune Terra fusca sind Böden auf Karbonat- oder Gipsgestein, die durch chemische Verwitterung als Lösungsrückstand einen tonreichen T-Horizont besitzen. Sie stellen in den Alpen, wie auch im übrigen Mitteleuropa, häufig Reliktböden aus dem Pleistozän oder sogar Tertiär dar, die häufig umgelagert sind (Kap. 5.6). Da in den Alpen Terra fusca auch in Gebieten auftritt, die noch letztkaltzeitlich vergletschert waren, wird vielfach auch eine holozäne Bildung angenommen. Diese Alpine Terra fusca hat allerdings einige Besonderheiten. So sind fast immer erhebliche silikatische Anteile nachweisbar, die entweder aus Flugstäuben oder aus schwach bis nicht karbonatischen Gesteinen der Umgebung stammen (z.B. Mergel, Tone), die durch Abspülung oder Solifluktion in Deckschichten eingemischt sind. Alpine Terra fusca-Profile sind also häufig mehrschichtig. Dies ergibt sich auch schon aus dem langsamen Prozess der Karbonatverwitterung. Nach den bekannten Lösungsraten (Kap. 4.4; Tab. 20) ist im Holozän, d.h. in den letzten 10.000 Jahren, bei einem Karbonatgehalt der Gesteine von 96 bis 98 % (z.B. Wettersteinkalk) maximal mit einem unlöslichen Residuum in der Größenordnung von 6 bis 12 cm zu rechnen. Um eine Mächtigkeit von nur 20 cm Solum als Lösungsrückstand zu erreichen, müssten im Holozän 5 bis 10 m kompakter Kalk verwittert sein, was mit Sicherheit ausgeschlossen werden kann. Besonders häufig sind deshalb geschichtete Übergangs-Bodentypen wie die Parabraunerde-Terra fusca. Ein typisches Profil aus Löss über Moräne im Wettersteingebirge hat beispielsweise die Horizontabfolge: (Ah)-Btv-IITc-IITCv-IICv (Hüttl 1999).

5.3.3 Braunerden und Parabraunerden (Ah-Bv-C- bzw. Ah-E-Bt-C-Profile)

In den Tieflagen der Talregionen ähneln die Braunerden und Parabraunerden den Bildungen aus dem Vorland. Ausgangssubstrate sind häufig schwach karbonatische Feinsedimente, Sande, Moränenablagerungen und Löss. Alpine Braunerden und Parabraunerden sind in der Regel mehrschichtig. Bereits ab der montanen Stufe setzen die Parabraunerden teilweise aus und werden durch Podsole abgelöst. Ursache hierfür ist wahrscheinlich, dass der für die Tonverlagerung günstige pH-Bereich (pH 4,5 bis 6,0) im Zuge der Verwitterung und Entkalkung zu schnell durchlaufen wird. Fehlen den kristallinen Gesteinen entsprechende Deckschichten (karbonathaltige Moräne, Solifluktionsdecken, Löss), dann entwickeln sich auch keine Parabraunerden. Im kalkalpinen Bereich ist das Auftreten von Braunerden und Parabraunerden auf die Überdeckung mit silikatischen Deckschichten angewiesen (Abb. 45).

Am Südrand der Alpen sind die Braunerden rötlich gefärbt („Insubrische Braunerden"). Dies mag mit den höheren Sommertemperaturen zusammenhängen. Als Primär- oder Sekundärbildungen treten Braunerden nahezu in allen Höhenstufen auf. Das höchstgelegene in der Literatur beschriebene Profil liegt wohl im Rotmoostal in Obergurgel (Bortenschlager & Neuwinger 1994). Die 0,60 m mächtige Braunerde hat sich dort in 3.000 m ü.M. auf einem dicht bewachsenen Grat aus Kalkglimmerschiefer entwickelt, der im Holozän nie vergletschert war. Selbst in diesen Höhen spielt aber der äolische Eintrag in die oberen Bodenhorizonte eine große Rolle.

Sekundäre Braunerden treten oft infolge anthropogener Einflüsse auf. Es handelt sich um kolluvial umgelagertes Material, teilweise noch mit reliktischen Podsolmerkmalen. Häufig werden auch erodierte Podsole als Braunerden klassifiziert. Dabei ist durch den Nutzungswandel bedingt (z.B. Entwicklung einer subalpinen Borstgrasweide an Stelle der ehemaligen Alpenrosen-Heidelbeeren-Gesellschaft als Folge der Weidewirtschaft) die Humusauflage degradiert und der Auswaschungshorizont erodiert.

5.3.4 Alpine Podsole (Ahe-Ae-Bh/Bs-C-Profile)

In den Alpen kann man im Wesentlichen Humus- und Eisenpodsole, Eisenhumuspodsole, Braunpodsole sowie Nanopodsole und Kryptopodsole unterscheiden (Farbfoto 14). Eine besondere Mischform zwischen Podsolen und Pseudogleyen bilden die „Alpinen Pseudogleye" (Kap. 5.3.5).

In der subalpinen und unteren alpinen Höhenstufe der kristallinen Alpen stellen Podsole den häufigsten Bodentyp dar, sofern das Ausgangssubstrat dafür geeignet ist. Neben sauren pH-Werten bilden dafür eine gute Wasserdurchlässigkeit und ausreichende Niederschläge die Vorraussetzung. Podsole treten jedoch, wie die Braunerden und Parabraunerden, auch in den Kalkalpen auf, sind dort aber an das Vorhandensein von silikatischen, allochthonen Deckschichten gebunden.

Alpine Eisen- und Eisenhumuspodsole mit mächtiger Rohhumusauflage sind besonders charakteristisch für Waldgrenzstandorte unter *Rhododendron*. Die Mächtigkeiten der organischen Auflagen können bis zu 100 cm erreichen. Im Oberboden werden, ausgelöst durch die stark saure Reaktion der organischen Auflage, Tonminerale zerstört und Humusstoffe wie auch Sesquioxide mobilisiert und in den Unterboden verlagert. Wegen des durchlässigen Ausgangssubstrates und den niedrigen Tongehalten ist die Austauschkapazität vor allem vom Humusgehalt abhängig.

Gut entwickelte Podsole finden sich teilweise deutlich oberhalb der heutigen Waldgrenze. Im Wallis reichen sie bis 2.400 oder 2.500 m ü.M., in den Hohen Tauern sogar bis über 2.600 m ü.M. Sind diese hochgelegenen Podsole heutige Bildungen oder sind sie reliktisch und spiegeln wärmere Verhältnisse in früheren Abschnitten des Holozäns wider? Klima- und landschaftsgeschichtlich ist von daher die Kenntnis ihrer Bildungsbedingungen von großer Bedeutung (Kap. 9.3.2, 9.3.3). Einige Autoren sehen die Podsole als Indikatoren ehemaliger Waldvegetation, so dass in diesen Fällen eine hochliegende holozäne Waldgrenze angenommen werden müsste, was den palynologischen Befunden widerspricht. Andere Autoren sehen die Entwicklung von Podsolen nicht an das Vorkommen von Rohhumus oder Moder gebunden. Problematisch hierbei ist, dass die heutige Humusform bei reliktischen Podsolen ja nicht mit dem Unterboden im Gleichgewicht stehen muss. Die am stärksten podsolierten Böden finden sich oft in windgeschützten Positionen, wo im Frühling das meiste Schmelzwasser versickert. An den nasskalten und sauren Standorten werden eventuell auch unter Rasen niedermolekulare, wasserlösliche Huminsäuren gebildet, welche die Sesquioxide als Metall-Humuskomplexe mobilisieren können. In aller Regel lässt sich jedoch nachweisen, dass die Podsole weit oberhalb der heutigen Waldgrenze reliktische Bildungen darstellen, die unter anderen Klimaverhältnissen des Früh- bis Mittelholozäns gebildet wurden.

Als Folge der jahrhundertelangen Weidenutzung sind die Podsole, wie auch die anderen Böden, häufig erodiert, so dass ihnen der Auswaschungshorizont (Ae-Horizont) fehlt. Der intensiv gefärbte Bs-Horizont unterscheidet sich aber bereits makroskopisch von den Bv-Horizonten der Braunerden und kennzeichnet die Böden als Podsole. Diese erodierten Podsole werden in den Alpen häufig als „Braunpodsole" bezeichnet.

Nanopodsole, die Ähnlichkeiten mit subpolaren Böden haben, treten in der oberen alpinen Stufe auf, meist unter Krummseggenrasen. Ihre tiefgründige Entwicklung ist unter anderem durch relativ undurchlässigen Untergrund (z.B. Glimmerschiefer) unterbunden. Im Tessin treten unterhalb von 1.100 m ü.M. Kryptopodsole in Kastanienwäldern auf (Blaser et al. 1997). Sie sind durch sehr mächtige Bhs-Horizonte gekennzeichnet, die alle anderen Merkmale (Ae-Horizont) überdecken.

5.3.5 Alpine Pseudogleye (SAeh-SBh-SBs-C-Profile)

Eine Besonderheit stellen die Alpinen Pseudogleye oberhalb der Waldgrenze dar, meist unter Krummseggenrasen. Bedingt durch den winterlichen Bodenfrost sind sie durch einen jahreszeitlichen Wechsel von Wasserstau und Auswaschung charakterisiert. Im Frühjahr und Frühsommer, beim Auftauen des Bodeneises und während der Schneeschmelze, kommt es über dem noch gefrorenen Unterboden zu Wasser-

Verwitterungsrinden

Nicht zu den Böden, sondern als weit verbreitete Verwitterungsbildungen, sind Verwitterungsrinden auf Gesteinsoberflächen, zu rechnen. Es handelt sich um rötliche bis schwarze Überzüge aus Eisen- und Mangan-Oxiden und -Hydroxiden. Zu ihrer Entstehung ist wahrscheinlich ein häufiger Wechsel von Durchfeuchtung, Austrocknung und oberflächlicher Erwärmung, Abkühlung bzw. Verdunstung notwendig (was in den Alpen, speziell in Hochlagen, durch die Strahlung und die starke Erwärmung der Gesteinsoberflächen gegeben ist). Von der Genese her handelt es sich um eine Art „Wüstenlack".. An der Entstehung sind Pilze und Cyanobakterien beteiligt. Die Konzentration der Oxide und Hydroxide an der Oberfläche ist teils durch Transport mit dem Verdunstungsstrom des Wassers und teils durch äolische Zufuhr der Oxide und Hydroxide bedingt. In den Alpen sind die dunklen Verwitterungsrinden oft auf bestimmte Gesteine beschränkt, sie fehlen z.B. meist auf Dolomiten, Kalkschiefern und Rauhwacken. Im Unterschied zum Wüstenlack, der wahrscheinlich einige tausend Jahre zu seiner Entwicklung braucht, scheint die Krustenbildung in den Alpen relativ schnell zu erfolgen. Die Rinden sind häufig in Gletschervorfeldern, an eisnahen überschliffenen Felsflächen und auf Rundhöckern zu finden.

stau und Mobilisierung des Eisens unter reduktiven Verhältnissen. Diese Tendenz zur Pseudovergleyung wird in glimmerreichen Gesteinen durch die eingeregelten Glimmerblättchen verstärkt. Mit vollständigem Verschwinden des Bodeneises setzt dann im Sommer eine Auswaschung des mobilen Eisens in den Unterboden ein. Charakteristisch ist der gebleichte SAeh-Horizont mit Rostflecken, der im Vergleich zu den Illluvialhorizonten relativ mächtig sein kann. Wie beim Eisenhumuspodsol können sich die Illuvialhorizonte in Bh- und Bs-Horizonte differenzieren. Die typische Humusform ist Mull. Die Humusgehalte im Ah-Horizont liegen bei bis zu mehr als 20 %. Die Hauptmenge der organischen Substanz ist im B-Horizont akkumuliert. Der Auswaschungshorizont ist nur schwach durchwurzelt. Die Verzweigung der Wurzeln setzt erst im B-Horizont ein, was die Nährstoffverteilung widerspiegelt.

5.4 Typische Bodenabfolgen (Abb. 45)

Durch die kleinräumige Differenzierung der bodenbildenden Faktoren ergibt sich ein feines Mosaik unterschiedlicher Bodentypen. Neben dem Höhengradienten und damit dem Wechsel der Bodentypen mit der Höhe (Tab. 21) zeigen die Böden auch in der gleichen Höhenstufe eine große Variabilität. Das Relief spielt für die Bodenentwicklung eine entscheidende Rolle und steuert viele andere Faktoren. Vom Kleinrelief hängt speziell oberhalb der Waldgrenze die Schneemächtigkeit und damit das Ausaperungsmuster, die Vegetation und der Bodenwasserhaushalt ab. Der laterale Wasserfluss im Boden, der häufig in Deckschichten erfolgt, hat im alpinen Relief ebenfalls eine wesentliche Bedeutung. Vernässte Stellen, Hanggleye und Moore sind deshalb weit verbreitet. In der alpinen Höhenstufe unterliegen feuchte Hangabschnitte oft einer intensiven Solifluktion, wodurch eine ausgeprägte Bodenbildung verhindert wird. Tiefgründige Böden entwickeln sich nur, wenn Deckschichten vorhanden sind. Auf Festgestein kommt es in der Regel unabhängig vom Gesteinstyp nur zum Aufbau eines Humuskörpers.

Abb. 45a: Hohe Tauern (2.500 m ü.M.)

In der periglazialen Höhenstufe, am Übergang von der alpinen Stufe mit mehr oder weniger geschlossenem Rasen zur subnivalen Höhenstufe, sind Solifluktionsloben unterschiedlichen Alters entwickelt. Sie liegen neben- und übereinander. Die jüngsten Loben sind zum Teil noch aktiv und nahezu unbewachsen. An Stellen, an denen sich eine schüttere Vegetation eingestellt, sind initiale Humushorizonte (Ai-Horizonte; Profil 1) entwickelt. In rund 50 cm Tiefe liegt die ehemalige, überfahrene Oberfläche, die durch einen fAhe-Horizont nachgezeichnet wird. Der fAhe-Horizont gehört zu einem Podsol, der hangabwärts, außerhalb des jungen Solifluktionslobus, den rezenten Oberflächenboden bildet. Fossilisiert wurde der fAhe jedoch nicht durch den Solifluktionsschutt selbst, sondern durch ein rund 5 cm mächtiges Spülsedi-

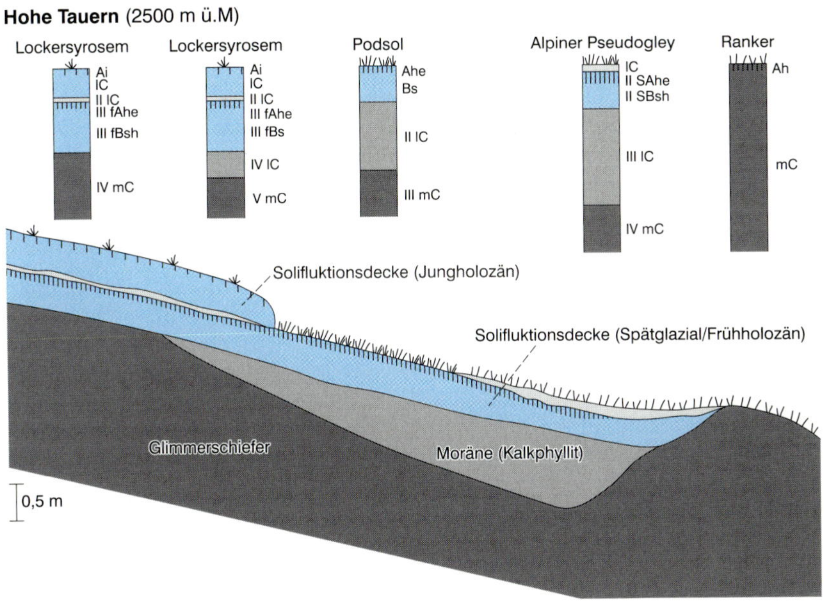

Abb. 45
Hohe Tauern. Schematische Abfolgen typischer Deckschichten und Böden in den Alpen. (Legende zu den Bodenfarben siehe Abb. 45b).

Abb. 45a
Hohe Tauern.

ment, das im Vorfeld des hangabwärts wandernden Lobus abgelagert wurde (Farbfoto 15). Einzelne Wurzeln der Rasenvegetation erreichen den fAhe, der aufgrund seines Humusgehaltes und des hohen Feinmaterialgehaltes relativ günstige Nährstoff- und Wasserbedingungen aufweist. Der Beitrag solcher begrabener, oberflächennaher Böden zum Bodenwasser- und Nährstoffhaushalt wird meist unterschätzt.

Der Standort 2 ist nicht wesentlich von Standort 1 verschieden. Im tieferen Unterboden tritt aber zusätzlich spätglaziales Moränenmaterial über den anstehenden Glimmerschiefern auf.

Profil 3 liegt außerhalb des jüngeres Lobus. Auf der seit Jahrtausenden stabilen Oberfläche ist unter dichtem Krummseggenrasen ein Podsol im älteren Solifluktionsschutt entwickelt. In einer kleinen Hangverflachung geht der Podsol in einen Alpinen Pseudogley über, dessen SwAhe-Horizont geringfügig von Spülsedimenten bedeckt ist (Profil 4).

Auf einer kleinen Felskuppe (Profil 5) ist substratbedingt wegen fehlender Lockermaterialdecken die Bodenbildung nicht über ein Rankerstadium hinausgegangen.

Abb. 45b: Obergoms, Wallis (1.500 m ü.M.)

In der montanen Höhenstufe treten an dem nordexponierten Hang flächig Podsole auf, die in Hangschuttdecken entwickelt sind (Farbfoto 14). Der Hang südlich der Ortschaft Oberwald ist von einem Bannwald aus vorwiegend Fichten und Lärchen bestockt, der im Holozän nur während kurzer Zeit im Mittelalter abgeholzt war. Folglich treten hier weitgehend natürliche Verhältnisse auf. Über Gneisen und lokaler, spät-

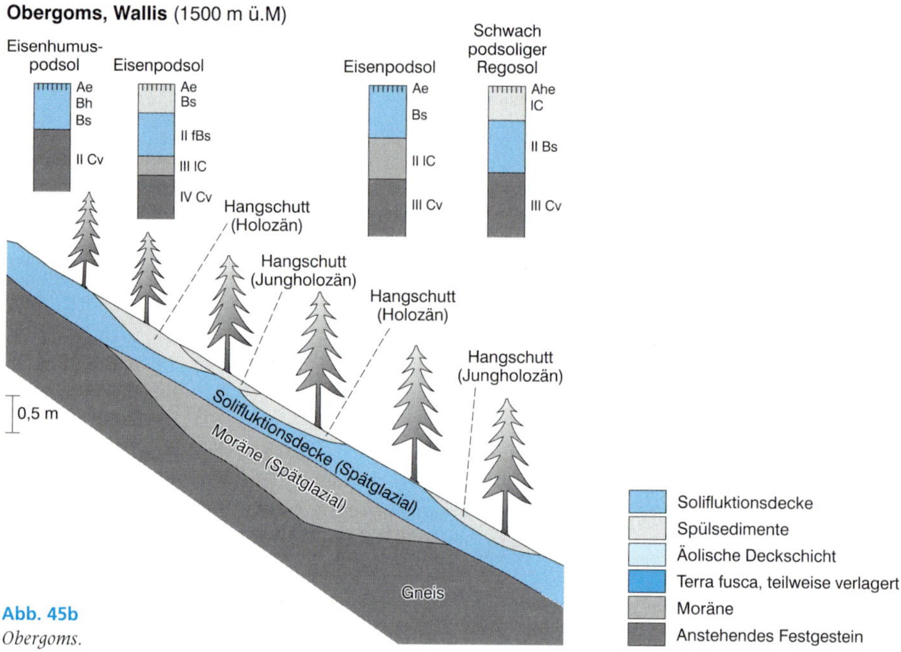

Abb. 45b
Obergoms.

glazialer Moränenbedeckung ist eine ebenfalls spätglaziale, ca. 50 cm mächtige Solifluktionsdecke flächig verbreitet. Da es sich bei den glazialen Ablagerungen um Daunmoränen handelt, dürfte die Solifluktionsdecke in der Jüngeren Dryas gebildet worden sein, als die Waldgrenze unterhalb 1.500 m ü.M. lag. In dieser Schuttdecke treten Eisen- und Humuspodsole auf (Profile 1, 2, 3). Lokal sind sie von jüngeren Ablagerungen bedeckt. Dabei handelt es sich um holozänen Hangschutt unterschiedlicher Genese, jedoch ohne periglaziale Merkmale. Meist sind es Spülsedimente, die im Zusammenhang mit Erosionsrinnen und Lawinenbahnen stehen. In älteren Deckschichten haben sich bereits wieder Podsole entwickelt, so dass häufig zwei Podsole übereinander auftreten (Profil 2). In jüngeren Ablagerungen geht die Bodenentwicklung nicht über einen schwach podsoligen Regosol (Profil 4) hinaus.

Abb. 45c: Iseltal, Osttirol (1.200 m ü.M.)

Im Unterschied zu den Abb. 45a und 45b ist hier ein talparalleler Hangquerschnitt dargestellt. Das südliche Iseltal verläuft in Gneisen des Altkristallins. Aus dem oberen Einzugsgebiet ist stellenweise kalkhaltige, spätglaziale Moräne aus dem Tauernfenster abgelagert (Farbfoto 11). Überdeckt werden die Gneise und die Moräne von einer spätglazialen Solifluktionsdecke. Im Bereich von Rinnen sind die spätglazialen Ablagerungen im Holozän wieder ausgeräumt worden. Die Rinnen sind mit sandigem Lokalmaterial aus dem Altkristallin aufgefüllt.

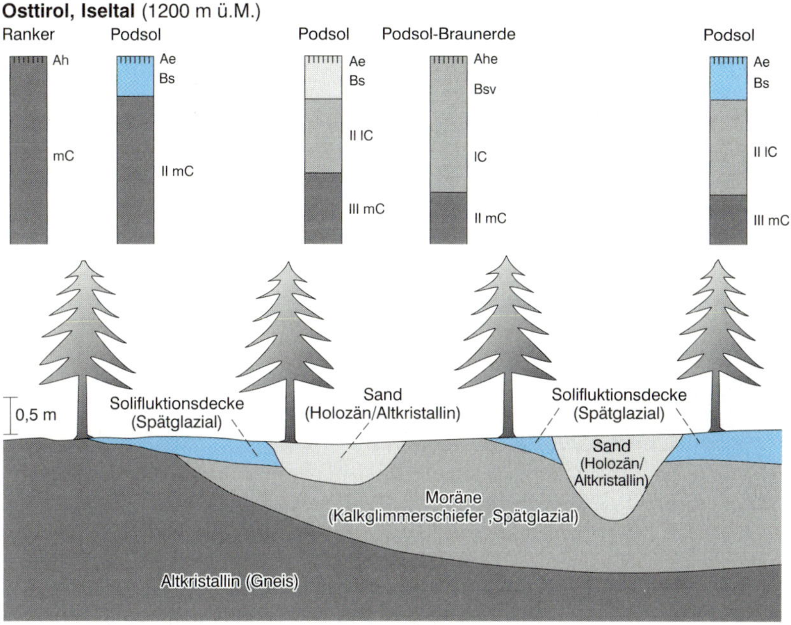

Abb. 45c
Osttirol.

Wo die Gneise an die Oberfläche kommen (Profil 1) sind Felshumusböden und Ranker entwickelt. Auf der spätglazialen Schuttdecke mit niedrigem bis fehlendem Karbonatgehalt treten Podsole auf (Profil 2). Auf der karbonatreichen Moräne ist dagegen die Podsolierung schwach, so dass Übergänge von Braunerden und podsoligen Braunerden anzutreffen sind (Profil 4). Die Rinnenfüllungen bestehen rein aus sandigem Altkristallinmaterial und tragen infolge dessen gut entwickelte Podsole (Profil 3).

Abb. 45d: Nördliche Kalkalpen (1.300 m ü.M.)

Relief- und gesteinsbedingt kommt auf den Karbonat- und Dolomitgesteinen das Anstehende häufig an die Oberfläche, sofern es nicht von Moränen oder Schutthalden bedeckt ist. Die Bodenbildung verläuft auf den Karbonatgesteinen prinzipiell anders als auf Silikatgestein. Durch die Kalklösung kommt es nur sehr langsam zur Akkumulation des mineralischen Residuums aus dem Gestein (Kap. 4.4). Deshalb dominieren weitflächig geringmächtige Böden, die durch die Akkumulation organischen Materials charakterisiert sind (Felshumusböden, Tangelrendzinen; Profil 1). Sofern lockerer, feinkörniger Kalksteinschutt vorhanden ist, dem auch etwas äolisches Fremdmaterial beigemischt ist, oder bei geringmächtiger Überdeckung durch Flugstaub, geht die Bodenbildung in Richtung einer Mull-Rendzina (Profil 2). Das Auftreten tiefgründiger Böden ist in der Regel mit einer mächtigeren Überlagerung

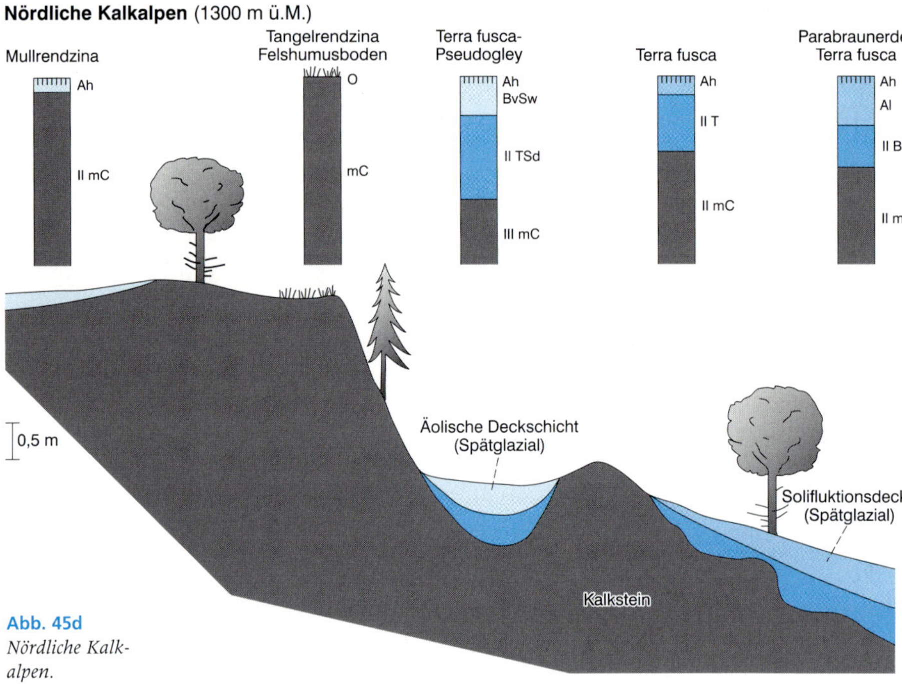

Abb. 45d
Nördliche Kalkalpen.

durch Flugstaub und/oder Solifluktionsdecken verbunden. In geschützten Lagen, wie Dolinen, Karstspalten und Unterhang-Positionen, tritt auch die Terra fusca (Profil 4) auf, die meist als Relikt früherer Epochen hier noch erhalten ist, wenn auch häufig nur noch in sekundär verlagerter Form als Bodensediment (Kap. 5.6). Wird die Überdeckung durch jungpleistozäne Solifluktionsdecken mächtiger, entsteht die Parabraunerde-Terra fusca (Profile 5). In Dolinen führen diese Schichtenfolgen reliefbedingt zu Staunässe und damit zu Terra fusca-Pseudogleyen (Profil 3). Sowohl diese Abdichtungen nach unten mit Terra fusca-Material als auch die Abdichtung mit lehmigem Moränenmaterial führen dazu, dass auch in alpinen Karstgebieten kleine Seen auftreten, was vielfach eine almwirtschaftliche Nutzung erst ermöglicht (Foto 13).

Abb. 45e: Davos (1.550–2.400 m ü.M.)

Das Beispiel aus der Umgebung von Davos zeigt höhen- und substratbedingte Bodenabfolgen. Ausgangsmaterial sind in der Regel ebenfalls Hangschutte und Moränenablagerungen. Geologisch ist die Südostseite des Tales durch silikatische Gesteine (Gneise) geprägt. Mit der Höhe nimmt bis zur Baumgrenze der Podsolierungsgrad der sauren Böden zu. Entsprechend wechseln Braunerden und Podsole miteinander ab. Am deutlichsten sind die Podsole im Bereich der Waldgrenze und der Zwergstrauchheiden entwickelt. Die stärkere Podsolierung in der

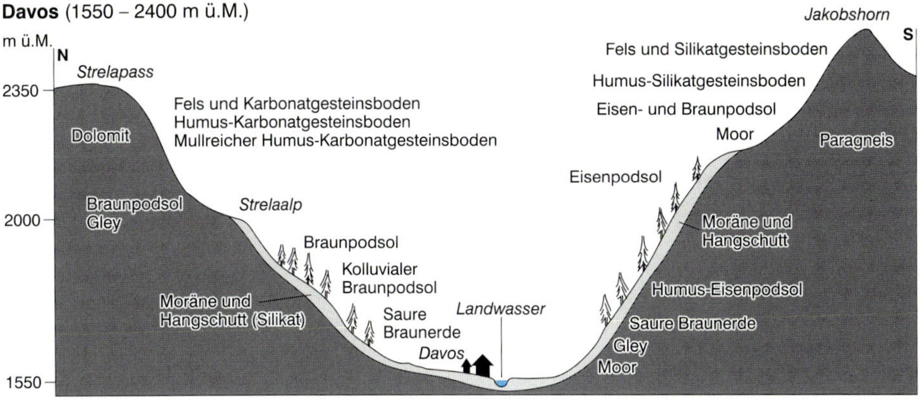

Abb. 45e
Davos (nach Krause & Peyer 1986).

Höhe hängt mit verschiedenen Faktoren zusammen. Einerseits nehmen die Niederschläge und dadurch die Auswaschung mit der Höhe zu, andererseits werden die Korngrößen gröber, d..h. die Tongehalte gehen zu Gunsten der Sandfraktion zurück, und die Substrate werden durchlässiger (Abb. 42). Hinzu kommt der saure Rohhumus der Zwergsträucher, der die Podsolierung fördert. Oberhalb der Waldgrenze dominieren Fels- und Skeletthumusböden sowie Ranker. Reliefbedingt treten auf Verflachungen und an Stellen, an denen dichte und feinmaterialreiche Deckschichten an die Oberfläche kommen, Gleye, Moore und Quellhorizonte auf. Die jahrhundertelange Weidenutzung in diesen Höhen hat zu einer Überprägung der Böden geführt. Durch Erosion und Umgestaltung der Humusauflagen bilden sich so „Braunpodsole". Die Unterhänge in der Nähe des Talbodens sind durch Vernässungen und Quellaustritte gekennzeichnet. Hier dominieren Hanggleye und Moore.

Am südexponierten Hang gehen die sauren Braunerden der montanen Höhenstufe hangaufwärts ebenfalls in Podsole über. Die sauren Braunerden und Podsole treten hier auf, obwohl das anstehende Festgestein ein Dolomit ist. Aber dieser ist weitflächig von silikatischem Moränenmaterial überdeckt. Die Böden sind insgesamt durch die lange landwirtschaftliche Nutzung auf der Sonnenseite stärker anthropogen überprägt und entweder stark erodiert oder von Kolluvium überdeckt (Braunpodsole, kolluviale Braunpodsole). Am Oberhang der Nordseite bildet der anstehende Dolomit das Ausgangsmaterial. Hier kommt es lediglich zur Bildung von Auflagehumus. Entsprechend treten Fels- und Skeletthumusböden auf. Wie auf der Südseite des Tales sind Verflachungen durch vernässte Stellen und Hanggleye charakterisiert.

5.5 Der Zeitfaktor, Chronosequenzen

Der Zeitfaktor, d.h. die Zeit, die zur Bodenbildung zur Verfügung steht, hat in den Alpen eine große Bedeutung, weil es durch Massenbewegungen (Lawinenbahnen, Schwemm- und Murschuttfächer, Berg- und

Felsstürze, Moränen, jungholozäne Solifluktionsloben) und Klimaschwankungen immer wieder zu Störungen in der Entwicklung kommen kann. Dadurch treten gut entwickelte Böden neben Initialstadien und Rohböden auf. Wenn man die anderen bodenbildenden Faktoren als konstant bzw. vergleichbar annimmt, dann lässt sich auf unterschiedlich alten Ablagerungen die Bodenbildung in Abhängigkeit von der Zeit studieren (Chronosequenzen). Vollständig korrekt wird diese Annahme nie sein. Zwei Hauptprobleme liegen auf der Hand: Zum Einen war das Klima im betrachteten Zeitraum seit dem Eisfreiwerden im Spätglazial immer Schwankungen unterworfen, zum Anderen ist der oberflächennahe Untergrund (z.B. Deckschichten) nie in allen Details an verschiedenen Standorten gleichartig. Wenn man abweichende Regionen der Alpen miteinander vergleichen will, so werden erst recht große Unterschiede bemerkbar. Gleiches gilt für unterschiedliche Höhenlagen. Trotzdem soll im Folgenden eine gewisse Generalisierung angestrebt werden. Fallbeispiele können zumindest die Zeitdimension einiger Prozesse aufzeigen. Am besten lassen sich Chronosequenzen auf datierten Moränen, Solifluktionsloben und Terrassen untersuchen.

Böden auf Moränen

Da im Holozän die Gletscher kaum größer waren als während der neuzeitlichen Hochstände, grenzen sehr junge Böden (ca. 150 bis 400 Jahre) der Gletschervorfelder unmittelbar an alte Böden (einige 1.000 Jahre) außerhalb davon.

Pleistozäne Endmoränen liegen fast alle außerhalb der Alpen und werden deshalb hier bezüglich ihrer unterschiedlichen Böden nicht weiter behandelt. Aber auch bei den inneralpinen, spät- und postglazialen Moränen ergeben sich deutliche, makroskopisch sichtbare Unterschiede in der Bodenentwicklung. Bei Vergleichen unterschiedlicher Standorte müssen die andersartigen naturräumlichen Gegebenheiten wie Geologie, Klima, Höhenlage etc. berücksichtigt werden. Da aber praktisch alle untersuchten Moränen im Bereich der Waldgrenze und etwas darüber liegen, zeigt sich als generelles Ergebnis die sehr langsame Bodenentwicklung in der subalpinen und alpinen Höhenstufe (Tab. 23).

Auf den neuzeitlichen Moränen aus der Mitte des 19. Jahrhunderts haben sich lediglich Ah-C-Böden entwickelt. Dem entspricht die schüttere Vegetationsbedeckung der Gletschervorfelder. Braunerden aus silikatischem Gesteinsmaterial brauchen mindestens 200 Jahre und Podsole mindestens 600 bis 700 Jahre zu ihrer Entwicklung. Gut ausgebildete Podsole benötigen bereits mindestens 3.000 Jahre, und bis es zur Entwicklung eines massiven, verfestigten Bs-Horizontes (Ortstein) kommt, können 6.000 bis 7.000 Jahre vergehen. Bei Moränen, die oberhalb der Waldgrenze liegen, treten auch nach mehr als 3.000 Jahren nach ihrer Ablagerung auf silikatischen Gesteinen lediglich Ranker auf (Renner 1982). Die Abnahme der Bodenbildungsintensität mit der Höhe scheint von daher nicht linear, sondern exponentiell zu sein.

Da die Bodenbildung – unter anderem – eine Funktion von Zeit und Klima ist (Kap. 5), gilt es als unsicher, worauf die gute Entwicklung der Böden auf den älteren Moränen zurückzuführen ist. Die Ursache könnte einerseits in der langen zur Verfügung stehenden Zeit liegen. Andererseits herrschten im Mittel- und Frühholozän andere Klimaverhältnisse als heute (Kap. 9.3), die ebenfalls als Grund in Frage kommen. Bei den hochgelegenen Moränen am Witenwasserengletscher und Stellibodengletscher treten in den letzten 3.000 Jahren zwar nur Ranker auf, sie haben allerdings Podsole überfahren, deren ^{14}C-Alter zwischen 3.000 und 3.700 Jahren v.h. liegen. Dies könnte darauf hindeuten, dass vorher eine lange anhaltende Wärmeperiode existierte, die um diese

Tab. 23: Bodenbildung auf Moränen in den Alpen in Abhängigkeit vom Alter

Moränen-Alter (AD)	Höhe (m ü.M.)	Boden	Gebiet
1931		Rohböden-Ranker	[1]Rhônegletscher
1902	2.000	Ranker	[2]Zillertal, Hornkees
1885		Ranker	[1]Rhônegletscher
1850	2.000	Verbraunte Ranker	[2]Zillertal, Hornkes
- " -	2.050	Pararendzinen	[3]Großglockner, Pasterze
- " -		Rohböden	[4]Venedigergruppe
- " -		Rohböden bis Ranker	[5]Morteratschgletscher
- " -		Rohböden	[6]Steingletscher
1827		Braunerden	[1]Rhônegletscher
1780	2.000	Braunerden	[2]Zillertal, Hornkees
1680	2.000	Podsolige Braunerden	[2]Zillertal, Hornkees
1673	- " -	Braunerden	[1]Rhônegletscher
1620 – 1650	2.050	Pararendzinen, Braunerden	[3,8]Großglockner
- " -	- " -	Ranker	[4,9]Venedigergruppe
- " -	- " -	Schwache Podsole	[6,10]Steingletscher
> 1620	2.050	Podsole	[3]Großglockner, Pasterze
1350	2.000	Podsole	[2]Zillertal, Hornkees
Moränen-Alter (^{14}C-Jahre v.h.)			
3.035	2.370	Ranker	[7]Stellibodengletscher
ca. 3.500	2.050	Podsole	[8]Großglockner, Pasterze
3.680	2.360	Ranker	[7]Urserental, Witenwasserengl.
ca. 6.200	2.050	Podsole	[8]Großglockner, Pasterze
> 6.200	2.050	Podsole mit mächtigem Bs (Ortsteinhorizont)	[8]Großglockner, Pasterze
8.700 – 8.000		Podsole mit mächtigem Bs (Ortsteinhorizont)	[4]Venedigergruppe

nach [1]Schubiger-Bossard (1988, in Ellenberg 1996: 640); [2]Zech & Wilke (1977); [3]Burger (1972); [4]Patzelt & Bortenschlager (1973); [5]Fitze (1982); [6]Heikkinen & Fogelberg (1980); [7]Renner (1982); [8]Patzelt (1969); [9]Patzelt (1977); [10]King (1974)

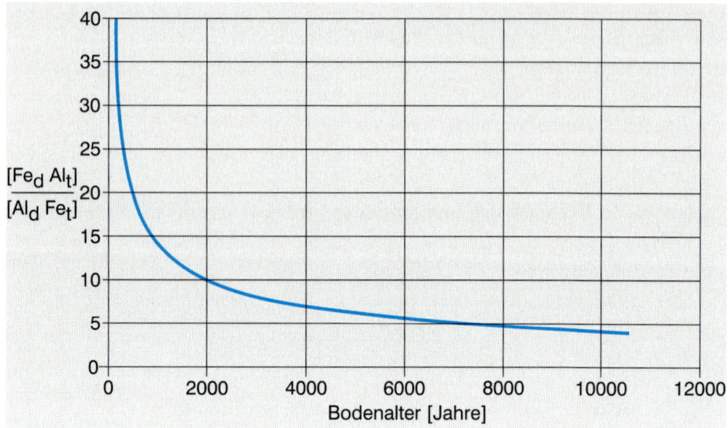

Abb. 46
Eisen-Aluminiumverhältnisse im Boden in Abhängigkeit vom Alter (Moränen aus Granitmaterial, Schweizer Alpen; nach EGLI *et al. 2001, © Elsevier Science Verlag, Amsterdam).*

Zeit ihr Ende fand. Ähnliche Verhältnisse in der alpinen und subnivalen Höhenstufe sind auch durch Solifluktionsloben und damit in Zusammenhang stehende fossile Böden belegt (Kap. 9.3.3). Demzufolge würde das andersartige Klima im Frühholozän für die fortgeschrittenere Bodenbildung eine wesentliche Rolle spielen. Der unterschiedliche Entwicklungsgrad der Böden lässt sich auch chemisch-mineralogisch nachweisen. Auf silikatischen Gesteinen ist hierfür beispielsweise das Eisen-Aluminium-Verhältnis geeignet (Abb. 46).

Böden auf Solifluktionsloben

In der alpinen Höhenstufe sind Wechsellagerungen von Solifluktionsloben und fossilen Böden charakteristisch. Durch die Datierung der fossilen Böden liegen Informationen vor, seit wann bestimmte Solifluktionsloben inaktiv wurden bzw. seit wann auf ihnen Bodenbildung stattfinden konnte (Kap.9.3.3).

Auf Glimmerschiefern und Phylliten im Penninikum des Tauernfensters haben sich in der periglazialen Höhenstufe in den letzten 800 Jahren lediglich Regosole entwickelt (2.400 bis 2.700 m ü.M.). Solifluktionsloben, die seit 2.700 bis 3.000 Jahren stabil sind, tragen Braunerden. Podsole gibt es nur an Stellen, an denen seit deutlich mehr als 3.000 Jahren Bodenbildung möglich ist (Farbfoto 8). Dies steht in Übereinstimmung mit den Befunden von hoch gelegenen Moränen oberhalb der Waldgrenze.

Auf Karbonatgesteinen haben sich im Holozän nur Rendzinen gebildet, zumindest dort, wo es nicht in größerer Mächtigkeit zur Auflagerung von silikatischem Flugstaub gekommen ist. Auf Solifluktionsloben die älter als 3.000 bis 4.000 Jahre sind, gibt es leichte Verbraunungserscheinungen und die Bildung von Braunerde-Rendzinen. Dies belegt wiederum die extreme Langsamkeit der Kalklösung in den Hochlagen (Kap. 4.4; Tab. 20).

Tab. 24: Bodentyp und Pflanzengesellschaften in den Dolomiten auf unterschiedlich alten Solifluktionsloben

Pflanzengesellschaft	Bodentyp	Alter der Solifluktionsloben
Täschelkraut-Alpenmohn	Lockersyroseme	Neuzeit
Silberwurz-Polsterseggen Zwergweiden-Leimkraut	Protorendzinen	2.000 Jahre
Blaugras-Horstseggen	Rendzinen	3.000 Jahre
Nacktried-Straussgras	Verbraunte Rendzina-Terra fusca	> 5.000 Jahre

nach STEINMANN (1978)

Nicht nur die alpinen Böden zeigen verschiedende Sukzessionsstadien in Abhängigkeit vom Alter des Ausgangsmaterials. Dies gilt auch für die Vegetation, wie das Beispiel aus den Südtiroler Dolomiten zeigt (Tab. 24; Kap. 6.4). Vergleichbare Untersuchungen über die Vegetationsentwicklung auf kristallinen Solifluktionsloben liegen nicht vor, jedoch gibt es interessante Beobachtungen über die ältesten Loben mit gut entwickelten Podsolen. Nur diese seit dem Frühholozän stabilen Oberflächen tragen dichten Krummseggenrasen. Die Krummsegge (*Carex curvula*) wächst sehr langsam und breitet sich vegetativ mit einer Geschwindigkeit von ca. 0,5 mm pro Jahr aus. Es wurde vereinzelt nachgewiesen, dass geschlossene Rasenflächen durch Klone mit Altern von mehr als 2.000 Jahren charakterisiert sein können (STEINGER et al. 1996; Kap. 6.3.4). Um die ausgedehnten Flächen, die heute in der alpinen Höhenstufe von den Krummseggenrasen eingenommen werden, zu besiedeln, brauchte *Carex curvula* demnach vermutlich einige tausend Jahre stabile Bodenoberflächen.

Die raum-zeitliche Differenzierung des Entwicklungsgrades der Böden auf Solifluktionsloben der alpinen und subnivalen Höhenstufe zeigt ähnliche Verhältnisse wie auf den Moränen an der Waldgrenze. Es wird aber deutlich, dass die Entwicklungsgeschwindigkeit der Böden bei nur wenige hundert Meter höherer Lage noch deutlich langsamer erfolgt.

Böden auf Terrassen

Eine weitere Möglichkeit, Bodenchronosequenz-Studien durchzuführen, bieten Flussterrassen. Im Kalsertal (Hohe Tauern) sind verbreitet zwei postglaziale und mehrere spätglaziale Terrassen entwickelt (Tab. 25). Innerhalb der Bündnerschiefer des Tauernfensters sind die Oberflächen der Terrassen häufig durch sandig-schluffiges Feinmaterial mit niedrigen Karbonatgehalten aufgebaut. Die Entkalkung seit dem Spätglazial greift hier maximal 2 m tief (900 bis 1.000 mm Jahresniederschlag). Auf der 3.000 Jahre alten Terrasse reicht sie nur bis ca. 40 cm, markiert durch die Unterkante des Bs-Horizontes. Die jüngste Terrasse wird bei Hochwässern noch überflutet und trägt entsprechend

Tab. 25: Bodenbildung auf Terrassen des Kalserbaches, Osttirol (1.100 bis 1.300 m ü.M.)

Terrassenalter (^{14}C-Jahre v.h.)	Material	Böden
rezent bei Hochwasser überflutet	Sand, schwach karbonathaltig (10 – 18 %)	Auenpararendzinen und Auenlockersysroseme
	Schotter, Sand, karbonatfrei	Auenregosole
ca. 3.000	Sand, schwach karbonathaltig	Podsole, Braunerden (Entkalkung bis 40 cm)
	Schotter, Sand, karbonatfrei	Podsole
≥ 10.000	Sand, schwach karbonathaltig	Podsole, Braunerden (Entkalkung bis 200 cm)
	Schotter, Sand, karbonatfrei	Podsole, intensive Bs-Horizonte

nach Veit (1988b)

initiale Bodenbildungen. Im Bereich des Altkristallins sind auf den älteren Terrassen Podsole entwickelt, die sich durch die Intensität des Bs-Horizontes voneinander unterscheiden.

5.6 Paläoböden

Paläoböden: fossile und reliktische Böden.

Paläoböden sind im Unterschied zu den rezenten Böden in der Vergangenheit unter anderer Konstellation der bodenbildenden Faktoren gebildet worden. Sie treten teils als fossile Böden in Erscheinung, die durch Überdeckung mit jüngeren Ablagerungen fossiliert und damit der rezenten Bodenbildung entzogen sind, teils als reliktische Böden, die an oder nahe an der Oberfläche liegen und damit rezenten bodenbildenden Einflüssen weiterhin ausgesetzt sind. In den Alpen treten eine Vielzahl unterschiedlicher Paläoböden auf, die unter anderen klimatischen Bedingungen der Vergangenheit entstanden sind. Gewöhnlich wird der Begriff Paläoboden zeitlich definiert, d.h. die Böden müssen vor dem Holozän gebildet sein. Da aber in den Alpen auch Paläoböden in mehreren Phasen des Holozäns entstanden, soll diese zeitliche Einschränkung hier nicht vorgenommen werden.

Terra rossa, Terra fusca

Die bekanntesten Paläoböden in den Alpen sind die reliktischen und fossilen Terra fusca- und Terra rossa-Böden (Kap. 5.3.2). Sie treten auf unterschiedlichen Gesteinen auf, von kristallinen Schiefern (Phyllite, Glimmerschiefer) über sandige und tonige Tertiärsedimente bis hin zu den Karbonatgesteinen. Charakteristisch sind häufig relativ hohe Kaolinit- und Tongehalte (bis über 60 %). Die Vorkommen der rötlichen Terra rossa stehen meist klar im Zusammenhang mit alten Flächensystemen (Kap. 4.1) und sind Relikte tropischer Verwitterung und der Klimaverhältnisse des Tertiärs. In Dolinen und Karstklüften sind Terra rossa und Terra fusca häufig zusammengespült und verlagert (Rotlehme, Braunlehme). In Karstgebieten ist das tonige Bodenmaterial wichtig für die Almwirtschaft, da die Gebiete ansonsten sehr trocken sind und keinen oberirdischen Abfluss aufweisen. In Dolinen mit Rot- und Braunlehmen kann Wasserstau auftreten (Pseudogley-Dynamik). In der östlichen Alpenabdachung zum Ungarischen Becken sind Rotlehme häufig (Gurktaler Alpen, Krappfeld, Sau- und Koralpe, Steirisches Becken). Die Rotlehme bilden dort über einem verkarsteten Relief die Basis neogener Sedimente. Sie werden häufig von grobklastischen Schottern überdeckt, deren Alter durch überlagernde limnische oder marine Sedimente als miozäne Ablagerung bestimmbar ist. Diese Terra rossa-Vorkommen sind damit älter als Miozän einzustufen. Insgesamt liegen die zeitlichen Einordnungen der Rotlehme aus verschiedenen Teilen der Alpen zwischen Paläozän und Pliozän, also dem ausgehenden Tertiär.

In vielen Gebieten stehen die Lehme, speziell die Terra fusca, in Zusammenhang mit äolischen, silikatischen Feinmaterialdecken, die im Spätglazial eingeweht wurden. In diesen Fällen konnte wohl auch nach dem Tertiär und sogar noch im Holozän die Bildung von Terra fusca bzw. Parabraunerde-Terra fusca stattfinden. Es ist jedoch selten mit Sicherheit auszuschließen, dass nicht umgelagertes Bodenmaterial, sondern wirklich autochthone Braun- und Rotlehme vorliegen.

Ah-C-Böden, Braunerden, Podsole

Pleistozäne Paläoböden aus dem Alpenraum sind kaum bekannt. Entsprechende Funde liegen meist am Alpenrand bzw. in den außeralpinen Moränen- und Terrassenlandschaften. Sehr viel besser ist der Kenntnisstand über holozäne Paläoböden. Oberhalb der Waldgrenze, in der alpinen und subnivalen Höhenstufe, treten unterschiedliche Paläoböden in Wechsellagerung mit Solifluktionsloben und unter Moränen auf (Farbfotos 8, 15; Kap. 5.5). Es handelt sich auf silikatischen Gesteinen und auf Mischgesteinen um Podsole, Braunerden, Regosole und Lockersyroseme, auf Karbonatgesteinen um Lockersyroseme, Rendzinen und Braunerde-Rendzinen (Kap. 9.3.3). Häufig bilden diese Paläoböden außerhalb der Solifluktionsloben und Moränen die Oberflächenböden (Abb. 45a). Sie unterliegen damit der rezenten Bodenbildung und sind polygenetisch. Dabei ist allerdings häufig festzustellen, dass die rezente Überprägung zumindest makroskopisch minimal ist. So ist beispielsweise in den Hohen Tauern zwischen frühholozänen Podsolen, die vor rund 3.000 bis 5.000 Jahren fossilisiert wurden, und denjenigen, die bis heute der Verwitterung unterliegen, makroskopisch kein Unterschied festzustellen. Viele Paläoböden der oberen alpinen und subnivalen Höhenstufe spiegeln damit Klimaverhältnisse wider, die heute nicht mehr in der Form existieren. Es handelt sich demnach bei vielen alpinen Oberflächenböden um reliktische Bildungen aus früheren Perioden des Holozäns. Als Konsequenz davon ergibt sich, dass jegliche Störung und Erosion dieser Böden nach menschlichem Ermessen irreparabel ist.

FRAGEN

1 *Was sind prinzipielle Unterschiede zwischen Böden der alpinen und der montanen Höhenstufe?*

2 *Wie entstehen periglaziale Deckschichten und welche Rolle spielen sie für die Bodenentwicklung in den Alpen (oberhalb und unterhalb der Waldgrenze)?*

3 *Wodurch werden oberhalb der Waldgrenze die Bodentemperaturen beeinflusst und wie verhalten sie sich gegenüber der Lufttemperatur (Sommer – Winter)?*

4 *Wie beurteilen Sie die Regenerationsfähigkeit alpiner Böden nach natürlichen oder anthropogenen Störungen (z.B. Erosion)?*

5 *Worin unterscheidet sich prinzipiell die Bodenbildung in den Kalkalpen im Vergleich zur Bodenbildung auf den silikatischen Gesteinen?*

6 *Wie viel Kalkstein mit einem Karbonatgehalt von 95 % muss verwittern, um eine Terra fusca von 1 m Mächtigkeit zu erzeugen? Welche Größenordnung hat demnach – unter Kenntnis der Kalklösungsraten – die mögliche Bildungsdauer eines solchen Bodens?*

7 *Worin unterscheiden sich Podsole von Parabraunerden?*

8 *Welche ökologische Bedeutung haben Paläoböden in den Alpen?*

9 *Wovon hängt die Nährstoffversorgung (Austauschkapazität) alpiner Böden vor allem ab?*

10 *Wie wirken sich die pleistozänen Vergletscherungen auf die heutige Verbreitung der Böden aus?*

6 Vegetation

In den Alpen begegnen sich mediterrane, mitteleuropäische, pannonische und illyrische Florenelemente. Am Südfuß der Alpen gedeihen in geschützten Lagen wie am Gardasee der Ölbaum (*Olea europaea*) und immergrüne mediterrane Holzgewächse. Bei Bozen wachsen Flaumeichen (*Quercus pubescens*) und submediterrane Schmuckeschen-Hainbuchenwälder, angepflanzt auch Granatapfel (*Punica granatum*), Lorbeer (*Laurus nobilis*) und Myrte (*Myrtus communis*). Kastanie (*Castanea sativa*), Walnuss (*Juglans regia*) und Wein (*Vitis vinifera*) gehen stellenweise bis 800 m ü.M. hinauf. Andererseits existieren in der alpinen und subnivalen Höhenstufe arktisch-alpine Pflanzen, die an die extremen Klimaverhältnisse angepasst sind und in einzelnen Vorposten bis 4.450 m ü.M. vorkommen. Die heutige Verbreitung der Pflanzen, die horizontal und vertikal durch die Höhenstufen stark differenziert ist, bildet das Ergebnis einer langen Entwicklung, die mit dem Herausheben der Alpen aus der tertiären Tethys ihren Anfang nahm und sich durch tektonische und geomorphologische Prozesse sowie die einschneidenden quartären Klimaschwankungen weiter entwickelte. Dass die Alpen heute eines der artenreichsten Gebiete Europas sind, beruht vor allem auf ihrer kleinräumigen horizontalen und vertikalen Gliederung, die zu einer Vielzahl an Lebensräumen führt.

6.1 Florengeschichte

Die Entwicklung der Alpenflora ist grob durch folgende Entwicklung gekennzeichnet: Zunächst existierte im Tertiär im Raum der heutigen Alpen eine tropisch-subtropische Flora. Mit der stärkeren Heraushebung gegen Ende des Tertiärs setzte eine Differenzierung der Flachlandarten ein („Orophilisation"). Während den Klimaschwankungen des Quartärs sind dann Pflanzen aus den Gebirgsräumen Hochasiens (Himalaya, Altai), Südeuropas und Afrikas sowie aus der Arktis eingewandert. In Kaltzeiten ist beispielsweise *Pinus cembra* (Zirbe, Arve) aus Sibirien eingewandert, *Leontopodium alpinum* (Edelweiß) aus den Bergsteppen Hochasiens, aus der Arktis *Betula nana* (Zwergbirke) und *Dryas octopetala* (Silberwurz). Durch die eiszeitlichen Klimaverhältnisse und die starke Vergletscherung wurden die Wälder aus weiten Teilen der Alpen, wie auch aus dem übrigen Mitteleuropa, verdrängt. In Refugien, wie in südexponierten Nischen, nicht vergletscherten Nunatackern und am Südrand der Alpen, konnten aber viele Pflanzenarten auch im Alpenraum die Kaltzeiten überdauern. Selbst Bäume überlebten in Refugien am Alpenrand, wie etwa *Picea abies* (Fichte) in Kärnten und im südlichen Burgenland sowie *Fagus sylvatica* (Buche) in Nordwest-Italien und im Rhônetal. Durch die tektonisch und klimatisch bedingte zunehmende Isolierung verschiedener Gebirgsgruppen sind während des Tertiärs und Quartärs durch Evolution auch neue Arten entstanden.

Die artenreichsten Eiszeit-Refugien lagen in Südost-Europa, auf dem Balkan, gefolgt von den Alpen und den Karpaten. Generell nahm die Artenzahl in den Refugien nach Westen und Norden ab. Bäume wuchsen während der letzten Eiszeit in Gebirgsregionen in Süd- und Südost-Europa als kleine, isolierte Vorkommen in einer schmalen Höhenzone zwischen 500–700 m ü.M. (Birks & Line 1993). Sie waren nach unten und oben durch steppen- und tundrenähnliche Vegetationformationen eingegrenzt. Weitere isolierte Refugien lagen an feuchten Standorten in der Steppenzone.

Auch seit dem Ende der letzten Eiszeit unterliegen die Waldgesellschaften einer starken Dynamik. Sie hatten nicht immer die gleiche Verbreitung und Zusammensetzung wie heute. Bei einer Wanderungsgeschwindigkeit der Bäume von 200 bis 300 m a^{-1}, im Extrem 1 bis 2 km a^{-1}, erfolgte die Zuwanderung aus verschiedenen Richtungen.

6.2 Biodiversität

Artenvielfalt:
- α-Diversität: Artenzahl oder Anzahl der Lebensformen pro Standort („within-habitat diversity");
- β-Diversiät: Habitat-Vielfalt, d.h. Ähnlichkeit bzw. Heterogenität zwischen zwei Standorten („between-habitat diversity");
- γ-Diversität: Vielfalt von Artengemeinschaften in größeren Landschaftsausschnitten mit zahlreichen Habitaten (landscape diversity, ecosystem diversity).

Unter Biodiversität wird hier die taxonomische Diversität im Sinne der Artenvielfalt verstanden. Bei der Betrachtung der Alpen ist es wichtig, verschiedene Typen dieser Diversität zu unterscheiden, die als α-, β- und γ-Diversität bezeichnet werden.

Bedingt durch das kleinräumige Mosaik verschiedener Ökotope und die große Vertikalerstreckung sind die Alpen eine der Großregionen mit der reichhaltigsten Pflanzenwelt Europas, übertroffen nur durch die Mediterrangebiete. Fasst man den Alpenbegriff weit, d.h. schließt man die unmittelbaren Vorländer und die mediterrane Küstenzone mit ein, dann treten hier mehr als 40 % der Flora Europas auf (Ozenda 1988). Bei den Moosen leben sogar rund 70 % der europäischen Arten in den Alpen (Theurillat et al. 1998). Der Artenreichtum ist regional sehr unterschiedlich. In den Ostalpen kommen am südlichen Rand rund 1,5-mal mehr Arten vor als im Norden. In den Westalpen ist dieses Gefälle noch deutlicher. Die größte Artenvielfalt gibt es in den Seealpen, sofern man auch hier die mediterrane Küstenflora mit berücksichtigt. Die ungleichmäßige Verteilung der Artenvielfalt hängt teilweise unmittelbar mit der Klimageschichte, der Intensität der pleistozänen Vereisungen (Kap. 9.1) und der Lage eiszeitlicher Refugien zusammen.

Endemische Arten sind ebenfalls sehr heterogen verteilt. Zentren mit hohem Anteil an Endemiten liegen in den Südalpen (im Südwesten: Avignon bis Turin; im Südosten: Comer See bis Marburg an der Drau). Speziell die montane und die alpine Höhenstufe sind reich an endemischen Arten. Die meisten Endemiten kommen entweder in der östlichen oder in der westlichen Hälfte der Alpen vor. Lediglich 15 % treten zugleich in beiden Teilen auf. 35 bis 40 % der endemischen Arten siedeln auf azonalen Habitaten wie Fels oder Schutt. Von den Baumarten sind keine in den Alpen endemisch (OZENDA 1988).

Endemismus: Endemische Arten kommen, im Gegensatz zu Kosmopoliten, nur in einem begrenzten Areal vor. Es handelt sich entweder um Reliktendemiten aus einem ehemals größeren Verbreitungsgebiet oder um Neoendemiten, die sich durch Isolation gebildet haben.

Die kristallinen Alpen sind in der Regel artenärmer als die Kalkalpen. Dies dürfte vor allem eine Folge der edaphischen Unterschiede sein, denn viele Arten können bei Kalziummangel nicht gedeihen. Einen weiteren Effekt mag das unterschiedliche Relief haben. Die meist massigen oder weichen Formen der kristallinen Alpen stehen oft im Kontrast zu den zerklüfteten und durch Plateaus charakterisierten Kalkalpen.

Wegen der vielen Habitate und kleinräumigen Gliederung der Lebensräume haben die Alpen eine hohe β- und γ-Diversität, aber nur eine relativ geringe α-Diversität. Die waldbedeckte montane Höhenstufe ist relativ artenarm. Eine maximale α-Diversität besteht im Bereich der aufgelichteten Waldgrenze (Abb. 47). Die Artenzahl nimmt oberhalb der Waldgrenze mit der Höhe wegen der ungünstiger werdenden Lebensbedingungen ab, aber nicht gleichmäßig, sondern sprunghaft, d.h. die Höhenstufen sind durch Diskontinuitäten getrennt. Im Montafon fällt beispielsweise die Artenzahl von der unteren alpinen Stufe (100 Arten 25 ha^{-1}) am Übergang zu der oberen alpinen Stufe bei 2.500 m ü.M. sprunghaft ab (55 Arten 25 ha^{-1}). Bei 2.800 m ü.M. erfolgt ein Abfall auf 10 Arten 25 ha^{-1} (GRABHERR et al. 1995). Die nivale Stufe ist sehr artenarm. Im gesamten Alpenraum gibt es oberhalb von 3.000 m ü.M. noch etwas mehr als 200 Arten, oberhalb 3.250 m ü.M. noch ca. 100 Arten, oberhalb 3.500 m ü.M. noch ca. 70 Arten und oberhalb von 4.000 m ü.M. noch 20 Arten. Der Höhenrekord für Gefäßpflanzen in den Alpen liegt bei 4.450 m ü.M. auf dem Dom du Mischabel im Wallis (Tab. 26). Das

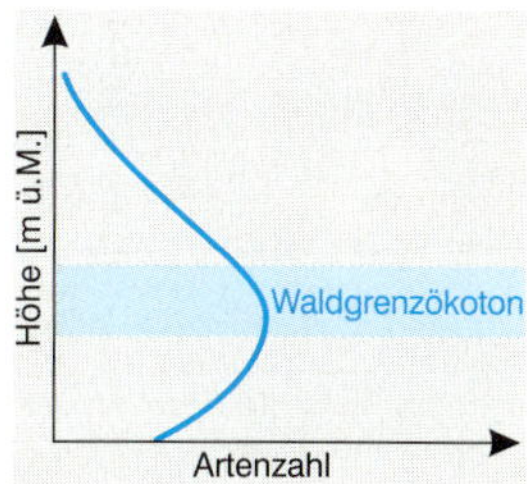

Abb. 47
Vertikale Änderungen der Phytodiversität in den Alpen (nach RICHTER 1996, © Boss Verlag GmbH, Kleve).

Tab. 26: Höhenrekorde von Blütenpflanzen in den Alpen

Höhe (ü.M.)	Lokalität	Art
4.270 m	Finsteraarhorn	*Ranunculus glacialis, Achillea atrata*
4.450 m	Dom du Mischabel	*Ranunculus glacialis, Saxifraga biflora*
4.200 m	Matterhorn	*Saxifraga muscoides, Saxifraga biflora, Androsace alpina*

nach GRABHERR (1997); THEURILLAT et al. (1998)

höchste bekannte Vorkommen eines Mooses in den Alpen liegt auf 4.638 m ü.M. auf dem Gipfel der Dufourspitze im Monte Rosa Gebiet (THEURILLAT et al. 1998). Flechten gehen in den Alpen bis auf die höchsten Gipfel.

Nicht nur der Reichtum an Arten ist von Bedeutung, sondern auch die Funktion einer Art im Ökosystem. Ökologisch-floristisch können Flächen mit wenigen seltenen Arten bedeutsamer sein als artenreiche Flächen. An extremen Standorten siedeln Spezialisten, die nicht, oder nur sehr schwer, durch andere Arten ersetzt werden können. Eine geringere Artenzahl bedeutet damit eine höhere Anfälligkeit gegenüber Umweltveränderungen. Nicht einfach zu bewerten sind auch die Standorte, an denen durch anthropogenen Einfluss und durch die Einschleppung von Arten die Biodiversität gesteigert wurde. Die erhöhte Artenzahl an diesen Standorten ist somit „künstlich". Diese Situation ist typisch für viele Gebiete der Alpen, wo durch die Almnutzung vielfach nicht nur die α-Diversität, sondern auch die landschaftliche Vielfalt erhöht wurde, was heute bei großflächigem Rückzug der alpinen Landwirtschaft in die gegenläufige Tendenz umkippt, wodurch die Artenzahl vielfach zurückgeht (Kap. 8.2). Hier spielen dann bei der Bewertung auch Faktoren wie Landschaftsästhetik eine Rolle.

6.3 Höhenstufen

Entsprechend der klimatischen Änderungen mit der Höhe (Kap. 2) sind in den Alpen die Vegetation und viele andere Landschaftselemente und Prozesse in Höhenstufen gegliedert. Das Prinzip der Gliederung der Gebirge in Höhenstufen wurde von Alexander von Humboldt in den südamerikanischen Anden entwickelt und von Carl Troll weitergeführt. Auch wenn es viele Parallelen der Höhenstufen zu den Klimazonen gibt, sollte man wegen zahlreicher Unterschiede (z.B. Strahlung, kleinräumiger Wechsel der Lebensräume) im Gebirge besser von Stufen statt von Zonen sprechen.

durchschnittliche Wachstumsperioden:
- alpin: 50 bis 115 Tage;
- subalpin: 115 bis 180 Tage;
- montan: 180 bis 245 Tage;
- collin: 245 bis 310 Tage.

Eine schematische Abfolge der Vegetations-Höhenstufen zeigt die Abb. 48. Gesteins- und reliefbedingt sind in verschiedenen Regionen der Alpen die Abfolgen aber deutlich komplexer (Abb. 49). Hinzu kommt eine begriffliche Verwirrung durch unterschiedlich verwendete Kriterien verschiedener Autoren, was bei den einzelnen Höhenstufen näher diskutiert wird. Die Höhenstufen sind durch mehr oder weniger gut erkennbare Höhengrenzen voneinander getrennt. So ist beispielsweise die montane von der subalpinen Höhenstufe durch die Waldgrenze (geschlossener Hochwald), die subalpine von der alpinen Höhenstufe durch die Baumgrenze (Obergrenze von Baumgruppen), die alpine von der subnivalen durch die Rasengrenze und die subnivale von der nivalen durch die klimatische Schneegrenze bzw. durch den Rückgang von Polsterpflanzen getrennt. Alle genannten Abgrenzungskriterien und die Zusammensetzung der höhenstufenspezifischen Flora sind aber starken räumlichen Schwankungen unterworfen. So gibt es

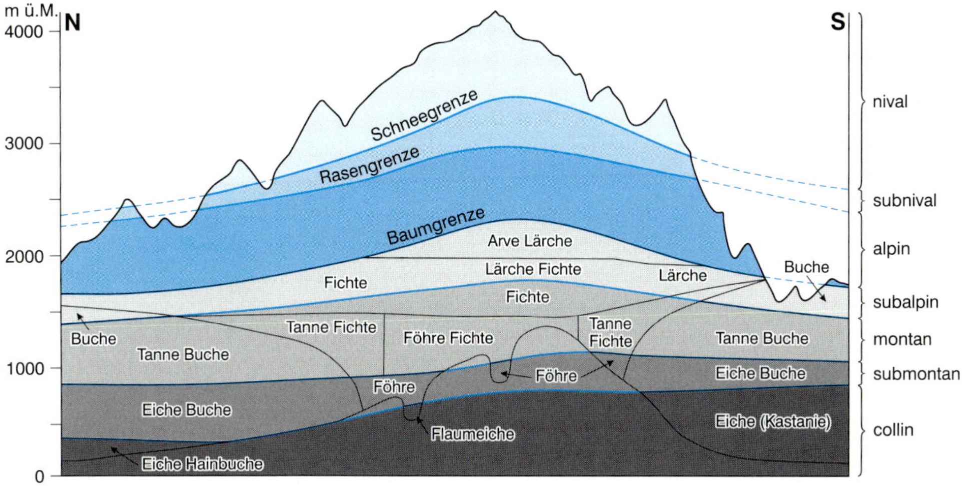

Abb. 48
Schematische Höhenstufenabfolge im Querschnitt durch die mittleren Alpen (nach Ellenberg 1996, Reisigl & Keller 1994).

beispielsweise in den Zentralalpen keine Buchen, am Alpensüdrand (Monte Baldo) bilden sie jedoch teilweise die Waldgrenze. Die klimatische Schneegrenze ist im Gebirge nicht zu sehen, höchstens über die Gletscher-Schneegrenze abzuschätzen. Auf jeden Fall sind die Übergänge von einer Höhenstufe in die nächste fließend. Es handelt sich um mehr oder weniger breite Übergangsbereiche („Ökotone").

Bezüglich der Meereshöhe sind die Höhenstufen regional unterschiedlich und zeigen einen charakteristischen Verlauf (Abb. 48). Entlang eines Nord-Süd-Profils steigen sie in den Zentralalpen an, um dann am Südrand wieder abzusinken, aber auf ein höheres Niveau im Vergleich zum Nordrand. Der Anstieg in den Zentralalpen um bis zu 500 m gegenüber den Rändern ergibt sich durch den Massenerhebungseffekt und die höhere Kontinentalität (Kap. 2). Letztere ist durch eine reduzierte Schneedeckendauer, höheren Strahlungsgenuss und eine längere Vegetationsperiode gekennzeichnet. Aus der größeren Trockenheit resultiert ein geringerer Energieverlust durch latente Wärme, dafür tritt mehr fühlbare Wärme auf. Die vertikale Ausdehnung der einzelnen Höhenstufen ist unterschiedlich und kann einige 100 m (subalpin) bis zu 1.000 m (alpin) oder sogar knapp 2.000 m (montan) umfassen. Mit den abnehmenden Temperaturen in der Höhe (0,5 bis 0,6 °C pro 100 m) ist eine Verkürzung der Vegetationszeit verbunden, und zwar in der Größenordnung von sechs bis neun Tagen pro 100 Höhenmetern.

6.3.1 Colline Höhenstufe

Die colline Höhenstufe, die ihre höchste Lage in den Südalpen bei rund 800 m ü.M. erreicht, teilweise auch noch die unterhalb anschließende planare Höhenstufe, reichen in den großen Tälern weit ins Alpeninnere. Bruck a.d. Glocknerstraße liegt beispielsweise auf 750 m ü.M., Lienz im Drautal auf 650 m ü.M., Chur im Rheintal auf 600 m ü.M., Aosta bei

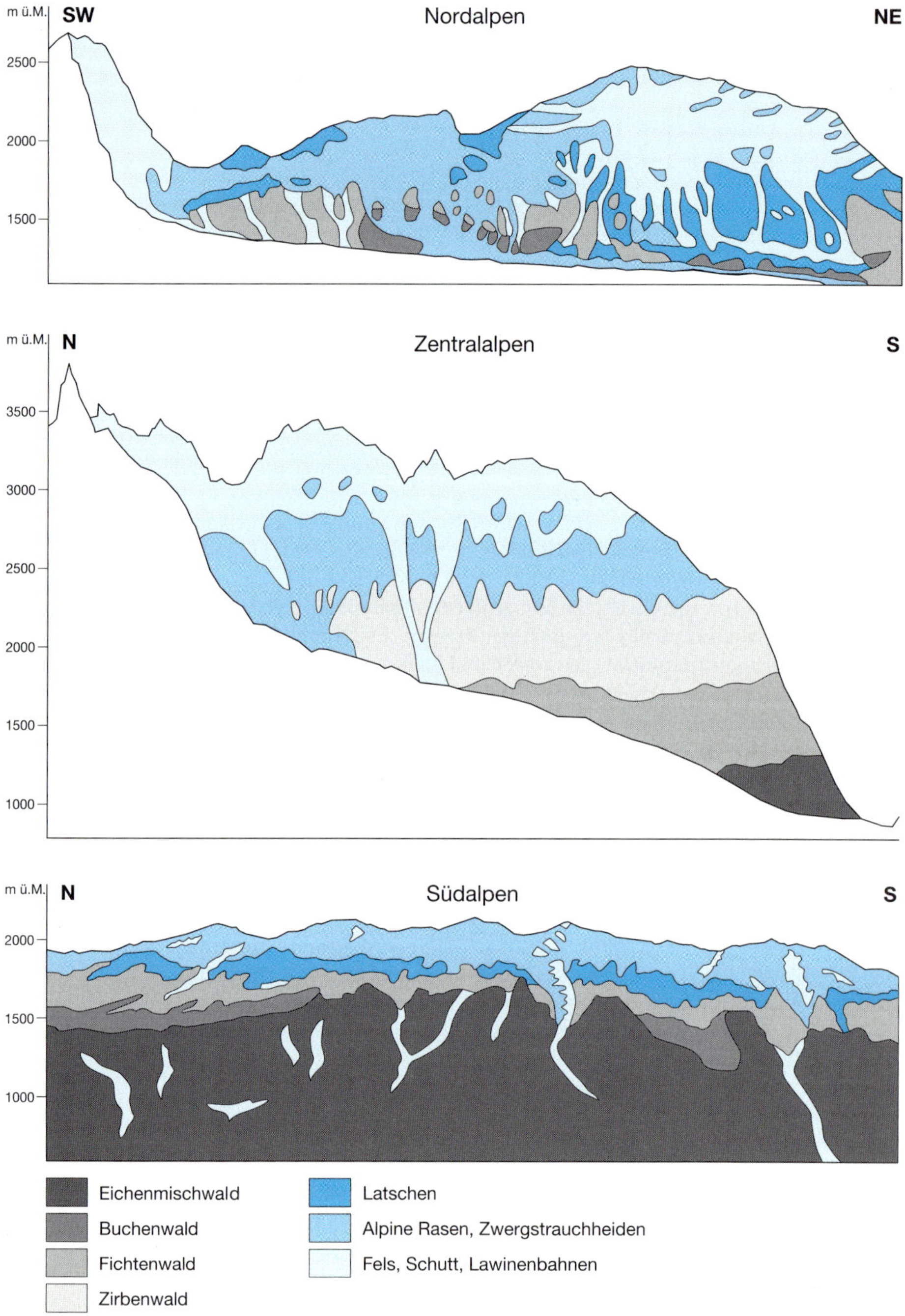
m ü.M.
SW
Nordalpen
NE
2500
2000
1500
m ü.M.
N
Zentralalpen
S
3500
3000
2500
2000
1500
1000
m ü.M.
N
Südalpen
S
2000
1500
1000
Eichenmischwald
Buchenwald
Fichtenwald
Zirbenwald
Latschen
Alpine Rasen, Zwergstrauchheiden
Fels, Schutt, Lawinenbahnen

Abb. 49 (S. 160)
Höhenstufung der Vegetation in Teilräumen der Alpen (nach Grabherr 1997, © Elsevier Science Verlag, Amsterdam).

580 m ü.M., Innsbruck auf 570 m ü.M., Villach auf 500 m ü.M., Martigny im Wallis bei 470 m ü.M. und Sondrio im Veltlin bei 300 m ü.M. Die Vegetation der collinen Stufe entspricht weitgehend der jeweiligen Klima- und Landschaftszone und ist durch sommergrüne Laubwälder charakterisiert. Im Inntal reichen Eichen-Hainbuchenwälder bis Innsbruck, am Gardasee submediteraner Schmuckeschen-Hopfenbuchenwald bis Bozen. Die Obergrenze der collinen Höhenstufe wird häufig durch Eichen gebildet, die aber auch bis in die montane Stufe hinaufreichen können. In den Südalpen entspricht die Obergrenze der collinen Stufe der Weinbaugrenze, der Obergrenze der Edelkastanie (*Castanea sativa*) und der Walnuss (*Juglans regia*). Die Edelkastanie, die teilweise auch in die submontane Stufe hineinreicht, wurde von den Etruskern in die Alpen gebracht und von den Römern systematisch verbreitet. Sie spielte noch im Mittelalter eine bedeutende Rolle in der Landwirtschaft. Nach großen Problemen durch den Befall mit dem Kastanienkrebspilz (*Endothia parasitica*) ging die Nutzung seit der Mitte des 20. Jahrhunderts stark zurück, nimmt jedoch in den letzten Jahren wieder stärker zu. In den Nord- und Südalpen bildet die colline Höhenstufe heute die Grenze des Getreideanbaus und des Intensivobstbaus. Früher reichte der Ackerbau bis in die hochmontane und untere subalpine Höhenstufe hinein (1.800 m ü.M.)

In Teilen der Südalpen hat die Extensivierung der Landwirtschaft mit daraus folgender Verbuschung seit der Mitte des 20. Jahrhunderts – und in den Wäldern durch die verringerte Holznutzung – zu einer Akkumulation der toten Biomasse und damit erhöhtem Feuerrisiko geführt. Die Häufigkeit von Bränden nimmt seitdem deutlich zu. Sie sind heute einer der bedeutendsten Störfaktoren der unteren Höhenstufen am Südrand der Schweizer Alpen (Tinner et al. 1999).

6.3.2 Montane Höhenstufe (Bergwaldstufe)

Definiert man die Obergrenze der montane Höhenstufe durch die Waldgrenze (im Sinne des Auftretens geschlossener Hochwälder), so liegt die Obergrenze in den Randalpen bei ca. 1.500 m ü.M., in den zentralen Alpen bei 2.000 m ü.M. Auch die montane Höhenstufe ist im Querprofil durch die Alpen durch unterschiedliche Baumarten gekennzeichnet. In den Randalpen dominieren Laub-Nadel-Mischwälder mit Tanne (*Abies alba*) und Buche (*Fagus sylvatica*). Die kalkliebende Rotbuche tritt nur an den feuchten Außenseiten der Alpen auf allen geologischen Substraten auf. Im subkontinentalen Zwischenalpenklima ist sie auf laubbaumfördernde Gesteine mit gut durchlüfteten basenreichen Mullhumusböden beschränkt (Mayer 1974). Am Alpensüdrand sind noch Eichen und Kastanien in den unteren Bereichen beigemischt. Auf laubholzfördernden Gesteinen wie Kalkstein, Dolomit, Molasse und skelettreichen Moränen sind die Waldbestände wesentlich buchenreicher als auf nadelholzfördernder Unterlage, wie Silikaten, Verrucano, Flysch, tonreichen Schiefern und dichten Moränen. Gestein und Böden, und nicht nur das Klima, beeinflussen auch die Obergrenze vieler Baumarten (Ott et al. 1997). Die Buche erreicht auf sauren Standorten oft nur 1.200 m ü.M., im Bereich basischer Böden aber 1.500 m ü.M.

In den kontinentalen Zentralalpen setzen die Laubwälder in der montanen Höhenstufe aus und werden durch Fichten- (*Picea abies*), in den trockensten Abschnitten auch durch Kiefernwälder mit Wald-Kiefer (*Pinus sylvestris*) und Haken-Berg-Kiefer (*Pinus montana* bzw. *Pinus uncinata*) abgelöst. In den zentralalpinen Tälern schließen die Kiefernwälder an die colline Stufe an. Montane Kiefernwälder haben sich seit dem Spätglazial auf konkurrenzarmen, edaphischen Sonderstandorten entwickelt. Die Kiefer hat Pioniercharakter, d.h. sie besiedelt schnell Rohböden und hat ein rasches Jugendwachstum. Kiefernwälder als Dauerstadien entstehen nur dort, wo andere Baumarten konkurrenzschwächer sind (z.B. edaphische/klimatische Trockenheit). Der Bestandesaufbau der alpinen Kiefernwälder ist gleichförmig. Verjüngung erfolgt nur durch großflächige Ereignisse wie Feuer, Rodung oder Insektenbefall (Landolt 1983).

Außerhalb der zentralalpinen Trockengebiete hat in der montanen Höhenstufe die Tanne (*Abies alba*) ihr Optimum. Sie kann 300 bis 400 Jahre alt werden. Im Unterschied zur Fichte (*Paciea abies*), die sich bevorzugt in Bestandsöffnungen verjüngt, geschieht dies bei der schattentoleranten Tanne bevorzugt unter dem Schutz des Kronendaches. Für die langfristige Stabilität der Waldbestände ist ein hoher Tannenanteil wichtig, denn die Fichte ist anfälliger auf Schäden (Windwurf, Buchdrucker: *Ips typographus*). Tannenstreu ist besser abbaubar als Fichtenstreu und führt deshalb zu geringeren Humusauflagen, was der Naturverjüngung förderlich ist. Die Tanne ist in den letzten ein bis zwei Jahrhunderten überall stark zurückgegangen. In den bayrischen Alpen ist ihr Anteil seit Anfang des 19. Jahrhunderts von 25 % auf 1 % gesunken (Meurer 1984). Der Fichtenanteil stieg gleichzeitig von 45 % auf 80 %. Der Rückgang der Tanne ist vor allem auf die ansamungsfeindliche Kahlschlagverjüngung und auf überhöhte Wildbestände zurückzuführen (Kral 1974). Da die Nadelhölzer rund 5 bis 10 m höher werden als Laubbäume, ist der Waldaufbau in der montanen Höhenstufe mehrschichtig, und die Gefahr durch Windwurf und Schädlinge wird gemindert. Homogene Partien entstehen vor allem auf gleichförmigen Hängen mit geringen Standortsunterschieden. Wälder auf extremeren Standorten (Blockschutt, Relief) sind besser differenziert. Bei Tanne und Fichte kann die Verjüngung durch „Kadaververjüngung" von Bedeutung sein. Umgefallene Stämme benötigen 30 bis 90 Jahre zum völligen Abbau. Bei hoher Schneelage, basenreichen Mullstandorten etc., wenn die Zahl ansamungsgünstiger Kleinstandorte für Nadelbäume beschränkt ist, bietet das moosbedeckte Moderholz günstige, saure Verjüngungsstellen, die früh im Jahr schneefrei werden.

Im Fichtenwald fehlen Schattbaumarten und damit auch eine Unter- und Mittelschicht. In reinen Beständen sind die Baumhöhen relativ einheitlich, da die unterdrückten kleineren Bäume aufgrund von Lichtmangel absterben. Großflächige, einschichtige Bestände sind auch großflächig schadensanfällig, vor allem gegenüber Stürmen und Borkenkäferinvasionen. Fichten haben als Flachwurzler relativ geringe hangstabilisierende Wirkung. Besonders einschichtig sind die Bestände dort, wo sie auf großer Fläche innerhalb kurzer Zeit entstanden sind, wie bei Aufforstungen. In vielen Wäldern wurden bis vor 100 bis 200 Jahren Kahlschläge durchgeführt. Oft wurden die Flächen anschließend eine Zeitlang beweidet. Durch die Abholzung und die Beweidung wurde viel Mineralerde freigelegt, so dass sich die Fichtenverjüngung relativ flächig eingestellt hat. Windwürfe schaffen dagegen neue Lebensräume für Tiere und Pflanzen. Hinter den Wurzelstöcken liegt die Mineralerde frei. Auf diesem idealen Keimbett und durch den hohen Lichtgenuss können sich beispielsweise Lärche und Birke gegenüber der Fichte behaupten.

In der hochmontanen Stufe der Zentralalpen dominieren Lärchen-Arvenwälder (Arve = Zirbe, *Pinus cembra*; Farbfoto 16). Gelegentlich wird das kontinentale Klima der Zentralalpen als „Zirbenklima" dem ozeanischen „Buchenklima" der Randgebiete gegenübergestellt. Lärchen-Arvenwälder treten auf Silikat- wie auch auf Karbonatgesteinen auf. Durch umfangreiche Alpweiderodungen seit der Bronzezeit und auch großflächige Kahlschläge im frühen Mittelalter existieren weite Arven-Fehlgebiete, insbesondere in typischen Alpgebieten (Bündnerschiefer, Kalkglimmerschiefer, Kalkphyllit). Unter ungestörten Verhältnissen wäre die lichtbedürftige Lärche (*Larix decidua*) im Laufe der Sukzession allmählich durch die schattentoleranteren Arven und Fichten verdrängt worden. Der Mensch hat jedoch überall dort, wo Klima und Relief eine Weidenutzung zuließen, Arven und Fichten herausgeschlagen. Die Lärche wird auch durch Waldbrände begünstigt, da sie eine dicke Borke hat und ihre Nadeln erneuern kann. Die Arve ist dagegen

Der Lärchenwickler (*Zeiraphera diniana*)

Der Lärchenwickler ist ein Schädling mit epidemieartigem Auftreten im Abstand von sechs bis zehn Jahren. Dies geht aus dendrochronologischen Untersuchungen im Engadin hervor, wo seit 1503 insgesamt 57 Massenvermehrungen festgestellt wurden (Weber 1995). Während des Höhepunktes der Massenvermehrungen fressen die Raupen die Bäume kahl, so dass die Lärchen mitten im Sommer eine rotbraune bis graubraune Färbung annehmen. Unter günstigen Umständen treiben die Lärchen ein zweites Mal im Jahr (August) aus, bei ungünstiger Witterung aber nicht. Normalerweise sterben die Bäume nicht ab. Kritisch wird es, wenn an zwei aufeinander folgenden Jahren Kahlfraß erfolgt. Bei Lärchen-Arven-Mischbeständen gehen die Lärchenwickler nach dem Kahlfrass auch auf die Arven über, die wesentlich empfindlicher dagegen sind. Seit dem Eingreifen des Menschen haben so die Lärchenwickler letztlich sogar zum Erhalt der Lärchenwälder geführt. Es ist ein Ökosystem mit einer neuen Qualität entstanden, die durch eine vorher nicht vorhandene zyklische Stabilität gekennzeichnet ist (Holtmeier 1999).

sehr empfindlich gegenüber Feuer. Die für den inneren Alpenbereich charakteristischen Lärchenwiesen entstanden überwiegend während des 15. bis 18. Jahrhunderts nach Aushieb der Schattbaumarten in der Fichtenwaldstufe. Reine Lärchenbestände als Folge der jahrhundertelangen anthropogenen Nutzung treten deshalb besonders an Hangfußbereichen und auf leicht zugänglichen, strahlungsexponierten Hängen auf. Nach dem Rückgang der Waldweide nimmt nun in vielen Lärchenwäldern die natürliche Sukzession ihren Lauf zum alpenrosenreichen Arvenwald.

In neuzeitlich eisfrei gewordenen Gebieten verläuft die Entwicklung der Lärchen-Arvenwälder langsam (Kap. 6.4). Sie beginnt mit einer Lärchen-Initialphase, dann folgt die Lärchen-Arven-Optimalphase und danach die Arven-Terminalphase (Mayer 1974). Auf den Seitenmoränen abschmelzender Gletscher erscheint allerdings die Arve häufig als Pionier, obwohl eigentlich die Lärche als typische Rohbodenbesiedlerin dort zu erwarten wäre. Offensichtlich sind diese Standorte zu trocken. Während die Lärchensamen mit dem Wind nur durch Zufall an günstige Stellen gelangen, werden die Arvensamen vom Tannenhäher (*Nucifraga caryocatactes*) gezielt zwischen Steinen versteckt, wo ausreichende Feuchtigkeit herrscht. Auf den eisfrei gewordenen Talböden ist dagegen die Lärche im Vorteil (Holtmeier 1999).

Aus dem Reservat Aletschwald (Wallis, 1.800 bis 2.000 m ü.M.) gibt es schöne Beispiele für Sukzessionen (Tab. 28). Nach 30 Jahren ist der Boden erst zu 50 % vegetationsbedeckt (Zwergweiden-Stadium); nach 85 Jahren sind es 90 %, aber erst 30 % Bäume und Sträucher. Für die Lärchen-Initialphase werden 80 bis 300 Jahre angenommen (Lüdi 1958, Ellenberg 1996). Bis zur Arven-Terminalphase dauert es mehr als 500 oder 600 Jahre. An der Pasterze im Grossglocknergebiet stehen auf der 1856er Moräne in 2.000 m ü.M. nur vereinzelte, 1,5 m hohe, Lärchen. Sie konnten erst 100 Jahre nach dem Rückzug des Gletschers Fuß fassen. Im Vorfeld des Rhônegletschers (1.760 m ü.M.) steht allerdings bereits ein 15 bis 20 m hoher Lärchenwald. Hier spielen auch Höhenunterschiede und lokalklimatische Effekte eine große Rolle. Die insgesamt relativ langsame Vegetationsbesiedlung geht mit einer sehr langsamen Bodenentwicklung einher (Kap. 5.5).

Früher war die ackerbauliche Nutzung der montanen Höhenstufe weit verbreitet (Obst- und Getreideanbau), heute ist diese Nutzung weitgehend auf die Talböden der collinen Höhenstufe beschränkt.

6.3.3 Subalpine Höhenstufe; Wald- und Baumgrenze

Die Höhenlage der natürlichen Waldgrenze ist im Wesentlichen durch die Temperatur während der Vegetationsperiode bestimmt.

Die Definition der subalpinen Höhenstufe ist uneinheitlich. Was in den Alpen teilweise als subalpiner Nadelwald bezeichnet wird, ist international häufig die hochmontane Stufe. Teilweise wird die subalpine Höhenstufe auch nicht als eigene Höhenstufe, sondern als Übergangszone zwischen montaner und alpiner Höhenstufe (Waldgrenzökoton) ausgegliedert (Körner 1999b). Hier soll die subalpine Höhenstufe als der Bereich aufgelockerter Baumbestände und des Krummholzes zwischen Waldgrenze und Baumgrenze definiert werden (Ellenberg 1996; Reisigl & Keller 1994). In den nördlichen Randalpen ist die subalpine Höhenstufe durch Fichtenwälder und Legföhrengebüsche charakterisiert. In den Südalpen wird die Waldgrenze expositionsabhängig teilweise durch die Buche gebildet. Strauchbuchen am Monte Baldo reichen bis 1880 m ü.M. In den kontinentalen Zentralalpen wird die subalpine Höhenstufe und die Baumgrenze durch die Lärche (*Larix decidua*) und die Arve (Zirbe, *Pinus cembra*), in den tieferen Lagen durch die Fichte (*Picea abies*) gebildet. Die so definierten Höhenbereiche für die subalpine Stufe schwanken zwischen 1500 und 1.800 m ü.M. (Untergrenze) und 1.700 bis 2.400 m ü.M. (Obergrenze). Die subalpine Höhenstufe wird wie auch die montane Stufe durch Viehwirtschaft genutzt, in den Randketten als sommerliche Alpwirtschaft, in den Zentralalpen wegen der höheren Kontinentalität ganzjährig.

Die Lärche wird durch Wind verbreitet, im Unterschied zur Arve, deren schwere Samen durch den Tannenhäher verbreitet werden. Das Tausendkorngewicht der Lärche beträgt 3 bis 6 g, das der Arve 250 bis 270 g (Mayer 1974). Große Unterschiede bestehen auch hinsichtlich der Länge der Keimlingswurzel. Sie beträgt bei der Arve 5 bis 10 cm, bei der Lärche 0,5 bis 2,7 cm. Dadurch hat die Lärche Schwierigkeiten, in Rasen und Zwergstrauchgesellschaften mit mächtiger Humusauflage zu keimen, wodurch die Arve häufig zum Pionier nach Auflassen der Alpweiden wird.

Der Tannenhäher (*Nucifraga caryocatactes*)

Ein einzelner Tannenhäher kann mehr als 10.000 Verstecke für Samen besitzen. Während des Winters bilden diese für ihn und seine bereits im April schlüpfenden Jungen die wichtigste Nahrungsgrundlage. 20 % der Verstecke werden von den Vögeln vergessen bzw. im Frühjahr nicht wiedergefunden. Die mittlere Samenzahl ist 3,5 Samen pro Versteck, die etwa 2 bis 4 cm tief in den Boden gelegt werden. Die Entfernung zu den Verstecken kann bis zu 15 km betragen, bei einer Höhendifferenz von rund 700 m. Als Konsequenz aus dem mehrsamigen Depot des Tannenhähers können sich nach der Keimung mehrstämmige Arven entwickeln. Die Stämme verwachsen dann später oft, wodurch eine höhere biomechanische Stabilität entsteht. Deshalb kommen die Mehrstamm-Arven bevorzugt im Gletschervorfeld und an der aktuellen Waldgrenze vor (Kratochwil & Schwabe 1993). Früher wurde der Tannenhäher bejagt, da er mit dem Menschen um die nährstoffreichen Arven-Nüsschen konkurrierte und sogar für das Verschwinden der Arvenwälder verantwortlich gemacht wurde.

Natürliche, vom Menschen unbeeinflusste Waldgrenzstandorte gibt es in den Alpen kaum noch. Selten erfolgt der Übergang von den geschlossenen Wäldern zu den alpinen Rasen mit scharfer Grenze. In der Regel setzen oberhalb der Waldgrenze die Auflockerung der Waldbestände und die Krummholz- und Zwergstrauchgürtel ein („Kampfzone"; Fotos 7, 13, 17, 18). Die Obergrenze der Baumgruppen bildet die Baumgrenze. Einzelne Bäume können auch noch darüber hinaufsteigen. Da kleinwüchsige Pflanzen mit verholztem Stamm bis in die alpine Höhenstufe reichen, wie z.B. die Krautweide (*Salix herbacea*), werden Bäume im Allgemeinen durch eine Höhe von mehr als 3 m definiert. Baum- und Waldgrenze zeigen wie auch andere Höhengrenzen deutlich den Massenerhebungs- und Kontinentaleffekt und steigen in den Zentralalpen höher hinauf als in den Randbereichen (Abb. 48, Abb. 50). Der Krummholzgürtel besteht in den östlichen Kalkalpen im wesentlichen aus Latschen (Legföhren, *Pinus mugo),* in den Zentralalpen aus Grünerlen (*Alnus viridis*). Prinzipiell kommen Latschen und Grünerlen sowohl auf Karbonat- wie auf Silikatgesteinen vor, zeigen aber die geschilderte Präferenz und sind in den jeweiligen Gebieten dominant. Entscheidend dafür ist wahrscheinlich eher der unterschiedliche Wasserhaushalt als der pH-Wert der Böden. Grünerlen haben einen höheren Feuchteanspruch als Latschen. Während die Latsche vor allem in den Ost- und Südalpen auftritt, herrscht in den Westalpen die aufrechte, baumförmige *Pinus montana (P. uncinata)* (Bergkiefer, Bergspirke) vor. Entlang von Lawinenbahnen kann Krummholz auch bis in die montane Stufe hinabreichen.

Dieser diffuse Übergangsbereich zwischen Waldgrenze und Baumgrenze ist weitgehend anthropogen beeinflusst. Allerdings muss man bedenken, dass eine scharfe Waldgrenze sich auch

Foto 17 (oben)
Waldgrenzökoton im Val d'Hérémence, Wallis
Am westexponierten Hang ist die Waldgrenze durch die Almnutzung sowie Lawinengassen und steile Gerinne stellenweise aufgelöst. Oberhalb dieses subalpinen Übergangsbereiches folgen die Rasengesellschaften der alpinen Höhenstufe (Veit 17.07.2000).

Foto 18 (unten)
Waldgrenzökoton am Sölkpass, Niedere Tauern
Der anthropogen stark veränderte Waldgrenzbereich mit Lärchen und Arven ist mit Krummholz (Latschen, Grünerlen) und Zwergsträuchern durchsetzt (Veit 20.08.2000).

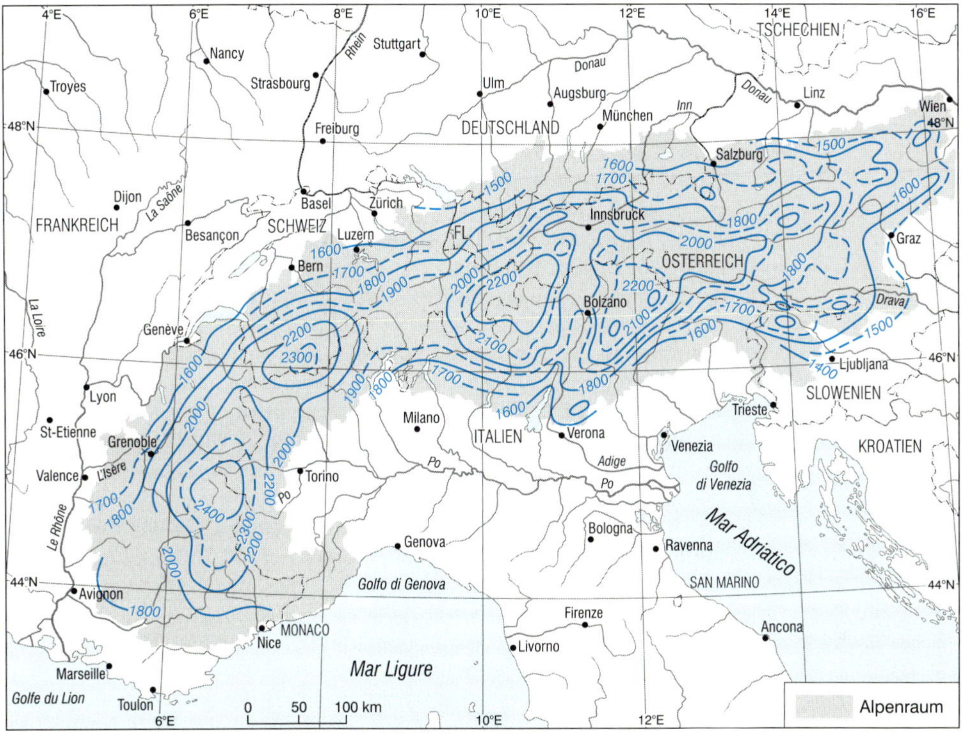

© Geographisches Institut der Universität Bern, 2001. Kartographie: A. Brodbeck

Abb. 50
Höhenlage der Baumgrenze (m ü.M.) in den Alpen in der Mitte des 20. Jahrhunderts (nach DANIELLI *1963, in* STONE *1992).*

natürlicherweise nur dann ausbilden kann, wenn lediglich das Klima die entscheidende Rolle spielt. Sobald aber andere Faktoren, wie Substratunterschiede oder das Relief, und damit auch das Mikroklima, der Wasserhaushalt, die Schneedeckenverteilung etc., eine Rolle spielen – was in den Alpen eher die Regel als die Ausnahme ist –, dann ist auch unter natürlichen Umständen mit einer diffusen Waldgrenze zu rechnen. Natürliche Waldgrenzschwankungen in der Größenordnung von ± 100 m fanden im Holozän mehrfach statt (Kap. 9.3.2). Da die Bäume an der Waldgrenze beträchtliche Alter erreichen können (Arven werden bis zu 1.000 Jahre alt, Lärchen mehr als 600 Jahre, Fichten 300 bis 400 Jahre), ist es auch möglich, dass alte Baumexemplare oberhalb der Waldgrenze aus wärmeren Perioden der Vergangenheit stammen und dort als Relikte überdauert haben. Hinzu kommt aber klar der menschliche Einfluss, der seit mindestens 5.000 bis 6.000 Jahren durch die Veränderung der Waldgrenze eine Rolle spielt (Kap. 8.1). Seit der holozänen maximalen Höhe der Waldgrenze vor rund 8.000 bis 6.000 Jahren hat bis heute verbreitet eine Absenkung um rund 300 bis 400 m stattgefunden, wovon etwa 100 bis 150 m klimatisch bedingt sind, der Rest ist anthropogen durch Rodung und Alpweide entstanden. Die Waldgrenze wurde schon seit dem Neotlithikum durch den Menschen beeinflusst. Holzkohle findet sich in Böden teils weit oberhalb der heutigen Waldgrenze. In den Südwest-Alpen wurde Holzkohle von *Pinus cembra* und *Larix decidua* im Boden bis 2.900 m ü.M. nachgewiesen.

Zur Zeit des holozänen Waldgrenz-Höchststandes existierte noch kein eigener Latschengürtel. Das Krummholz war auf relativ ungünstige Standorte beschränkt, wie z.B. Murfächer, Felswände, Depressionen mit Kaltluft und Lawinenbahnen etc. Nach der Klimaverschlechterung im Mittelholozän und infolge der anthropogenen Entwaldung konnte sich der lichtbedürftige Krummholzgürtel ausbreiten. Das gilt auch für die Alpenrosenheiden, die größtenteils als subalpine Waldersatzgesellschaften und damit als Zeugen der ehemaligen Waldverbreitung anzusehen sind. Die Zwergstrauchheiden reichen jedoch auch noch ein Stück weit über die Baumgrenze hinauf und charakterisieren die untere alpine Stufe mit vereinzelten Baumkrüppeln.

Unter Latschen, Grünerlen und Alpenrosen bilden sich mächtige Rohhumusauflagen. Eine Naturverjüngung des Waldes mit Lärchen, Fichten oder Arven ist dadurch und durch den dichten Bewuchs sehr erschwert und eigentlich erst möglich, wenn das Krummholz auflichtet. Ein derart anthropogen verändertes Ökosystem kann dann nicht oder nur sehr schlecht wieder in seinen ursprünglichen Zustand zurückkehren.

Sowohl der Krummholzgürtel der Kalkalpen als auch der kristallinen Alpen besitzen eine verarmte subalpine Waldbodenfauna, die sich von der Tierwelt der alpinen Rasen deutlich unterscheidet. Da viele Bodentiere ein sehr geringes Wandervermögen besitzen, zeigen sie als Relikte Zustände an, die unter Umständen viele Jahrtausende zurückliegen, im vorliegenden Fall die wärmezeitliche Bewaldung von Gebieten, die seitdem waldfrei geworden sind (Franz 1979).

Die Waldgrenze sinkt häufig talaufwärts ab, wie z.B. beiderseits des Tauernhauptkammes. Dies ist die Folge von Kaltluftseen. Der Effekt ist besonders stark, wenn Gletscher und damit kalte Gletscherwinde vorhanden sind. Liegt der Talschluss in geringer Meereshöhe, dann steigt zumindest die Mischwaldgrenze keilförmig talaufwärts an den Hängen an und wird nach unten durch Lärchen etc. abgelöst, d.h. es kommt zu einer Umkehrung der Höhenstufenabfolge.

Zur ökophysiologischen Erklärung der Baumgrenze in den Alpen gibt es eine Reihe verschiedener Hypothesen. Dass das Phänomen „alpine Waldgrenze" nicht auf die Alpen beschränkt ist, sondern in allen humiden Gebirgen der Erde – die Tropen eingeschlossen – beobachtet wird, müssen für diese markante Vegetationsgrenze allgemeine Faktoren verantwortlich sein, die überall gleich wirksam sind, wobei regionale Besonderheiten der Umwelt gewisse Modifikationen bewirken können. Somit fallen Saisonlänge (und damit Assimilationsleistung), Frost, Schnee- und Eiswirkungen als Hauptfaktoren aus. Völlig unabhängig von der Saisonlänge (zehn Wochen in polaren Gebieten, zwölf Monate in den Tropen) endet der Wald relativ einheitlich bei einer Durchschnittstemperatur von 5,5 bis 7 °C während der Wachstumsperiode (Körner 1998). Die

Einflüsse anderer natürlicher Faktoren, wie z.B. Gestein, Boden, Wasserhaushalt etc., dürften für Abweichungen von dieser thermischen Wachstumsgrenze nach unten um 100 bis 200 m verantwortlich sein. Ausgenommen davon sind natürlich Lawinenbahnen, Steilabstürze, Schneemulden oder instabile Hänge und anthropogene Einflüsse.

Foto 19
Rasengrenze am Albulapass, Schweiz
Die Rasengrenze trennt die alpine von der subnivalen Höhenstufe (VEIT 11.09.1999).

6.3.4 Alpine Höhenstufe

Die alpine Höhenstufe ist der Bereich zwischen der Baumgrenze (Baumgruppen) und der Grenze geschlossenen Rasens (Rasengrenze). Im unteren Abschnitt treten am Übergang zur subalpinen Höhenstufe noch Zwergstrauchheiden auf. Darüber dominieren alpine Rasengesellschaften (Grasheiden). Die wichtigsten sind das *Curvuletum*, das *Seslerietum* und das *Firmetum*. Die Obergrenze der alpinen Höhenstufe liegt am Alpenrand bei 2.400 bis 2.500 m ü.M. und im Zentrum bei 2.700 bis 3.000 m ü.M. (Foto 19). Sie ist, wie auch die Baumgrenze, eine Wärmemangelgrenze und entspricht etwa einer mittleren Julitemperatur von 5 °C. Allerdings kann relief- und substratbedingt die lokale Rasengrenze sehr viel tiefer liegen. Die Rasengrenze und der Übergang zu der subnivalen Polsterpflanzenstufe ist auch durch die Dauer der Schneedecke bestimmt. Für die Existenz alpiner Rasengesellschaften sind mindestens fünf bis sechs schneefreie Wochen erforderlich.

Curvuletum (Krummseggenrasen)

Das *Curvuletum* ist in den kristallinen Alpen die dominierende alpine Grasheidengesellschaft und stellt auf diesen Standorten die natürliche Vegetation der alpinen Stufe dar. Alle Arten ertragen eine stark saure Bodenreaktion. Insgesamt dominiert die abgestorbene Pflanzenmasse (Nekromasse). Der Krummseggenrasen, mit der Charakterart *Carex curvula,* ist für die Alpen besonders kennzeichnend, denn er fehlt in Nordeuropa und in den Karpaten. Die Krummsegge breitet sich vegetativ sehr langsam, etwa 0,5 bis 1 mm pro Jahr, aus (GRABHERR et al. 1978). Samenbildung ist selten. Sie ist sehr resistent gegenüber Klimaänderungen. STEINGER et al. (1996) fanden Klone, die deutlich mehr als 2.000 Jahre alt waren. Demnach stellt die flächige Verbreitung von Krummseggenrasen wahrscheinlich das Ergebnis einer jahrtausendelangen Entwicklung dar, was ihrem Vorkommen auf meist gut ausgebildeten Podsolen und alpinen Pseudogleyen entspricht, die vergleichbare Bildungszeiträume in diesen Höhenlagen benötigen (Kap. 5). Möglicherweise waren die Krummseggenrasen im holozänen Klimaoptimum weiter verbreitet als heute.

Seslerieto-Semperviretum (Blaugras-Horstseggenhalde) und *Firmetum* (Polsterseggenrasen)

Die Blaugras-Horstseggenhalde und der Polsterseggenrasen treten auf Karbonatgesteinen mit flachgründigen Rendzinen auf. Die Charakterarten sind das Blaugras *(Sesleria coerulea)* als wichtiger Schuttfestiger und Felsrasenbildner sowie die Polstersegge (*Carex firma*). Aufgrund des schwachen Wachstums und der geringen Produktivität eines Firmetums am Munt la Schera im Schweizer Nationalpark kommt GALLAND (1982, in: MEISTERHANS 1988) zu dem Schluss, dass die üppigste Entwicklung der alpinen Rasen vorwiegend während klimatisch günstigerer Phasen des Holozäns stattgefunden hat.

Die alpine Höhenstufe wird oft als spezieller Typ der Tundra behandelt, was eine nicht zulässige Vereinfachung ist, denn viele Umweltfaktoren sind deutlich anders (Strahlung, kleinräumiges Mosaik unterschiedlicher Lebensräume, Dominanz von Lebensformen).

Unter der winterlichen Schneedecke liegen die Temperaturen, sofern kein Permafrost im Boden vorhanden ist, um 0 °C. Alle alpinen Pflanzen können bei 0 bis –6 °C Photosynthese betreiben (KÖRNER 1999a). Eine lockere Schneedecke wird in der Regel noch vom Licht durchdrungen. Bei einer Schneedecke von 10 cm kommen noch 10 % der photosynthetisch wirksamen Strahlung (400 bis 700 nm) durch. Bei 20 cm Schnee sind es nur noch 2 bis 3 %, und nach 30 cm ist eine Grenze erreicht, an der sich diese Strahlung auf nur noch 1 % reduziert. Für das Pflanzenwachstum der alpinen Rasen ist das Frühjahr entscheidend, wo das Wachstum mit den ansteigenden Temperaturen schnell beginnt. Im Spätsommer schränken die Pflanzen ihre Aktivität bereits wieder stark ein, was z.B. dem Krummseggenrasen sein braunes Aussehen verleiht. Wassermangel ist hier in der Regel nicht die Ursache. Im Gegenteil kann sich ein schöner Herbst wegen der Steigerung der Atmungsverluste sogar negativ auswirken. Verbreitet tritt in alpinen Rasengesellschaften wie auch in der Zwergstrauchheide Mykorrhiza auf. Die Mykorrhiza sorgt für eine bessere Aufnahme von Bodennährstoffen und Wasser.

Reliefbedingt, und damit mikroklimatisch und durch die Mächtigkeit und Dauer der Schneedecke verursacht, gibt es in der alpinen Höhenstufe zahlreiche Sonderstandorte, wie die Schneetälchen (Abb. 51). Die Flora ändert sich hier wegen der längeren Schneebedeckung und der kürzeren Vegetationszeit. Auf silikatischen Gesteinen sind die Krautweiden-Schneetälchen (*Salicetum herbaceae*) typisch. Wird die Vegetationszeit kürzer als sechs Wochen, dann kann auch die Krautweide (*Salix herbacea)* nicht mehr gedeihen und es treten Moose an ihre Stelle. Kalkschneetälchen finden sich häufig in Dolinen und Klüften. Auf windgefegten Kämmen dominieren dagegen *Loiseleurieten* und *Elyneten*. Durch das feingegliederte Kleinrelief schwankt die Schneemächtigkeit lokal sehr stark. Da aber trotz jährlicher Schwankungen der Schneemächtigkeiten das strahlungsbedingte Ausaperungsmuster im Frühjahr immer sehr ähnlich ist, zeichnet die Vegetation dieses Muster sehr gut nach.

Ein weiteres Merkmal der alpinen Höhenstufe sind verbreitete Bewegungen des Hangschuttes in Form von Schutthalden, Blockhalden

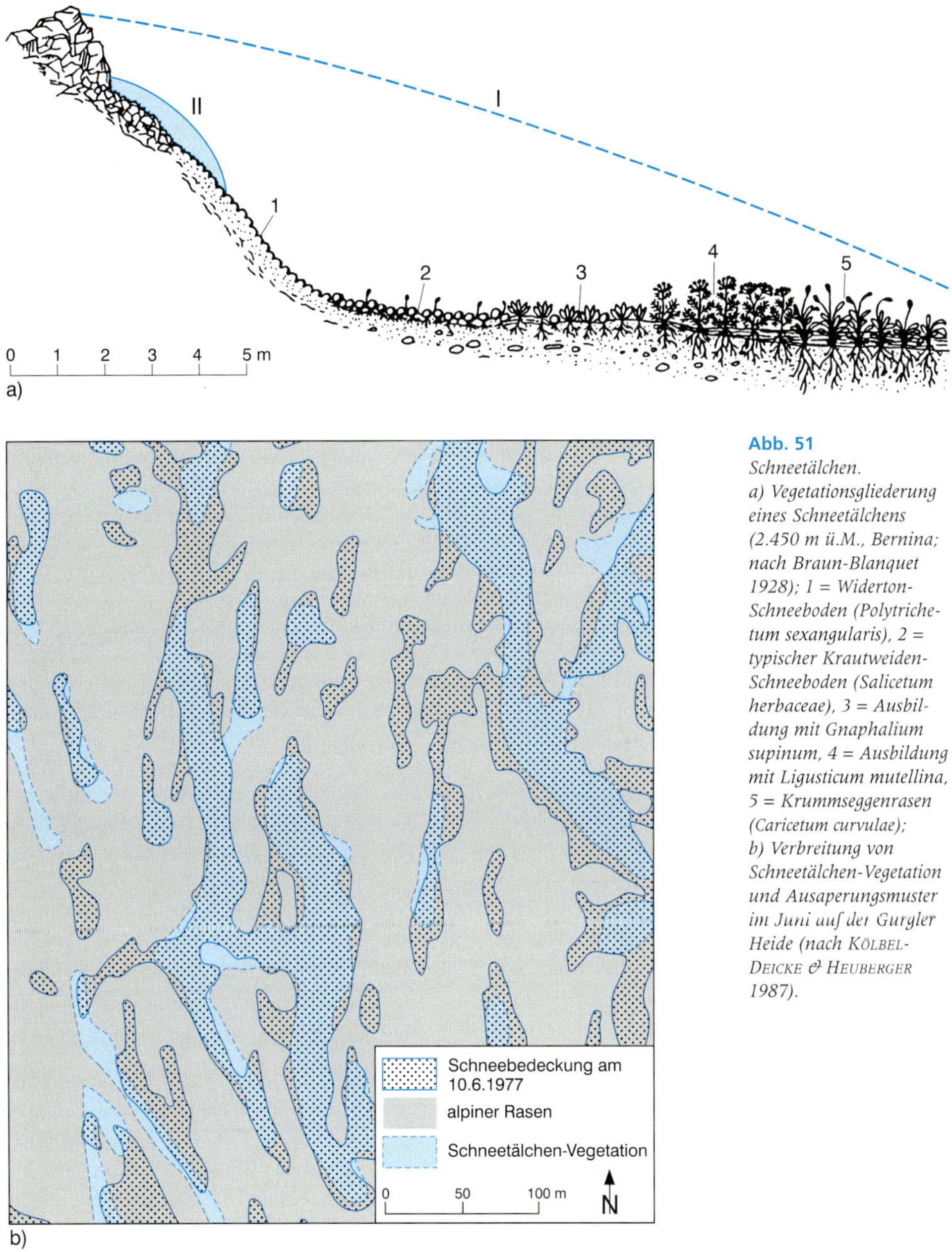

Abb. 51
Schneetälchen.
a) Vegetationsgliederung eines Schneetälchens (2.450 m ü.M., Bernina; nach Braun-Blanquet 1928); 1 = Widerton-Schneeboden (Polytrichetum sexangularis), 2 = typischer Krautweiden-Schneeboden (Salicetum herbaceae), 3 = Ausbildung mit Gnaphalium supinum, 4 = Ausbildung mit Ligusticum mutellina, 5 = Krummseggenrasen (Caricetum curvulae);
b) Verbreitung von Schneetälchen-Vegetation und Ausaperungsmuster im Juni auf der Gurgler Heide (nach Kölbel-Deicke & Heuberger 1987).

und Solifluktionsloben. Die Pflanzen haben verschiedene Anpassungsmechanismen dafür entwickelt:

Schuttwanderer: Die Pflanzen „schwimmen" auf dem Substrat mit (z.B. Täschelkraut: *Thlaspi rotundifolium*).

Schuttstrecker: Die Pflanzen bilden oberflächenparallele Wurzeln aus (z.B. Alpenleinkraut: *Linaria alpina*).

Schuttdecker: Die Pflanzen haben ein sehr oberflächliches Wurzelsystem (z.B. Silberwurz: *Dryas octopetala*).

Schuttstauer: Die Pflanzen bremsen den hangabwärts gerichteten Schutttransport (z.B. Polstersegge: *Carex firma*).

Zusätzlich zur horizontalen Belastung wirkt auch die Frosthebung auf die Pflanzen. Die durch Frostwechsel bedingten vertikalen Bewegungen liegen in der Größenordnung von mehreren Zentimetern (Kap. 4.3.1).

Bei Solifluktionsloben mit lokal sehr stark wechselnden jährlichen Bewegungsbeträgen differenziert sich das Artenspektrum der höheren Pflanzen mit wachsenden Bewegungsraten von einer Rasengesellschaft hin zur Schuttflur (Tab. 27). Bei mittleren Bewegungsraten wird allerdings in der Regel das Vegetationsmuster zusätzlich und teilweise sogar stärker durch andere Faktoren beeinflusst, wie Schneedeckendauer sowie Boden- und Substrateigenschaften.

Die meisten Graslandarten sind spezifisch für Karbonat- oder Silikatgesteine und die entsprechenden Böden. Flächenmäßig bedeutend sind aber auch Mischreihen auf Mergeln und karbonatischen Schiefern (Kalkphyllit, Kalkglimmerschiefer) bzw. auf Schuttdecken, wo im Einzugsgebiet silikatische und karbonatische Gesteine kleinräumig wechseln. Nur gerade 12 % der Graslandarten sind Generalisten. In den meisten Fällen ist die Bevorzugung bestimmter Gesteine eine Frage der Konkurrenz und weniger der physiologisch bedingt. Pflanzt man Kalkzeiger (z.B. Blaugras, *Sesleria albicans*) auf Silikat und Silikatzeiger (z.B. Borstgras, *Nardus stricta*) auf Kalk und schaltet die Konkurrenz aus, dann gedeihen beide (Gigon 1971). Langfristig leiden aber viele Silikatarten auf Kalk an Eisenmangel und gehen schließlich ein. Eine weitere wichtige Rolle bei der Vegetationsdifferenzierung spielt der Zeitfaktor, d.h. die Entwicklung der Vegetationsdecke nach einer Störung (Sukzession) (Kap. 6.4).

6.3.5 Subnivale und nivale Höhenstufe

Die subnivale Höhenstufe folgt oberhalb der Rasengrenze bis zur klimatischen Schneegrenze und ist durch die Auflösung des Rasens in isolierte Fragmente gekennzeichnet. Entsprechend der subalpinen Höhenstufe stellt die subnivale Stufe damit einen Übergangsbereich (Ökoton) dar, und zwar zwischen der alpinen und der nivalen Höhenstufe. Polster- und Rosettenpflanzen treten nach oben hin vermehrt auf und werden in der unteren nivalen Höhenstufe dominant, während die Rasenfragmente aussetzen. Dieser Bereich wird deshalb auch als Polsterpflanzenstufe bezeichnet (Franz 1979). Je nach den Verhältnissen

Tab. 27: Artenzusammensetzung (1989) entlang eines Transektes über unterschiedlich stark bewegte Teile eines Solifluktionslobus in den Hohen Tauern (2.650 m ü.M.)

Fließgeschwindigkeit (cm a^{-1})	**4**	**9**	**12**	**12**	**17**	**19**	**34**	**50**
Deckungsgrad	**5**	**3**	**3**	**2**	**3**	**1**	**1**	**1**
Geum montanum	+							
Primula minima	+							
Primula glutinosa	+	+						
Chrysanthemum alpinum	+	+						
Myosotis alpestris	+	+						
Androsace obtusifolia	+	+						
Polygonum viviparum	+	+	+					
Saxifraga bryoides		+						
Phleum alpinum		+	+					
Ligusticum mutellina			+					
Cerastium uniflorum			+					
Silene acaulis	+	+			+			
Salix herbacea	+	+	+	+	+			
Veronica bellidioides	+	+	+	+				
Gentiana bavarica subacaulis	+	+	+		+			
Anthelia jurazcana		+	+	+	+			
Soldanella pusilla				+				
Androsace alpina		+				+		
Luzula alpinopilosa	+	+		+			+	
Arenaria biflora		+		+			+	
Poa alpina viviparia		+	+	+		+		+
Saxifraga seguieri		+	+	+	+		+	+
Ranunculus glacialis		+		+	+		+	+
Saxifraga oppositifolia				+	+	+	+	+
Oxyria digyna				+	+		+	+
Saxifraga stellaris						+	+	+
Polster-Moos							+	+

nach Veit et al. (1995)

kann die Rasengrenze – wie alle Höhengrenzen – scharf oder stark aufgelöst sein (Foto 19). Von den klimatischen Einflussfaktoren spielt die mittlere Länge der schneefreien Zeit eine Rolle, die mindestens etwa sechs Wochen betragen muss. Da die klimatische Schneegrenze in der Natur nicht unmittelbar sichtbar ist, wird auch eine Abgrenzung der nivalen von der subnivalen Höhenstufe durch die Obergrenze regelmäßig vorkommender Blütenpflanzen vorgeschlagen, wie *Androsace alpina, Eritrichium nanum, Ranunculus glacialis, Minuartia sedoides* und *Saxifraga oppositifolia* etc. (Landolt 1983).

In der nivalen Höhenstufe treten Blütenpflanzen nur an besonders günstigen Standorten auf, wie z.B. warmen Felsnischen. Die Vegetationsperiode beträgt weniger als zwei Monate. Mit zunehmender Höhe werden die Phanerogamen bodenvag, da die Individuen stark isoliert sind und damit der Konkurrenzdruck wegfällt. Die nivale Stufe ist sehr artenarm. Blütenpflanzen gehen bis weit über die klimatische Schneegrenze (Tab. 26), Flechten in den Alpen bis auf die höchsten Gipfel. Oberhalb von 4.000 m ü.M. können noch mehr als 50 Flechtenarten auftreten (Gams 1963). Sie spielen für die Stabilisierung der Bodenoberfläche und den Schutz vor erosiven Prozessen (Kryptogamenkrusten) eine wesentliche Rolle (Farbfoto 17). Deshalb wird die nivale Höhenstufe auch als Kryptogamenstufe bezeichnet.

Selbst auf Eis und Schnee existiert noch Leben (Kap. 7). Kryoplankton, wie *Chlamydomonas nivalis*, der „rote Schnee", ist global verbreitet. Das Kryoplankton erträgt noch Temperaturen von –36 °C ohne Schaden, stirbt aber bereits bei höheren Temperaturen als –4 °C ab.

Abb. 52
Vergleich des Trockengewichtes (%) ober- und unterirdischer Pflanzenteile von Blütenpflanzen aus 600 m ü.M. und 2.600 bis 3.200 m ü.M. (nach Körner & Renhardt 1987, © Springer Verlag).

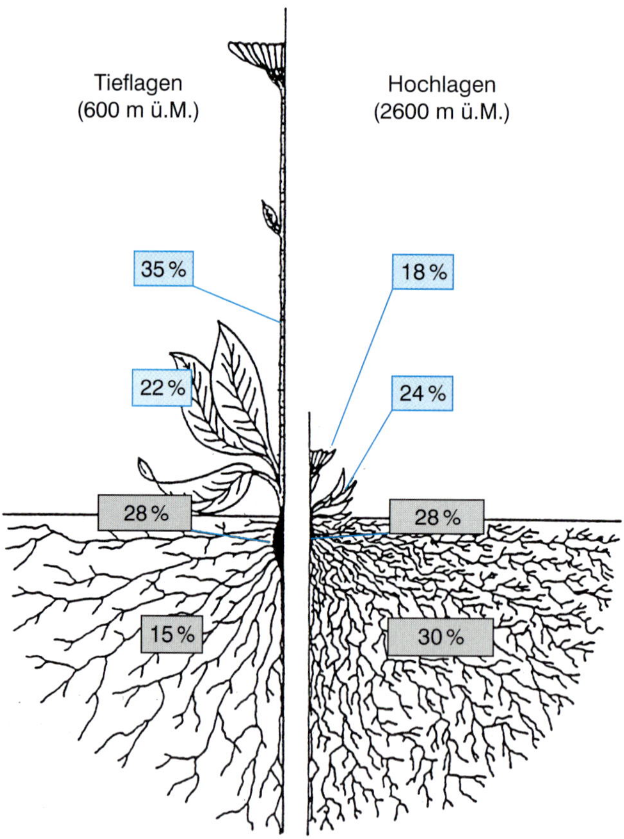

Anpassungsmechanismen an die Höhe

Die Pflanzen der alpinen, subnivalen und nivalen Höhenstufe unterscheiden sich in Aussehen und Physiologie von den Pflanzen im Tiefland. Die Hochgebirgspflanzen haben einen kürzeren Stiel, weniger Chlorophyll und intensiver gefärbte Blüten. Die Pflanzen haben besitzen Schutzstoffe gegen die hohe UV-Strahlung. UV-Licht bewirkt bei Pflanzen je nach Typus Wachstumshemmung oder auch -förderung. Zu hohe Strahlung wirkt sich jedoch negativ aus. Alle nicht Photosynthese treibenden Pflanzenteile, wie die Stängel, sind reduziert (Abb. 52). In der Nähe der Bodenoberfläche ist es wärmer und die Pflanze ist im Winter durch den Schnee eher vor Kälte und Wind geschützt. Typische Lebensformen, wie Rosetten, Polster und Horste, bieten darüber hinaus eine zusätzliche Klimatisierung (Abb. 53). Polsterpflanzen, wie z.B. *Silene acaulis*, können im Innern um die Mittagszeit bis zu

15 °C höhere Temperaturen als die Lufttemperatur in 2 m Höhe haben. Dieser Vorteil gilt vor allem bei bewölkten Verhältnissen, da unter hohen Strahlungsbedingungen die Temperatur im Innern so hoch werden kann, dass sie eher die Atmung als die Photosynthese fördert und damit zu einer Negativbilanz führt. Durch Transpiration und den damit verbundenen Abkühlungseffekt liegen die Blatttemperaturen meist deutlich unter den Temperaturen an der Bodenoberfläche. 70 % aller alpinen Pflanzen besitzen Stomata auf beiden Blattseiten. Dies ermöglicht – bei genügendem Wasserangebot – ungehinderte Transpiration und eine höhere CO_2-Aufnahme. Die Kälteresistenz der Pflanzen variiert im Laufe des Jahres. So sind für *Carex firma* im Sommer bereits Temperaturen von weniger als –5/–7 °C letal. Im Winter wird dieser kritische Wert erst ab –70 °C erreicht. Nachtfrost, der im Herbst eine gewisse Schwelle und Dauer unterschreitet, hemmt die Photosynthese und führt zur Winterruhe.

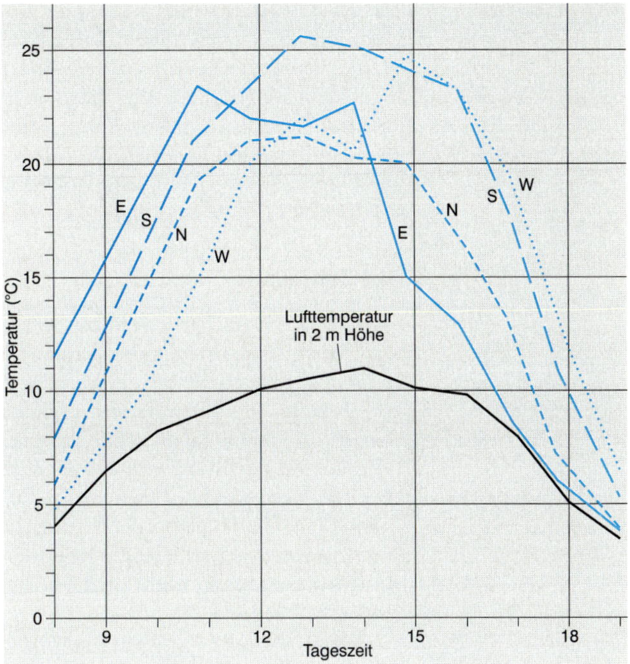

Abb. 53
Tägliche Schwankungen der Oberflächentemperatur der Polsterpflanze Silene acaulis im Vergleich zur Lufttemperatur bei verschiedenen Expositionen (Zentralalpen, 2.300 m ü.M., August 1978; nach Körner *&* DeMoraes *1979).*

Das Feinwurzelsystem alpiner Pflanzen kann bis zu fünfmal länger sein als bei einer Talpflanze. Die Gebirgspflanze investiert vorwiegend in ihre Wurzeln (Abb. 52). Beim *Curvuletum* beispielsweise sind fast 80 % der Phytomasse unterirdisch. Bei der unterirdischen Masse ist die Hauptmenge auf die obersten 10 cm beschränkt. Mit zunehmender Höhe, oberhalb der Waldgrenze, steigt der Anteil der Nekromasse an der Phytomasse. In den Hohen Tauern beträgt dieser Anteil auf Mähwiesen 8 %, auf Almweiden 35 %, im *Curvuletum* 42 % und im *Seslerietum* 77 % (Cernusca & Seeber 1989).

Häufig jedoch haben selbst die am höchsten aufsteigenden Gefäßpflanzen keine besondere Anpassung an die extremen Bedingungen entwickelt. Durch ökologische Sonderstandorte, wie z.B. bei Südexposition in einer geschützten Felsnische oder durch eine schützende Schneebedeckung, treten hier mikroklimatisch teilweise Sonderbedingungen auf, wie sie erst für mehrere hundert Meter tiefer gelegene Gebiete typisch sind. So hat der hoch aufsteigende Gletscher-Hahnenfuß (*Ranunculus glacialis*) – wie fast alle Hochgebirgspflanzen – ein Temperaturoptimum der Photosynthese wie viele Tieflandpflanzen (Körner &

Diemer 1987). Es liegt bei hoher Strahlung bei mehr als 20 °C. Oft schneien die Pflanzen schon im Sommer bereits ein und es können zwei Jahre vergehen, bis die nächste Aperzeit wieder Photosyntese erlaubt. Trotzdem verhungern die Pflanzen nicht, da die Temperaturen sehr niedrig sind und dadurch kaum Atmungsverluste auftreten. Auch die Nährstoffversorgung scheint in diesen Höhen ausreichend zu sein. Hier spielen möglicherweise atmosphärische Einträge, Flugstaub und das Schneeschmelzwasser eine Rolle.

6.4 Zeitfaktor

Nach Störungen der Vegetationsdecke durch Felsstürze, Gletscher, Muren, Hochwässer etc. lassen sich die verschiedenen Phasen der Wiederbesiedlung durch die Pflanzen studieren, bis ein Klimaxstadium erreicht ist. Bei aller Problematik der Vergleichbarkeit in unterschiedlichen Gebieten und Höhenlagen erhält man so doch eine recht gute Vorstellung von der Geschwindigkeit bzw. „Langsamkeit" dieser Prozesse im Hochgebirge. Besonders gut eignen sich für diese Sukzessionsstudien in jüngerer Zeit eisfrei gewordene Gletschervorfelder. Tab. 28 zeigt einige Beispiele aus verschiedenen Regionen der Alpen. Parallel zur Vegetationssukzession vollzieht sich eine zeitabhängige Bodenentwicklung (Kap. 5.5; Tab. 23, 24, 25).

Die Besiedlung der eisfrei gewordenen Standorte beginnt meist mit Pflanzen, die viele kleine Samen produzieren, die mit dem Wind verbreitet werden können, wie z.B. *Saxifraga aizoides* (Quell-Steinbrech), *Saxifraga oppositifolia* (Roter Steinbrech), *Saxifraga biflora* (Zweiblütiger Steinbrech), und *Linaria alpina* (Alpen-Leinkraut). Die Artenzahl ist bei einem mittleren Entwicklungsstadium am höchsten, wenn der Rasen noch nicht ganz geschlossen ist. Am Anfang dominieren die Spezialisten, im mittleren Stadium treten sowohl Rasen-Arten wie auch die Spezialisten auf. Das Maximum der Artenzahl wird vor der maximalen Bedeckung erreicht.

Allen Beobachtungen gemeinsam ist die Feststellung, dass alpine Rasen mehr als 100 Jahre benötigen, bis eine mehr oder weniger geschlossene Vegetationsdecke vorhanden ist. In höheren Lagen kann dies auch deutlich länger dauern. Diese jungen alpinen Rasen bestehen jedoch noch nicht aus der typischen Zusammensetzung älterer Sukzessionen. Bei Gletschervorfeldern unterhalb der Waldgrenze ist auf den neuzeitlichen Moränen bereits wieder ein geschlossener Wald entwickelt, wie z.B. am Grindelwaldgletscher (1.250 m ü.M.) oder am Glacier des Bossons (Farbfoto 6).

Von Solifluktionsloben liegen bislang nur Beobachtungen von Steinmann (1978) aus den Südtiroler Dolomiten vor. Die Entwicklungsreihe der Vegetation geht von einer Täschelkraut-Alpenmohn-Gesellschaft auf den jungen, heute noch bewegten Solifluktionsloben bis zu einer Nacktried-Straußgras-Gesellschaft auf den Loben, die seit mehr als 6.000 Jahren stabil sind.

Tab. 28: Vegetationsbesiedlung eisfrei gewordener Gebiete in Abhängigkeit von der Zeit aus verschiedenen Teilen der Alpen

Lokalität	eisfrei seit ca.	Vegetation, Deckungsgrad
[1]Großer Aletschgletscher	4 – 6 Jahren	Deckungsgrad < 5 %
	85 Jahren	Deckungsgrad 90 %
[2]Hintereisferner	18 Jahren	*Poa laxa, Cerastium uniflorum*
	40 Jahren	20 Pflanzenarten auf Rohböden Deckungsgrad 0 – 5 %
	80 Jahren	34 Pflanzenarten auf Rohböden Deckungsgrad 10 – 40 % *Agrostis rupestris* dominant
	90 Jahren	Deckungsgrad bis 90 % *Trifolium pallescens* dominant
[3]Steingletscher	10 – 20 Jahren	Initialstadium alpiner Rasen
	30 Jahren	Einzelne Holzpflanzen (vor allem *Rhododendron ferrugineum*)
[4]Unteraargletscher	100 Jahren	Deckungsgrad > 90 %, aber noch nicht Klimax des alpinen Rasens
[5]Pasterze	< 5 Jahren	*Saxifraga aizoides, Saxifraga oppositifolia, Saxifraga biflora, Linaria alpina* etc. Deckungsgrad 5 – 20 % 14 Pflanzenarten
	5 – 10 Jahren	28 Pflanzenarten Deckungsgrad 10 – 20 %
	12 – 30 Jahren	78 Pflanzenarten Deckungsgrad 5 – 70 %
	35 – 45 Jahren	77 Pflanzenarten, Pioniergesellschaften Deckungsgrad 10–95 %
	80 Jahren	alpiner Rasen Deckungsgrad 64 – 98 % 26 – 29 Arten
	85 - 100 Jahren	Weidenbüsche
	350 Jahren	dichter alpiner Rasen Deckungsgrad 99 % 56 Arten
	3.400 Jahren	Klimax (z.B. *Rhododendron-Vaccinietum; Loiseleurio-Cetrarietum*
	6.200 Jahren	Klimax, keine weitere Änderung
[6]Oberer Grindelwaldgletscher	50 – 80 Jahren	Wald

[1]Lüdi (1945), Richard (1968), Halder & Laroche (1976); [2]Friedel (1938); [3]Ellenberg (1996); [4]Ammann (1978); [5]Zollitsch (1969); [6]Lüdi (1958)

FRAGEN

1 *Welche Bedeutung hat die tertiäre und quartäre Klimaentwicklung für die heutige Flora?*

2 *Wieso und in welchem Sinne sind die Alpen eine der artenreichsten Regionen Europas?*

3 *Beschreiben und begründen Sie die Höhenabhängigkeit der Artenvielfalt.*

4 *Wie lassen sich die Vegetations-Höhenstufen abgrenzen?*

5 *Wie ist die Regenerationsfähigkeit der Vegetation nach vollständiger Entfernung der Pflanzendecke in verschiedenen Höhenstufen?*

6 *Wieso steigen die Höhenstufen im allgemeinen von den Rand- zu den Zentralalpen hin an?*

7 *Wieso und unter welchen Bedingungen können Blütenpflanzen selbst in der nivalen Höhenstufe existieren?*

8 *Welche Anpassungsmechanismen an die Höhe (Kälte, kurze Vegetationszeit etc.) haben die Pflanzen entwickelt?*

9 *Welche ökologische Bedeutung hat die Rasengrenze?*

10 *Durch welche ökologischen Faktoren sind Wald- und Baumgrenzen bestimmt?*

7 Tierwelt

7.1 Biodiversität

In Alpen gibt es mehr als 30.000 Tierarten (CHEMNI & NICOLINI 1998). Die Schätzungen sind allerdings, mangels umfassender Untersuchungen, sehr schwierig. Genaue Informationen über Zahl und Verbreitung von Arten fehlen für viele Tiergruppen. Allein aus den Westalpen sind mehr Laufkäferarten gezählt als auf der ganzen Skandinavischen Halbinsel oder als in Großbritannien. Fast ein Drittel dieser Käfer sind endemische Arten.

Die hochalpine Fauna wird, wie die Flora, nicht nur durch die heutigen ökologischen Verhältnisse gesteuert, sondern sie hängt ebenfalls wesentlich von der Klima- und Landschaftsgeschichte ab.

In den Eiszeiten wurde die Fauna stark dezimiert, auch die Bodenfauna. Viele Arten sind ausgestorben bzw. bis heute nicht wieder eingewandert. So bildet beispielsweise die eiszeitliche Permafrostgrenze, die in der Würmkaltzeit auf der Breite der Alpen lag (Kap. 9.2, Abb. 69), auch die Nordgrenze einiger Käferarten bis heute (HOLDHAUS 1954; FRANZ 1990). Nunatakker und eiszeitliche Refugien am Alpenrand sind durch das Auftreten von Endemiten gekennzeichnet. In den zentralen Alpen waren eiszeitlich die nivalen Lebensräume miteinander verbunden. Von daher treten dort weit verbreitete Endemiten auf. Lokale Endemiten dominieren in isolierten Gebirgsstöcken, wie in den Dolomiten (MEYER & THALER 1995). Nach der Eiszeit wanderten viele Arten aus den eizeitlichen Refugien wieder ein, überwiegend aus dem Osten und aus Zentralasien (Murmeltier, *Marmota marmota*; Gämse, *Rupicapra rupicapra*), weniger aus dem Süden. Zur selben Zeit sind auch Organismen mit heute arktisch-alpiner Verbreitung eingewandert, so z.B. Schnecken, Spinnen, Heuschrecken und Käfer, aber auch Wirbeltiere wie Schneehase (*Lepus timidus*), Alpenschneehuhn (*Lagopus mutus*) und andere Vogelarten.

Waldgrenze und Schneegrenze sind auch für die Tierwelt bedeutsame Grenzen. Mit der Höhe nehmen in den Alpen die Artenzahlen der Invertebraten (Wirbellosen) ab. Innerhalb der Höhenstufen geschieht dies eher graduell, an den Höhengrenzen aber sprunghaft (MEYER & THALER 1995). An der Schneegrenze ist die Abnahme für die Makrofauna größer als für die Mesofauna (Abb. 54). In der nivalen Stufe konzentriert sich das Tierleben nahe an der Bodenoberfläche, wie unter

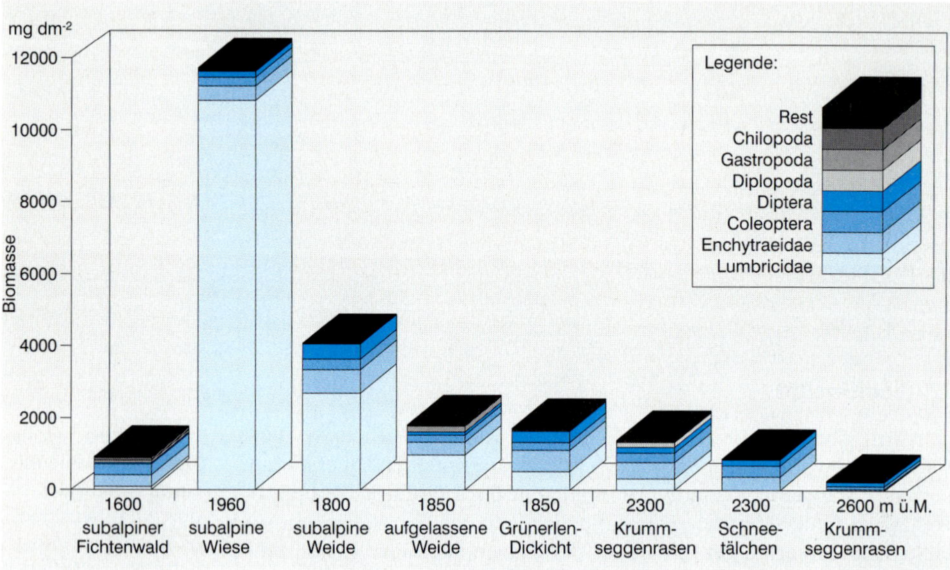

Abb. 54 *Höhenbedingte Abnahme der Boden-Makrofauna vom subalpinen Fichtenwald (1.600 m ü.M.) bis oberhalb der Baumgrenze (1.960 bis 2.600 m ü.M., Hohe Tauern und Ötztal; nach* MEYER *&* THALER *1995).*

Steinen, in Felsspalten, oder im Schutz von Pflanzen. Es dominieren nur wenige Formen in teils hohen Individuenzahlen, wie Springschwänze und Milben, Mücken und Kleinschmetterlinge, aber auch Räuber wie z.B. Spinnen. Obschon Letztere oberhalb der Schneegrenze deutlich abnehmen, gehören sie in der nivalen Stufe zu den artenreichsten Tiergruppen. In Tirol leben beispielsweise in der subalpinen Höhenstufe 142 Spinnenarten, in der nivalen Stufe auf 3.200 bis 3.500 m ü.M. dagegen nur noch 8. Selbst auf den Gletschern gibt es noch Spezialisten, wie verschiedene Arten von „Gletscherflöhen" (Springschwänze). Als Räuber tritt hier ein Weberknecht (*Parodiellus obliquus*) auf, der sich wie andere Räuber von Gletscherflöhen und Arthropoden-Fallout ernährt, d.h. von Arthropoden, welche mit Aufwinden in diese Höhen verfrachtet werden (Franz 1979, 1990).

In der Boden-Mesofauna und bei den Nematoden ist der höhenbedingte Wechsel nicht so dramatisch. Im Schweizer Nationalpark wurden auf 2.500 m ü.M. unter Krummseggenrasen noch 41 *Collembola*-Arten (Springschwänze) gezählt (LIENHARD 1980). Die Bodenmächtigkeit nimmt zwar mit der Höhe in der Regel ab, aber es bestehen immer noch zahlreiche Mikrohabitate. In den flachgründigen Böden, welche immer wieder durchgefrieren, fehlen die frostempfindlichen Regenwürmer. Ihre ökologische Aufgabe (Zersetzer) wird voll von der Mesofauna, vor allem von Springschwänzen und Milben, übernommen.

Der Vegetationstyp steuert wesentlich die Zusammensetzung, die Häufigkeit und die Biomasse der Bodenfauna. Im subalpinem Fichtenwald dominiert in der Bodenlebewelt die Mesofauna. Größere Bodentiere, wie z.B. Regenwürmer, sind spärlich wegen der meist sauren und qualitativ ungenügenden Nahrung, d.h. die Makrofauna-Biomasse ist relativ niedrig. Auf einer subalpinen Wiese dagegen, mit organischer Düngung, ist die Makrofauna-Biomasse zehnmal höher, was vor allem durch Regenwürmer bedingt ist. Im Grasland nimmt die Biomasse der Makrofauna mit der Höhe von ca. 11.700 mg dm^{-1} m^{-2} in 1.960 m ü.M. auf rund 260 mg dm^{-1} m^{-2} in 2.600 m ü.M. ab (MEYER & THALER 1995). Im hochalpinen Grasland dominieren neben Springschwänzen und Milben auch Enchytraeidae. Der Eintrag von Arthropoden durch die Luft mit dem Wind aus tieferen Höhenstufen kann erheblich sein. Oberhalb der Waldgrenze kann man, ähnlich wie bei der Vegetation, unterteilen in Arten im Rasen und solchen in Schneetälchen. Die Fauna der Schneetälchen zeigt wie die Flora eine zonare Anordnung, je nach Dauer der Schneedecke (FRANZ 1990).

Interessanterweise haben der Krummholzgürtel und die Zwergstrauchstufe keine alpine, sondern eine verarmte Waldbodenfauna, d.h. sie gehören zoologisch eindeutig zum Waldgrenzökoton, was die Zuordnung zur subalpinen Höhenstufe berechtigt (Kap. 6.3; FRANZ 1990). Die Felsenheiden stellen Enklaven im Waldgürtel dar. Sie beherbergen eine der alpinen Stufe vergleichbare Flora und Fauna und sind vor allem in den Kalkalpen verbreitet. Sie stellen Reliktstandorte dar, an denen sich eine den Wald meidende Flora und Fauna aus der Zeit vor der postglazialen Wiederbewaldung auf – aus edaphischen Gründen – waldfrei gebliebenen Flächen bis zur Gegenwart erhalten hat.

Die Oberläufe der Gletscherbäche und hoch gelegene Seen sind extrem artenarm (Kap. 3.2.3). Der Lebensraum ist durch das kalte Wasser, mit Temperaturen von wenig über 0 °C, extrem. Hinzu kommt bei Gerinnen die stark wechselnde Wasserführung, eine hohe Strömungsgeschwindigkeit und eine geringe Stabiliät des Gewässerbodens. Ein Hauptgrund für die Artenarmut sind wahrscheinlich die geringen Nährstoffgehalte. Auf silikatischen Gesteinen sind wegen niedriger pH-Werte zusätzliche Effekte durch die Toxizität von Aluminium festzustellen. Dies, in Kombination mit den geringen Nährstoffgehalten, erklärt die Fischarmut in den Hochlagen.

Zu heftigen Kontroversen führt zur Zeit die Wiedereinbürgerung von großen Raubtieren, die ursprünglich in den Alpen zu Hause waren. Dazu gehören vor allem der Luchs (*Felix lynx*), der Bär (*Ursus arctos*) und der Wolf (*Canis lupus*), die teils als Bestandteil des Ökosystems, teils als Bedrohung und Gefahr gesehen werden (Kap. 8.8).

7.2. Anpassungen an Höhe und Kälte

Die Anpassungen der Tierwelt an die Lebensbedingungen in der Höhe sind vielfältig. Wechselwarme Tiere, die direkt von der Außentemperatur abhängig sind, befinden sich im Winter in Kältestarre, z.B. unter Steinblöcken, Holzstämmen, in Felsritzen oder in tieferen Bereichen der Böden. Hierzu gehört der Alpensalamander (*Salamandra atra*), der bis in Höhen von 2.800 m ü.M. lebt. Das Wasser der Bäche und Tümpel in den Hochlagen ist auch im kurzen Sommer meist eiskalt. Für die Entwicklung des Laichs der Lurche würde die Zeit bis zum nächsten Wintereinbruch kaum reichen. Daher ist der Alpensalamander – im Gegensatz zu den meisten Amphibien – weitgehend unabhängig von freiem Wasser. Die Entwicklung seiner Embryonen verläuft ganz im mütterlichen Körper. Nach einer ungewöhnlich langen Tragzeit von zwei bis drei Jahren werden im Frühsommer ein oder zwei Junge geboren. Obwohl nur so wenige Junge zur Welt kommen, waren ursprünglich aber 30 bis 100 Eier in den Uterus eingetreten. Diese Vorräte ernähren die heranwachsenden Embryonen, bevor von einem Abschnitt der Uteruswand Zellmaterial zur Ernährung der Jungen abgegeben wird. Die Jungtiere sind bei der Geburt voll entwickelt, haben also keine Kiemen mehr und können Luft atmen. Um Feuchtigkeitsverluste zu minimieren, erfolgt die Jagd nach Insekten, Spinnen, Würmern und Schnecken am frühen Morgen und späten Abend. Die Larven von Erdkröten (*Bufo bufo*), Grasfröschen (*Rana temporaria*) und Bergmolchen (*Triturus alpestris*), welche sich in gleichen Höhenlagen entwickeln, halten sich immer in den wärmsten seichten Uferbereichen der Laichgewässer auf, wodurch ihre Entwicklung markant beschleunigt wird.

Die Kältestarre gibt es auch bei Reptilien. Zur Entwicklung von im Boden abgelegten Eiern reicht die kurze Zeit des Alpensommers nicht aus. Eier legende Schlangen und Eidechsen bleiben daher auf die Tallagen beschränkt. Im Unterschied dazu sind die Bergeidechse (*Lacerta vivipara*; bis 3.000 m ü.M.), die Glattnatter (*Coronella austriaca*; bis 2.000 m ü.M.) und die Kreuzotter (*Vipera berus*; bis 3.000 m ü.M.)"fast" lebendgebärend, d.h. unmittelbar nach der Eiablage sprengen die Jungen die Eischalen, sie sind ovovivipar.

Gleichwarme Tiere, wie Vögel und Säugetiere, haben verschiedene Strategien entwickelt. Typisch ist beispielsweise der Winterschlaf, wie beim Murmeltier (*Marmota marmota*). Es überwintert in einer mit Heu ausgekleideten Erdhöhle in bis zu 3 m Tiefe und schläft bis zu sieben Monate. Rund die Hälfte eines ausgewachsenen Männchens von 5 kg besteht aus Fett (Kleesattel 1999). Während des Winterschlafs ist die Temperatur von 36,5 °C auf 6 bis 8 °C verringert, die Zahl der Herzschläge von 114 auf 4 in der Minute. Die Fließgeschwindigkeit des Blutes ist stark gedrosselt, statt alle zehn Sekunden braucht das Blut mehr als drei Minuten, um den Körper einmal zu durchströmen. Damit das Blut nicht gerinnt, bilden die Tiere ein gerinnungshemmendes Enzym, das Heparin. Nur alle drei bis vier Wochen erreichen die Murmeltiere für einige Tage Normaltemperatur, während denen Urin abgegeben wird und das physiologische Gleichgewicht im Gehirn wieder hergestellt wird. Der Winterschlaf entspricht physiologisch nicht einem normalen Schlafzustand, so dass periodisch das Schlafbedürfnis ausgeglichen werden muss. Der Energieverbrauch ist auf etwa 1/10 des Wachzustandes herabgesetzt. Die Winter sind im Leben der Murmeltiere entscheidend. Neun von zehn Murmeltieren sterben im Winter, davon nur 10 % durch natürliche Feinde, wie Steinadler (*Aquila chrysac-*

tos), Fuchs (*Vulpes vulpes*) oder Marder (*Martes* spec.). Für das Aufrechterhalten der minimalen Körpertemperatur ist eine Überwinterung als dicht zusammengekuschelte Gruppe überlebenswichtig, insbesondere für die noch nicht ausgewachsenen Jungtiere, deren Fettreserven nicht für ein eigenständiges Überwintern ausreichen würden. Murmeltiere werden maximal 18 Jahre alt. Ihr Fett, das universelle Verwendungen fand, vom Schuhfett über Möbelpolitur, Öllampen, bis zum Heilmittel, hat fast zu ihrem Aussterben geführt.

Die Schneemaus (*Microtus nivalis*) bleibt auch unter dem Schnee aktiv. Sie bewohnt versteckreiche Geröllfelder bis über 4.000 m ü.M. Für ihren hohen Energiebedarf benötigt sie täglich ca. 25 g hochwertige Pflanzenkost, aber auch Insekten und Würmer. Um Energieverluste zu minimieren, hält sie sich kaum an der Schneeoberfläche auf, sondern in einem Gangsystem, welches sie im Schnee anlegt, oder unter dem Schnee, wo sie Nahrung findet. Das Risiko für die Schneemaus ist nicht der Winter, sondern es sind die Sommer mit Schlechtwettereinbrüchen, wo sie durch Durchnässung und Unterkühlung an Infektionskrankheiten stirbt.

Der Schneehase (*Lepus timidus*) bleibt aktiv auf dem Schnee. Er ernährt sich von Gräsern auf Rücken, Graten und Kuppen etc., die durch Wind freigelegt wurden. Sein Fell wechselt jahreszeitlich die Farbe, vom braunen Sommerfell (ab März) zum viel dichteren weißen Winterfell (ab Oktober). Seine stark behaarten Pfoten wirken als „Schneeschuhe“. Schneehasen besitzen einen langen Blindarm, in dem symbiontische Bakterien leben, die einerseits unverdauliche Substanzen abbauen, aber auch Fettsäuren und Eiweiße bilden, die der Schneehase dann durch seine Darmwand aufnimmt. Zum Ausharren im Winter über dem Schnee ist eine gewisse Körpergröße notwendig, damit die Wärmeverluste aufgrund der relativen Körperoberfläche nicht zu hoch sind. Der Schneehase ist in den Alpen das kleinste Säugetier, das auf dem Schnee überwintert.

Auch die Raufußhühner, wie das Auerhuhn (*Tetrao urogallus*), das Haselhuhn (*Bonasa bonasia*), das Birkhuhn (*Tetrao tetrix*) und das Schneehuhn (*Lagopus mutus*), haben befiederte oder durch Hornstifte verbreiterte Füße, die sich zum Laufen auf dem Schnee eignen. Raufußhühner erfahren durch Bebauung, Tourismus etc. überall in Mitteleuropa einen starken Bestandesrückgang. Die Alpen könnten hier als wichtiges Refugium fungieren. Das Alpenschneehuhn lebt oberhalb der Baumgrenze bis zur Schneegrenze. Es hat ein sehr dichtes Gefieder, da die Temperaturen im Winter oft tagelang unter –30 °C liegen. Im Sommer übernachten die Schneehühner in Mulden, im Winter graben sie bis über 1 m lange Schlafhöhlen im Pulverschnee. Ihre Nahrung finden sie an schneefreien, südexponierten Steillagen, an windgefegten Kanten, entlang von Spuren von Gämsen und Schneehasen, oder sie legen sie frei durch Scharren. Die Schneehühner wandern im Sommer mit der Schneeschmelze nach oben. Sie fressen dabei die neu wachsenden Pflanzen, die besonders eiweißreich und gut verdaulich sind.

Gämsen (*Rupicapra rupicapra*) weichen in der Regel dem Bergwinter aus, indem sie bis zum Bergwald absteigen. Ihr dunkles Fell speichert Sonnenenergie und isoliert. Hohle Haare verlangsamen aufgrund der eingeschlossenen Luft den Wärmeaustausch, ähnlich wie Daunenfedern, Glaswolle oder synthetischen Holfill-Fasern. Die Isolationswirkung ist derart groß, dass bei Schneefall die Eiskristalle auf dem Fell nicht schmelzen und dieses somit nicht durchnässt wird, was unweigerlich zu einer Unterkühlung führen würde.

Im Unterschied zur Gämse wandert der Steinbock (*Capra ibex*) im Winter nicht nach unten, sondern nach oben. Er ist das größte dauerhaft in den Hochlagen der Alpen lebende Säugetier. Nur im Frühjahr steigt er ab. Der Vorteil in großer Höhe und bei steilem Gelände ist, dass der Schnee weniger leicht liegen bleibt als im Tal oder im Bergwald. Der Schnee verschwindet an diesen steilen Hochlagen auch sehr schnell bei Sturm und Föhneinbruch. Die Pflanzen der Hochlagen enthalten außerdem weniger Zellulosefasern, dafür aber mehr Eiweiß und Mineralstoffe, sind also nahrhafter. Die Brunft erfolgt im Hochwinter (Dezember, Januar). Die Jungen kommen dann zur günstigsten Jahreszeit im Mai bzw. Juni zur Welt.

Der Steinbock – fast ausgerottet

Schon im 16. Jahrhundert war der Steinbock (*Capra ibex*) fast ausgerottet, nicht nur wegen des Wildbrets und der Trophäenjagd, sondern auch aufgrund der vermeintlichen Heilwirkung der „Bezoarkugeln“. Das sind kleine Kügelchen im Magen aus Haaren und Pflanzenresten. Man vergoldete sie und verkaufte sie in Apotheken gegen Schwindel, Ohnmacht, Gelbsucht und Melancholie. Das Blut diente zur Behandlung von Blasensteinen, das gemahlene Gehörn gegen Krämpfe und Koliken, die Fersengelenke als Aphrodisiaka etc. Nur wenige Tiere überlebten im Gran Paradiso in Italien. Die Wiederansiedlung begann 1911 (Graue Hörner, St. Gallen). Es waren in Gehegen gezogene Tiere, die von drei Exemplaren abstammten, die 1906 von einigen Schweizern aus dem streng bewachten Gran Paradiso, dem Jagdreservat des italienischen Königs, gestohlen worden waren. Vorher hatte der italienische König ein offizielles Bittgesuch abgelehnt. Heute leben mehr als 33.000 Exemplare im Alpenraum (Holtmeier 1999). Da mit der starken Vermehrung auch eine Zunahme der Schäden an Aufforstungen, Lawinenverbauungen und alpinem Rasen einhergeht, erfolgt seit einiger Zeit eine jagdliche Regulierung der Bestände.

Die meisten Singvögel weichen den ungünstigen Winterbedingungen durch Wanderungen aus. Vertikalwanderungen in tiefere Lagen sind z.B. vom Bergpieper (*Anthus spinoletta*) und der Gebirgsstelze (*Motacilla cinerea*) bekannt. Die Alpenbraunelle (*Prunella collaris*) und der Schneefink (*Montifringilla nivalis*) suchen zum Teil Nahrungsquellen in der Nähe des Menschen auf (Berghäuser, Dörfer). Die Alpendohlen (*Pyrrhocorax graculus*) verbringen die Nächte in ihren Brutkavernen, streichen aber tagsüber zum Nahrungserwerb bis in Tieflagen. Kurzstreckenzieher wie der Hausrotschwanz (*Phoenicurus ochruros*) und die Ringdrossel (*Turdus torquatus*) ziehen ans Mittelmeer. Langstreckenzieher wie der Steinschmätzer (*Oenanthe oenanthe*), der Steinrötel (*Monticola saxatilis*) und der Alpensegler (*Apus melba*) wandern ins tropische Afrika.

Alpine Arthropoden weisen oft eine dunklere Farbe auf (Melanismen). Dadurch kann die Körpertemperatur erhöht und damit die Entwicklung beschleunigt werden. Gleichzeitig wirkt die Pigmentierung als Schutz vor der hohen UV-Strahlung (Sømme 1989). Hummeln und gewisse Nachtschmetterlinge sind zur Thermoregulation befähigt, d.h. sie können die Körpertemperatur beachtlich über die Umgebungstemperatur anheben. Tagaktive Insekten nutzen vielfach parabolisch gebaute Blüten, um in deren Brennpunkt den Körper aufzuheizen. Bereits vor dem winterlichen Kälteeinbruch verstärken überwinternde Arthropoden ihre Kälteresistenz. Bei der einen Strategie werden Frostschutzsubstanzen produziert, welche auch die Bildung von Eiskristallen in der Körperflüssigkeit erlauben und sogar fördern. Bei der anderen wird die Unterkühlungsfähigkeit gesteigert (Vermeidung der internen Eisbildung). Beide Strategien können geeignet sein, um auch Temperaturen unter –30 °C zu überleben. Als Schutzsubstanzen sind Glycerin und andere gesättigte Alkohole bekannt, ebenso verschiedene Zucker und hochmolekulare Verbindungen (Glykopeptide und Glykoproteine).

Der Lebenszyklus der alpinen Arthropoden muss der kurzen Vegetationsperiode und den tiefen Temperaturen angepasst sein. Das kann mit der Ausdehnung der Entwicklungszeit auf zwei oder mehr Jahre erfolgen, wobei die Überwinterung als Ei, als Larve, Puppe oder auch als adultes Insekt erfolgen kann (Abb. 55). In der Regel sind nur die für die Überwinterung bestimmten Stadien befähigt,

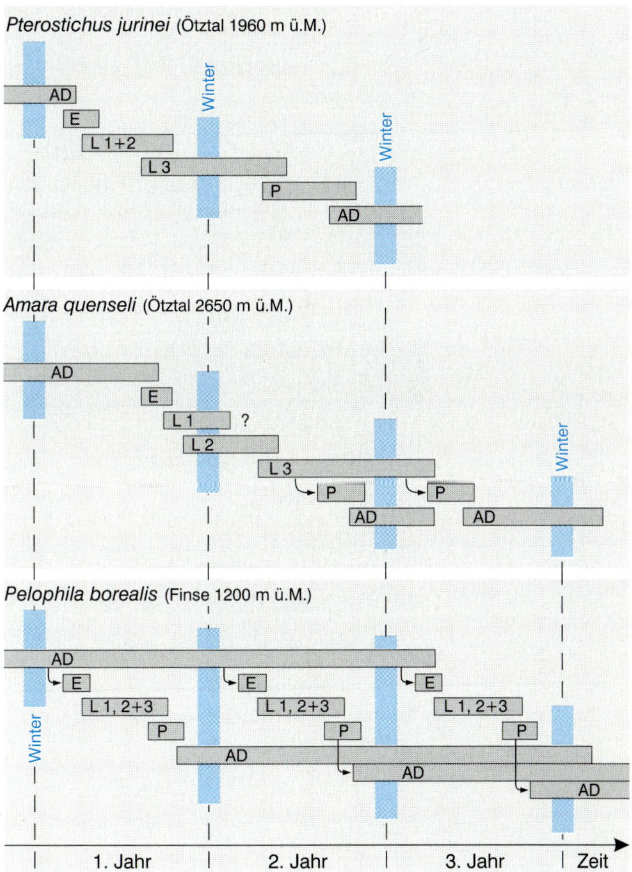

Abb. 55
Lebenszyklen dreier alpiner Käferarten (nach Sømme 1989, © Cambridge University Press).
AD = adulte Tiere; E = Eier; L = Larvenstadien; P = Puppenstadium.

eine erhöhte Kälteresistenz aufzubauen. An der klimatisch bedingten Obergrenze der Vertikalverbreitung ist es auch möglich, dass z.B. Schmetterlinge in der Puppe auf einen günstigen Schlüpftermin warten und diesen sogar um ein Jahr hinausschieben können, falls die notwendigen Temperaturen in der ersten Saison nicht erreicht werden.

Eine weitere Strategie, um mit den Jahreszeiten in Übereinstimmung zu gelangen, ist die Verkürzung der Entwicklung auf eine Saison. Dies kann durch die Reduktion der Anzahl von Larvenstadien mit zunehmender Höhe realisiert werden, aber auch durch geeignetes Verhalten: Durch Sonnenbaden etwa können melanistisch gefärbte Wirbellose ihre Lebensfunktionen stark beschleunigen (Tab. 29).

Arthropoden gibt es bis auf die höchsten Alpengipfel. Sie leben in kleinsten Bodenkörpern, auf oder im Schnee oder wie die Gletscherflöhe (z.B. *Isotoma saltans*) im Spaltensystem des Eises. Ähnlich wie für die Pflanzen stellt der Schnee in Hochlagen für Invertebraten einen wichtigen Schutz vor Kälte und vor dem Austrocknen dar. Bewohner von windgefegten, schneearmen Stellen müssen deshalb entsprechende Anpassungen aufweisen. Dazu gehört auch die Fähigkeit, bei Einschluss in Eis längere Zeit ohne Sauerstoff auszukommen (anaerobe Lebensweise).

Tab. 29: Vergleich der Entwicklungsdauer des Springschwanzes *Isotomurus alticola* und der Temperaturverhältnisse in unterschiedlichen Höhen der Berner Alpen

	Guttannen (880 m ü.M.)	Oberaar (2.400 m ü.M.)
mittlere Wassertemperatur (= Mikroklima des Lebensraumes)		
→ Sommer	7,4 °C	4,5 °C
→ Winter	3 – 4 °C	0,5 – 1,0 °C
mittlere Lufttemperatur		
→ Sommer	10,4 °C	4,9 °C
→ Winter	–1,0 °C	–4,6 °C
Minimum Lufttemperatur	–20 °C	–24 °C
Haupt-Reproduktionsperiode	März bis Mai	Juli
adultes Entwicklungsstadium erreicht nach	5 – 6 Monaten (Okt./Nov.)	2,5 Monaten (Ende Oktober)

nach Zettel (1999)

FRAGEN

1 *Wie wirkt sich die Höhenstufung der Vegetation auf die Tierwelt aus?*

2 *Welche Tiergruppen übernehmen in Hochlagen mit häufigem Bodenfrost die Funktion der Regenwürmer als Zersetzer?*

3 *Welche Rolle spielen die Eiszeiten für die Artenvielfalt der Tiere?*

4 *Welche Strategien haben wechselwarme Tiere entwickelt, um sich an die niedrigen Temperaturen und die kurzen Sommer in den Hochlagen anzupassen?*

5 *Welche Strategien verfolgen diesbezüglich die gleichwarmen Tiere?*

6 *Welche Rolle spielt der Schnee für die Tierwelt?*

7 *Wie beurteilen Sie die Wiedereinbürgerung von Bären, Luchsen und Wölfen?*

8 *Wie hat der Mensch die Tierwelt der Alpen verändert und was sind die Konsequenzen?*

9 *Gibt es in den Alpen eine Obergrenze, oberhalb derer Tiere nicht mehr existieren können?*

10 *Wie reagieren die Vögel auf die ungünstigen Verhältnisse im Winter?*

8 Menschliche Einflüsse

8.1 Besiedlungsgeschichte und Bevölkerungsentwicklung

Schwaighöfe: Die Tiroler Schwaighöfe waren Viehhöfe mit Käsezins. Sie lagen an Talenden, unterhalb der begehbaren Pässe. Sie waren zu Sonderabgaben verpflichtet, wie z.B. zur Verköstigung der Reisenden.

Der Mensch wirkt auf die Ökosysteme in den Alpen schon seit langer Zeit ein. Die Funde sind aber wegen der eiszeitlich starken Vergletscherung naturgemäß aus den frühen Perioden nicht so häufig wie außerhalb der Alpen. Erste *Homo erectus*-Funde gibt es aus den Alpes Maritimes, östlich von Monaco. In der Grotte du Vallonnet wurden ca. 1 Mio. Jahre alte steinerne Abschlaggeräte vom Beginn der Günz-Eiszeit gefunden (Müller 1991). Erste Spuren des modernen Menschen stammen aus Höhlenbärenschichten der letzten Eiszeit (Altpaläolithikum). Diese Jäger durchstreiften auch die Hochlagen, wie z.B. die Funde im Drachenloch (2.445 m ü.M., Taminatal) belegen, wo kultische Bestattungen von Höhlenbärenschädeln durchgeführt wurden. Die Anlage der Kultstätte erfolgte vor der letzten Maximalvereisung, d.h. vor mehr als 20.000 Jahren (Lukschanderl 1983). Der steinzeitliche „Ötzi", der vor über 5.000 Jahren am Hauslabjoch starb, war sicher nicht der erste und einzige Mensch in diesen Höhen. Möglicherweise sind gleich nach dem Ende der letzten Eiszeit die Menschen in die Hochlagen vorgerückt, da dort mehr Wild vorhanden und vor allem leichter zu jagen war als im Wald. Die landschaftlichen Verhältnisse oberhalb der Waldgrenze waren ja den eiszeitlichen Verhältnissen im außeralpinen Raum sehr ähnlich. Auf dem Ullafelsen, einem Plateau in den nördlichen Stubaier Alpen (1.869 m ü.M.), fand man Feuerstellen von mesolithischen Jagdgruppen, am Grödner Joch (2.000 m ü.M.) Reste von Hütten mit Feuerstellen von ca. 7.000 ^{14}C-Jahren v.h. (Lukschanderl 1983; Schäfer & Müller 1997). Neben diesen mesolithischen Lagerplätzen ist das Einsetzen der neolithischen Weidenutzung oberhalb der Waldgrenze und Brandrodung im Bereich der Waldgrenze bereits gut 1.000 Jahre vor „Ötzi" belegt (Patzelt 1997). Im Neolithikum dienten die Alpen zunächst als Sommerweiden, dann zur dauerhaften Besiedlung, die in den Westalpen um 5.500 ^{14}C-Jahre v.h., in den Ostalpen etwa 1.000 Jahre später einsetzte. Frühneolithische (6.500 ^{14}C-Jahre v.h.) Siedlungsreste liegen im Wallis bei Sion-Planta unter 5 m dicken Rhône-Schottern (Gallay 1986, in Küster 1994).

Auf Pässen oberhalb der Waldgrenze gibt es zahlreiche bronzezeitliche Funde. Der Kupferbergbau in der Bronzezeit führte bereits zur Schaffung ausgedehnter Weideflächen. Schlackenhalden der Verhüttungsplätze finden sich bis 2.500 m ü.M. Der Holzbedarf war groß. Zur Herstellung von 100 kg Kupfer wurde rund 1 t Holz oder 200 kg Holzkohle benötigt. Die Almwirtschaft diente als Ernährungsgrundlage. Wiesenbewässerung in der oberen Waldstufe wurde teilweise schon seit der Bronzezeit durchgeführt. Der Handelskontakt Deutschland-Italien verlief bereits im vierten vorchristlichen Jahrtausend durch die Zentralalpen, entlang der Route Bodensee – Alpenrhein – Zentralalpen – Etschtal – Südtirol. Die transalpinen Routen waren wahrscheinlich ohne dauerhafte Besiedlung nicht vorstellbar. Der Große St. Bernhard wurde seit 3.200 v.Chr. überschritten und erhielt in der Bronzezeit eine hohe Bedeutung durch den Kupferhandel.

Während der Hallstattzeit (800 bis 400 v.Chr.) standen der Abbau von Salz und Eisen im Vordergrund. In der La Tène-Zeit (400 v.Chr.) erfolgte von Westen und Südwesten her eine Besiedlung durch rätische und frühkeltische Stämme, mit Bergbau auf Salz, Gold und Eisen. Schließlich wurden die einzelnen Alpengebiete in das Römische Reich eingegliedert. Die illyrisch-keltische Bevölkerung wurde romanisiert und hat sich stellenweise, in Form der Rhätoromanen (Ostschweiz), der Ladiner (Südtirol) und der Friauler (Venetianer Alpen), bis heute erhalten. In der Römerzeit wurden alle Pässe und Talräume bereits wie heute begangen. Während der klimatisch ungünstigen Völkerwanderungszeit ging der Kulturraum zurück. In die schwach besiedelten Gebiete drangen gegen Ende des 6. Jahrhunderts von Osten Slawen und von Norden und Nordwesten Bajuwaren und Alemannen ein. In den südlichen Tälern wanderten die Italiener ein und der Westen wurde französisch. Im Anschluss entstanden in erster Linie Einzelhöfe längs der aus der Römerzeit vorhandenen Straßen. Die großen mittelalterlichen Rodungen liegen um das 8. bis 14. Jahrhundert. Einen Schwerpunkt der Rodungen bildeten, wegen der starken Vermehrung der Bevölkerung, das 12. und 13. Jahrhundert mit einer Ausweitung der Dauersiedlungen und dem Herabdrücken der Waldgrenze. Hierzu zählt die Schwaighof-Kolonisation in den Ostalpen (Pacher 1993). Ein bekanntes Beispiel für das Vordringen der Dauersiedlungen bis an den Rand der Ökumene sind die in Vent im hinteren Ötztal gelegenen Rofenhöfe (2.014 m ü.M.), die noch heute die höchste Dauersiedlung der Ostalpen darstellen. In diesen Zeitraum des 12. Jahrhunderts fallen auch die Wanderungsbewegungen der Walser.

Walserwanderung: Die Wanderungen gingen im 12. Jahrhundert vom Oberwallis (Alemannen) über Furka und Oberalppass nach Rätien, zum Südhang des Monte Rosa, nach Westen ins Savoyen, nach Osten ins Tessin, über die Bündner Pässe nach Graubünden sowie ins St. Galler Oberland, Liechtenstein, Tirol und Vorarlberg. Am Ende des 14. Jahrhunderts war die Walserwanderung beendet.

Im Zeitraum von 1500 bis 1900 hat sich die alpine Bevölkerung verdreifacht und ist von rund 2,9 Mio. auf 7,9 Mio. angestiegen (Bätzing et al. 1993). Die starke Entwaldung im Mittelalter bis in Extremlagen und die Zunahme an Naturkatastrophen führten zu den ersten Bannbriefen und Schutzwäldern im Alpenraum, wie dem Bannbrief von Andermatt vom 25. Juli 1397. Als Folge der Pest im 14. Jahrhundert und dem Klimarückschlag der „Kleinen Eiszeit“ ging auch die Almwirtschaft zurück. Ab dem 16. Jahrhundert gab es dann wieder stark steigende Holznachfrage für die Salinen, die Eisenindustrie und zur Deckung des Brenn- und Nutzholzbedarfs für die sich entwickelnden Städte. Das 19. Jahrhundert steht im Zeichen des Raubbaus am Gebirgswald. Als Folge der gleichzeitig gehäuft auftretenden Überschwemmungen, vor allem der Flutkatastrophe von 1868, kam es 1876 zum Inkrafttreten des Forstpolizeigesetzes für den Gebirgswald in der Schweiz.

Bei der Besiedlung der Alpen gab es unterschiedliche Strategien. In vielen Regionen waren die Talböden teils bis zur Mitte des 20. Jahrhunderts versumpft und hochwassergefährdet, so dass dort die Kulturnahme durch Alpweide an der Waldgrenze mit Schafen und Ziegen erfolgte. Das Herabdrängen der Waldgrenze war zum Teil sicher zunächst eine Folge der Waldweide. Die Besiedelung und Ausweitung der Wirtschaftsflächen auf den Talsohlen konnte von den ersten sicheren Siedlungsplätzen am Rand der großen Schwemmfächer und in den Talschlüssen der Nebentäler sowie nach Trockenlegung und Verbauung der Gerinne in historischer Zeit ausgehen. In manchen Gebieten sind die anthropogenen Eingriffe auf den Talböden dagegen schon sehr früh festzustellen, wie z.B. in Tirol/Salzburg seit 8.000 ^{14}C-Jahren v.h.

Abb. 56
Bevölkerungsentwicklung im Alpenraum 1870 bis 1990 (nach Bätzing 1997).

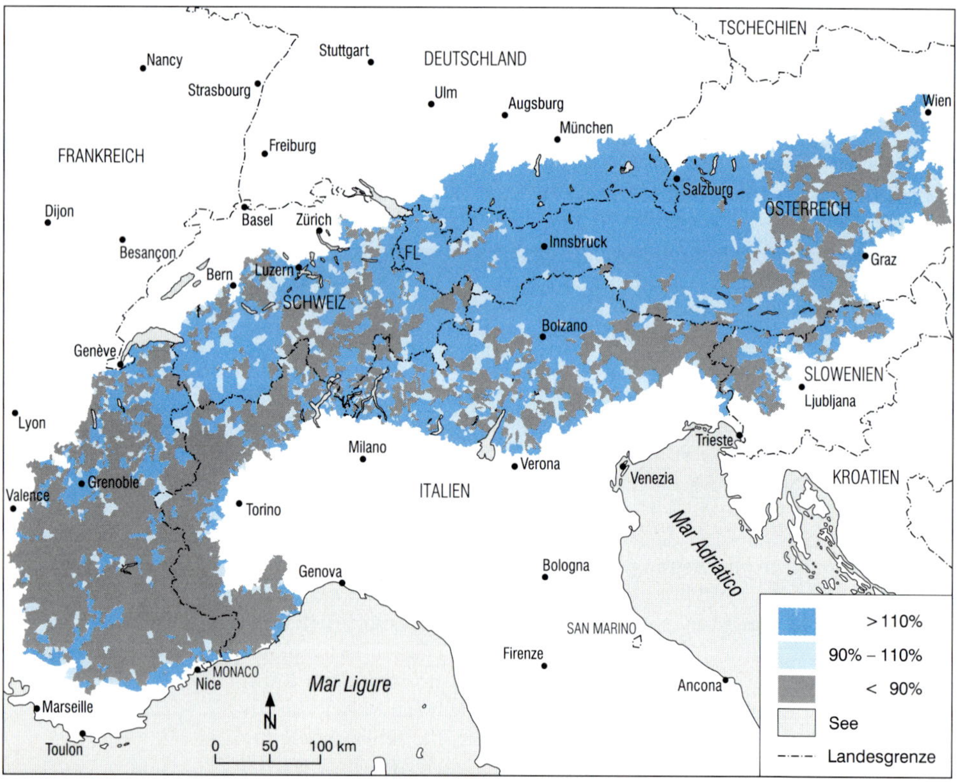

Tab. 30: Bevölkerungsentwicklung 1870 bis 1991 im Alpenraum

Bev.-Entwicklung 1870 – 1991	Zahl der Alpengemeinden	%	Bevölkerungs-Veränderung seit 1870
Rückgang	2.514	43	– 44 %
Stagnation	575	10	0
Zunahme	2.713	47	+ 136

nach Bätzing (1998b)

(Patzelt 1997). Im Waldgürtel war der menschliche Einfluss zunächst sicher geringer, setzte später ein und erreichte erst im Mittelalter größere Ausmaße. Durch sehr aufwendige Schwendarbeiten wurden dann die Waldflächen landwirtschaftlich nutzbar gemacht.

Heute sind die Alpen mit rund 11 Mio. Bewohnern das am stärksten industrialiserte und am dichtesten bevölkerte Gebirge der Welt. Die Bevölkerungsdynamik ist regional verschieden. Seit 1870 verloren 43 % aller Alpengemeinden rund die Hälfte ihrer Einwohner (Abb. 56; Tab. 30). 10 % der Gemeinden weisen eine Stagnation auf, und 47 % sind gewachsen, wobei sie seit 1870 ihre Einwohnerzahl im Schnitt mehr als verdoppelt haben. Wenn die Tendenz so weiter geht, dann bestehen die Alpen eines Tages nur noch aus verstädterten und entvölkerten Regionen, in denen sich die Wildnis wieder ausbreiten kann. Um 1600 gab es in den Alpen sechs Städte (d.h. Orte mit mehr als 5000 Einwohnern; Mathieu 1998). Bis 1800 haben sich die urbanen Zentren in tiefen Lagen verdoppelt, in den Höhen blieb die Situation unverändert. Im 19. Jahrhundert verschob sich das Wachstum nach oben. Gegen 1900 entstand mit Davos eine Stadt auf fast 1.600 m ü.M., weit über der früheren Maximalhöhe. 1991 gab es im Alpenraum 143 Gemeinden in der Größenordnung mit mehr als 10.000 Einwohnern, in denen 3 Mio. Menschen lebten. Das sind immerhin 27 % der Alpenbevölkerung. Die meisten Alpengemeinden liegen in Höhenlagen unterhalb 1.000 m ü.M., die meisten Personen leben sogar unterhalb 500 m ü.M. Die Differenzierung in Wohnort und Arbeitsort und die Zunahme des Pendlertums und eine insgesamt wachsende Urbanisierung der Alpen führen dazu, dass 1990 bereits mehr als 57 % der Bevölkerung in städtisch geprägten Regionen lebt (Abb. 57; Perlik 2001).

Heute geraten die Alpen im Rahmen der zunehmenden europa- und weltweiten Arbeitsteilung immer stärker in Abhängigkeit von der außeralpinen Wirtschaft. Die endogenen Ressourcen der Alpen, wie Land- und Forstwirtschaft, Rohstoffe, lokales Handwerk und Gewerbe, werden entwertet, weil diese Produkte an anderen Stellen Europas viel billiger hergestellt werden können. Andererseits wird die Nutzung bestimmter alpiner Ressourcen (Erholung, Transit, Wasser) für die europäischen Zentren wirtschaftlich dominant. Diese Entwicklung führt zu gravierenden Problemen. In den Gunsträumen, wie den gut erreichbaren Tälern, Becken und in ausgewählten Hochlagen, herrscht eine

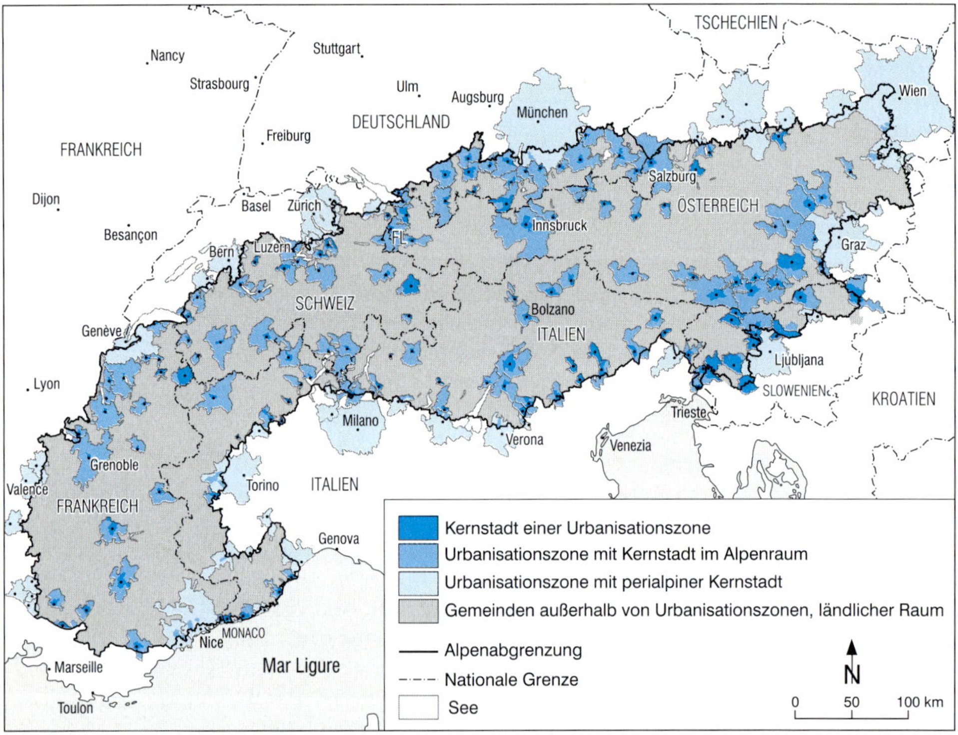

Abb. 57 *Agglomerationen und Städte im Alpenraum (nach* Perlik *2001).*

starke Übernutzung vor. In den großflächigen Ungunsträumen wird dagegen die Nutzung eingestellt. In beiden Fällen sind damit nicht nur ökologische Probleme verbunden. Die alpine Wirtschaft wird zunehmend in die großräumige Arbeitsteilung einbezogen; sie verliert an Selbständigkeit und die regionalen Wirtschaftskreisläufe werden aufgebrochen. Ähnliches gilt für die Alpenstädte: Lange Zeit hatten sie eine große wirtschaftliche und funktionale Selbständigkeit als zentrale Orte für ihr Umland. Seit etwa einem Jahrzehnt jedoch werden sie dank besserer Erreichbarkeit auf der Straße und mittels der neuen elektronischen Medien zu „Vororten“ der großen Zentren wie München, Wien, Madrid, Lyon oder Zürich (Bätzing 1998b).

Dadurch entstehen wirtschaftlich labile, extern geprägte Monofunktionen. Tourismus-, Industrie-, Transit- und Wohnregionen, ergänzt durch die Funktionen, für die in den Agglomerationen kein Platz mehr ist: militärische Übungsgebiete, Abfall- und Deponiegebiete, Wasserkraft- oder Trinkwassergebiete. Im Rahmen dieses Strukturwandels gerät so die gesamte alpine Wirtschaft in die direkte Abhängigkeit der europäischen und globalen Wirtschaftszentren. Dabei werden die traditionellen Nutzungsformen mit ihrem direkten Bezug zu Umwelt, Geschichte und Kultur entweder ersatzlos zerstört oder durch moderne

Formen ersetzt, die weder umwelt- noch sozialverträglich sind und die wirtschaftlich wegen ihrer Monofunktion und Zentrenabhängigkeit sehr labil sind (BÄTZING 1998b).

8.2 Landwirtschaft

Die landwirtschaftliche Nutzung hat in den Alpen eine Jahrtausende alte Tradition. Durch die Melioration der Talauen im 19./20. Jahrhundert, durch das günstige Klima und das ebene Relief wird in den Tallagen intensive Landwirtschaft betrieben. In den großen inneralpinen Trockentälern sind dies häufig Sonderkulturen, wie Wein-, Obst- und Gemüsebetriebe, die von der guten Verkehrsanbindung profitieren und in den europäischen Markt eingebunden sind. Erwähnt sei hier nur der Weinbau im Wallis, im Veltlin und im Aostatal und der südtiroler Obstbau im Vintschgau bis über 1.000 m ü.M. (Foto 20). Ansonsten dominiert auf den Talböden die Grünlandwirtschaft mit Viehzucht. Die Talwiesen liefern das Heu für die Stallfütterung im Winter, die Matten der Almregion dienen als Sommerweide. Durch die Sömmerung des Viehs wird die Futterbasis der Talbetriebe deutlich erweitert. Die Bergmähder, die in den meisten Gebieten stark zurück gegangen sind, dienen als zusätzliche Nahrungsquelle für den Winter. Die Alm- bzw. Alpwirtschaft war (ist) lange Zeit eine unverzichtbare Futterbasis für die Talbetriebe im mehrstufigen Wirschaftssystem der Berglandwirtschaft und zugleich zentrale Exportbasis (Käseproduktion). Die Landwirtschaft spielt auch eine wesentliche Rolle für die Erhaltung der Kulturlandschaft und der landschaftlichen Diversität in den Alpen. Da die Landwirtschaft aber stark im Rückgang begriffen ist, werden die Bergbauern oft als subventionierte „Landschaftsgärtner" verstanden. Heute erwartet die Gesell-

Galtvieh: Rinder wie Stiere, Ochsen und Jungvieh, die keine Milch geben.

Foto 20
Obstanbau mit Bewässerung im Vintschgau (900 m ü.M.)
Im Hintergrund liegt die Ortlergruppe (VEIT 25.08.2000).

schaft eine Dienstleistung anstelle eines Produktes. Mit den heutigen Direktzahlungen soll der Bergbauer diese Dienstleistungen erbringen können, was allerdings sein Selbstverständnis in Frage stellt. Die Erhaltung biologischer Vielfalt wird über die Produktion von Rohstoffen gestellt. Damit wird zwar die alte Ordnung gestört, zugleich aber die Berglandwirtschaft in die heutige Dienstleistungsgesellschaft integriert.

Alm, Alp

Der bayerische Ausdruck „Alm" bzw. der alemannische Ausdruck „Alp" kennzeichnet jene Grundstücke im Gebirge, die während des Sommers vom aufgetriebenen Vieh vorwiegend als Weide genutzt und meist getrennt von den tiefergelegenen Heimgütern bewirtschaftet werden. Die Weideflächen befinden sich in der Regel oberhalb der Dauersiedlungsgrenze. In unterschiedlichen Höhen differenziert man Niederalmen (< 1.300 m ü.M.), Mittelalmen (1.300 bis 1.800 m ü.M.) und Hochalmen (> 1.800 m ü.M.). Die Hochalmen, als Galtviehalmen und Schafalmen, liegen oberhalb der Waldgrenze in der alpinen Höhenstufe. Die Kuh- oder Sennalmen befinden sich meist unterhalb der Waldgrenze. Zwischen den Talbetrieb und die Alm schiebt sich normalerweise noch eine „Vorsäss" bzw. „Maiensäss". Dabei handelt es sich um den Alpweiden vorgelagerte Nutzflächen, die im Frühjahr als Vor- und im Herbst als Nachweide genutzt werden (Abb. 58). Heute sind die Vorsässe meist nicht mehr von der ganzen Familie bewohnt, sondern es wird oft vom Heimbetrieb im Tal aus bewirtschaftet und im Sommer teilweise an Gäste vermietet, was durch die Verkehrserschließung vereinfacht wird.

Bei der Berglandwirtschaft unterscheidet man Acker-Alp-Betriebe und Wiesen-Alp-Betriebe (Abb. 59). Acker-Alp-Betriebe sind Mischbetriebe mit Ackerbau (Roggen, Gerste, Kartoffeln) und Rinderhaltung. Da Gerste und Kartoffeln bis in große Höhen wachsen und bis Ende September reifen können, reicht ihr Anbau – besonders in den kontinentalen Inneralpen – sehr hoch. Die Gerste wird (bzw. wurde) z.B. im Engadin, im Münstertal, der Haute Durance und in Osttirol bis in Höhen von 1.800 bis 2.000 m ü.M. angebaut. Wegen der notwendigen intensiven Handarbeit und weil der Ertrag mit der Höhe zurückgeht, kam dieser Typ am frühesten (ab 1880) in eine wirtschaftliche Krise. Sofern die klimatischen Verhältnisse keinen Ackerbau mehr ermöglichen, dominieren die Wiesen-Alp-Betriebe. Sie gehen auf die Walser zurück. In Tirol und Salzburg gehören zu diesem Typus die Schwaighöfe. In Vent im Ötztal liegt die höchste Dauersiedlung bei 2.080 m ü.M. In Juf in Graubünden ist mit 2.133 m ü.M. die höchste Dauersiedlung in den Alpen

Abb. 58
Jahreszeitliche Nutzung der Alpen am Beispiel eines Bergbauern aus dem Bregenzerwald (nach Berchtel 1991).

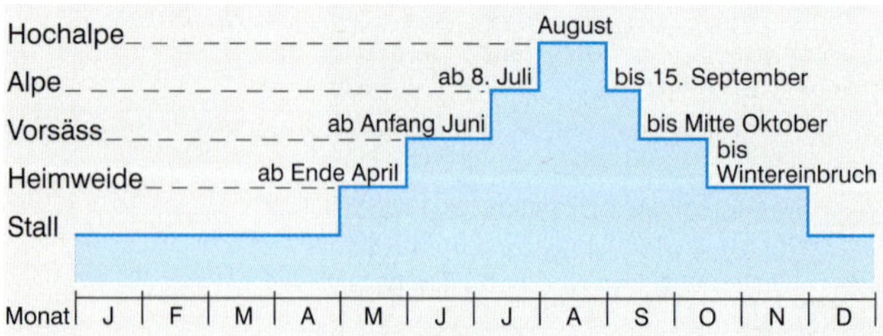

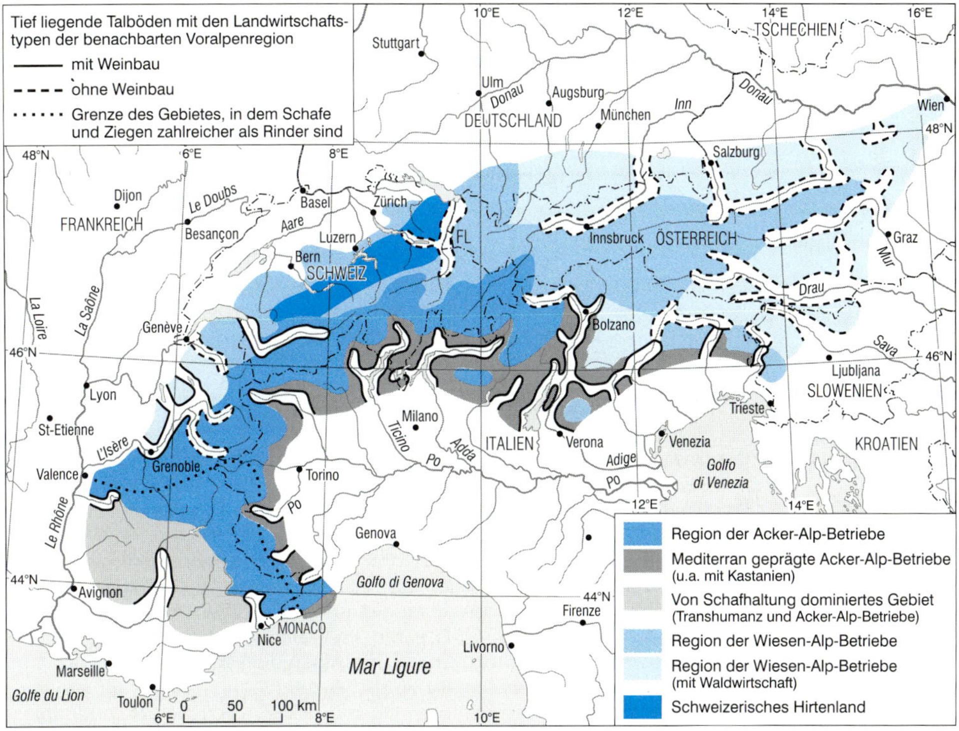

Abb. 59
Traditionelle Landwirtschaftstypen in den Alpen (nach BÄTZING 1997).

anzutreffen. Die Wiesen-Alp-Betriebe nehmen seit einigen Jahrzehnten auch in den Tallagen zu.

1990/91 gab es in den Alpen 514.000 Landwirtschaftsbetriebe (BÄTZING 1997), davon fast die Hälfte in Italien als Wiesen-Alp-Betriebe. Auch in den anderen Alpenländern sind die früher existierenden Acker-Alp-Betriebe weitgehend durch Wiesen-Alp-Betriebe ersetzt worden. Die Viehwirtschaft ist im Rahmen der europäischen Konkurrenz mit geringeren Nachteilen verbunden als der Ackerbau. Als Sonderform der Viehwirtschaft ist im mediterranen Abschnitt die Schaf- und Ziegenwirtschaft verbreitet. Im vorigen Jahrhundert wurden diese Regionen stark entvölkert. Hier dominieren sehr extensive Betriebe mit Aufzucht und Mast.

Durch die Verkürzung der Vegetationszeit um fünf bis sechs Tage pro 100 m Höhe reduziert sich auch die Weidezeit (Tab. 31). Damit einher geht ab 1.000 m ü.M. eine Reduktion des Jahresertrages von 4 bis 8 % pro 100 m. Allerdings wird die Verzögerung auf den hoch gelegenen Almen durch eine größere Wachstumsgeschwindigkeit in der Vegetationsperiode aufgeholt. Auf 1.900 m ü.M. dauert es zwischen dem Einsetzen des sommerlichen Wachstums und dem Weidestadium 15 Tage, in tieferen Lagen einen bis 1,5 Monate (MEURER 1992).

Tab. 31: Weidezeit in Abhängigkeit von der Höhe

Höhe (m ü.M.)	Weidezeit in Tagen
300	210
900	130 – 150
1.200	110 – 130
1.500	100 – 110
1.800	90 – 100
2.100	80 – 90

nach MEURER (1992)

Bergbauernproblem

Das „Bergbauernproblem" entwickelte sich massiv nach dem Anschluss der Eisenbahn und die Entwicklung der Konkurrenz durch den europäischen Markt. Aber schon vor der Verknüpfung mit dem modernen Verkehrsnetz waren die Höhengebiete chronisch übervölkert. Im Winter kam es zu Saisonwanderungen und die Männer arbeiteten im Vorland. Nach dem Bau der Eisenbahn kam es zu massiven Abwanderungen mit der Konsequenz von Flurwüstungen und dem Auflassen der Bewässerungsanlagen, wie z.B. im Engadin, im Wallis und in Graubünden. In den letzten Jahrzehnten geht in den Alpen die Landwirtschaft stark zurück, da die Produktion im Vergleich zum Flachland zu teuer ist. Eine Ausnahme bilden die Gemüse-, Obst- und Weinbetriebe der inneralpinen Trockenzonen und der mediterran geprägten Talräume. Geht die Entwicklung so weiter, könnte das Zukunftsszenario so aussehen, wie BÄTZING (1997) es beschreibt und wie es heute in den französischen Alpen schon Realität ist: sehr wenige, aber flächengroße und intensiv wirtschaftende Betriebe auf den Talböden, dagegen sehr wenige und sehr extensiv wirtschaftende Betriebe mit sehr hohen Viehzahlen auf den Gunststandorten im Gebirge, getrennt durch große Brachflächen und Verbuschung.

8.2.1 Landwirtschaft und Ökologie

Im Zeitalter von BSE und landwirtschaftlicher Überproduktion in Europa ist die hoch mechanisierte und industrialisierte Landwirtschaft generell stark in Verruf geraten. Vielleicht ist das die große Chance für die Alpenländer, mit ökologisch angepassten Produktionsmethoden qualitativ hochwertige, gesunde und damit konkurrenzfähige Produkte auf den Markt bringen zu können.

Artenvielfalt

Hinsichtlich der Artenvielfalt sind die Auswirkungen der landwirtschaftlichen Nutzung sehr unterschiedlich und von einer Vielzahl von Faktoren abhängig. Zunächst einmal führt die landwirtschaftliche Nutzung unterhalb der Waldgrenze zu einer Erhöhung der landschaftlichen Diversität – mit der typischen, für die Alpen so charakteristischen, abwechslungsreichen Kulturlandschaft. Andererseits werden die Almen und Talwiesen gedüngt. Bei starker und oft wiederholter Volldüngung werden düngerliebende Arten gefördert. Es kommt zu einer Verdrängung schwachwüchsiger Arten. Vor allem niedrigwüchsige, lichtbedürftige Arten wie solche der Gattungen Enzian, Fingerkraut, Primel etc. werden weitgehend verdrängt und es bilden sich die typischen Fettwiesen und Fettweiden, die den hohen Ansprüchen der Leistungs- und Nutztiere entsprechen. Bei sehr starker Düngung macht sich vor allem der Stickstoff bemerkbar. Stickstoff wirkt stark grasfördernd, der Krautanteil wird zurückgedrängt. Dadurch enstehen extrem artenarme Bestände. Durch hohe Stallmist- und Güllegaben im Umkreis der Höfe entsteht eine charakteristische, großblättrige Lägerflora, die meist aus Wiesenkerbel (*Anthriscus sylvestris*) oder Alpenampfer (*Rumex alpinus*) besteht.

Die Düngung der Wiesen und Weiden wirkt sich sehr langfristig auf die Artenvielfalt und die Böden aus.

Auf der Schynigen Platte (Interlaken) sind die langfristigen Folgen der Düngung an einem Langzeitversuch sichbar. Hier wurde eine primär nährstoffarme Borstgrasweide (*Sieversio-Nardetum*) ab 1930 mit Volldünger behandelt, wodurch die Artenzahl deutlich zurück ging. Vierzig Jahre nach der letzten Düngung war die Artenzahl immer noch niedrig und Böden und Pflanzen wiesen noch hohe Nährstoffgehalte auf (Hegg 1984; Hegg et al. 1992).

Die Seiser Alm in Südtirol ist mit 5.150 ha die größte geschlossene Almfläche Europas (Grabherr 1988; Foto 21). Sie liegt in der subalpinen Stufe zwischen 1.700 und 2.100 m ü.M. Seit den 50er Jahren des 20. Jahrhunderts kam es durch Düngung zunehmend zu einer Verdrängung der Magerrasen bis hin zu großflächigen Planien mit nachfolgender Einsaat standortsfremder Wiesenmischungen. Durch Düngung ist ein Rückgang der Artenzahl um rund 40 % in der Wiese erfolgt (von 50 Arten auf ca. 20 bis 30). Hinzu kommt, dass alpine Böden wegen ihrer Charakteristika, wie häufig geringen Gründigkeiten und hoher Durchlässigkeit bei niedrigen Tongehalten (Kap. 5), sehr empfindlich auf das Ausbringen mit Hof- und Abfalldüngern reagieren.

Durch anthropogene Nutzung sind in der subalpinen und der unteren alpinen Stufe verbreitet floristisch eintönige Bürstlingsrasen (Nardeten) entstanden. Das Borstgras (*Nardus stricta*) wird vom Vieh ungern gefressen und ist deshalb auf sauren Böden allen anderen Gräsern überlegen, zumal es auch starken Viehtritt verträgt. Das Borstgras verdrängt

Foto 21
Seiser Alm mit Langkofel-Gruppe
Die Seiser Alm ist die größte geschlossene Almfläche der Alpen. Typisch sind die weichen Landschaftsformen und die landwirtschaftliche Nutzung auf den vulkanogen-detritischen Gesteinen im Gegensatz zur Rifffazies der Langkofel-Gruppe (Veit 22.08.2000).

Lägerflur: artenarme Hochstaudengesellschaft, die sich im Bereich der Ruhe- und Schlafplätze des Weideviehs entwickelt, u.a. mit Alpenampfer (*Rumex alpinus*), Alpen-Greiskraut (*Senecio alpinus*), Rasenschmiele (*Deschampsia cespitosa*), Brennessel (*Urtica dioica*) und Kriech-Hahnenfuß (*Ranunculus repens*).

die Krummsegge, die viel langsamer wächst. Borstgrasrasen lassen sich durch Düngung und Mahd (Stärkung der Konkurrenz) meliorieren. Wie das Beispiel der Schynigen Platte aber zeigt, sind diese Eingriffe oft noch nach Jahrzehnten wirksam. Ein Düngungsversuch auf Borstgrasrasen am Falkert in Kärnten (1.865 m ü.M.) zeigte nach fünf Jahren mineralischer Volldüngung eine Abnahme der Arten von 37 auf 24. Bei Stallmist erfolgte eine Abnahme auf 31 Arten. Auf der Gerlitze in Kärnten wurde in 1.610 m ü.M. ein Borstgrasrasen mit 33 Arten innerhalb von vier Jahren durch eine jährliche Volldüngung in einen fast reinen Grasbestand mit Rotem Straußgras (*Agrostis capillaris*) und Rotschwingel (*Festuca rubra*) umgewandelt (LICHTENEGGER 1988).

Die Gebiete der Bergmähder, die der Deckung des winterlichen Futterbedarfs dienten, wurden früher von ausgedehnten Bewässerungssystemen durchzogen. Hierbei spielte der Düngungsefffekt und die Akkumulation der mit der Bewässerung eingeschwemmten Schluffe und Sande neben der Bewässerung mindestens eine gleichwertige Rolle. Nach dem Niedergang der Mähdernutzung in der Mitte des 20. Jahrhunderts ist bis heute die Wirkung der Düngung zu sehen (GRABHERR 1997).

Die teure Almdüngung wird jedoch nur in Sonderfällen angewendet. Ihre Wirkung ist bis zur Waldgrenze gut. Darüber ist der Effekt von der Lage abhängig. In hochalpinen Rasen geht die Wirtschaftlichkeit der Düngung stark zurück. Sie beschränkt sich daher fast ausschließlich auf die Niederalmen im Bereich des Wirtschaftswaldes und auf die Mittelalmen im Gebiet des Schutzwaldes. Die Düngung erfolgt meist mit Mineraldünger, da Stallmist auf Almen wegen der immer seltener werdenden Stallhaltung abnimmt.

Werden die gedüngten Flächen durch Beweidung immer kurz gehalten, dann ist die Artenverdrängung geringer, weil dadurch die Lichtkonkurrenz ausgeschaltet wird.

Böden und Bodenerosion

Ein Rind hat eine mittlere Auflast von 1,56 bis 3,0 kg cm^{-2} bei einer Tiefenwirkung von 10 bis 15 cm, Schafe lediglich eine Auflast von 0,94 kg cm^{-2} bei einer geringen Tiefenwirkung von 1,5 cm (MEURER 1992).

Die Rodung der Wälder, Düngung und Viehwirtschaft beeinflussen auch stark die Bodenentwicklung, die Bodeneigenschaften und die Anfälligkeit gegenüber Bodenerosion. Bei der Umwandlung von Wald in Grünland sind meist folgende Veränderungen festzustellen:

Rohhumus erzeugende Pflanzen wie Fichten oder Zwergsträucher werden zurückgedrängt und durch Gräser ersetzt.

Der Abbau der organischen Substanz im Boden wird verstärkt, wodurch sich niedrigere Humusgehalte und ein weniger mächtiger Auflagehumus einstellen. Die Abnahme der Kohlenstoffvorräte im Boden ist nach einem Kahlschlag besonders groß (Abnahme um 30 bis 40 %). Sie können sich jedoch durch die Almnutzung wieder etwas erholen, erreichen aber nicht mehr die ursprünglichen Werte.

Die pH-Werte und die biologische Aktivität steigen an.

Durch Veränderung der Bodenchemie und der Bodenbiologie erfolgt auch eine Veränderung der Bodendynamik. Bei den auf silikatischen

Gesteinen verbreiteten Podsolen z.B. geht die Entwicklung unter landwirtschaftlicher Nutzung eher in Richtung Braunerden.

Die Abnahme des Humusgehaltes und die Belastung durch Viehtritt führt zur Verdichtung der Böden. Dadurch nehmen die Luftkapazität und die Infiltrationsrate ab, mit der Folge erhöhten Oberflächenabflusses.

Das Vieh bedingt einen Narbenversatz („Viehgangeln"). Dies gilt vor allem für tief- und mittelgründige, andauernd nasse Ton- und Lehmböden (Foto 22).

Foto 22
„Viehgangeln" am Stilfser Joch (2.600 m ü.M.)
Bei intensiver Beweidung finden an den Hängen Materialverlagerungen statt, die durch den Viehtritt bedingt sind. Besonders empfindlich dafür ist die periglaziale Höhenstufe. Wird die Rasendecke zerstört, kann es zu einer sprunghaften Zunahme der Erosion kommen (Veit 25.08.2000).

Freilandböden sind deutlich wärmer als Waldböden und weisen höhere Temperaturamplituden auf.

Der Viehbestand hat sich in den letzten Jahrzehnten regional erhöht. Im Vorkawendel beträgt die Zunahme an Großvieheinheiten (GVE) von 1952 bis 1986 z.B. rund 78 % (Blechschmidt 1996). Dabei besteht ein Trend zur Umstrukturierung von Melk- zu weniger arbeitsintensiven Galtalpen bzw. gemischten Alpen. Im gleichen Zeitraum kam es im Vorkarwendel zu Personalreduzierungen um 56 %, so dass eine Person statt 12 nun 51 GVE betreuen muss. Daraus resultieren ein ungeregelter Weidebetrieb und fehlende Pflegearbeiten. Die Bestoßdichten, d.h. die Anzahl GVE ha^{-1} Weidefläche, haben sich um 83 % vergrößert.

Neben Substrateigenschaften wird die Bodenerosion wesentlich durch den Bewuchs gesteuert. So findet in der Regel unter Bergwald nur reduzierter Oberflächenabfluss und kaum Bodenerosion statt, die Böden besitzen eine hohe Infiltrationskapazität (Kap. 8.3.1). Auch unter Almwiesen und alpinen Rasen, sofern sie nicht durch Überweidung

Tab. 32: Bodenabtrag in den Berchtesgadener Kalkalpen (1.118 bis 1.641 m ü.M.)

Bewuchs	Abtrag (kg ha^{-1} a^{-1})
Wald	sehr gering
Alm, Vegetationsdecke intakt	< 10
Alm, linear durch Gräben zerschnitten	200
Alm, Vegetation durch Viehgangeln, Trampelpfade etc. geschädigt	4.400

nach Felix & Johannes (1995)

Die Kalksteine sind von gut wasserdurchlässigen Moränen, Deckschichten und Solifluktionsdecken überlagert.

Schädigungen der Vegetationsdecke aufweisen, ist der Bodenabtrag relativ gering. Sobald jedoch die Grasnarbe zerstört wird, sowie natürlicherweise in der oberen alpinen und subnivalen Höhenstufe mit schütterer Vegetationsbedeckung, steigt der Bodenabtrag sprunghaft an, teilweise um mehrere Größenordnungen (Tab. 16, 32, 33, 34).

Tab. 33: Bodenabtrag bei Starkregen in der alpinen Stufe (2.100 bis 2.360 m ü.M.) des Pfannhorns (Südtirol, Italien) in Abhängigkeit vom Bewuchs

Bewuchs	Neigung (%)	starke Gewitter mit Hagel (62 mm) 26.–31.7.1982 (g m^{-2})	Gewitterregen (27 mm), 11.7.1983 (g m^{-2})
unbewachsen	80	5.000,0	75,0
schütter bewachsen	46	45,0	7,5
begrünte Fläche	76	2,4	0
begrünte Fläche	46	3,9	0

nach Grabherr (1987)

Tab. 34: Abfluss im Schweizer Emmental (900 bis 1.200 m ü.M.) in Abhängigkeit vom Bewuchs

Gebiet	Waldanteil (%)	Niederschlag (mm)	Abfluss (mm)	Abfluss (%)
Sperbelgraben	97	1.685	836	50
Rappengraben	35	1.736	1.081	62

nach Aulitzky (1968)

8.2.2 Die Folgen der Extensivierung und Brache

Durch den Anschluss an den europäischen Markt, die Mechanisierung der Landwirtschaft und mangelnde Arbeitskräfte ist die Almwirtschaft in der Fläche stark im Rückgang begriffen. Dadurch fallen viele Nutzflächen brach und unterliegen, sofern sie nicht im Rahmen subventionierter Maßnahmen weiterhin gepflegt werden, einer natürlichen Sukzession, die unterhalb der Waldgrenze von Langgräsern, über Verbuschung mit Zwergsträuchern, Grünerlen und Latschengebüschen, bis hin zum Wald führt. Diese Sukzession kann in rund 100 Jahren stattfinden (Kap. 6.4) und bewirkt im Endstadium relativ stabile Verhältnisse unter Wald. Sie kann aber auch wesentlich länger dauern, z.B. wenn unter geschlossenen Grünerlenbeständen wegen dem dichten Laubdach und der Lichtkonkurrenz ein Aufkommen der Bäume nicht möglich ist. An vielen Stellen, wie z.B. im Urserental in der Schweiz, halten sich diese Grünerlenbestände seit der frühmittelalterlichen Rodungsphase seit nunmehr fast 1.000 Jahren. In der alpinen Stufe gehen die aufgelassenen Weideflächen ohne Zwischenstadien direkt in Naturrasen über. Demnach wird der Sukzessionsablauf mit zunehmender Höhe einfacher und kürzer. Die Sukzession unterhalb der Waldgrenze läuft wesentlich langsamer ab.

Heftig diskutiert sind die Auswirkungen der ersten Sukzessionsstadien auf den Bodenabtrag, wenn sich nach Aufgabe der Beweidung Langgräser einstellen, wie z.B. *Festuca rubra, Agrostis tenuis, Deschampsia cespitosa, Phleum alpinum* oder *Anthoxanthum odoratum*. Hier divergieren die Anschauungen bereits bei den Beobachtungen. Einerseits wird aus vielen Teilen der Alpen von einer deutlichen Zunahme der Erosion seit Einsetzen der Extensivierung berichtet. So kam es beispielsweise in der Steiermark (Planneralm, Wölzer Tauern) durch Extensivierung der Almen in 24 Jahren zu einer Verdoppelung der Blaikenfläche (Bernhaupt 1980). Auf der anderen Seite scheint in vielen Gebieten durch den Rückgang der Bewirtschaftung keine wesentliche Veränderung der Erosion feststellbar zu sein (Grabherr 1997; Berchtel 1991). Eines kann man aber als sicher annehmen: Blaiken gibt es seit der Entwaldung. Sie sind damit quasi-natürliche Bildungen der subalpinen und montanen Höhenstufe, die erst durch die Rodungen ermöglicht wurden. Möglicherweise hat die Blaikenbildung auch gar nicht zugenommen, und das vermehrte Auftreten und Sichtbarwerden der Blaiken ist nur eine Folge der fehlenden Ausbesserungsarbeiten im Rahmen der Extensivierung.

Blaiken

Bei den Blaiken handelt sich um flachgründige Erosionserscheinungen, bei denen die Rasendecke zerstört wird. Man kann verschiedene Blaikentypen unterscheiden (Stahr 1996):

Schneeschurfblaiken: Sie sind die Folge von nivalem Massenschurf (Schneegleiten, Schneerutsche, Lawinen) und haben eine lang gestreckte Ausbildung in Hanggefälle. Betroffen sind vor allem skelettreiche Böden wie Rendzinen. Die Tiefe kann nur wenige Zentimeter betragen. Langhalmige Gräser bilden bei ausbleibender Mahd und Beweidung eine glatte Unterlage, durch welche Gleitbewegungen der Schneedecke gefördert werden. Möglicherweise spielt auch das Einfrieren der langen Gräser in den Schnee eine Rolle. Gehölzgruppen, Totholz, Blöcke oder teilweise Viehgangeln erhöhen die Rauhigkeit und können Schneebewegungen entgegenwirken, vorrausgesetzt, sie befinden sich im oberen Hangteil. Die gleichen Strukturen wirken sich dagegen erosionsfördernd aus, wenn sie sich im unteren Hangteil befinden. In tiefgründig entwickelten Böden mit toniger bis lehmiger Bodenart (Braunerden, Pelosole, Terrae fuscae) entstehen beim Auftreffen der Schneemassen auf größere Hindernisse teils tiefe Schurfrinnen.

Narbenversatz- und Trittblaiken (Viehgangeln): Sie entstehen besonders auf lehmigen Böden und an Hängen von mehr als 15° Neigung, die bei feuchter Witterung vom Vieh betreten werden. Dabei kommt

Blaiken (Forts.)

es zu Verletzungen der Bodendecke durch Lostreten einzelner Narbenstücke, die wiederum Ansatzpunkte für Erosion und Schneeschurf bilden. Die Trittblaiken treten aber eher bei einer Intensivierung der Weidewirtschaft auf.

Blattanbrüche: Sie können bis zu mehrere Dezimeter mächtig sein und treten bevorzugt in tiefgründigen, schluffig-lehmigen Böden auf. Die Flächen sind meist deutlich größer als bei Schneeschurfblaiken und erreichen bis zu 200 m^2. Die Abtragungsnischen haben scharfe, sichelartige Formen. Bei Blattanbrüchen erfolgt die schollenförmige Ablösung stets entlang von Substratwechseln innerhalb des Solums. Es handelt sich um Translationsrutschungen auf vorgeformten Gleitflächen. Diese Gleitflächen sind tektonisch, lithologisch oder durch Deckschichten (Solifluktionsdecken, äolische Ablagerungen etc.; Kap. 5.2) vorgeprägt. Blattanbrüche scheinen zusammen mit dem Schnee loszugehen, können aber auch durch Starkniederschläge ausgelöst werden.

Der Einfluss der Extensivierung auf die Artenvielfalt ist nicht eindeutig zu beantworten und unter anderem vom Standort abhängig. Als generelle Tendenz scheinen sich artenreiche Magerwiesen nach Aufgabe der Beweidung floristisch nicht wesentlich zu verändern. Auf nährstoffreicheren Standorten aber können durch die Schonung bestimmte Arten stark dominieren, so dass sich eine artenärmere Hochgrasflur einstellt, in der die kleinwüchsigen Arten nicht überleben können. Düngungseffekte sind noch über Jahrzehnte nach der Auflassung zu spüren und nur bedingt reversibel.

8.3 Forstwirtschaft

Schalenwild: Rot-, Reh-, Gams-, Stein- und Schwarzwild.

Neben den Gletschern sind die Gebirgswälder der Alpen wahrscheinlich das Landschaftselement, das am stärksten mit über lange Zeit gefestigten Vorstellungen und Bildern in der Gesellschaft verbunden ist. Rodungen, Feuer, Waldsterben, zu hohe Besatzdichten mit Schalenwild und verheerende Stürme wie Vivian (1990) und Lothar (1999) setzen dem Wald zu. In den Alpen gilt der Wald vor allem als Schutzwald: zum Schutz des Bodens vor Erosion, zum Schutz des Trinkwassers, zum Schutz vor Hochwässern und zum Schutz vor Lawinen und Steinschlag. Die Wirkungskette von der Schädigung des Waldes hin zu einer Verstärkung der Naturkatastrophen hat sich fest in das Bewusstsein der Menschen eingeprägt. Nicht immer ist diese Kausalität auch wissenschaftlich erwiesen. Speziell gilt dies für die Auswirkungen großflächiger Entwaldungen auf die Hochwässer. Die Funktion als Schutzwald gegen Lawinen, Steinschlag und Muren etc. ist jedoch offensichtlich. Vollständig entwaldete Tallandschaften, wie etwa das Urserental in der Schweiz, in dem nur noch kleine Bannwaldreste existieren, zeigen eine entsprechende Häufung dieser Gefahren (Abb. 39). In Tirol und Bayern entspringen mehr als 70 % der Lawinen in der entwaldeten oberen subalpinen Stufe, die im bewaldeten Zustand lawinenfrei war (Meurer 1984).

Im Mittelalter bis in die frühe Neuzeit hinein war die Waldfläche in den Alpen deutlich kleiner als heute. Der Holzbedarf für den Bergbau, für die Herstellung von Holzkohle, für die Salinen sowie als Nutz- und Brennholz war sehr groß. Nordtirol beispielsweise war bis ins 18. Jahrhundert wegen des immensen Holzbedarfs der Haller Saline in weiten Teilen entwaldet (Greif 1987). Im 16. und 17. Jahrhundert war das Umland des Steirischen Erzbergs in einem Durchmesser von ca. 150 km nahezu waldfrei. Vor Beginn der hochmittelalterlichen Rodungen waren 80 % der Gesamtfläche Tirols bewaldet. Heute sind es nur noch 36 % (Meurer 1984). Maßnahmen zur Einschränkung des enormen hochmittelalterlichen Holzbedarfs waren Schwendverbote. Das älteste Verbot wurde wohl um 1190 in der Region Bozen erlassen. In der Schweiz wurden Schutzwälder mit einem Bann belegt, wie z.B. im Waldbannbrief von Andermatt aus dem Jahr 1397. Die Zunahme der Naturkatastrophen, vor allem der Hochwässer, führte schließlich zu Forstgesetzen, wie z.B. das französische Forstgesetz 1827 oder das Schweizer Bergwald-Forstgesetz von 1876.

Die Aufforstungen erfolgten jedoch zunächst nicht naturnah. Schnellwachsende, ökonomisch verwertbare Baumarten wurden bevorzugt. In den nördlichen Kalkalpen in Bayern bestanden z.B. die montanen Wälder früher aus Buchen (*Fagus silvatica*), Fichten (*Picea abies*) und Weißtanne (*Abies alba*). In historischer Zeit wurden diese Mischwälder stark in Fichtenwälder umgewandelt. In den bayerischen Alpen hat sich der Fichtenanteil von 45 % am Anfang des 19. Jahrhunderts auf 80 % um 1920 erhöht, bei gleichzeitiger Reduzierung des Tannenanteils von 25 % auf 1 % (Danz 1970). Die flach wurzelnden Fichtenmonokulturen haben eine geringere hangstabilisierende Wirkung im Vergleich zu Mischwäldern sowie eine schwerer abbaubare Nadelstreu, die reich ist an Polyphenolen, und die die Versauerung der Böden fördert. Nadelbäume haben außerdem einen höheren Blattflächenindex und sind immergrün, wodurch Luftschadstoffe verstärkt ausgefiltert werden. Die Reduzierung des Tannenanteils fand durch Waldweide und überhöhte Schalenwilddichte statt. Die ursprüngliche Dichte des Schalenwildes im Gebirgswald betrug 0,5 bis 1 Stück 100 ha^{-1} (Mayer & Ott 1976). Heute sind die Werte oft sechs- bis 13fach höher. In Österreich sind nur 28 % der Gebirgswälder im Gleichgewicht mit dem Wildbesatz (Grabherr 1997). So vernichtet das Rotwild in weiten Waldgebieten die biologisch wichtigen Laubhölzer, die Tanne und die Begleitpflanzen des Waldes und begünstigt so einseitig die Fichte oder verhindert Verjüngung. Ursprünglich lebte das Rotwild im Sommer im Bergwald, im Herbst in den Tälern. Heute wird das Wild durch Fütterung ganzjährig im Bergwald gehalten. Beim Rotwild führt dies beispielsweise zum Rindenschälen, das die Bäume stark schädigt. Gleichzeitig fehlen die natürlichen Räuber wie Luchs, Bär oder Wolf. Ein zu hoher Besatz löst oberhalb der Waldgrenze durch Zerstörung Bodenerosion aus. Oberhalb von Pontresina zerstörte das Steinwild z.B. zum Schutz vor Lawinen angelegte Aufforstungen an der oberen Waldgrenze.

In der Neuzeit breiten sich die Wälder wieder kräftig aus. In den westlichen österreichischen Alpen hat die Waldfläche von 1961 bis 1980 um 1,5 % zugenommen (Greif 1987), in der Schweiz werden jährlich 50 km^2 Nutzfläche zu Wald umgewandelt (Broggi 2000). Zwischen 1870 und 1996 erfolgte hier eine Zunahme von 786.000 ha auf mehr als 1,2 Mio. ha. Vor allem in den Südalpen ist die Zunahme mit 5,6 bis 7,6 % allein in der Dekade von 1983 bis 1993 enorm. Wegen des Zerfalls der Almwirtschaft werden heute Subventionen gezahlt, um die weitere Ausbreitung des Waldes und damit das Verschwinden alter Kulturlandschaften zu verhindern.

Es ist aber auch zu bedenken, dass sich großflächig abgeholzte Gebiete der Hochlagen nicht unbedingt von selbst regenerieren können. Als Beispiel mag das Urserental in der Schweiz dienen, das bis auf winzige Schutzwaldreste heute waldfrei ist. Die natürliche Baumgrenze lag ursprünglich bei mindestens 2.000 m ü.M. Bis in diese Höhe sind schon vor mehr als 7.000 Jahren Arven und Lärchen durch Makroreste belegt. Klimatisch bedingt erfolgte seit 3.200 ^{14}C-Jahren v.h. die verstärkte Ausbreitung der Grünerle und eine Zunahme der Nichtbaumpollen (Renner 1982). Um 1.000 ^{14}C-Jahre v.h. war die Entwaldung durch die walserische (alemannische) Landnahme praktisch abgeschlossen. Seitdem kommt im Urserental keine natürliche Bewaldung mehr auf. Der Grund könnte eine zu große Häufigkeit von Katastrophenlawinen sein. Bei Simulationen über einen Zeitraum von über 800 Jahren zeigen sich im Urserental kaum Ruheperioden von 40 oder mehr Jahren (Küttel 1990). Damit Bäume den Abgang von Lawinen verhindern können, ist eine Baumhöhe erforderlich, die der ein- bis zweifachen Schneehöhe entspricht. Das diesbezügliche Baumalter liegt in der Größenordnung von 20 bis 50 Jahren, so dass praktisch immer vorher mit Störungen zu rechnen ist.

Es kommen noch weitere Faktoren hinzu. Nordseitig sind im Urserental wie überall auf silikatischen Gesteinen als Ersatzgesellschaften Hochstaudenfluren und hochstaudenreiche Grünerlengesellschaften entstanden. Diese sind lawinentolerant und fördern das Schneegleiten. Dazu verhindern oder verzögern sie das Aufkommen waldbildender Bäume durch den dichten Bewuchs. Im frühen Atlantikum waren Grünerlen und Hochstauden dagegen nicht sehr verbreitet. Insgesamt bedeutet dies, dass sich der ursprüngliche Wald im Urserental unter anderen klimatischen Bedingungen als heute ansiedeln konnte. Als er dann – unter geänderten Klimabedingungen – durch Rodungen im Mittelalter zerstört wurde, konnte er sich bis heute nicht mehr regenerieren. Dies zeigt deutlich, dass nicht allein die Kenntnisse des momentanen Zustandes eines Ökosystems für sein Verständnis wichtig sind, sondern dass auch die Geschichte bzw. das Langzeitverhalten eine wesentliche Rolle spielt (Kap. 9, Kap. 10).

Eine gerade bei den verheerenden Stürmen in letzter Zeit wieder aufgeflammte Diskussion ist die Frage, ob man die Gebirgswälder weitgehend sich selber überlassen sollte, oder ob eine intensive Waldpflege nötig ist. Begreiflicherweise stehen sich hier Forstwirtschaft und Naturschutz häufig gegenüber. Und wie meistens dürfte die Lösung irgendwo in der Mitte zu suchen sein und auf regionaler Ebene, am konkreten Beispiel, getroffen werden müssen. Da es kaum noch Urwälder gibt, weisen viele Wälder einen gleichförmigen Baumbestand auf. Damit die Schutzfunktion dieser Wälder erhalten werden kann, muss vor allem einer Überalterung vorgebeugt werden. Andererseits hat gerade der Sturm Lothar im Dezember 1999 gezeigt, dass sich selbst überlassene Windwurfflächen keineswegs katastrophenanfälliger sind, dass das umherliegende Totholz die Hänge langfristig gegen Lawinen stabilisiert, und dass sich auf diesen Flächen durch die Vielzahl der Habitate eine deutlich höhere Artenvielfalt einstellt.

8.3.1 Wald und Wasserhaushalt

Wohl kaum ein Aspekt der Gebirgswälder wird so kontrovers diskutiert wie ihr Einfluss auf den Wasserhaushalt. Die simplifizierende Vorstellung von einer Kausalität zwischen der Zunahme der Hochwässer durch Abholzungen im Einzugsgebiet kann sicher nicht generalisiert werden, wenngleich es natürlich Beispiele dafür gibt.

Eines der klassischen Beispiele im Alpenraum für diese Fragestellung sind der Sperbel- und der Rappengraben im Emmental (Engler 1919, Burger 1954). Bei einem Waldanteil des Sperbelgrabens von 97 % ist der Abfluss gegenüber dem Rappengraben mit lediglich 35 % Waldanteil um 12 % verringert (Tab. 34). Bei Gewittern lagen die Höchstabflüsse im schwach bewaldeten Rappengraben 50 bis 100 % höher als im Sperbelgraben. Der Rappengraben lieferte im Mittel von 32 Jahren 70 % mehr Geschiebe.

Erklärbar sind diese Unterschiede durch die erhöhte Transpirationsleistung des Waldes, die höhere Interzeption und die bessere Infiltration und Speicherkapazität des Walbodens. Die Interzeption, d.h. derjenige Teil des Niederschlags, der an der Oberfläche von Pflanzen verdunstet ohne die Bodenoberfläche zu erreichen, beträgt für Fichtenwald 41 %, für Kiefernwald 24 % und für Buchenwald 20 % (Aulitzky 1968). Die relative Interzeption nimmt mit wachsender Regenmenge ab, während sich die Absolutmenge des von den Kronen aufgefangenen Niederschlagsanteils auf einen holzartenspezifischen Grenzwert einstellt. Die winterliche Schneeinterzeption spielt vor allem im Wald eine große Rolle.

Keller & Strobel (1982) verglichen Abflussmessreihen von sechs Einzugsgebieten im schweizerischen Alptal mit Waldflächenanteilen zwischen 19 und 93 % und unterschiedlicher Exposition, bei relativ hohen Niederschlägen von 2300 mm a^{-1}. Pro 10 % Waldflächenanteil stellten sie eine Abnahme des Jahresabflusses von 80 mm fest, davon 47 mm während des Winters und 33 mm während der Vegetationsperiode (Tab. 35, Bosch & Hewlett (1982) konnten erst bei einer Redu-

Tab. 35: Abfluss in Abhängigkeit vom Waldanteil im Alptal, Kanton Schwyz, im Messzeitraum 1987 bis 1995

Einzugsgebiet	Fläche (ha)	Wald (%)	Niederschlag (mm a^{-1})	Abfluss (mm a^{-1})
Vogelbach	155	63	2.200	1.606
Erlenbach	70	39	2.314	1.828
Lümpenbach	93	19	2.340	2.036

nach Burch et al. (1996)

zierung des Waldflächenanteils von mehr als 20 % deutliche Veränderungen des Abflussgeschehens feststellen.

Die starken Hochwässer und Katastrophenjahre im 19. Jahrhundert gingen einher mit Abholzungen und natürlichen Klimaveränderungen. Beide Einflüsse sind nur schwer zu trennen und insgesamt in ihrer Wirkung abzuschätzen.

Aschwanden & Spreafico (1995) untersuchten 38 Wassereinzugsgebiete in der Schweiz mit Flächen zwischen 10 und 200 km². Dabei konnten sie keine Beeinflussung des mittleren jährlichen Hochwassers vom prozentualen Waldflächenanteil feststellen. Burch et al. (1996) ergänzten diese Untersuchungen durch weitere Ergebnisse aus zehn kleineren Einzugsgebieten mit Flächen zwischen 0,5 und 10 km². Diese Gebiete zeigten bei zunehmendem Waldanteil eine schwache Abnahme des jährlichen Hochwassers, die jedoch statistisch nicht signifikant ist.

Der Einfluss des Waldes auf den Niedrigwasserabfluss ist ebenfalls umstritten. In niederschlagsarmen Gebieten kann der Wald den Niedrigwasserabfluss zusätzlich verringern. In niederschlagsreichen Gebieten, auf flachgründigen, geneigten Standorten, kann der Wald den Niedrigwasserabfluss dagegen erhöhen. Infolge der Schneeinterzeption über den Winter fallen in der Regel die Schmelzwasserabflüsse im Frühjahr unter Wald deutlich geringer aus.

Insgesamt zeigt sich eine große Heterogenität der Befunde, die zumindest vor einer zu schnellen Kausalitätskette warnen sollte. In den Alpen ist tendenziell unter Wald mit einer gewissen Dämpfung der Hochwasserspitzen und deutlich geringeren Schmelzwasserabflüssen infolge der Schneeinterzeption zu rechnen, wohingegen das mittlere jährliche Hochwasser weitgehend unbeeinflusst vom Waldanteil zu sein scheint (Moeschke 1998). Wenn es schon schwierig ist, innerhalb der Alpen sichere Aussagen zu erhalten, dann gilt dies erst recht für die häufig postulierte Beziehung zwischen den Auswirkungen der Abholzungen im Gebirge und den Hochwässern im Alpenvorland.

Vorsicht ist auch geboten in Gebieten mit starker unterirdischer Wasserzufuhr, wie dies in den Karstlandschaften der Kalkalpen der Fall ist, wo der Wasserhaushalt oft völlig unbeeinflusst von der lokalen Vegetationsbedeckung zu sehen ist. In hoch gelegenen Tälern mit ohnehin nur geringem Waldanteil spielt der Wald für das Abflussgeschehen natürlich auch nur eine reduzierte Rolle. Mit der Höhe begrenzt die abnehmende Transpiration die entwässernde Wirkung des Waldes. Im heute durch Abholzung weitgehend waldfreien Urserental z.B. hätte die maximal mögliche Bewaldung bei den Unwettern des Jahres 1987 nach Modellrechnungen nur zu einer Verminderung des Abflussvolumens von 5 mm (von 132 mm auf 127 mm) geführt (Bundesamt für Wasserwirtschaft et al. 1991).

8.3.2 Neuartige Waldschäden

"Waldsterben", „neuartige Waldschäden", „saurer Regen", das sind Begriffe, die die Umweltforschung der 80er und 90er Jahre des 20. Jahrhunderts geprägt haben. Als multiple Stresserkrankung mit natürlichen und anthropogenen Ursachen drücken sich die Schäden durch Blattverfärbungen, Nadelverluste etc. infolge von Ernährungs-Ungleichgewichten aus. Die Schäden dehnten sich in wenigen Jahren über große Teile Europas und Nordamerikas aus und betrafen verschiedene Baumarten wie Weißtanne, Fichte, Waldkiefer, Rotbuche und Eiche.

Horrormeldungen in den 80er Jahren schilderten mehr als die Hälfte der Bergwälder der Alpen als krank. Spitzenreiter 1985/86 waren die deutschen Alpen mit Schadensanteilen von 80 % in den Bayerischen Alpen, wovon sehr stark die Tanne, aber auch die Fichte und die Buche betroffen waren. Besonders stark geschädigt sind die Staulagen (z.B. nördlicher Alpenrand) und Höhenlagen mit häufigem Auftreten von Nebeln. Um die jährlichen Waldschadensberichte wurde und wird sehr viel diskutiert. Die Schäden unterliegen starken jährlichen Schwankungen (Abb. 60). Schwierigkeiten ergeben sich durch die unterschiedlichen Erhebungsverfahren in den einzelnen Ländern, die wechselnden Rastergrößen bei den Aufnahmen, durch die unterschiedlichen Standorteigenschaften und durch die variablen Witterungseinflüsse, die z.B. mit Trocken- oder Feuchtjahren die Verbreitung von Krankheiten beeinflussen. Als man mit der Schadenserhebung begann, stockten – wie auch heute – die Wälder ohnehin auf den ärmeren Standorten und Böden. Die schlechte Ausbildung vieler Wälder könnte damit teilweise auch den ungünstigen Standortbedingungen entsprechen. Dennoch scheint gerade in jüngster Zeit wieder ein höherer Prozentsatz geschädigt zu sein.

Die Ursachen für die Waldschäden sind vielfältig. Waldweide, Jagd, überhöhte Schalenwildbestände und jahrhundertelange Förderung der Fichte und saure Humusformen der Böden führen schon primär zur Dominanz relativ saurer Standortverhältnisse, mit geringer Pufferkapazität der Böden gegen Säureeinträge. Dies gilt teilweise auch für die Gebiete mit Karbonatgesteinen, sofern sie rohhumusähnliche, saure Auflagen tragen (Tangelrendzinen, Kap. 5.3.1) oder von silikatischen Deckschichten überlagert

Abb. 60
Entwicklung der Waldschäden in der Schweiz 1985 bis 2000 (Sanasilva-Inventur 2000; http://www.wsl.ch/forest/risks/ssi/ssiintro-de.html).

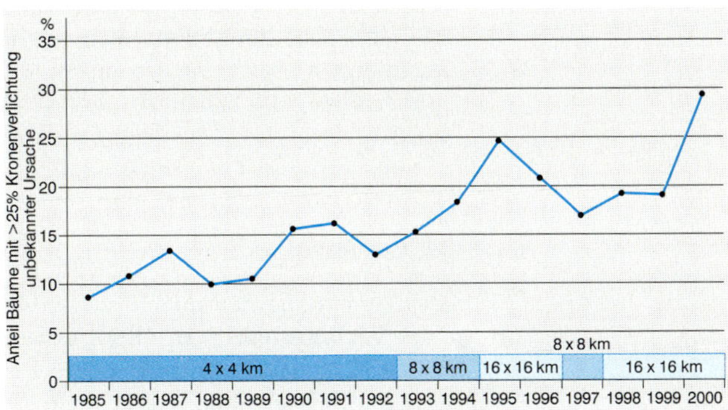

werden (Kap. 5.2). Abgesehen von witterungsbedingten Schwankungen und Ausbrüchen von Krankheiten (z.B. Borkenkäfer), werden vor allem die sauren Immissionen in Verbindung mit Ozon und Photooxidantien für die Schäden verantwortlich gemacht. Der mittlere pH-Wert des Niederschlages variiert von 4,3 in den Nordalpen über 5,0 im Zentrum auf 4,7 in den Südalpen. Unverschmutztes Regenwasser sollte einen pH von ca. 5,6 haben. Der saure Regen entsteht durch die Oxidation von Schwefel- und Stickstoffverbindungen zu H_2SO_4 und HNO_3. Beide Verbindungen stammen aus der Verbrennung fossiler Brennstoffe, Stickstoff zusätzlich aus der Landwirtschaft. In der Schweiz tragen Stickstoffverbindungen zu 80 % zur sauren Deposition bei (Flückiger & Braun 1998). Die Luftfremdstoffe wirken teils direkt, im Kontakt mit der Pflanzenoberfläche (Ätzschäden), oder indirekt als Säurebildner im Boden (Erschwerung der Nährstoffaufnahme, Nährelementmangel, Rückgang der biologischen Bodenaktivität, Reduktion der Feinwurzeln).

Die Bodenversauerung kann einerseits zu einer direkten Schädigung der Wurzeln führen, andererseits nimmt mit sinkendem pH die Proportion an freien Metallionen zu. Steigende Mn-Gehalte in Buchenblättern zwischen 1984 und 1995, mit einem Anstieg um 41 %, zeigen die Bodenversauerung an (Flückiger & Braun 1998). An sehr sauren Standorten können auch toxische Aluminiumgehalte auftreten. Da seit den 80er Jahren die Schwefelemissionen abgenommen haben, die Stickoxide aber den gegenteiligen Trend aufweisen, liegt zukünftig das Hauptproblem möglicherweise bei einer zu starken Eutrophierung. Die Stickstoffbelastung von Fichten ist höhenabhängig. Im Fichtenwald gelangen unterhalb 1.500 m ü.M. rund 18 bis 33 kg N ha^{-1} a^{-1} auf den Boden, im Vergleich zum Freiland mit 8 bis 18 kg. Oberhalb 1.500 m ü.M. sind es 6 bis 11 kg N ha^{-1} a^{-1} unter Fichte, im Vergleich zu 5 bis 8 kg im Freiland (Flückiger & Braun 1998).

Fichten mit guter Nährstoff-, vor allem Stickstoffversorgung, sind weniger frosthart als unter Stickstoffmangel leidende (Ellenberg 1996). Die gesteigerte Versorgung mit Stickstoff kann auch einen relativen Mangel an anderen Nährstoffen auslösen. Magnesiummangel führt dann zu einer Gelbfärbung der Nadeln. Weitere Konsequenzen sind eine zunehmende Hygromorphie der Blätter und Nadeln, die wiederum Tierfraß und Schädlingsbefall, aber auch Trockenheits- und Frostschäden begünstigt. Verstärkte Hygromorphie bedingt zartere Blätter und damit eine erhöhte Anfälligkeit für direkte chemische Schädigungen. Erhöhte Stickstoffverfügbarkeit steigert außerdem das oberirdische Wachstum, d.h. das Verhältnis verschiebt sich zuungunsten der Wurzeln.

8.4 Gewässer

8.4.1 Verbauungen der Fließgewässer

In den Alpen sind nahezu alle Oberflächengewässer durch verschiedenste wasserwirtschaftliche und bauliche Eingriffe beeinflusst. Es bestehen

Foto 23
Inn bei Samedan (Engadin)
Wie viele Alpenflüsse ist auch der Inn über weite Strecken in ein künstliches Bett gezwängt, das weder ökologisch noch touristisch besonders attraktiv ist (VEIT 28.08.1999).

kaum noch über längere Strecken durchgängige natürliche Umlagerungsstrecken als Lebensräume für Pflanzen und Tiere (Foto 23). Weniger als 10 % der Laufstrecke alpiner Gerinne ist in einem quasi-natürlichem Zustand, meist im Oberlauf (Tab. 36). Am besten, mit 18 %, sieht es noch in Frankreich aus, am schlechtesten in Deutschland mit 2,5 % semi-natürlicher Flussabschnitte. Bedeutende noch naturnahe Umlagerungsstrecken der Alpen befinden sich z.B. am Tagliamento (Farbfoto 3), am Lech, an der Isar und an der Piave.

Die großflächigen Verbauungen der Gerinne sind im Wesentlichen ein Produkt des 19. und 20. Jahrhunderts. Durch die Korrekturen wurden die Talböden entsumpft und besser vor Hochwässern geschützt. Dies war auch die Vorraussetzung für die Erschließung. Während die alten Saumwege die Talauen mieden und an den Hängen entlang führten, wurden die Straßen und Eisenbahnlinien des 19. Jahrhunderts direkt an den breiten Talböden angelegt. Einzelne Veränderungen gab es auch schon früher. Ein bekanntes Beispiel aus dem 18. Jahrhundert ist die Kanderkorrektur in der Schweiz von 1711 bis 1714. Im Rheintal sind Dammbauten der Gemeinden als Hochwasserschutz seit dem 15. Jahrhundert bekannt.

Nach Abschluss der Begradigungen sollte eigentlich eine deutliche Verringerung der Schäden eintreten, doch war dies häufig nicht der Fall, denn die neu erschlossenen Uferflächen wurden intensiv bewirt-

Tab. 36: Natürlichkeit der Gerinne in den Alpen

Gebiet	Flusslänge (km)	unbeeinflusste Abschnitte (%)	Abschnitte oberhalb Wasserableitungen (%)	(semi-)natürnatürliche Abschnitte (%)
Alpen	13.150	18	21	9,6
A	3.850	10	24	6,8
I	3.780	23	10	9,0
F	2.680	20	26	18,0
CH	2.090	36	10	4,9
D	400	13	2,5	2,5
SLO	350	5,7	77	5,7

nach MARTINET & DUBOST (1992)

schaftet, so dass das Schadenspotential um ein Mehrfaches stieg und schon leichte Hochwässer zu merklichen Schäden führten. Dieser Trend hält bis heute an.

Die Fließgewässer sind durch Verbauungen und Umweltveränderungen in zahlreichen Punkten betroffen. Großräumig sind dies Veränderungen im Einzugsgebiet, wie Änderungen der Bodennutzung, das Auftreten von Naturkatastrophen, Tierhaltung und die Versiegelung der Landschaft, was sich auf den Wasserhaushalt und die Sedimentfracht auswirkt. Gelöste Fracht, wie Industrie-, Landwirtschafts- und Haushaltsabwässer, Straßensalze und saurer Regen, beeinflussen den Chemismus und Flora und Fauna im Wasser. Die Biozönosen werden auch durch das Aussetzen neuer Arten (z.B. Regenbogenforelle – *Oncorhynchus mykiss*, die die einheimische Forelle verdrängt) verändert. Rückhaltebecken, Wasserkraftwerke und Wasserableitungen sorgen für veränderte Wasserführung und Wanderungshindernisse. Das Gleiche gilt für die Entnahme von Materialien, Flusskorrekturen, Schwellen, Buhnen, Eindämmungen und Betonierungen des Gerinnebettes.

8.4.2 Wasserkraftwerke

Die Alpen sind energiewirtschaftlich das am besten erschlossene Hochgebirge der Erde. In den italienischen Alpen, vom Piemont bis nach Südtirol, sowie in den französischen Alpen sind nahezu alle energiewirtschaftlich ausbaubaren Wasserkräfte genutzt.

Die dezentrale Nutzung der Wasserkraft besitzt in den Alpen eine lange Tradition mit dem Betrieb von Hausmühlen, Haussägen, wasserbetriebenen Butterfässern, Flachs- und Hanfreiben, Schleifen, Stampfen, Hammerwerken, Pochen und Walken. Eine erste Ausbauphase war in der Zeit von 1890 bis 1920, mit dem Verbrauch der Energie am Ort der Kraftwerke (Jäger 1987). In den französischen Alpen existierten z.B. 1919 mehr als 30 elektrochemisch-metallurgische Fabriken mit 16.000 Beschäftigten. 80 % der nationalen französichen Produktion an Aluminium, Eisenlegierungen, Elektrostahl und Karbid wurden im Tarentaise, im Maurienne, im Grésivaudan und Romanchetal erzeugt. In diese Zeit fällt auch der Aufschwung von Grenoble. In der zweiten Ausbauphase, von 1920 bis 1940, wurde die Energieerzeugung vervierfacht und es konnten die Städte im Umland mitversorgt werden. Die Pionier-

Tab. 37: Anteile unterschiedlicher Energiequellen zur Elektrizitätserzeugung 1983

Staat	Wasserkraft	konventionelle Wärmekraft	Kernenergie
Deutschland	6 %	77 %	17 %
Österreich	72 %	28 %	–
Frankreich	27 %	34 %	39 %
Italien	25 %	71 %	4 %
Jugoslawien	41 %	59 %	–
Schweiz (1998)	60 %	4 %	36 %

nach Bätzing (1991), Dettli & Markand (2001)

zeit der alpinen Industrialisierung war vorbei. Das Monopol der Wasserkraft im Hochgebirge wurde gebrochen von den Laufkraftwerken an den Flüssen und den Kohlekraftwerken. Nach dem Zweiten Weltkrieg begann die dritte Ausbauphase. Fernleitungen wurden errichtet, so dass die Standortvorteile der Industrie innerhalb der Alpen wegfielen.

Heute ist der Anteil der Wasserkraft an der Stromerzeugung in den einzelnen Alpenländern unterschiedlich (Tab. 37; Abb. 61). Österreich und die Schweiz liegen mit einem Anteil von 60 bzw. 72 % klar in Führung. Demgegenüber steht Deutschland mit nur 6 %, was vor allem auf den geringen Alpenanteil zurückzuführen ist. Die Wasserkraftwerke der Alpen liefern den Spitzenbedarf an Strom in die mitteleuropäischen Verbundnetze. Die jährliche Produktion betrug Ende der 80er Jahre rund 100 Mrd. kWh (Jäger 1987). In den Südalpen werden Stauseen auch zur Bewässerung eingesetzt. Der größte dieser Art ist der Lac de Serre-Poncon im Durance-Tal (790 m ü.M., 46 km²).

Laufwasserkraftwerke

Laufwasserkraftwerke nutzen die Strömungsgeschwindigkeit eines Flusses zum Antrieb der Turbinen aus. Der Fluss wird dabei meist leicht aufgestaut. Dieser Kraftwerkstyp liefert Bandstrom, d.h. er erzeugt ei-

Abb. 61
Wasserkraftnutzung im Alpenraum (nach Gebhardt 1990; Lichtenberger 1997).

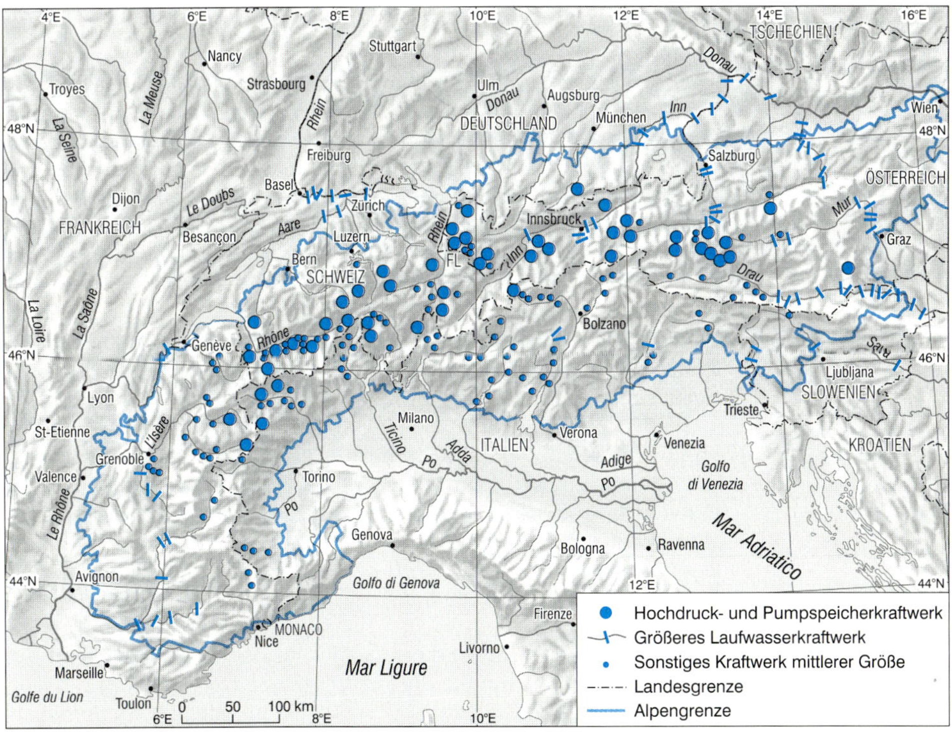

nen relativ geringen, aber permanenten Energiegewinn zur Deckung der Grundlast. Laufwasserkraftwerke sind an Flüsse mit hohem Wasserdurchfluss bei oft geringem Gefälle gebunden, das Stauhöhen von maximal 10 bis 15 m ermöglicht. Durch das geringe Stauvolumen im Vergleich zum Durchfluss ist die Leistung stark vom Abflussverhalten und damit von der Jahreszeit abhängig. Bedingt durch die Schnee- und Gletscherschmelze ist die Produktion von Frühjahr bis Herbst größer, im Winter dagegen gering. Laufwasserkraftwerke treten bevorzugt am Alpenrand und in den großen Tälern auf (Rhône, Aare, Hochrhein, Donau, Enns, Drau).

Die ökologischen Auswirkungen der Laufwasserkraftwerke sind vielfältig. Den positiven Aspekten wie die Verwendung einer einheimischen, sauberen und regenerierbaren Energiequelle stehen negative Auswirkungen wie Änderungen des Abflussregimes, die Reduktion der Retentionsräume, fehlende Überschwemmungen durch Dämme, Sedimentablagerungen im Staubecken, verstärkte Eintiefung der Gerinne im Unterlauf des Kraftwerkes, Verlangsamung der Fließgeschwindigkeit, Änderung des Grundwasserstandes, Rückgang der Fruchtbarkeit der Auenböden, Abnahme der Artenvielfalt, das Verschwinden der Laichplätze und die Behinderung der Wanderungen der Fische mit einer Isolation der Populationen gegenüber.

Speicherkraftwerke

Im Unterschied zu den Laufkraftwerken erzeugen die Speicherkraftwerke Spitzenstrom, der auf „Knopfdruck“, je nach Bedarf, erzeugt wird. Er ist entsprechend deutlich teurer, und die so erzeugte Energie wird bis weit außerhalb der Alpen verkauft. Die Wasserkraftwerke sind vor allem entlang der Täler mit hoher Reliefenergie installiert, denn die Leistung, die mit 1 m^3 Wasser erzielt werden kann, ist von der Fallhöhe des Wassers abhängig. Typische Standorte sind deshalb gestufte Täler oder Hängetäler (Kap. 4.2). Die Fallhöhen in den Alpen betragen durchschnittlich 500 bis 1.700 m, d.h. 1 m^3 Wasser erzeugt ca. 9.000 kWh pro Stunde. Die Kraftwerke sind vor allem im Bereich der starken Vergletscherungszentren angesiedelt, um den Sommerabfluss nutzen zu können (z.B. Pelvoux, Mt. Blanc, Wallis, Hohe Tauern).

Heute steht die Stromerzeugung in den Alpen im europäischen Verbund. Dadurch und mit der Einführung des Atomstroms in 70er Jahren des 20. Jahrhunderts kann man das Wasser mit Bandstrom nach oben pumpen, um es dann als Spitzenstrom bei Bedarf zu nutzen. Diese „Stromveredelung“ führte zur Installation von „Pumpspeicherkraftwerken“. Diese Kraftwerke liegen oft in Regionen, in denen die natürlichen Zuflüsse äußerst gering sind, aber in den Hochtälern das Relief durch die glazialen Formen mit flachen Talböden und Klammen sehr gut geeignet ist. Pumpspeicherwerke veredeln, aber sie produzieren keine Energie. Sie pumpen mittels überschüssiger und damit billiger Nachtenergie von Kernkraftwerken nachts Wasser aus einem Unterbecken in ein Oberbecken, das tagsüber in umgekehrter Richtung zum Betrieb von Turbinen und damit zur Deckung des täglichen Spitzenenergiebedarfes benötigt wird. Ihre energiewirtschaftliche Bedeutung liegt also in der Ausnützung billiger und der Abgabe teurer Energie, so dass auch ein Verlust von ca. 25 % an Energie in Kauf genommen werden kann.

Staukraftwerke weisen die gleichen positiven Eigenschaften wie die Laufkraftwerke auf. Hinzu kommt noch die Erzeugung hochwertigen Spitzenstroms, gerade im Winter, wenn der Energiebedarf hoch ist und die Laufkraftwerke nur wenig Wasser erhalten. Die Energieerzeugung kann außerdem mit der Wasserversorgung gekoppelt werden, und die Speicherseen können zusätzlich durch die Fischerei und auch touristisch genutzt werden. Sind die Speicher relativ leer, dann können sie auch als Rückhaltebecken fungieren und die Hochwassergefahr vermindern.

Speicherseen als Hochwasserschutz

Bei den schweren Hochwässern im Alpenraum im Jahr 1987 konnten die Speicher in der Schweiz im Juli 1987, als die Starkniederschläge einsetzten, oft den gesamten Zufluss ihrer Teileinzugsgebiete aufnehmen. Gesamthaft wurden innerhalb von 48 Stunden rund 50 Mio m^3 Wasser gespeichert, was einer Abflussmenge von 300 $m^3 s^{-1}$ entspricht. An der Aare konnten bei den Unwettern im August 1987 im Oberhasli 12 Mio. m^3 zurückgehalten werden. Der Nutzinhalt der Speicher im Schweizer Einzugsgebiet des Alpenrheins beträgt ca. 620 Mio m^3 (Bundesamt für Wasserwirtschaft 1991).

Die positive Wirkung der Stauseen hängt jedoch sehr stark vom Füllungszustand ab. Frühe Hochwässer im Juni oder Juli treffen fast sicher auf leere Speicher. Im September bis Oktober sind meist nur noch kleine Restvolumina frei, da Energie für den kommenden Winter gespeichert werden soll. In Hochlagen treten aber extreme Hochwässer eher im Frühherbst als im Frühsommer auf, so dass dann der Effekt nicht eintreten kann.

Mehr noch als bei den Laufkraftwerken werden der Wasser- und der Sedimenthaushalt beeinflusst. Die Ableitung der Bäche führt zu einer Reduzierung der natürlichen Schleppkraft durch die geringe Restwassermenge (Kap. 3.2.1). Dadurch steigt die Gefährdung bei Hochwasser und Muren, weil viel Schutt im Einzugsgebiet verbleibt, der unter natürlichen Verhältnissen relativ ungefährlich abgeführt würde. Andererseits kann unterhalb der Kraftwerke der Abfluss durch die Beileitung aus anderen Tälern stark zunehmen. Das Problem der minimalen Restwassermengen wird zwar teilweise versucht durch gezielte Wasserabgaben zu mildern, doch entsteht dadurch ein am Strombedarf orientierter Schwallbetrieb mit schnell wechselnden Pegelständen von bis zu über 1 m, der ökologisch nicht mit der variablen Wasserführung natürlicher Wildbäche zu vergleichen ist (Abb. 62). Im Jahresgang kann unterhalb der Kraftwerke der Abfluss ausgeglichener werden, weil der Winterab-

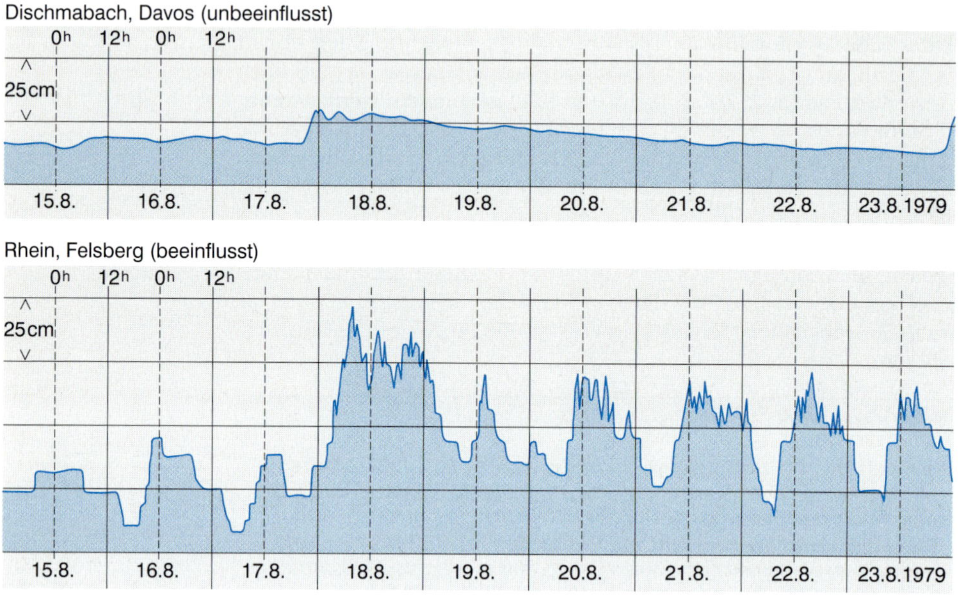

Abb. 62 *Auswirkungen der Kraftwerke auf die kurzfristigen Wasserstände in Fließgewässern (nach* Margot *et al. 1991). Am Beispiel des Rheins bei Felsberg erkennt man deutlich die kurzfristigen Schwankungen, im Vergleich zum unbeeinflussten Dischmabach bei Davos.*

fluss durch die Speicherbewirtschaftung erhöht wird, wohingegen der Abfluss im Sommer eine Reduktion erfährt (Abb. 63). Die Veränderung des Abflussregimes, sei es durch eine starke Abnahme der Wassermenge oder durch einen über das Jahr relativ ausgeglichenen Abfluss, ist nicht typisch für Hochgebirgsbäche. Dadurch werden neben ökologischen Beeinträchtigungen das Naturempfinden gestört und die Fließgewässer in ihrer Funktion als Erholungsraum stark eingeschränkt.

Damit die großen Kraftwerke rentabel arbeiten können und die Stauseen genügend Wasser speichern, wird oft aus der gesamten Gebirgsgruppe den Wildbächen Wasser entzogen und dem Speicher über Stollen zugeleitet. So werden einerseits riesige Gebiete nahezu trocken gelegt, andererseits wird unterhalb des Kraftwerkes der Abfluss deutlich erhöht. Teilweise finden sogar Ableitungen über Hauptwasserscheiden statt. So fließen jährlich 27,3 Mio. m^3 Wasser beim Kraftwerk Curciusa nicht mehr in das Hinterrheinsystem und damit in die Nordsee, sondern über die Moesa in den Po und schließlich ins Mittelmeer (Broggi & Reith 1984). Erfolgen die Ableitungen in geringer Meereshöhe, so ist dies ein massiver Eingriff in den Abfluss der Vorfluter, verbunden mit entsprechenden Grundwasserabsenkungen. Dadurch können auch Probleme bei der Abwasserentsorgung der Gemeinden entstehen. Bei der Ableitung im Oberlauf verlagert sich das Problem in die ökologisch empfindlichen Hochtäler. Mit ihren hohen Staumauern und den großflächigen Überflutungen im Bereich der Stauseen werden ökologisch wertvolle und touristisch einmalige Hochtäler überstaut, häufig auch jahrhundertealte Almflächen zerstört. Die naturnahen Hochtäler,

Gefahrenpotentiale von Stauseen

Im Maltatal in Kärnten, früher als das „Tal der stürzenden Wasser" mit über 30 Wasserfällen bekannt, existiert seit Ende der 70er Jahre des 20. Jahrhunderts ein Speicherkraftwerk im Naturschutzgebiet. Seit 1982 traten ständig Risse in der Mauer auf, die Sanierung bereitete große Schwierigkeiten. Probleme bestanden nicht nur mit der Staumauer selbst, sondern das Wasser hatte sich in das Gestein unter der Staumauer gedrückt. Abdichtungsversuche mit Gefriermitteln und Kunststoffen blieben erfolglos. Schließlich wurden 15.000 m^3 Beton injiziert (LUKSCHANDERL 1983).

Aber eine Bedrohung für die Bevölkerung unterhalb der Stauseen geht nicht nur von baugeologischen Problemen, sondern auch von Massenverlagerungen an den Talflanken aus. So führte z.B. die Felsgleitung von Vajont, die am 9. Oktober 1963 stattfand, zu einer großen Überflutungskatastrophe. 270 Mio. m^3 Felsmaterial glitten von der Nordseite des Monte Toc in den Talsperrenraum des Vajont-Tales. Durch die Flutwelle wurde die Stadt Longarone am Ausgang des Vajont-Tales zerstört, wobei 2.050 Personen ums Leben kamen. Reliefbedingt gehören alpine Staumauern mit zu den größten der Erde. Die Staumauer der Grande Dixence im Wallis z.B. hat eine Höhe von 285 m und einen Staurauminhalt von 400 Mio. m^3 Wasser, so dass auch das Gefahrenpotential im Falle einer Katastrophe entsprechend groß ist.

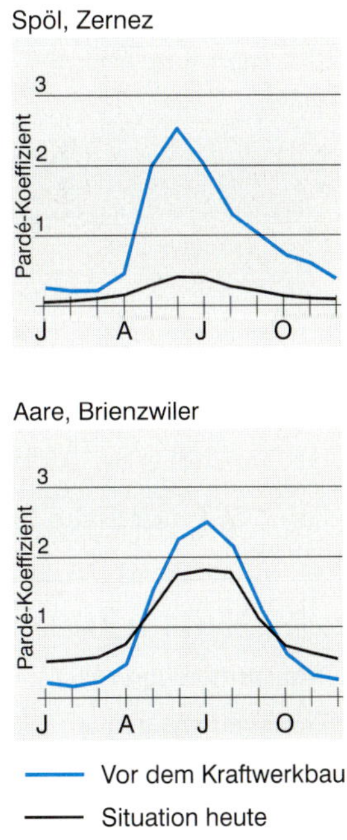

Abb. 63 *Veränderung des jährlichen Abflussganges durch den Kraftwerksbau (nach MARGOT et al. 1991). Das Beispiel der Spöl zeigt die Auswirkung bei starkem Eingriff und weitgehender Trockenlegung der Gerinne; das Beispiel Aare illustriert eine Verminderung der Sommer- und eine Erhöhung der Winterabflüsse durch die Speicherbewirtschaftung.*

mit einem frei fließenden Bach, der an einem Gletscher entspringt, sind selten geworden. Neben den direkten ökologischen Auswirkungen hat dies auch indirekte über den Tourismus. Der Tagestourismus am Stausee ist ein anderer als der meist vom Familientourismus geprägte Wanderurlaub, von dem Verkehrsaufkommen ganz zu schweigen.

Die hohen Staumauern in engen Schluchten bieten vielfach auch baugeologische Probleme, vor allem wenn klüftiges oder schiefriges Gestein das Eindringen von Wasser in den Untergrund ermöglicht. Bei einem Ausbruch des Stausees, möglicherweise ausgelöst durch einen Bergsturz oder eine Rutschung, sind in der Regel ganze Siedlungen talabwärts gefährdet. Das gilt auch für das sehr weit ausgedehnte Netz an Zuleitungsstollen, wo es bei Störungen zu Rutschungen und Murkatastrophen kommen kann.

8.5 Tourismus

Die Alpen sind eines der zentralen Erholungs- und Urlaubsgebiete Europas, vielfach als „Dachgarten" oder als „größte Sportarena" für Millionen von Urlaubern bezeichnet. Der Tourismus ist für die einheimische Bevölkerung eine wesentliche Lebensgrundlage. Mehr als 100 Mio. Gäste reisen jedes Jahr in die Alpen, bei insgesamt rund 370 Mio. Übernachtungen (HAMELE et al. 1998). Davon reisen 70 % mit dem Auto an. Selbst entlegene Gebiete und hohe

Berggipfel sind erschlossen und vielfach über Lifte und Seilbahnen erreichbar. In den Alpen gibt es mehr als 10.000 solcher Transportanlagen, wobei Österreich und Frankreich klar die Spitzenposition innehaben (Tab. 38). Die Auswirkungen dieser Invasion auf die alpine Umwelt sind vielfältig. Zerstörung der Vegetation, Störung der Tierwelt, hohes Verkehrsaufkommen und Luftbelastung, Wasserversschmutzung, Bodenerosion und Abfälle sind nur einige der zentralen Punkte.

Das allgemeine Interesse an der Alpenwelt begann im 18. Jahrhundert zugleich mit der Entdeckung ihrer Schönheit (Jean Jacques Rousseau). Aber die wichtigsten Gipfel der Alpen sind – mit Ausnahme des Montblanc (1786) – nicht vor 1800 erstiegen worden. Das goldene Zeitalter des Alpinismus war 1854 bis 1865. 1854 war der größte Teil der Gipfel der Alpen noch unbestiegen, 1865 gab es kaum noch einen bedeutenden Berg, der nicht bezwungen worden wäre, meist durch Engländer. Der Österreichische Alpenverein (ÖAV) wurde 1862 in Wien gegründet, der Schweizer Alpen-Club (SAC) und der Club Italiano 1863, der Deutsche Alpenverein (DAV) 1869 in München. 1873 verschmolzen DAV und ÖAV zum DuÖAV (Deutscher und Österreichischer Alpenverein). 1938 wurde der DuÖAV in Deutscher Alpenverein umbenannt.

Erst am Übergang zum 19. Jahrhundert wurden die Alpen als Freizeitraum erobert. Der Tourismus war zunächst aristokratisch geprägt, dann durch das gehobene Bürgertum („Belle Epoque" des 19./20. Jahrhunderts), das mit der Eisenbahn anreiste, und seit den frühen 60er Jahren des 20. Jahrhunderts entwickelte sich der Massentourismus im Zusammenhang mit der Wohlstandsgesellschaft und der zunehmenden Automobilisierung. Heute zeichnen sich zwei unterschiedliche Tendenzen in der Tourismusentwicklung ab. Die Anhänger der mobilen „Fun-Gesellschaft" sehen in den Alpen einen riesigen Freizeitpark. Entsprechend nehmen auf der einen Seite Angebote zu, die meist jüngere Leute anziehen. Dazu gehören beispielsweise die Trendsportarten, die verstärkt jene Nischen in der Landschaft besetzen, die vom Tourismus bisher kaum berührt wurden (Schluchten, Felswände etc.). Für Ski- und Snowboard-Fahrer werden zunehmend die Hänge künstlich beschneit und zusätzlich mit Musik beschallt.

Auf der anderen Seite entwickelt sich immer mehr ein nachhaltiger, ökologisch geprägter, sanfter Tourismus. Als eines der ersten Gebiete in

Tab. 38: Touristische Infrastruktur in den Alpen im Zeitraum 1993 bis 1996

	A	CH	D	F	I	SLO	FL
Flächenanteil an Alpen (%)	27	14	3	19	26,9	10	0,1
Transportanlagen (%)	31,2	17,1	3,4	30,1	16,1	2	0,1
Beschneiungsanlagen (%)	54,6	23,7	1,9	18,2	?	1,6	–
Golfplätze	33,1	17,6	8,1	16,2	23,5	1,5	0

nach Siegrist (1998)

den Alpen stellte z.B. das Lesachtal in Kärnten Ende der 80er Jahre bewusst auf Öko-Tourismus um, was sich auch in der Bebauung äußerte. 1991 wurde das Lesachtal dann auf der Ferienmesse in Stuttgart als die „umweltfreundlichste Alpengemeinde Europas“ gewählt. In Gebieten mit sanftem Tourismus dominiert der Familien-Tourismus. Die Bewegung entstand aus der Erkenntnis heraus, dass Fremdenverkehr in Zukunft nur dort eine ökonomische Grundlage haben wird, wo auch eine ökologisch intakte Umgebung vorhanden ist.

Insgesamt fallen zwar mehr als die Hälfte der Übernachtungen in den Sommer, aber ökonomisch ist der Winter wegen der höheren Ausgaben pro Gast in der Regel wichtiger. Alpenweit gehen die Übernachtungszahlen seit den 90er Jahren des 20. Jahrhunderts leicht zurück. Ursache dafür sind einerseits der nur noch begrenzt mögliche Ausbau der touristischen Infrastruktur, ohne die Landschaft und damit die Attraktivität weiter zu schädigen. Andererseis ist der Alpen-Tourismus einer wachsenden Konkurrenz durch billige Fernreisen ausgesetzt. Der Naturraum und die traditionelle Kulturlandschaft sind zwar als Kulisse immer noch wichtig, technische Infrastrukturen für Aktivsportarten und ein breites Dienstleistungsangebot sind aber für die hohen saisonalen Umsätze notwendig. Heute geht der Trend im Alpentourismus in Richtung kürzerer und dafür häufigerer Ferienaufenthalte. Die längeren Urlaube im Sommer gehen zurück, da die Alpenländer durch das hohe Preisniveau gegenüber den Billigreisen nach Übersee benachteiligt sind und im internationalen Wettbewerb an Exklusivität verlieren. In Zukunft wird es im Alpenraum nicht darum gehen, aus den Alpen einen Naturpark zu machen, in dem der Mensch nichts mehr zu suchen hat, sondern einen vernünftigen Weg einzuschlagen, der der Natur und dem Freizeit- und Erholungsbedürfnis der Menschen gerecht wird.

Trendsportarten (Lorch 1995)

Hängegleiter (Drachenfliegen, Gleitschirm): Diese Sportart wird in den Alpenstaaten von rund 120.000 Personen praktiziert (1995). Die 75.000 Gleitschirm-Flieger alleine absolvieren jährlich mehr als 3 Mio. Flüge. Die überwiegende Zahl der Flüge konzentriert sich auf bestimmte attraktive Gebiete. Nachteile sind Störungen von Wild bei zu dichtem Überfliegen, vor allem in offenem Gelände.

Helikopter-Tourismus: Vorwiegend für Heliskiing in unerschlossenem Hochgebirge oberhalb der Waldgrenze werden alleine in der Schweiz ca. 30.000 Flüge pro Jahr rein touristisch durchgeführt. Da auch im Aostatal und anderen italienischen Regionen geflogen werden darf, kann man von mindestens 50.000 Flügen pro Jahr ausgehen. Ein Viertel der Schweizer Skiorte werben damit, Heliskiing machen zu können. In Deutschland und Liechtenstein wird es nicht praktiziert, in Österreich nur noch von zwei Landeplätzen in Vorarlberg aus. In Frankreich ist es generell verboten. Der Lärm vertreibt das Wild in den Hochlagen aus Wintereinstandsquartieren. Es kommt zu panikartigen Fluchten mit hohem Energieverlust.

Trendsportarten (Lorch 1995) (Forts.)

Fließgewässersport (River-Rafting, Kanusport, Canyoning, Hydrospeeder): Mindestens 50.000 Menschen pro Jahr betreiben eine der angesprochenen Wassersportarten in den Alpen. Sie üben den Sport gerade dort aus, wo auch die Vorrangflächen für den Naturschutz existieren. Die Kanufahrer wollen sauberes Wasser und unverbaute Flüsse. Nur noch 10 % der Fließstrecken der größeren Flüsse sind in naturnahem Zustand. Dadurch kommt es zu räumlichen Konzentrationen und Störungen zur Brutzeit der Wasservögel, Störungen der Fische während der Laichzeit sowie Vegetationsschäden am Ufer und im Wasser.

Mountain-Biking: Allein im Hochsommer werden in den Alpen mehr als 3 Mio. Bikes verwendet. Besonders beim Off-road-Fahren kommt es zu Störungen der Tierwelt, der Vegetation und zu Bodenerosion. Das Fahren abseits von Straßen ist in den Alpen Österreichs, Frankreichs und Deutschlands überwiegend verboten. In der Schweiz und in Liechtenstein ist es nur im Wald verboten, in Italien bestehen noch keine Einschränkungen.

Klettern: Hier kommt es häufig zu einer Konzentration in technisch und landschaftlich interessanten alpinen Sportklettergebieten. Hauptproblem dürfte die Störung felsbrütender Vögel und das hohe Pkw-Aufkommen sein.

Golf: Zur Jahrtausendwende gab es in den Alpen mehr als 130 Golfplätze mit einer Gesamtfläche von 5.750 ha, geführt von Österreich mit 53 Plätzen und der Schweiz mit 34 (Rodewald 1998). In der Schweiz und Österreich liegen bereits 40 Golfplätze oberhalb 800 m ü.M. Die Plätze befinden sich häufig auf naturnahen Wiesen oder extensiven Mähwiesen. Das Gelände wird in der Regel durch Aufschüttungen und Planierungen künstlich gestaltet und trägt einen artenarmen Rasen, der be- und entwässert werden muss. Dünger- und Pestizideinsatz ist meist erforderlich.

8.5.1 Wintertourismus

Den größten ökonomischen und ökologischen Impakt in den Alpen hat der Wintertourismus. Der Skilauf begann sich nach dem Ersten Weltkrieg mit dem Kurtourismus auszubreiten. Heute gibt es in den Alpen-Anrainerstaaten rund 20 Mio. Skisportler. Die Pistenfläche beträgt rund 1.040 km^2; inklusive der Erschließungs- und Transportanlagen liegt die Skigebietsfläche bei etwa 3.440 km^2. Dem entsprechen ca. 13.000 Lifte und Seilbahnen und 40.000 Skiabfahrten mit 120.000 km Länge. Die Alpen haben von allen Gebirgen der Welt die höchste Dichte an Wintersport-Infrastrukturen. Allein in den Dolomiten besitzen die Skilifte eine Tageskapazität von 125.000 Personen. Vor allem in Frankreich ist der Wintertourismus auf ca. 20 „Retortenstädte" mit insgesamt 500.000 Betten konzentriert (z.B. „Trois Vallées"; Cernusca 1984; Dietmann & Spandau 1996; Hamele et al. 1998).

Obwohl die reinen Pistenflächen im Verhältnis zur Landesfläche recht gering sind, in Tirol z.B. 0,55 %, in Salzburg 0,77 % und in Südtirol 0,34 % (Cernusca 1984), so sind die direkt und indirekt betroffenen Flächen mit den Infrastruktureinrichtungen (Parkplätze, Hotels, Straßen, Lifte, Restaurants etc.) deutlich größer. Bei den Pisten betreffen die wesentlichen negativen und teils irreversiblen Auswirkungen die Vegetation und die Biodiversität, sowie den veränderten Oberflächenabfluss und die Bodenerosion. Unterschiedliche Intensitäten dieser negativen Auswirkungen hängen teils davon ab, ob die Skipisten durch Rodung von Wald oder durch Planierung bzw. Teilplanierung und Neuansaat von bisher landwirtschaftlich genutzten Wiesen, Weiden oder alpinen Rasen oberhalb der Waldgrenze erfolgt, oder ob unveränderte Wiesen und Weiden aus der Landwirtschaftszone genutzt werden.

Planien

Auch wenn vielfach der Eindruck verbreitet ist, die Neuanlage von Skipisten und Planierungen seien weitgehend vorbei, so kann man sich bei Wanderungen im Sommer immer wieder vom Gegenteil überzeugen. In Österreich sind von den 25.000 ha Skipisten ca. 20.000 ha planiert (Grabherr 1997). Der Trend zu Planien wird durch die neue Mode der Carving-Ski noch stärker, da hier auf möglichst gleichmäßiger Schneeoberfläche weite Schwünge gefahren werden. Für Großveranstaltungen werden auch immer wieder neue Anlagen gebaut. Allein für die olympischen Winterspiele in Savoyen 1992 wurden 1 Mio. m^3 Felsen gesprengt und Erdreich versetzt sowie 33 ha Wald gerodet und 330.000 m^2 Fläche überbaut (Mattanovich & Tödter 1998).

Die Standortsverhältnisse sind nach der Planierung für die meisten Arten der ursprünglichen Vegetation ungeeignet (Foto 24). Entsprechend der edaphischen Verhältnisse stellen sich zunächst Rohbodenbesiedler und typische Pionierarten ein, die eine hohe Samenproduktion und eine effiziente Verbreitung haben. In tieferen Lagen (< 1.400 m ü.M.) sind dies Ackerunkräuter und Ruderalarten (Schauer 1981). Mit zunehmender Höhe werden planierte Skipisten von natürlichen Arten der Umgebung besiedelt. Aber die Haupteinwanderer sind nicht die Hauptvertreter der alpinen Rasen, sondern ebenfalls Pionierarten. Die Sukkzession ist vergleichbar mit Gletschervorfeldern. Zunächst treten demnach Arten der Gletschervorfelder auf (z.B. *Trifolium pallescens, Cerastium uniflorum*), dann Arten der Nival- und Schuttfluren (z.B. *Linaria alpina, Ranunculus glacialis*) und schließlich Arten der alpinen Rasengesellschaften (*Tanacetum alpinum, Agrostis schraderiana;* Grab-

Foto 24
Planierte Skipiste am Brévant, Chamonix (2.300 m ü.M.)
In Hochlagen sind auf planierten Skipisten die Störungen von Vegetation und Böden so stark, dass eine Wiederbegrünung große Schwierigkeiten bereitet. Falls sie gelingt, ist die Artenvielfalt sehr stark reduziert (Veit 18.07.2000).

Die negativen Folgen der Planierungen sind zahlreich. Außer einer vollständigen Zerstörung der Vegetationsdecke werden von den Böden zumindest die wertvollen Humushorizonte, oft jedoch, zum Ausgleich von Unebenheiten, die kompletten Böden entfernt.

HERR 1987).Wegen der geringen Ausbreitungsgeschwindigkeit vieler Rasenarten, bei *Carex curvula* z.B. 0,5 mm a^{-1}, kann die Sukzession bis zum Klimaxstadium Jahrhunderte bis Jahrtausende dauern, falls dieses Stadium überhaupt jemals erreicht wird. Man muss sich im Klaren sein, dass oberhalb der Waldgrenze durch Planierungen Vegetationsgesellschaften zerstört werden, die sich nur sehr langsam regenerieren können.

Meist werden die planierten Pisten künstlich begrünt, um möglichst schnell eine günstige Vegetationsbedeckung zu erreichen. Oberhalb von ca. 1.500 m ü.M. gibt es dabei aber erhebliche Probleme. Die wichtigsten Rasenbildner dieser Höhenstufe vermehren sich meist vegetativ. Häufig werden zwar reichlich Samen produziert, ihre Keimfähigkeit ist aber nur gering. Und die vegetative Ausbreitung ist viel zu langsam. Deshalb erfolgt die Begrünung in Hochlagen oft mit nicht standortgerechten Arten, da es keine geeigneten Saatmischungen gibt (MOSIMANN 1983). Durch Begrünung wird die natürliche Wiederbesiedlung infolge der Konkurrenz eher verlangsamt (MEISTERHANS 1988). Da in der Regel die Humusdecke fehlt und die Bodenoberfläche verdichtet ist, kann die Begrünung nur mit Düngern und jährlichen Nachdüngungen durchgeführt werden. Der Rasen kann auch im Gewächshaus vervielfältigt werden („Junggärtnermethode", GRABHERR & HOHENGARTNER 1989), was aber sehr arbeitsaufwendig und teuer ist. Es werden dann die Rasenziegel von alpinen Gräsern in die kahlen Flächen eingesetzt. Das gelingt besonders gut mit *Poa alpina* und *Luzula alpinopilosa* und anderen sich vegetativ rasch ausbreitenden Arten.

Als Fazit bleibt für die Planien festzuhalten, dass eine Erhaltung der heimischen Flora durch die Neuanlage von Rasen, speziell in Hochlagen, nicht möglich ist. Wegen der Resistenz wird meist das Einbringen fremder Arten empfohlen. Dadurch kommt es zu einer Florenverfälschung, die aus Gründen des Naturschutzes eigentlich untersagt ist. Das hat natürlich auch Auswirkungen auf die Bodenfauna.

Entscheidend für den oberflächlichen Wasserabfluss und die Stabilität des Bodens gegen Erosion ist neben dem Deckungsgrad auch die Durchwurzelung (Tab. 39). Die Böden werden auf planierten Pisten

Tab. 39: Wurzelmasse verschiedener Vegetationstypen und Skipisten

Vegetation	Wurzelmasse (g m^{-3})
Krautschicht in Bergwäldern	2.000–3.000
Zwergstrauchheiden	3.000–4.000
alpine Rasengesellschaften	1.000–2.000
Almwiesen und Weiden	1.000–1.500
begrünte Skipisten nach 8–10 Jahren	300–700

nach GRABHERR et al. (1978)

Tab. 40: Versickerungsraten bei unterschiedlichem Bewuchs und Bodenzustand im Pistenbereich Zirbenwald, Ötztaler Alpen

Standort, Bodentyp	Versickerung (cm h^{-1})
moosreiche Alpenrosenheide; Eisenpodsol	1.800
Bürstlingrasen	900
'Viehgangl', stark vertretener Bürstlingrasen; Podsolkolluvium	85
Weg; A- und B-Horizontreste	12
Piste; B- und C-Horizontreste	3,5

nach NEUWINGER (1987)

stark bis vollständig abgetragen, was die Bodeneigenschaften als Pflanzenstandort, aber auch den Wasserhaushalt, den Oberflächenabfluss und damit die Bodenerosion entscheidend beeinflusst. Durch Abtrag der meist schluffreicheren A- und B-Horizonte, die häufig auch in allochthonen Deckschichten entwickelt sind (Kap. 5.2), werden die Pistenböden sandiger. Daraus folgt eine Abnahme der Mittelporen, die für das pflanzenverfügbare Bodenwasser eine entscheidende Rolle spielen. Feinkörnige Böden werden zusätzlich verdichtet. Die Infiltrationsrate nimmt entsprechend ab (Tab. 40) und der Bodenabtrag zu. Bei einer Umwandlung naturnaher Rasengesellschaften in Ansaaten erhöht sich der Oberflächenabfluss um mehr als 50 %. Auf Almflächen liegt der Abfluss bei 30–60 % des Niederschlages, auf Skipisten bei 60–80 %. Im Extremfall können sich aus großflächigen Rodungen und Planierungen für Skipisten sogar Murkatastrophen entwickeln, wie dies mehrfach im Olympiaskigebiet Axamer Lizum in Tirol geschah, wo es z.B. am 4.7.1983 zu einer Vermurung des Zentrums der Gemeinde Axams kam (AULITZKY 1994).

Ähnlich wie für die Vegetation ausgeführt, gilt es auch für die Böden, die meist lange Entwicklungszeit zu berücksichtigen. Speziell oberhalb der Waldgrenze sind gut entwickelte Böden oft einige tausend Jahre alt und häufig sogar reliktisch, d.h. unter anderen Klimaverhältnissen im Früh- bis Mittelholozän entstanden. Ihr Abtrag ist meist irreversibel (Kap. 9.3.3).

Skisport

Auch nicht planierte Skipisten zeigen meist eine klare Beeinträchtigung ihrer Standorteigenschaften. Bei wenig Schnee ist dies z.B. das Abscheren von Vegetation durch die Stahlkanten der Skier. Auf den Scherstellen überleben nur Pflanzen, die unterirdische Rhizome haben und deshalb neu austreiben können (z.B. *Phyteuma hemisphaericum*, Halbkugelige Teufelskralle). Der Schnee wird durch die Befahrung und durch die Schneemobile verdichtet. Dadurch wird die Wärmeleitfähigkeit verändert, was eine bis zu drei oder vier Wochen spätere Ausaperzeit bedingen kann. Pro Reduktion der Schneehöhe um 10 cm ist mit einer Verringerung der Winter-Bodentemperatur um ca. 0,5 bis 1,0 °C zu rechnen (Haeberli 1982b). Damit entsprechen an einer gegebenen Stelle die künstlich geschaffenen Wachstumsbedingungen denen auf einigen 100 m höher gelegenen natürlichen Standorten. Durch die Verdichtung entsteht außerdem ein künstliches Ausaperungsmuster, das unter ungestörten Verhältnissen von Jahr zu Jahr sehr ähnlich ist. Dies kann zu einer Änderung der Artenzusammensetzung führen. Schäden können auch durch die winterlichen Schneepräparierungen eintreten, wenn schon bei geringen Schneehöhen die Bearbeitung mit Schneemobilen erfolgt. Die Schneedecke sollte mindestens 30 cm betragen (Pröbstl 1990). Bei zu spätem Einsatz der schweren Maschinen im Frühjahr, speziell auf schlecht wasserdurchlässigen Böden und Gesteinen, sehen Skipisten manchmal aus wie frisch gepflügt.

Teilweise wird auf den Pisten Schneefestiger eingesetzt. Dies können Stoffe wie Kochsalz, Kalziumchlorid, Ammoniumchlorid, Ammoniumsulfat oder Harnstoffprodukte sein (Greif 1987). Für eine etwa 30 Stunden wirksame Schneefestigung sind 20 bis 50 g Schneefestiger je m^2 nötig. Das entspricht einer Düngung von 300 kg ha^{-1}, d.h. der normalen Düngung im mittleren Höhenbereich der Almregion. Entsprechend höher sind die Effekte, wenn mehrmaliger Einsatz erforderlich wird. Durch Düngungseffekte, die durch Kunstschnee noch deutlich verstärkt werden können, ist eine Verschiebung der Artenzusammensetzung zu erwarten, was allerdings nicht immer auch eine Reduzierung der Artenzahl bedeutet.

Wintersportanlagen beeinträchtigen häufig die wertvollsten Lebensräume der Waldhühner. Oberhalb der Waldgrenze sind es die Balzplätze des Birkhuhns (*Tetrao tetrix*), im Bereich der Waldgrenze werden die Wintereinstände durchschnitten. Unterhalb der Waldgrenze wird das Auerhuhn (*Tetrao urogallus*) verdrängt. Verstärkt wird das Problem durch die „Variantenfahrer" und den Tourenskilauf (> 1 Mio. Touren pro Winter), durch die auch abseits der Pisten entsprechende Störungen auftreten. Besonders störend wirkt hier auch das Heliskiing, in den Alpen mit ungefähr 50.000 Flügen pro Jahr, meist im Winter (Knüsel 1998).

Durch die Angst vor schneearmen Wintern werden immer mehr Hochlagen für den Skisport erschlossen. Einerseits kommt es zu einer stärkeren Nutzung der Gletscherskigebiete, andererseits werden zunehmend auch Pisten im Permafrost erschlossen. In 2.700 bis 2.800 m ü.M. ist damit zu rechnen, dass etwa 50 % des nicht vergletscherten Areals von Permafrost eingenommen wird, in 3.300 m ü.M. betrifft dies nahezu die gesamte Fläche (Kap. 4.3.2; Abb. 37). Neben der Schneesicherheit ist wohl ein weiteres Motiv für die Höherlegung der Skigebiete auch in der Vorstellung zu suchen, mit zunehmender Höhe nähme die Schneemenge zu. Mit der Meereshöhe verschiebt sich aber das Schneehöhenmaximum jahreszeitlich nach hinten, in den Zeitraum

April-Juni (Kap. 2.4). Dies ist meist außerhalb der Ferienzeit und touristisch nicht so interessant. Außerdem herrscht im Hochwinter in großen Höhen wegen der starken Windverfrachtung oft Schneemangel.

Kunstschnee

Schneearme Winter und das Bedürfnis nach uneingeschränkter Schneesicherheit haben vereinzelt seit den 60er Jahren des 20. Jahrhunderts und explosionsartig seit den 80er Jahren zur Verbreitung von Kunstschnee und zum Einsatz von Schneekanonen geführt. Anfangs waren es Punktbeschneiungen an Problemstandorten, z.B. auf Kuppen, wo die Schneedecke schnell ausgedünnt wurde. Dann kamen immer mehr Flächenbeschneiungen hinzu. Von 1990 bis 1996 hat sich die Zahl der Beschneiungsanlagen mehr als verdoppelt (SIEGRIST 1998). 1996 gab es in den Alpen 549 Anlagen. 1995 wurde eine Fläche von 6.600 ha mit Kunstschnee beschneit. Mit ca. 3.900 ha beschneiter Fläche und 300 Anlagen liegt Österreich klar vorne (Tab. 40). Alleine 1998 hat Österreich 109 Mio. Euro in neue Beschneiungsanlagen investiert, 34 % der Pistenfläche werden beschneit. Ähnlich hohe Flächenanteile hat die Beschneiung in Südtirol. Dagegen nehmen sich die Werte von knapp 5 % in Bayern und in der Schweiz noch recht bescheiden aus, Tendenz aber überall steigend. Während der lokale Einsatz von Kunstschnee durchaus sinnvoll sein kann, ist die immer mehr zu beobachtende vollständige Beschneiung ganzer Pisten abzulehnen. Diese Ablehnung erfolgt einerseits aus ökologischen Gründen, andererseits aus prinzipiellen Gründen, da dies ein weiteres extremes Bespiel dafür ist, wie die Alpen zum „Funpark“ degradiert werden, ohne Rücksicht auf natürliche Gegebenheiten zu nehmen.

Schneekanonen

Schneekanonen erzeugen aus Druckluft und Wasser Kunstschnee. Dies geschieht mit Druckluft (Hochdrucksystem) oder Propellern (Niederdrucksystem). Beim Hochdrucksystem werden Wasser und Luft in einem zentralen Maschinenhaus unter Druck gesetzt und über erdverlegte Leitungen sowie über Schläuche der Schneekanone zugeleitet. Beim Niederdrucksystem wird die Luft direkt an der Kanone in Bewegung gesetzt, was einen elektrischen Anschluss auf der Piste oder einen Generator erfordert. Schneekanonen können rationell nur bei Lufttemperaturen unter dem Gefrierpunkt (weniger als –2 bis –5 °C) eingesetzt werden, bei einer relativen Luftfeuchtigkeit von weniger als 80 bis 60 %. Bei Temperaturen um 0 °C ist der Schnee sehr nass und für die Vegetation besonders ungünstig.

Die Leistungen der Schneeanlagen variieren zwischen 50 und 2.000 kW. Bei 30 cm hoher Beschneiung resultiert ein Stromverbrauch von 0,5 bis 1,5 kWh pro m^2 (LAUTERWASSER 1989). Vergleicht man den Stromverbrauch im Winter mit anderen Freizeiteinrichtungen, so liegen die Schneekanonen durchaus im erträglichen Rahmen. Das Skigebiet Zermatt-Sunnegga beispielsweise, mit 63 Schneekanonen im Jahr 1989,

Schneekanonen (Forts.)

hatte durch die Schneeanlagen einen Stromverbrauch von 226.000 bis 435.000 kWh a^{-1}. Im Vergleich dazu verbrauchte das Sportzentrum im Winter 719.000 kWh und die Kunsteisbahn 104.600 kWh (im Jahr: 435.750 kWh).

Der Wasserbedarf liegt pro Schneekanone in der Größenordnung von 20 bis 75 l s^{-1} bzw. 70–270 m^3 h^{-1} (Mosimann 1991). Im bereits genannten Skigebiet Zermatt-Sunnegga beläuft sich der Verbrauch so auf 17.500 bis 33.660 m^3 a^{-1}. Da im Winter in den Gerinnen Niedrigwasser herrscht, müssen oft künstliche Staubecken errichtet werden. Die beträchtliche zusätzliche Wasserzufuhr kann sich schon nach kurzer Zeit in der Förderung von Feuchtigkeitszeigern in der Vegetation bemerkbar machen (Ellenberg 1996). Eine 60 cm mächtige Kunstschneedecke entspricht ca. 200 mm Niederschlag (Pröbstl 1990). Berücksichtigt man zusätzlich die Konzentration auf das Frühjahr, dann wird der Wassereintrag durch schmelzenden Kunstschnee teils mehr als verdoppelt.

Kunstschnee ist dichter, nässer und härter als Naturschnee. Dadurch stellt er für Boden und Vegetation eine schlechtere Isolierung dar als Naturschnee. Kunstschnee verzögert im Frühjahr die phänologische Entwicklung beträchtlich, oft um zehn bis 20 Tage. Beschneiungswasser wirkt zusätzlich düngend, da es mehr Nährstoffe enthält als der natürliche Schnee. Deshalb werden Stickstoffzeiger gefördert und es kann zu einem Verlust der Artenvielfalt kommen. Besonders empfindlich in dieser Hinsicht sind naturnahe Vegetationstypen wie Magerrasen, Zwergstrauchheiden und Moorgesellschaften. Auf intensiv genutzten Weiden und Wiesen spielt der zusätzliche Düngeeffekt wohl keine große Rolle. Hier können möglicherweise durch den Einsatz des Kunstschnees die Erträge noch steigen. Insgesamt sind dramatische Artenverschiebungen und Änderungen der Dominanzverhältnisse wohl nicht zu erwarten, da die Intensität der landwirtschaftlichen Nutzung und andere Einflussfaktoren weit stärker ins Artengefüge eingreifen.

Seit 1995/96 werden bei der künstlichen Beschneiung teilweise Zusatzmittel wie vor allem abgetötete Bakterien (z.B. *Pseudomonas syringae*) eingesetzt, die als Kristallisationskerne dienen, in einigen Ländern aber verboten sind. Da aber keine 100%ige Sicherheit besteht, dass durch die Sterilisation wirklich alle Bakterien abgetötet werden, haben sich z.B. das Bayerische Staatsministerium für Landesentwicklung und Umweltfragen und der Deutsche Skiverband dagegen ausgesprochen. In der Schweiz hat das Bundesamt für Wald, Schnee und Landschaft (BUWAL) Ende 1998 die Zusätze als unbedenklich eingestuft.

8.5.2 Sommertourismus

Der Sommertourismus ist geprägt durch die klassischen Wanderurlauber, Bergsteiger und viele Trendsportarten. Jährlich führen 5 bis 10 Mio. Wanderer mindestens eine Wanderung durch. Alpenweit bestehen ca.

150.000 km Wanderwege, die etwa 2.000 alpine Stützpunkte miteinander verbinden. Probleme bestehen bei den Wegen, vor allem beim Verlassen der Wege („Abkürzer") und bei den alpinen Hütten. Auch hier ist das Hauptproblem die Konzentration in bestimmten Gebieten, wie im Tal von Chamonix, mit 100.000 Besuchern pro Sommer (FEUVRIER 1998).

Foto 25
Bodenerosion, Passo di Falzàrego, Dolomiten (2.117 m ü.M.)
Alpine Rasen reagieren teilweise empfindlich auf Trittbelastung. Auf viel begangenen Wegen und ‚Abkürzern' kommt es dabei zur völligen Vegetationszerstörung, die speziell auf feinkörnigen, erosionsanfälligen Gesteinen zu kräftiger Bodenerosion führen kann (VEIT 22.08.2000).

Bei hoher Frequenz entlang der gleichen Pfade kommt es sehr schnell zur Vegetationszerstörung und Bodenerosion (Foto 25). Meist wird dann parallel dazu ausgewichen, und so bilden sich rasch breite Bereiche mit intensivem Bodenabtrag. Bei einem durchschnittlichen Menschen ist die Trittbelastung ca. 400 g cm^{-2}. Beim Abstieg an steileren Hängen kann die Belastung aber bis 57.000 g cm^{-2} steigen (SPANDAU 1988). Dadurch kommt es zur Verdichtung und zum Abtreten der Grasnarbe. Die Verdichtung des Bodens führt zu eine Abnahme des Porenvolumens sowie zu einer Verringerung der Durchwurzelbarkeit und der Luft- und Wasserkapazität. Ein Beispiel bieten Messungen unter natürlichen Krummseggenrasen mit einer Infiltrationsrate von 13 bis 16 mm h^{-1}, die auf den Trampelpfaden durch Bodenverdichtung auf 2,5 mm h^{-1} zurückging (KÖRNER 1980). Durch den erhöhten Oberflächenabfluss sind die Pfade, speziell auf tonig-mergeligen Gesteinen, teils schon nach einer Schneeschmelz-Periode bis zu 1 m eingetieft und verlangen intensive Instandhaltungsarbeiten. Manche alpine Rasenarten sind wiederum sehr resistent gegenüber der Trittbelastung, so etwa *Carex curvula* (Krummsegge) und *Ligusticum mutellina* (Mutterwurz), die eine extrem hohe Trittbelastung von 150 Touristen pro Tag und Saison aushalten (GRABHERR 1987). Flechten, Moose, breitblättrige Gräser und einige Kräuter verschwinden dagegen bereits bei weniger als zehn Touristen pro Tag und Saison auf den Trittstellen.

Ein weiteres Problem stellt die Konzentration der Menschenmassen auf den alpinen Hütten dar. 1868 wurde die Stüdlhütte am Großglockner gebaut. Damit wurde der Grundstein gelegt für den Hüttenbauboom in den Alpen. Bis 1914 errichteten der DAV und der ÖAV 323 Hütten. Heute (1998) sind es ca. 520. Alle 8 Alpenvereine zusammen betreiben rund 1.600 Schutzhütten und Biwaks mit insgesamt 90.000 Schlafplätzen (EHM 1998). Daneben gibt es aber noch eine große Zahl von privaten Hütten. In Tirol z.B. sind von 1.000 Hütten nur 180 im Eigentum alpiner Vereine. Wenn man das berücksichtigt, dann resultieren schätzungsweise mehr als 10.000 Hütten insgesamt. Daneben gibt es noch eine ganze Reihe hoch gelegener Hotels und Drehrestaurants mit hohen Besucherzahlen. Die jährliche Besucherzahl lässt sich auf 12 Mio. schätzen, bei rund 4 Mio. Übernachtungen. Allein die Rudolfshütte in Salzburg hat jährlich rund 25.000 Besucher.

Problematisch erscheinen vor allem die Energieversorgung, der Wasserverbrauch, das Abwasser und der Abfall. Die Rudolfshütte verbraucht im Schnitt täglich 25–40 m^3 Wasser und produziert ebenso viel Abwasser (Ehm 1998). In Tirol wird insgesamt eine Abwassermenge von 15.000 Einwohnergleichwerten (EGW) pro Jahr produziert, in Spitzenzeiten deutlich mehr. Hochgerechnet auf die Alpen entspricht dies Abwassermengen von 100.000 EGW pro Jahr. Zum Vergleich reinigt die Innsbrucker Kläranlage Abwässer von mehr als 300.000 EGW. Mengenmäßig ist der Anteil der Hütten demnach nicht sehr groß, aber die Abwässer fallen in ökologisch und hydrogeologisch äußerst sensiblen Gebieten an, wo Verunreinigungen nur schlecht biologisch abgebaut werden. Da meist keine Entsorgungsmöglichkeit an das Kanalisationsnetz im Tal besteht, müssen die Abwässer meist in großer Höhe versickert werden. Biologische Kläranlagen funktionieren in der Höhe wegen der niedrigen Temperaturen nur unvollständig. Herkömmliche Drei-Kammer-Kläranlagen haben einen Wirkungsgrad von weniger als 30 %. In der ersten Kammer werden gewöhnlich die Feststoffe gesammelt. Öle und Fette aus dem Küchenbetrieb wandern in die Zweite Kammer und werden getrennt entsorgt. Der Rest wird nach Saisonende im Herbst häufig verrieselt. 1986 wurde von ÖAV und DAV das Jahrzehnt des praktischen Umweltschutzes auf Hütten ausgerufen. Man beschloss, keine Kapazitätserweiterung auf Schutzhütten und keine Steigerung des Komforts (z.B. warme Duschen) mehr zuzulassen sowie alle Diesel- und Benzin-Stromaggregate durch alternative Energien (Windenergie, Solarenergie, Wasserkraft) und Biotreibstoff (Rapsöl) zu ersetzen.

Blockheizkraftwerk (Kraft-Wärme-Koppelungsanlage) auf der Glorer Hütte

Als Beispiel für die Umstellung eines dieselbetriebenen Stromaggregates auf ökologischere Energieversorgung kann die Glorer Hütte in Osttirol gelten (Kalsertal, 2.650 m ü.M.). Sie wurde 1991 mit finanzieller Unterstützung des Bayerischen Ministeriums für Landesentwicklung und Umwelt, der Nationalparkverwaltung Osttirol, des Österreichischen Bundesministeriums für Umwelt, Jungend und Familie sowie dem DAV und dem ÖAV umgerüstet. Die Kosten beliefen sich auf 160.000 Euro. Zentrale Versorgungseinheit der Hütte ist ein Blockheizkraftwerk, welches auf Pflanzenölbasis (Rapsöl) arbeitet und den ehemals verwendeten Benzinmotor (zum Betrieb des Materialliftes) und den Dieselgenerator (Energieversorgung der Hütte) ersetzt. Mit dem Blockheizkraftwerk wird nun der Lift betrieben, täglich für zwei Stunden die Wasserpumpe, ein elektrisches Heizschwert zur Wassererwärmung und einmal wöchentlich die Waschmaschine sowie bei Bedarf die Batterie aufgeladen. Durch die Koppelung dieser einzelnen Funktionen

Blockheizkraftwerk (Kraft-Wärme-Koppelungsanlage) auf der Glorer Hütte (Forts.)

wird erreicht, dass das Kraftwerk täglich nur drei bis vier Stunden, bei möglichst hoher Auslastung, läuft. Aus dem anfallenden Abgas wird Wärme abgezogen. Dies geschieht, indem die etwa 500 °C warme Abluft mit Wasser auf 90 °C gekühlt wird und das so erwärmte Wasser als Brauchwasser in der Hütte Verwendung findet. Dadurch wird eine fast 90%ige Ausbeute der eingesetzten Kraftstoffenergie erreicht, rund 40 % als elektrischer Strom und 50 % als Wärme. Dieses System wird durch eine Photovoltaik-Anlage ergänzt, welche den Restenergiebedarf der Hütte, wie Beleuchtung, Kühlschrank, Staubsauger etc., abdeckt.

8.6 Verkehr

In den letzten Jahrzehnten hat der Verkehr in den Alpen und durch die Alpen extrem zugenommen. 1963 durchzogen erst 100 km, 1993 bereits 4.000 km Autobahnen die Landschaft (Foto 26). Heute gibt es mehr als 100.000 km öffentliche Straßen. Pro Jahr überqueren ca. 54 Mio. Motorfahrzeuge die Alpen (Guggenbühl 1998). Davon entfallen rund 47 Mio. auf Personentransport. Davon wiederum dürften die Pkw mit 95 % klar dominieren. Bei der Betrachtung des gesamtalpinen Verkehrs darf man nicht vergessen, dass ein großer Teil des Verkehrsaufkommens hausgemacht ist. Insgesamt sind rund 70 % des jährlichen Verkehrsaufkommens hierzu zu rechnen, während etwa 20 % touristischer Zielverkehr und nur 10 % dem Transitverkehr zuzurechnen sind (Guggenbühl 1998). Für den Transitverkehr stellen die Alpen ein Verkehrshindernis dar, dass durch zahlreiche Passstrassen sowie Straßen- und Eisenbahntunnels durchstoßen wird. Der niedrigste und am meisten frequentierte Pass ist der Brenner (1.370 m ü.M.). Über den Simplonpass (2.005 m ü.M.) führte die erste moderne Alpenstraße. Sie wurde 1800 bis 1806 von Napoleon erbaut. Im Mai 1880 überschritt Napoleon mit 40.000 Soldaten den Großen St. Bernhard.

Der gesamtalpine Güterverkehr hat sich von 1970 bis 1989 von 28 Mio. t auf 73 Mio. t gesteigert. Bis 1998 waren es sogar mehr als 150 Mio t. (Abb. 64). Davon fällt die höchste Steigerungsrate auf den Straßenverkehr, vor allem in Frankreich und Österreich, während der Anteil des Schienenverkehrs in der Schweiz annähernd konstant

Foto 26
Brennerautobahn im Eisacktal
In den engen Alpentälern und Pässen nehmen häufig sowohl die Flüsse wie auch die Bahnlinien und Autobahnen den gesamten Talboden ein (Veit, 23.08.2000).

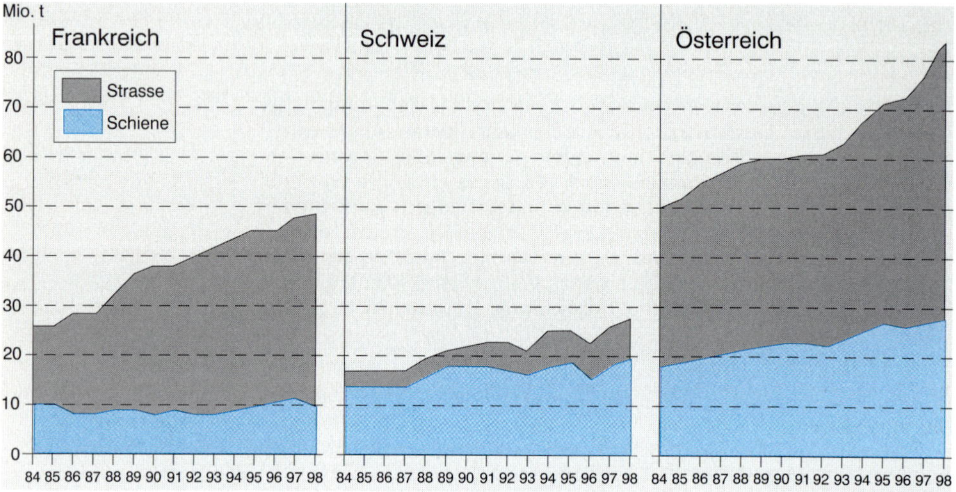

Abb. 64 *Entwicklung des Güterverkehrs über den gesamten Alpen (Vetimiglia – Wien) von 1984 bis 1998 (nach Alpeninitiative; http://deutsch.cipra.org/texte/links/links.htm).*

hoch geblieben ist. Insgesamt nahm der Schienenverkehr bis heute nur um das 1,5fache, der Straßentransport dagegen um mehr als das 8fache zu. Damit hat sich das Verhältnis zwischen Bahn und Straße in den letzten 3 Jahrzehnten umgekehrt. 1970 wurden noch mehr als drei Viertel der Güter mit der Bahn transportiert, heute sind es nur noch rund ein Drittel, der Rest entfällt auf die Lkw. 1996 überquerten 3,9 Mio Lkw den inneren Alpenbogen. Am Mont Blanc-Tunnel werden ca. 2.200 Lkw pro Tag registriert. Allein den Brenner passierten 1996 rund 1,25 Mio. Lkw. Dabei fahren 13,4 % der alpenquerenden LKW leer (Moroder 1998). Täglich werden im Durchschnitt am Brenner 6.300 Lkw und 35.200 Pkw gezählt, am Gotthard sind es 3.500 Lkw und 14.000 Pkw. Nach Schätzungen der EU wird sich der alpenquerende Güterverkehr in den nächsten 20 Jahren verdoppeln, während der Personenverkehr um 50 % zunehmen soll.

Regional verliefen die Entwicklungen unterschiedlich. 1970 floss rund die Hälfte des alpenquerenden Verkehrs durch die Schweiz und je zu einem Viertel durch Frankreich und Österreich. 1980 waren die Anteile der drei Staaten mit rund einem Drittel in etwa gleich.1989 führte Frankreich mit 40 %, die Schweiz hatte einen Anteil von 31 % und Österreich von 29 %. Die Anteile des Güterverkehrs auf der Strasse sind in der Schweiz mit 21% am niedrigsten, im Vergleich zu 90 % in Frankreich und 70 % in Österreich (Abb. 64). Ursache waren vor allem die Gewichtslimite in der Schweiz für Lkw von 28 t, während es im übrigen Europa bei 40 t liegt. Dadurch wurde der Frachtverkehr nach Frankreich und Österreich umgeleitet, oft mit verlängerten Wegen. Der Druck der EU auf die Schweiz ist groß, das Gewichtslimit zu erhöhen. Die Schweiz versucht dies zu umgehen, indem sie beschlossen hat, dass bis zum Jahr 2004 der gesamte alpenquerende Güter-Verkehr auf die Bahn verlagert wird.

Bei den Auswirkungen des hohen Verkehrsaufkommens auf die Umwelt sind im Wesentlichen die Belastungen mit Schadstoffen und durch Lärm zu nennen. Als wichtiger Aspekt kommt aber noch die Zerschneidung und Zerstückelung des natürlichen Lebensraumes für die Tierwelt hinzu. Je nach Tierart sind die Raumansprüche unterschiedlich hoch. 1963 gab es noch 31 unzerschnittene Räume mit einer Fläche von mehr als 1.500 km^2, 1993 nur noch 14 (Guggenbühl 1998). Mit jeder neuen Straße und Siedlung nehmen diese Flächen weiter ab. Speziell die Autobahnen haben auch eine Trennwirkung in den Tälern selbst, was einen häufigen Verkehr, meist motorisiert, zwischen Siedlung, landwirtschaftlichen Nutzflächen etc. notwendig macht. Talauen und wertvoller Ackerboden werden überbaut, Wildsperrzäune trennen Populationen.

Die Lärmbelastung durch den Verkehr, speziell entlang der Transitstrecken, ist enorm. In den Transitgemeinden sind 2/3 der Menschen stark oder sehr stark lärmbelastet. Vor dem Verkehrslärm ist praktisch keine Flucht möglich, da sowohl der Verkehr wie auch der Siedlungsraum, die Industrie, die landwirtschaftlichen Flächen und die Eisenbahn im Tal liegen. Bei den meist relativ engen Tälern mit steilen Talwänden spielt auch das Relief eine entscheidende Rolle. In 1 km Entfernung schräg nach oben zum Hang ist eine Straße immer noch gleich laut wie auf der Ebene nach 250 m (Rhomberg 1998).

Die Abgase können durch die häufigen Inversionslagen in den alpinen Tälern zu sehr hohen Belastungen führen, speziell im Winter. Stickoxide (NO_x) entstehen bei der Verbrennung fossiler Brenn- und Treibstoffe bei hohen Temperaturen aus dem atmosphärischen Sauerstoff und Stickstoff. Die Stickoxide werden zu mehr als 90 % als NO emittiert und reagieren in der Atmosphäre mit Sauerstoff zu gesundheitlich gefährlicherem NO_2. Neben der Gefährdung der Gesundheit des Menschen belasten Stickoxide die Ökosysteme, insbesondere die alpinen Schutzwälder, durch Säureeintrag und Überdüngung. Die Emissionen stammen zu 60 % aus dem Verkehr, zu 25 % aus Industrie und Gewerbe, zu 8 % aus Land- und Forstwirtschaft und zu 7 % aus Haushalten. Beiderseits der Brenner-Autobahn und am Gotthard ist in einem Streifen von 1 km Breite im Jahresmittel die Luft mit 49 mg m^{-3} NO_2 belastet. Das ist deutlich mehr als der Grenzwert von 30 mg m^{-3} NO_2. Die NO_x-Konzentrationen liegen bis zum 5fachen darüber, mit 163 ppb am Brenner und 74 ppb am Gotthard (www.alpeninitiative.ch/d/studie-d.html). Am Brenner liegt der tägliche Ausstoß von NO bei 33 t (Lkw: 25 t; Pkw: 8 t). Beim CO sind es 26 t (Lkw: 13 t; Pkw: 13 t), bei den Kohlenwasserstoffen 9 t (Lkw: 7 t; Pkw: 2 t), beim Ruß sind es 3 t (Lkw) und beim Blei 40 kg (Pkw; Meurer & Müller 1996). Untersuchungen aus den 80er Jahren zeigen, dass bei Frauen die Bleibelastung der Muttermilch entlang der Brennerstrecke etwa siebenmal höher war als bei Frauen in nicht belasteten Gebieten.

Ein weiteres Maß für die gesundheitliche Belastung ist der Wert PM10. Er bezeichnet Staubteilchen (PM = „particulate matter") von weniger als 10 µm Durchmesser, die über den Kehlkopf hinaus in die Lun-

Die erste Eisenbahnlinie, welche alpine Orte berührte, existierte Mitte des 19. Jahrhunderts. 1867 fuhr die erste transalpine Eisenbahn über den Brenner, und um 1870 waren die großen Zentren an die Netze angeschlossen. Heute gibt es fünf wichtige Eisenbahntransversalen von Norden nach Süden durch die Alpen: Mont Cenis/Fréjus, Lötschberg/ Simplon, Gotthard, Brenner und Tarvis.

ge gelangen können. Quellen sind z.B. Auto- und Industrieabgase und Staub. In Alpentälern liegen die Gehalte zeitweise über den zulässigen Tagesmittel-Grenzwerten.

Verkehr und Industrie, in Kombination mit den gebirgsspezifischen lufthygienischen Charakteristika, führen zu Schadstoffanreicherungen in alpinen Tälern, die großstädtische Ausmaße erreichen können. Eine besondere Rolle spielen hierbei die winterlichen austauscharmen Inversionslagen. Dadurch können die Luftschadstoffe nicht entweichen und werden akkumuliert. Im Vergleich zum Alpenvorland ist deshalb die Immissionsbelastung durch ein Fahrzeug in den Alpen bis zu dreimal höher. An Sommertagen werden die Schadstoffe in große Höhen gepumpt und können auf den Gebirgsstationen registriert werden (Kap. 2.5).

8.7 Industrie

Industrielle Nutzung in den Alpen gibt es in Form des Bergbaus (Erze, Salz) und der Holzwirtschaft schon sehr lange, intensiv seit der Bronzezeit und verstärkt seit dem Mittelalter. Zunächst wurden die Standortvorteile, wie die verfügbaren Energiequellen Wasser und Holz, genutzt. Deshalb fanden auch in der Frühzeit der Industrialisierung energieintensive Branchen wie Elektrochemie- oder Elektrometallurgie in den Alpen günstige Standortvoraussetzungen. Diese Vorteile haben mit dem europäischen Strom-Verbundnetz an Bedeutung verloren. Außer der Nähe zum Rohstoff bildeten in der Nachkriegszeit vor allem die Arbeitskräfte in den Alpentälern eine wichtige Quelle für die Industrie. Außeralpine Unternehmen suchten deshalb verstärkt ab 1965 nach inneralpinen Standorten und legten Zweigwerke an, die aber mit der Rezession in den 80er Jahren meist wieder geschlossen wurden. Durch die Industrie kommt es zu einer Verdichtung der Bevölkerung in den großen Quer- und Längstälern. Die hoch gelegenen Seitentäler bringen die Pendler bzw. werden eher entvölkert.

Eine bedeutende Rolle spielten früher die Rohstoffindustrie und der Bergbau. Als die Kohle ab Mitte des 10. Jahrhunderts zunehmend Holz und Wasserkraft als Energieträger ablöste, schwand auch die Bedeutung der Alpen für die Metallerzeugung. Heute sind viele Lagerstätten erschöpft. Bergbau auf Eisenerz wird z.B. noch im Tagebau von Spateisenstein in Ostösterreich betrieben, auf Scheelit (Wolfram) in Mittersill. Die moderne Metallerzeugung beruht heute meist auf billigen Erzimporten. In verkehrsgünstigen Tälern versuchen heute spezialisierte und modernisierte Betriebe, die Metallverarbeitung aufrecht zu erhalten (Abb. 65).

Steinsalz, Gips und Anhydrit wurden vor allem im Mittelabschnitt der nördlichen Kalkalpen gewonnen (Permisches Haselgebirge: Reichenhall, Hallein, Salzkammergut, Hallstatt, Hall in Tirol, Bad Ischl, Altausee, Mariazell), Braunkohle in der Molasse und in inneralpinen Tertiärbecken (Mur-Mürz-Furche: Judenburg, Leoben; Aflenzer Becken

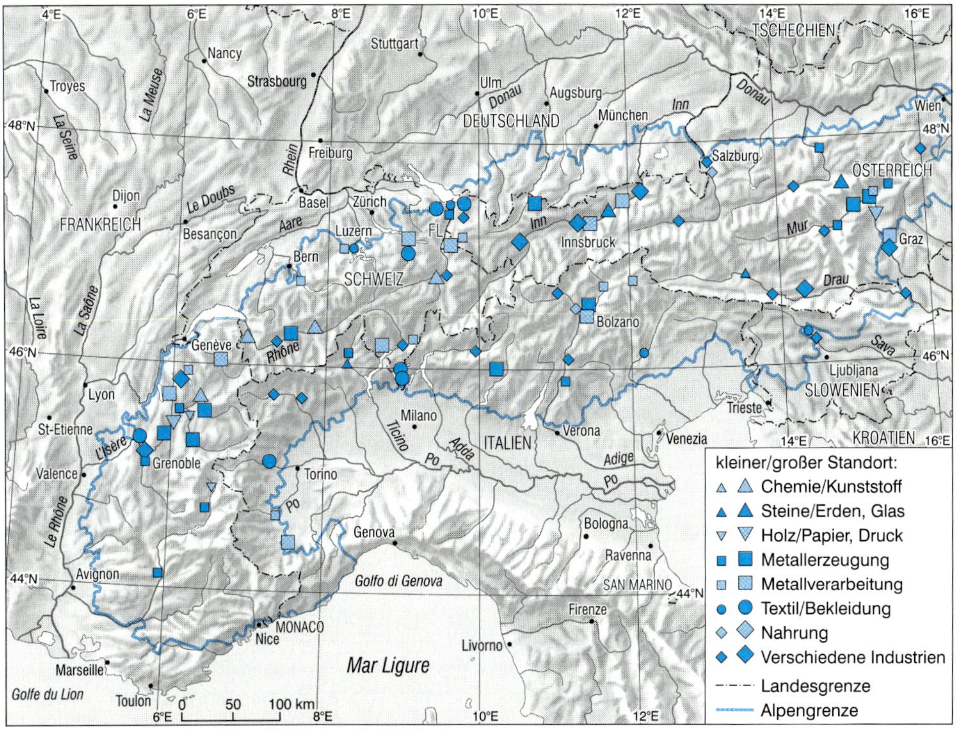

Abb. 65
Industrie im Alpenraum (nach GEBHARDT 1984, BÄTZING 1991).

in der Obersteiermark; Weststeiermark mit Voitsberg, Köflach). Erdöl und Erdgas wurden neben der Molasse auch im Flysch und unter den Nördlichen Kalkalpen erbohrt. Österreich konnte z.B. noch bis 1958 seinen gesamten Bedarf an Erdöl aus heimischen Quellen decken, 1994 waren es noch 21 % mit einer Förderung von 1,1 Mio. Tonnen (LICHTENBERGER 1997).

Verkehrsbedingt liegen die dynamischen Industriegebiete eher am Alpenrand, mit einer günstigen Verbindung zu den städtischen Zentren, wie Zürich, München, Turin oder Mailand. Hierzu zählen beispielsweise die Aluminium-Industrie im Rhônetal, die chemische Industrie im Rhônetal und im Rheintal, Metallwerke im Tessintal und die Textilindustrie in den Kantonen Glarus und St. Gallen, die zu den ältesten Industriegebieten in der Schweiz zählen.

Alpenspezifisch für die Industriestandorte ist eine hohe Umweltbelastung durch Immissionen in den tiefen Tälern, die schlecht durchlüftet sind. Dies wirkt sich besonders bei Inversionslagen aus, wie z.B. in Bozen, im Wallis, in der Maurienne und in Grenoble. Wesentlicher waren die Umweltbelastungen aber sicher in den Hochphasen des Bergbaus. Die Konsequenzen für die Entwaldungen, damit zusammenhängende

Zunahmen der Naturgefahren, die lokalen Schadstoffbelastungen, traten großflächig in den Alpen auf und sind teilweise bis heute feststellbar und von Bedeutung. Die Umweltbelastung durch den beginnenden Bergbau und die Verhüttung ist z.B. auch in Mooren des Schweizer Juras dokumentiert, wo sich ab 3.000 ^{14}C-Jahren v.h. höhere Bleigehalte abzeichnen (Shotyk et al. 1998).

8.8 Naturschutz und Nationalparks

Bei dem frühen Naturschutz im 19. Jahrhundert ging es vorwiegend um den Schutz von Einzelobjekten, von so genannten Naturdenkmälern, oder Pflanzen und Tieren. Geschützt wurde, was bedroht, selten und damit wertvoll geworden war. Wenn auch diese Art Naturschutz noch immer existiert, so zeichnen sich doch mit Beginn des 20. Jahrhunderts neue Tendenzen ab, nämlich das Denken in Systemen. Die Erkenntnis, dass der individualisierte Naturschutz zur Erhaltung gefährdeter Arten nicht ausreicht, führte zur Forderung nach dem

Tab. 41: Schutzkategorien in den Alpen

Kategorie	Länder, Regionen	Inhalte
Nationalpark	alle Alpenstaaten außer Monaco und Liechtenstein	größere Gebiete, in denen der Naturschutz Vorrang hat; große Unterschiede, von Natur ohne Mensch bis zu traditionell genutzten Kulturlandschaften
Naturschutzgebiet	alle Alpenstaaten	verschiedene Größe mit Vorrang Naturschutz; große Unterschiede, von Kulturlandschaften bis Totalschutz, wo sogar Zutritt untersagt ist
Regionaler Naturpark, Regionalpark	I, F, SLO	meist großflächig; Verbindung von Naturschutz mit nachhaltiger Entwicklung der Regionalwirtschaft
Naturpark	D, A	vorwiegend Erholungsnutzung und entsprechende Einrichtungen
Landschaftsschutzgebiet	CH, A, D, I, SLO	relativ großflächige Kulturlandschaften; Beschränkungen vor allem bei Bebauungen
Ruhegebiet	Tirol, versch. Schweizer Kantone	strengeres Landschaftsschutzgebiet, in dem der Bau von touristischen Erschließungen verboten ist
Biosphärenreservat	D, F	UNESCO, verschiedene Schutzzonen unterschiedlicher Schutzbestimmungen (Naturzone, Pflegezone, Entwicklungszone)
Biotope	CH, D, A, I, F	einzelne geschützte Naturelemente (Moore, Auen, Trockenrasen etc.)
Geotope	CH, D, A	Naturdenkmäler (Findlinge, Moränen, Steinbrüche, Höhlen, Hochgebirgskarst, Bergstürze etc.)

nach Gambino & Broggi (1998)

Schutz von Ökosystemen und ganzen Landschaften. Damit fielen zunehmend auch abiotische Landschaftselemente unter den Naturschutz. Neben den Biotopschutz trat auch der Geotopschutz. Als schützenswert gelten heute z.B. auch Gletscher und ihre Vorfelder, als Sinnbild alpinen Naturraums, wo die Elemente Wasser und Eis und geomorphologische Prozesse die Landschaft fortwährend verändern (Prozessschutz). Es geht dabei nicht mehr nur um die Erhaltung bzw. Konservierung von Landschaften, sondern auch um den Schutz ihrer Dynamik als charakteristischem Element. In Tab. 41 ist eine Auswahl der in den Alpen verbreiteten Schutzkategorien dargestellt.

1914 entstand in der Schweiz der erste Nationalpark der Alpen, dem 1922 der italienische Gran Paradiso folgte. Eine starken Aufschwung erhielten die Schutzgebietsausweisungen in den 70er und 80er Jahren, als auch die Kulturlandschaften zunehmend von Intensivierung oder Nutzungsaufgabe bedroht wurden. Heute sind es mehr als 1.000 Gebiete verschiedener Größe, die in irgendeiner Form geschützt sind (Abb. 66). Sie umfassen rund 13 % der Alpenfläche (Gambino & Broggi 1998). Davon nehmen etwas mehr als 4 % der Alpenfläche die Nationalparks ein, mit regional unterschiedlichen Werten von beispielsweise 12,4 % in Slowenien (Triglav, 83.807 ha), aber nur 0,7 % der Alpenfläche in der

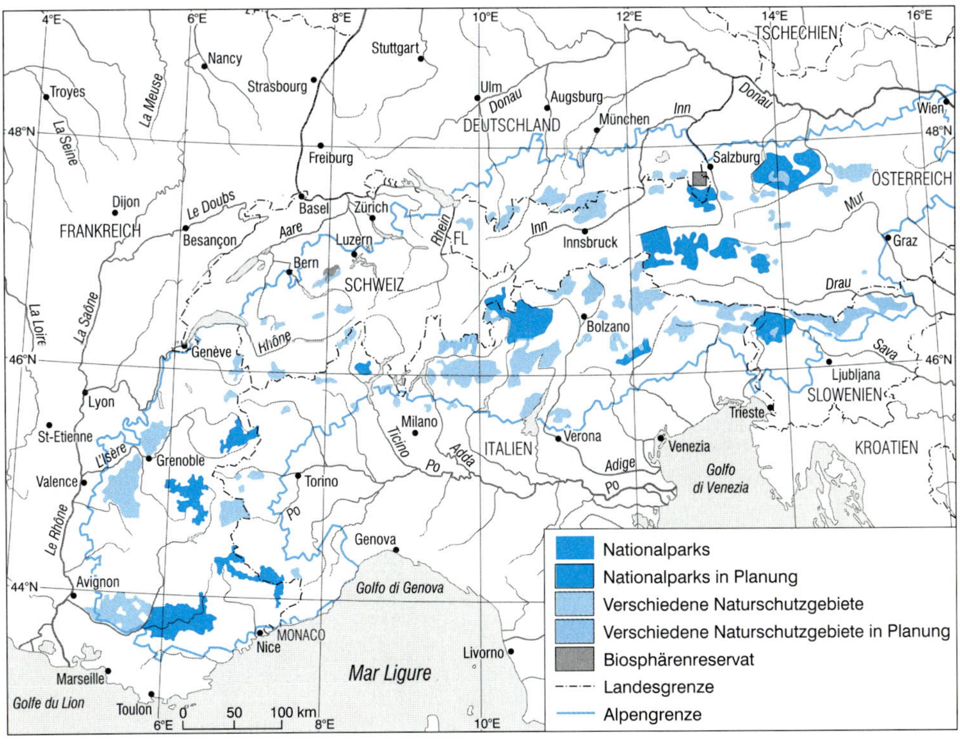

Abb. 66
Nationalparks und Naturschutzgebiete in den Alpen 1995 (nach Bätzing 1997).

Schweiz (Schweizer Nationalpark, 16.887 ha). Mit 180.000 ha ist der Nationalpark Hohe Tauern in Österreich der größte der Alpen. Die geschützten Wildnisflächen, d.h. diejenigen Gebiete, die völlig sich selbst überlassen sind, ohne das der Mensch regulierend eingreift, nehmen weniger als 1 % der Alpenfläche ein. Den großflächigen Schutzgebieten ist gemeinsam, dass sie sich primär auf die höchsten Lagen konzentrieren (Abb. 67). Waldfreie alpine Zonen nehmen zwei Drittel der Fläche der Schutzgebiete der Alpen ein. Stark unterrepräsentiert sind Laub- und Mischwälder. Der Schwerpunkt der Schutzgebiete mit mehr als 1.000 ha liegt zwischen 1.500 und 2.500 m ü.M. Defizite bestehen vor allem in den tieferen Lagen, und dies insbesondere auf der Nordseite.

Regionalparks gibt es seit Ende der 60er Jahre. 1996 gab es alleine in den französischen und italienischen Alpen 40 Regionalparks. Die wirtschaftlichen Aktivitäten der ländlichen Bevölkerung werden dem Erholungs- und Naturschutzauftrag gleichgestellt, wenn nicht sogar übergeordnet.

Zu heftigen Kontroversen führt zur Zeit die Wiedereinbürgerung von Luchs (*Felis lynx*), Bär (*Ursus arctos*) und Wolf (*Canis lupus*) in den Alpen. Bei den Luchsen begann die Ansiedlung in der Schweiz vor 20 Jahren. Die lokale Bergbevölkerung ist oft dagegen, Naturschutzorganisationen und die Stadtbevölkerung meist dafür. Heute (1999) leben in den nordwestlichen Alpen (Genfer See – Aare) rund 30 bis 40 erwachsene Luchse. Zählt man die rund 20 Jungluchse dazu, die auf der Suche nach einem eigenen Revier sind, ergibt dies einen Bestand von 50 bis 60 Luchsen. Gesamtschweizerisch sind es ca. 80 Luchse. Arten die einen Lebensraum natürlicherweise nur dünn besiedeln, brauchen ein großes Verbreitungsgebiet. Die Reviergröße der Männchen in den Nordwest-Alpen liegt bei 120 bis 200 km^2. Im ganzen Alpenraum könnten etwa 1.000 Luchse leben (Arnold 2000). Luchse regulieren die Bestände von Rehen und Gämsen, gelegentlich jagen sie auch Füchse. Ein Luchs braucht ein Huftier pro Woche, d.h. ca. 60 pro Jahr. Davon sind drei Viertel Rehe und ein Viertel Gämsen.

Abb. 67
Verteilung der Nationalparks, regionalen Naturparks und Naturschutzgebiete (> 1.000 ha) auf die verschiedenen Höhenstufen im Alpenraum (nach Gambino & Broggi 1998).

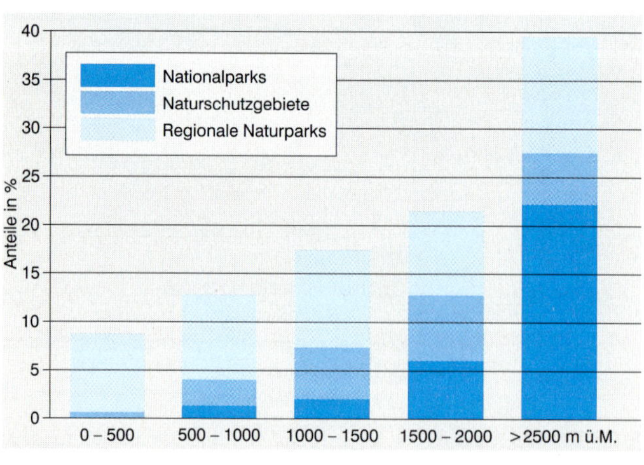

Die letzte autochthone Bärenpopulation der Alpen lebt im Bereich des Adamello-Brenta-Nationalparks. Die Wiederbesiedlung erfolgt durch Bären aus Slowenien. Entscheidend für alle Wiederansiedlungen ist das Offenhalten bzw. Errichten von Wanderkorridoren. Heute leben rund 30 Bären in den alpinen Gebieten Österreichs, Italiens und Sloweniens (Schröder 1998).

Die Bartgeier (*Gypaetus barbatus*) wurden fast ausgerottet, als 1913 das letzte alpine Exemplar im italienischen Aostatal abgeschossen wurde. Sie galten mit ihrer Spannweite von 2,80 m als Lämmer- und sogar als Kindsräuber. Jetzt fliegen wieder rund 50 Bartgeier im Alpenraum (MÜLLER 1998). Sie sind das Ergebnis eines Artenschutz-Projektes, das 1978 vom WWF Österreich im Rauriser Krumltal lanciert wurde. Auch vom Steinadler (*Aquila chrysaetos*) gibt es alpenweit heute wieder mehr als 1.200 Individuen.

FRAGEN

1 *Wie und seit wann hat der Mensch den Naturraum der Alpen verändert?*

2 *Welche Funktionen erfüllte die Alpwirtschaft in der traditionellen Stufenwirtschaft?*

3 *Wie und warum verändert sich die Stabilität der Kulturlandschaften in den Alpen im Zuge der Entvölkerung und des Rückgangs der Berglandwirtschaft?*

4 *Welchen Einfluss hat die Alpwirtschaft auf die Artenvielfalt der Pflanzen und wie ist die Entwicklung im Zusammenhang mit dem Rückgang der Berglandwirtschaft zu beurteilen?*

5 *Wie verändert die landwirtschaftliche Nutzung die Böden der subalpinen und alpinen Höhenstufe?*

6 *Der Wald breitet sich in den Alpen stark aus. Wie beeinflusst das in Zukunft die Hochwassergefahr?*

7 *Wie lassen sich die negativen Folgen des Skitourismus verringern?*

8 *Der Naturschutz hat sich vom Objektschutz zum Prozessschutz entwickelt. Welche Konsequenzen hat dies für die Ausweisung von Schutzgebieten?*

9 *Was sind die wesentlichen negativen Folgen der Hydroenergie?*

10 *Wie beurteilen Sie die Funktion des Waldes hinsichtlich seiner Schutzfunktionen gegenüber Lawinen und Steinschlag? Sollte entsprechend der Wald eher „verwildern" und sich selbst überlassen werden, oder bedarf es zur Erhaltung der Schutzfunktion einer intensiven forstwirtschaftlichen Pflege?*

Landschafts- und Klimaentwicklung

9 Quartäre Landschafts- und Klimaentwicklung

9.1 Überblick

Quartär: Pleistozän + Holozän; Pleistozän: Wechsel von Kaltzeiten (Glazialen) und Warmzeiten (Interglazialen); Holozän, Postglazial: heutige Warmzeit (seit ca. 10.000 Jahren).

Im Quartär, mit seinem Wechsel von Kaltzeiten und Warmzeiten, waren die Alpen wiederholt bis ins Vorland vergletschert (Eiszeiten). In den Warmzeiten schmolzen die Gletscher auf heutige Größenordnungen oder teils sogar noch stärker zurück. Dieser mehrfache Klimawechsel beeinflusst die grundlegenden Eigenschaften der alpinen Ökosysteme bis heute, vom Relief bis zum Wasserhaushalt, von der Flora und Fauna bis zu den Böden. Zum Grundverständnis der heutigen geoökologischen Situation der Alpen und zur Bewertung möglicher zukünftiger Entwicklungen („Global change") ist deshalb die Kenntnis der Landschafts- und Klimaentwicklung nötig. Nur der Rückblick auf die vergangenen Jahrhunderte, Jahrtausende und noch längere Zeiträume zeigt uns die mittel- und langfristige Dynamik der alpinen Landschaft.

Global betrachtet gliedert sich das Quartär in eine Folge von etwa 20 bis 25 Kaltzeit-Warmzeit-Zyklen, die unter anderem durch Untersuchungen stabiler Isotope an marinen Bohrkernen bekannt sind. Dieses Erdzeitalter, das maximal vor etwa 2,6 Mio. Jahren begann, wird bis zum Ende der letzten Kaltzeit vor rund 10.000 Jahren als Pleistozän bezeichnet (Abb. 68). Seitdem leben wir in einer Warmzeit, dem Holozän, das in den Alpen auch „Postglazial" genannt wird. Pollenanalytisch wird die Grenze Tertiär/Quartär bei 2,4 Mio. Jahren gezogen, basierend auf vegetationsgeschichtlichen Untersuchungen in den Niederlanden und auf Tiefseebohrungen. Im jüngsten Pliozän (Reuver) sind in den Niederlanden noch hohe Anteile tertiärer Florenelemente vorhanden. Im ältesten Pleistozän (Prätegelen) gehen diese Anteile auf 5 % zurück. Das Prätegelen ist demnach die erste Kaltzeit in Europa, für die aber keine Vergletscherung nachgewiesen ist. Der fehlende Nachweis von Vergletscherungen im Altquartär geht einher mit relativ geringen Amplituden der marinen Sauerstoffisotopenkurve, die das globale Eisvolumen widerspiegelt (Abb. 68). Mit dem Einsetzen der größeren Amplitude vor rund 1 Mio. Jahren lassen sich auch die ersten sicheren Vergletscherungen erkennen (Günz-Eiszeit). Möglicherweise waren erst ab diesem

Abb. 68 (S. 239)
Alpine Eiszeitchronologie im nördlichen Alpenvorland und Chronostratigraphie des Quartärs mit mariner $\delta^{18}O$-Kurve. (nach [1]Wiegank 1990, [2]Doppler & Jerz 1995, [3]Ellwanger et al. 1995, [4]Schlüchter & Kelly 2000)

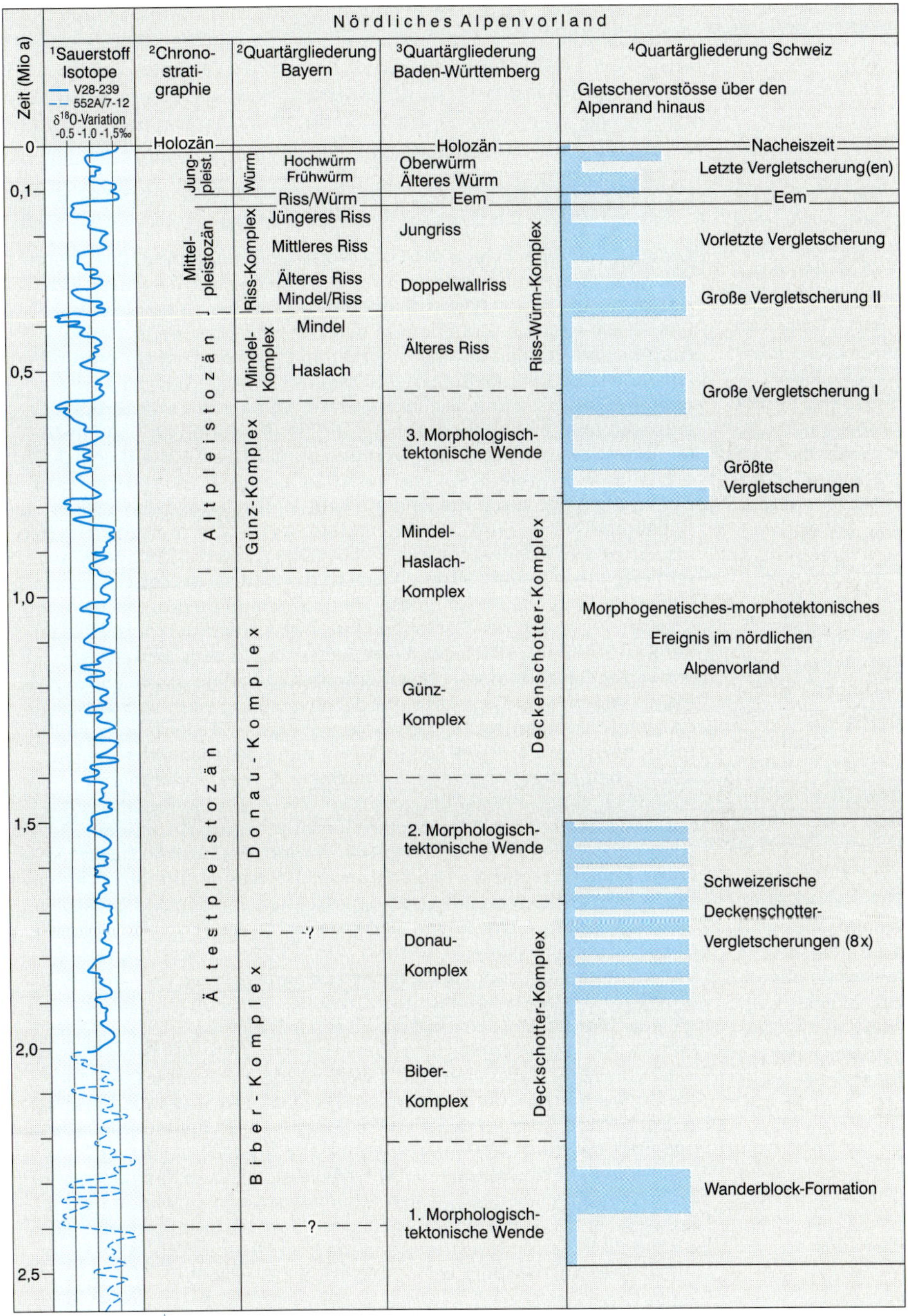
Nördliches Alpenvorland
Zeit (Mio a)
1Sauerstoff Isotope
V28-239
552A/7-12
δ18O-Variation
-0.5 -1.0 -1,5‰
2Chronostratigraphie
2Quartärgliederung Bayern
3Quartärgliederung Baden-Württemberg
4Quartärgliederung Schweiz
Gletschervorstösse über den Alpenrand hinaus
0
0,1
0,5
1,0
1,5
2,0
2,5
Holozän
Jung-pleist.
Mittel-pleistozän
Altpleistozän
Ältestpleistozän
Würm
Hochwürm
Frühwürm
Riss/Würm
Riss-Komplex
Jüngeres Riss
Mittleres Riss
Älteres Riss
Mindel/Riss
Mindel-Komplex
Mindel
Haslach
Günz-Komplex
Donau-Komplex
Biber-Komplex
?
Holozän
Oberwürm
Älteres Würm
Eem
Jungriss
Doppelwallriss
Älteres Riss
Riss-Würm-Komplex
3. Morphologisch-tektonische Wende
Mindel-Haslach-Komplex
Günz-Komplex
Deckenschotter-Komplex
2. Morphologisch-tektonische Wende
Donau-Komplex
Biber-Komplex
Deckschotter-Komplex
1. Morphologisch-tektonische Wende
Nacheiszeit
Letzte Vergletscherung(en)
Eem
Vorletzte Vergletscherung
Große Vergletscherung II
Große Vergletscherung I
Größte Vergletscherungen
Morphogenetisches-morphotektonisches Ereignis im nördlichen Alpenvorland
Schweizerische Deckenschotter-Vergletscherungen (8x)
Wanderblock-Formation

Zeitpunkt die klimatischen Bedingungen für ausgedehnte Vergletscherungen gegeben. Seit dem besteht ein relativ regelmäßiger Zyklus von Kalt- und Warmzeiten, wobei ein Kaltzeit-Warmzeit-Zyklus rund 100.000 Jahre umfasst. Zeitlich dominieren dabei die Kaltzeiten, während die Warmzeiten mit 10.000 bis 20.000 Jahren nur relativ kurze Einschübe waren. Verglichen mit den zahlreichen Kaltzeiten, die sich

Die Grenze Tertiär/Quartär wird unterschiedlich definiert. Auf dem Internationalen Geologenkongress von 1948 wurde sie auf 1,81 Mio. Jahre v.h. festgelegt. Es gibt aber zahlreiche Gründe, die auch eine Altersstellung von 2,4 bis 2,6 Mio. Jahren v.h. rechtfertigen. Je nachdem, welche Kriterien man zugrunde legt (marine Fossilien, Pollen, Vergletscherungen), ist die Grenzziehung uneinheitlich.

Eiszeit: In Eiszeiten traten in den Alpen Vorlandvergletscherungen auf. Kaltzeit: Kaltzeiten sind meist nur durch Pollen oder andere Hinweise dokumentiert. In einer Kaltzeit müssen die Gletscher nicht die Vorländer erreicht haben.

Forschungsgeschichtlicher Rückblick

Die Alpen sind die Wiege der Eiszeitforschung. Im späten 18. Jahrhundert war die Herkunft alpiner Erratika (Findlinge) im Schweizer Jura Anlass zur Diskussion. Dabei handelt es sich um bis zu hausgroße Blöcke, die von den Gletschern in den Eiszeiten über weite Strecken transportiert wurden und heute ortsfremd auf anderem Untergrund liegen, wie beispielsweise in den Alpen die Erratiker auf der Molasse oder im Schweizer Jura. Die Interpretation ging von sintflutartigen Ereignissen über eine marine Ablagerung der Blöcke bis hin zur Entstehung durch Eisberg-Drift. Die Deutung als glaziale Geschiebe geschah durch James Hutton (1795) und John Playfair (1802) (Lister et al. 1998). Der wohl größte bekannte Findling liegt in der Gegend von Weiler i. Allgäu und wurde durch den Rheingletscher dorthin transportiert. Sein ursprüngliches Volumen betrug 3.000–4.000 m^3 (Jerz 1995). 1815 präsentierte Ignaz Venetz-Sitten in Luzern die Idee eines Gletschervorstoßes. Anfang 1830 erfuhr diese These Unterstützung durch Jean de Charpentier, durch den Zoologen Louis Agassiz und durch den Botaniker Karl Schimper. 1837 postulierte Agassiz auf einem Treffen der Schweizer Gesellschaft der Naturwissenschaften eine große Eisperiode für die Alpen, allerdings noch mit der Vorstellung einer von der Arktis bis zum Mittelmeer reichenden Eisdecke. Agassiz' Ernennung zum Professor in Harvard (1846) trug zur Verbreitung der Glazialtheorie bei, aber es gab jahrzehntelangen Widerstand. Als die Glazialtheorie schließlich akzeptiert wurde, ging man von einem Monoglazialismus aus. 1861 beschrieb A. Morlot vom Genfer See, dass die alpinen Gletscher mindestens zweimal bis dorthin vorgestoßen waren. Durch die Entdeckung interglazialer Ablagerungen („Höttinger Brekkzie" im Inntal) gelang mit den bahnbrechenden Arbeiten von Penck & Brückner (1901/1909) der Nachweis von vier Eiszeiten in den Alpen. Das war die Geburtsstunde des Polyglazialismus. Albrecht Penck verteidigte seine Vorstellungen auf dem 18. Deutschen Geographentag 1912 in Innsbruck, wo die Diskussion hinsichtlich Mono- oder Polyglazialismus entschieden wurde. Seitdem sind die klassischen alpinen Eiszeiten Günz, Mindel, Riss und Würm international bekannt (Abb. 68). Diese Chronologie von Penck & Brückner (1901/1909) wurde durch Eberl (1930) um die Donau-Kaltzeit, dann durch Schaefer (1957, 1965) um die Biber-Kaltzeit erweitert. Schreiner & Eberl (1981) fügten nach Befunden in Schwaben noch die durch Moränen belegte Haslach-Eiszeit, zwischen Günz und Mindel, hinzu. Seitdem unterliegt die alpine Quartärstratigraphie bis heute zahlreichen regionalen Ergänzungen und Abwandlungen. Teilweise sind die neuen Befunden so verwirrend, dass vorgeschlagen wird, die klassische Gliederung und die Begriffe von Penck & Brückner (1901/1909) aufzugeben (vgl. Schlüchter & Kelly 2000).

in der marinen Sauerstoffisotopenkurve abzeichnen, sind die nachweisbaren Vergletscherungen der Alpen relativ spärlich (Kap. 9.2.1). Die Gründe liegen in der geringen altquartären Vergletscherung, oder sie sind in der unvollständigen Erhaltung der Moränen zu suchen.

9.2 Pleistozän

9.2.1 Alpine Quartärchronologie

Die Grundlage der Quartärgliederung in den Alpen ist die „Glaziale Serie" von PENCK & BRÜCKNER (1901/1909), d.h. die morphostratigraphische Verbindung von Endmoränen mit glazifluvialen Terrassen und Taleintiefungen im Gebiet von Memmingen im deutschen Alpenvorland. Die klassischen Eiszeiten Günz, Mindel, Riss und Würm sind entsprechend nach Flüssen des bayerisch-schwäbischen Alpenvorlandes benannt. Am Alpensüdrand haben sich die Flüsse im Pleistozän, wohl aus tektonischen Gründen, kaum eingetieft. Deshalb gibt es von dort keine eindeutige morphostratigraphische Gliederung. Vor Günz ist keine Eiszeit der Alpen durch Moränen belegt, entsprechende Vorlandvergletscherungen gelten damit als unsicher. Als glazifluviale Ablagerungen gedeutete Schotter führen zur Annahme der Deckenschotter-Vereisungen (Abb. 68).

Neben der Anzahl der Vergletscherungen und Eiszeiten in den Alpen ist auch die Altersstellung der bekannten Eiszeiten relativ unklar. Einigermaßen sicher lässt sich nur der jüngste Hochstand der letzten Kaltzeit vor rund 18.000 ^{14}C-Jahren v.h. datieren. In verschiedenen Regionen der Alpen war der Zeitpunkt der maximalen Vergletscherung unterschiedlich. Im westlichen bayerischen Alpenvorland erfolgte der maximale Gletschervorstoß in der Riss- oder Mindeleiszeit, im Osten eher in der Günzeiszeit (Salzach-Gletscher, Traun-Gletscher). In den Südalpen stießen die Gletscher meist nur geringfügig über den Alpenrand hinaus (Abb. 69). Komplexe Moränenabfolgen liegen dort vor allem am Gardasee und an der Dora Baltea rund um Ivrea. Der südlichste Gletscher des Piemonts, der das Alpenvorland erreichte, ist der Dora Riparia.

Die Eishöhen lagen in den Zentralalpen bei bis zu 2.600 bis 2.800 m ü.M., was für viele Täler Eismächtigkeiten, relativ zum heutigen Talboden, von 1.000 bis 1.700 m bedeutete. Fraglich ist allerdings in der Regel, aus welcher Kaltzeit die festgestellten Eishöhen, die meist am Gletscherschliff und mit Hilfe von Erratikern festgestellt werden, stammen. Weit verbreitete Folgen der Vergletscherungen bilden die glaziale Umgestaltung des Reliefs (Kap. 4.2) und die ausgedehnte Überdeckung der anstehenden Gesteine mit Moränen. Da diese häufig aus ortsfremdem Material bestehen, können die Standorteigenschaften für die Vegetation und die Bodenentwicklung entscheidend verändert werden (Kap. 5.2).

Die mehrfachen ausgedehnten Vergletscherungen und mächtige Eisbedeckung führten in vielen Talabschnitten und im Bereich der Zun-

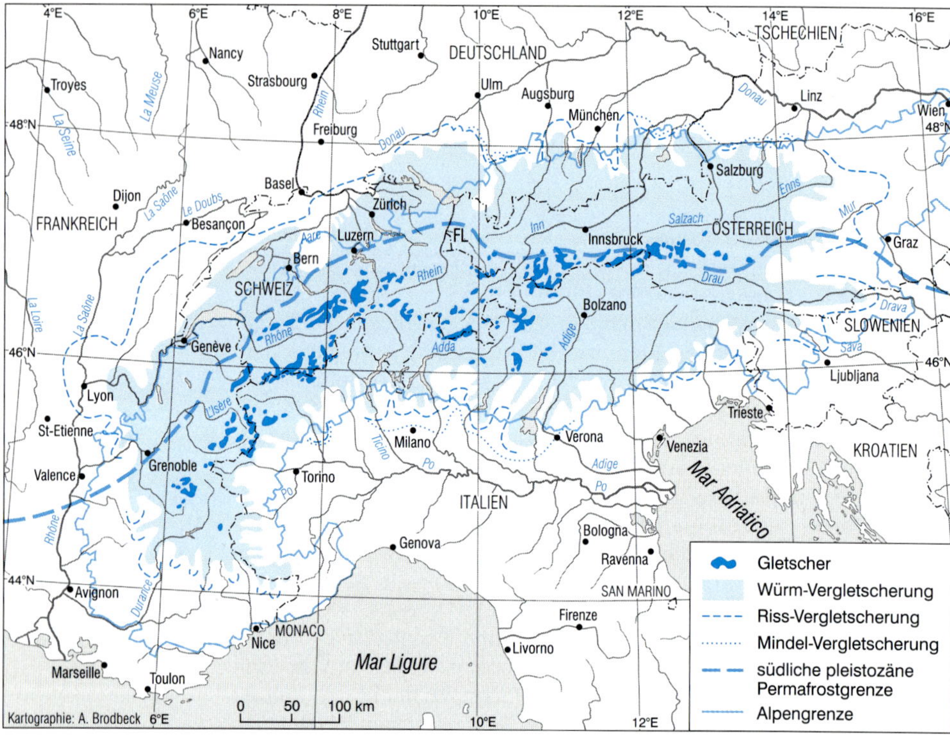

Abb. 69
Heutige und eiszeitliche Eisbedeckung der Alpen sowie die Position der eiszeitlichen Permafrostgrenze (nach GLÜCKERT 1987, LISTER et al. 1998).

genbecken am Alpenrand und im Alpenvorland zu starkem Abtrag und Übertiefung der Talböden um bis zu mehrere hundert Meter unter den Meeresspiegel (Kap. 4.2). Die übertieften Talabschnitte sind mit quartären Ablagerungen verfüllt. Meist handelt es sich um wenig wasserwegsame Lockergesteine (Tone, Moränenmaterial). Nur ein geringer Anteil, meistens die obersten Dekameter, bestehen aus nicht verdichteten spät- und postglazialen Ablagerungen. Der größte Anteil besteht aus durch Eisbelastung verdichteten, frühwürmzeitlichen und älteren Sedimenten. Insgesamt scheinen die Übertiefungen in früheren Eiszeiten größere Ausmaße erreicht zu haben als während der Würmeiszeit.

In den Kaltzeiten wurde unter anderem die Waldflora Nord- und Mitteleuropas nach Süden und Südosten abgedrängt. Sie überdauerte in Refugien am Alpensüdrand und in isolierten Gehölzpopulationen im Mittelmeergebiet. Die eiszeitlichen Refugien am Alpensüdrand sind heute im Vergleich zu den Zentralalpen und zum Alpennordrand deutlich an der höheren Zahl der Endemiten zu erkennen (Kap. 6.2). Insgesamt führten die Kaltzeiten zu einer Florenverarmung in Europa und den Alpen seit dem Tertiär. Die Zahl anspruchsvoller tertiärer Arten nahm von einem Interglazial zum nächsten ab. Erst vom Günz/Mindel-Interglazial an hat die Flora ausgesprochen quartären Charakter, obwohl noch die Hemlocktanne (*Tsuga*), *Carya* und die Walnuss (*Juglans*), am südlichen Alpenrand auch die Zeder (*Cedrus*), vorkommen (KRAL 1979). Im Mindel/Riss-Interglazial finden sich nördlich der Alpen noch

Eine kleine Stratigraphie-Diskussion

Mittlerweile ist offensichtlich, dass es sich bei den vier bis sieben klassischen Eiszeiten der Alpen mehrheitlich um Eiszeitkomplexe handelt, d.h. Perioden, die jeweils in mehrere eigenständige Eis- und Warmzeiten zu untergliedern sind. Die Gliederung erfolgt regional jedoch unterschiedlich, so dass hier eine kurze Diskussion eingefügt werden soll (Abb. 68).

Im deutsch-österreichischen Alpenvorland ist zwischen dem Donau-Komplex und der Günz-Eiszeit die Uhlenberg-Warmzeit pollenanalytisch nachgewiesen. Paläomagnetische Datierungen schwanken zwischen 1,7 und 0,9 Mio. Jahren v.h. (HABBE 1998). Auch bei der Günz-Eiszeit, der ersten nachweisbaren Vergletscherung des Alpenvorlandes, ist die Alterstellung unsicher. Sie ist entweder an die Grenze Brunhes/Matuyama oder sogar älter einzustufen. Endmoränen der Günz-Eiszeit treten erst im östlichen Alpenvorland auf (Salzachgletscher, Traun-Enns-Platte). Ein Vergleich mit den marinen d^{18}O-Kurven, die einen Hinweis auf das globale Eisvolumen geben, zeigt, dass auch global starke Schwankungen des Eisvolumens erst seit der Wende Matuyama-Brunhes oder kurz davor, also seit weniger als 1 Mio. Jahren auftreten. Möglicherweise waren die früheren Kaltzeiten nicht lange oder nicht intensiv genug, um einen Eisaufbau in den Alpen bis ins Vorland zu ermöglichen.

Die Schotter der Haslach-Eiszeit sind durch einen fossilen Boden von den Ablagerungen der Günz-Eiszeit getrennt. Aus dem östlichen Rheingletschergebiet haben SCHREINER & EBERL (1981) zwischen Günz-Schottern und Riss-Moränen Ablagerungen zweier Eiszeiten einschließlich zwischengelagerter fossiler Böden nachgewiesen. Neben den Mindel-Schottern gliederten sie deshalb die ältere Haslach-Eiszeit aus. Die Mindel-Eiszeit ist in den Zeitraum von 0,7 bis 0,3 Mio. Jahre v.h. einzuordnen. Im östlichen Rhein- und im Inn-Gletschergebiet sind die Mindel-Gletscher am weitesten vorgestoßen. Ihre Altmoränen bilden dort den Außenrand der glazialen Ablagerungen.

Die Riss-Eiszeit wird schon bei EBERL (1930) in Riss I, Riss II und Riss III differenziert, jedoch immer noch als eine Eiszeit gedeutet. SCHAEFER (1975) sah das Riss zweigeteilt in eine ältere Paar-Eiszeit und eine jüngere Riss-Eiszeit. Im Bereich des Rheingletschers sind deutlich drei Eisvorstöße zu erkennen, die als älteres Riss, Doppelwall-Riss und jüngeres Riss bezeichnet werden. Ähnlich sieht es auch am Rhône-Gletscher südlich von Lyon aus. Im Löss auf dem Doppelwall-Riss sind drei fossile Bt-Horizonte entwickelt (BIBUS & KÖSEL 1996). Unter der Annahme, dass zur Bildung von Bt-Horizonten warmzeitliche Klimaverhältnisse nötig sind, gehört das Doppelwall-Riss mindestens in die viertletzte Kaltzeit. Demnach würde das klassische Riss drei große Eiszeiten umfassen, die wahrscheinlich den Sauerstoff-Isotopenstadien 10, 8 und 6 entsprechen, getrennt durch zwei Interglaziale (Isotopenstadien 9 und 7).

Eine kleine Stratigraphie-Diskussion (Forts.)

Das Riss-Würm-Interglazial entspricht nach den palynologischen Untersuchungen der Eem-Warmzeit Norddeutschlands. Während des Klimaoptimums der letzten Warmzeit waren die Jahresmitteltemperaturen ca. 2 bis 3 °C höher als während des holozänen Optimums. Die Würm-Kaltzeit, die durch ein oder zwei bis ins Vorland reichende Vergletscherungen charakterisiert ist, wird in Kap. 9.2.2 näher beschrieben.

In der Schweiz differenzieren SCHLÜCHTER & KELLY (2000) vier jüngere, durch glaziale Ablagerungen belegte Vorlandvergletscherungen. Vor der zweigeteilten Würm-Eiszeit gliedern sie eine ältere Vereisung (vorletzte Vergletscherung) aus, die aber eine geringere Gletscherausdehnung als in der Würm-Eiszeit hatte. Davor liegen zwei „große Vergletscherungen". Sie reichten weiter als die Würm-Vergletscherungen. Die „größten Vergletscherungen" gingen noch weiter und entsprechen bezüglich der räumlichen Ausdehnung ungefähr der Mindel-Eiszeit von PENCK & BRÜCKNER (1901/1909). Davor werden in der Schweiz mehrere, wesentlich ältere „Deckenschotter-Vergletscherungen" angenommen.

Carya und der Flügelnussbaum (*Pterocarya*). Im Becken von Ljubljana sind von der tertiären Flora noch bis ins Riss/Würm-Interglazial *Tsuga, Juglans, Carya* und *Pterocarya* nachgewiesen, nördlich der Alpen gibt es zu der Zeit aber keine tertiären Elemente mehr.

9.2.2 Würmeiszeit

Während der letzten Eiszeit bedeckten die Gletscher der Alpen eine Fläche von 126.000 km² (Abb. 69). Die Nord- und die Westalpen waren deutlich stärker vergletschert als die Süd- und die Ostalpen, was im Wesentlichen eine Folge der eiszeitlich unterschiedlichen hygrischen Bedingungen war. Im Norden stießen die Gletscher von Rhône, Reuss-Linth, Rhein, Iller-Wertach-Lech, Isar-Loisach, Inn-Chiemsee und Saalach-Salzach bis ins Alpenvorland vor. Östlich des Saalach-Salzach-Gletschers erreichten die Gletscherzungen dagegen das Alpenvorland nicht mehr. Im Süden stießen nur einzelne Gletscherzungen über den Alpenrand hinaus, wie die Gletscher im Bereich des Gardasees, von Chiese, Etsch, Eisack, Brenta und Piave.

heutige Gletscherfläche: 3.000 km²
Gletscherfläche in der Würm-Eiszeit: 126.000 km²

Die eiszeitlichen Gletscher-Gleichgewichtslinien lagen um 1.000 bis 1.500 m tiefer als heute. Für den nördlichen Alpenrand bedeutete dies eine ungefähre Lage bei 1.200 bis 1.300 m ü.M. Über Transfluenzpässe wurde Eis in schwächer vergletscherte Talsysteme übergeleitet. Dort bedingte es eine wesentlich stärkere Vergletscherung, als von sich aus möglich gewesen wäre. Beispiele sind die weit ins Vorland vorgedrungenen Gletscherzungen der Ammer, der Loisach und der Isar, die große Eismengen aus dem Inntal über den Fernpass und die Senke von Seefeld erhielten.

Während der Phase des Eisaufbaus handelte es sich wahrscheinlich um temperierte Gletscher mit hohen Eisfließgeschwindigkeiten. Das

Hochglazial dagegen war durch kalt-arides Klima geprägt, speziell am Alpennordrand mit wenig Bewegung der Gletscher und geringen Fließbeträgen von teils nur einigen Metern pro Jahr (Haeberli & Schlüchter 1987; Speck 1995). Im Hochglazial waren die Gletscher wahrscheinlich am Gletscherbett angefroren (Permafrost). Am Südrand der Alpen waren die Fließbeträge höher, was auf warme Gletscher unter feuchteren Verhältnissen (im Verhältnis zum Nordrand) und fehlenden Permafrost hinweist. Die hochglaziale äquatorwärtige Permafrostgrenze verlief ungefähr im Bereich der Alpen (Abb. 69).

Der Zeitpunkt der maximalen Eisausdehnung innerhalb der Würm-Eiszeit ist umstritten. Während in der Schweiz und in den Ostalpen der Hochstand klar vor ca. 18.000 ^{14}C-Jahren v.h. erfolgte, wird in den französischen Alpen die maximale Eisausdehnung in den Zeitraum zwischen 70.000 und 55.000 Jahre v.h. gestellt (Beaulieu et al. 1991, Abb. 70). Ob dies auf regionale Unterschiede des Paläoklimas hinweist oder eher auf Unsicherheiten der zeitlichen Zuordnung zurückzuführen ist, bleibt unklar. In den Ostalpen und der Schweiz erfolgte der Eisaufbau zum Hochstand jedenfalls sehr schnell. In der Schweiz war das Mittelland zwischen 60.000 und 28.000 ^{14}C-Jahre v.h. eisfrei, wie z.B. die Schieferkohlen in Gossau belegen (Schlüchter et al. 1987). Ein früherer, pollenanalytisch nachgewiesener Vorstoß, war deutlich geringer. In mehreren Profilen Bayerns und Österreichs (Samerberg, Mondsee, Trauntal) gibt es zwischen letztinterglazialen Ablagerungen und der hochglazialen Moräne keine Hinweise auf einen weiteren Gletschervorstoß.

eiszeitliche Schneegrenz-depression: 1.200 bis 1.300 m
eiszeitliche Depression der Permafrostuntergrenze: > 2.500 m

Im Hochglazial erfolgte der intensive Eisaufbau bis ins Alpenvorland mit dem Hochstand um 18.000 ^{14}C-Jahre v.h. Um 14.000 ^{14}C-Jahre v.h. war in der Schweiz das Mittelland schon wieder eisfrei. Im Inntal sah es ähnlich aus. In den Bändertonen von Baumkirchen ist vor 27.000 ^{14}C-Jahren v.h. eine Strauchtundra durch Makroreste der Legföhre (*Pinus mugo*), der Waldföhre (*Pinus silvestris*), der Grünerle (*Alnus viridis*), des Sanddorns (*Hippophae rhamnoides*), der Silberwurz (*Dryas octopetala*) und der Weide (*Salix*) dokumentiert. Das höchst gelegene datierte Holz in den Sedimenten (26.800 ^{14}C-Jahre v.h.) ist noch von rund 70 m Bändertonen und mehr als 50 m Sanden und Schottern überlagert. Die darüber liegende Grundmoräne, die den hochglazialen Maximalvorstoß des Inngletschers mit Eismächtigkeiten von 1600 m bei Innsbruck kennzeichnet, kann demnach erst erheblich nach 27.000 ^{14}C-Jahren v.h. abgelagert worden sein. Vor mehr als 13.200 ^{14}C-Jahren v.h. war der Eisabbau bereits vollzogen, und die Wiederbewaldung hatte eingesetzt. Auch hier standen für den gewaltigen Eisaufbau und das anschließende Rückschmelzen maximal 10.000 Jahre zur Verfügung (Fliri 1973; Patzelt 1975).

Damit war die Vergletscherung der Alpen bis ins Vorland nur eine relativ kurze Episode der letzten Eiszeit. Während langer Zeitabschnitte des Würm stockte auch am Alpenrand Wald. In den frühwürmzeitlichen Interstadialen Brørup und Odderade (Abb. 70) wuchsen Kiefern-

und Fichtenwälder im nördlichen Alpenvorland. Die Mittelwürm-Interstadiale (Hengelo, Denekamp) waren durch Föhren- und Birkenwald gekennzeichnet. Am südlichen Alpenrand ist um 35.000 ^{14}C-Jahre v.h. in Kärnten rotbuchen- und tannenreicher Fichtenwald bis mindestens 900 m ü.M. belegt (Kral 1979).

Entsprechend der Gletscher- und Vegetationsgeschichte dürften im Hochglazial die extremsten Klimabedingungen der letzten Eiszeit, mit trocken-kalten Verhältnissen, geherrscht haben. Das Auftreten von Permafrost weist auf eine Jahresdurchschnittstemperatur von unter –7 °C hin, d.h. im nördlichen Alpenvorland erfolgte eine Absenkung gegenüber heutigen Temperaturen in der Größenordnung von 15 bis 16 °C

Abb. 70
Die Gliederung der Würm-Eiszeit (nach Woillard 1978, Schreiner 1992, Bradley 1999).

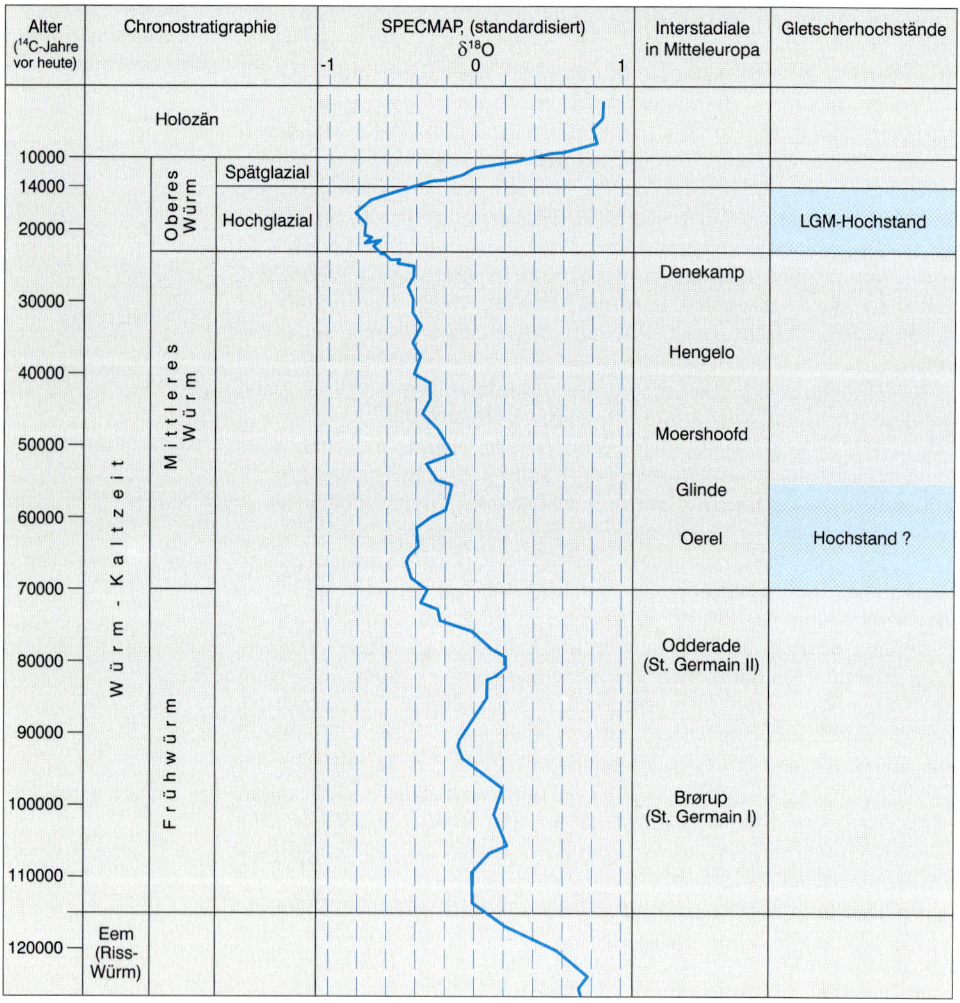

Tab. 42: Paläoklima des Hoch- und Spätglazials nach einem Vergleich von Variationen der Permafrostuntergrenze und der Gletscher-Gleichgewichtslinien

	Alpenrand	Alpeninneres
heute (1931 – 1960)		
• Schneegrenzhöhe	2.500 m ü.M.	3.030 m ü.M.
• Jahrestemperatur an der Schneegrenze	–1,8 °C	–5,3 °C
• Niederschlag auf 2.000 m ü.M.	2.300 mm	740 mm
Egesen-Maximum		
δ T	–3 bis – 4 °C	–3 bis –4 °C
δ P	0 %	– 30 %
Daun		
δ T	–4 bis –5 °C	–4 bis –5 °C
δ P	– 15 %	– 40 %
Gschnitz		
δ T (Sommer)		–10 °C
δ P		– 60 %
LGM		
δ T	– 15 bis –20 °C	?
δ P	– 70 bis – 90 %	?

nach Kerschner (1985); Kerschner & Berktold (1982); Haeberli (1991)

Der Niederschlag ist bezogen auf 2.000 m ü.M; die Werte sind Änderungen von Temperatur (T) und Niederschlag (P) gegenüber heute (1931 bis 1960).

(Tab. 42). Sauerstoff-Isotope im Zürichsee weisen auf eine ähnliche Abkühlung hin (Lister 1988). Damit war die Temperaturdepression wesentlich größer als der globale Durchschnitt von lediglich 5 bis 7 °C. Da die Gletscher-Gleichgewichtslinien dieser Temperaturdepression nur sehr eingeschränkt folgen konnten (1.000 bis 1.500 m), muss es sehr trocken gewesen sein. Wahrscheinlich betrug die Niederschlagsreduktion bis zu 80 % gegenüber heute (Haeberli & Schlüchter 1987). Dies ist zum einen die Konsequenz des veränderten globalen Wasserhaushaltes in den Eiszeiten, zum anderen möglicherweise ein direkter Effekt durch das Auftreten von Seeeis im Atlantik bis 43°N (NW-Spanien) und die dadurch verringerte Evaporation.

Als Folge der würmzeitlichen Eisüberdeckung ist bis heute im Schweizer Mittelland eine Erniedrigung der Erdtemperatur zu erkennen. Der maximale Effekt der letzten Eiszeit liegt in einer Tiefe von

1.000 bis 2.000 m. Dort sind die Temperaturen um 5 bis 7 °C zu niedrig und nicht im Gleichgewicht mit den heutigen Verhältnissen (HAEBERLI et al. 1984). Die Isothermen wurden durch abwärts strömendes, kaltes Wasser unter der Gletscherstirn um mehrere 100 m nach unten gedrückt. Die 0 °C-Isotherme lag vor 27.000 Jahren 660 m tief. Darüber war der Boden gefroren (SPECK 1995).

9.2.3 Spätglazial

Unter dem alpinen Spätglazial wird allgemein der Zeitraum zwischen dem Ende des Hochwürms und dem Beginn des Postglazials verstanden. Die Abgrenzung des Spätglazials zum Hochglazial ist nicht eindeutig. Schon kurz nach dem Gletscherhochstand des Hochglazials schmolzen die Eismassen zurück, und um 14.500 ^{14}C-Jahre v.h. erfolgte ein massiver Zerfall des alpinen Eisstromnetzes, wodurch das nördliche und das südliche Alpenvorland eisfrei wurden. Diese Periode war auch mit einem großen Umschwung im Sedimenthaushalt randalpiner Seen verbunden (z.B. Zürichsee, Luganer See; NIESSEN & KELTS 1989). Die nach dem Eisabbau zunächst praktisch vegetationslosen Hänge waren konstantem Abtrag durch Flüsse, Wind, Regen, Frost und Massenverlagerungen ausgesetzt. Um 13.000 bis 12.400 ^{14}C-Jahre v.h. endeten die Schmelzwassereinträge in vielen nord- und südalpinen Seen, was auf das rasche Abschmelzen der Gletscher hinweist. Der Lösseintrag in den Bodensee nahm ab ca. 14.500 ^{14}C-Jahre v.h. langsam ab und endete um ca. 13.300 ^{14}C-Jahre v.h. (NIESSEN et al. 1992a). Um diesen Zeitpunkt erfolgte in den Tieflagen ein Wechsel von Steppentundra zu Strauchtundra, mit der Etablierung von Zwergbirken (*Betula nana*) und anderen Sträuchern. Der spätglaziale Anstieg der Schnee- und der Waldgrenze auf heutige Größenordnungen war vor rund 10.000 bis 9.000 ^{14}C-Jahren v.h., im Frühholozän, weitgehend abgeschlossen (Kap. 9.3).

Die verschiedenen Phasen der spätglazialen Vegetationsentwicklung sind recht gut datiert, was im Gegensatz zu den schlecht datierten Gletschervorstoßperioden steht. Parallelisierungen der Gletscherstände sind deshalb nur über vergleichbare Depressionen der Gleichgewichtslinien und geomorphologische Charakteristika vorzunehmen. Als stratigraphischer Marker ist in Seesedimenten, vor allem in den Westalpen, die Tephra des Laacher-See-Vulkanismus enthalten. Diese Tephra kann nach Warven-Zählungen in der Eifel auf 12.880 Jahre v.h. datiert werden (BRAUER et al. 1999).

Gletscher

Die Gliederung des Spätglazials ging seit den Arbeiten von PENCK & BRÜCKNER (1901/1909) mit der Dreiteilung in Bühl – Gschnitz – Daun im Wesentlichen vom Inntal und seinen Nebentälern aus und wurde seitdem weiter verfeinert. Der rapide Eiszerfall um 14.500 ^{14}C-Jahre v.h. erfolgte teilweise so schnell, dass die Gletscher nicht langsam zurückschmolzen, sondern sich in Toteisfelder auflösten. Dieses rapide Abschmelzen wurde durch kurze Halte bzw. Wiedervorstöße unterbrochen. Mangels absoluter Datierungen ist die Zeitstellung der Gletscherstände noch relativ unsicher und unterlag in der Vergangenheit mehrfachen Umdeutungen (Abb. 71; Tab. 43). In der folgenden Auflistung ist die Schneegrenzdepression gegenüber dem Bezugniveau der neuzeitlichen Hochstände von 1850 angegeben.

Tab. 43: Spätglaziale Stadialgliederung und Schneegrenzdepressionen (SGD) im Vergleich zu 1850

Stadiale	SGD Österreich	SGD Schweiz	Alter (^{14}C-Jahre v.h.)
Egesen	180 – 320 m	155 – 310 m	11.000 – 10.200
Daun	250 – 390 m	250 – 375 m	13.000
Senders/Clavadel	400 – 500 m	385 – 490 m	14.000
Gschnitz	600 – 700 m	600 – 780 m	14.500

nach Maisch (1987)

Mit Ausnahme des Egesen-Stadiums sind die Altersangaben unsicher.

Da die Gletscher-Schneegrenzen von Jahr zu Jahr erheblich in ihrer Höhenlage variieren, werden die Schneegrenzdepressionen des Spät- und Postglazials in der Regel im Verhältnis zur Gletscher-Schneegrenze während des neuzeitlichen Hochstandes um 1850 angegeben.

Bühl-Stadium (Penck & Brückner 1901/1909)
Typlokalität: Kirchbichl oberhalb Kufstein (Inngletscher). Es handelt sich um einen mehrgliedrigen Halt bzw. Vorstoß des noch intakten Eisstromnetzes. Die Schneegrenzedepression betrug 900 bis 1.000 m.

Steinach-Stadium (Klebelsberg 1950)
Typlokalität: Steinach am Brenner, Moränenserie des Gschnitztalgletschers. Es betrifft einen Vorstoß der Lokalgletscher, stellenweise über inaktive Toteisreste des Eisstromnetzes. Das Eisstromnetz war schon aufgelöst. Die Schneegrenzdepression betrug 700 bis 800 m. Die Moränen sind stark periglazial überformt und unterscheiden sich dadurch von den Gschnitz-Moränen, die teils eine ähnliche Schneegrenzdepression aufweisen.

Die jüngere Dryas ist der letzte massive Kälterückschlag der ausgehenden Würmeiszeit.

Gschnitz-Stadium (Penck & Brückner 1901/1909)
Typlokalität: Trins im Gschnitztal, Brennergebiet. Vorstoß der Lokalgletscher. Das Toteis des Eisstromnetzes war restlos verschwunden. Die Moränen sind in der Form frisch und gut erhalten. Die Schneegrenzdepression betrug 600 bis 780 m.

Clavadel-Stadium (Maisch 1981), ***Senders-Stadium*** (Kerschner & Berkthold 1982; Kerschner 1986) bzw. ***Zwischenbergen-Stadium*** (Müller 1982) Typlokalität: Clavadel im Sertigtal (Davos). Mehrgliedriger Vorstoß. Die Schneegrenzdepression betrug 385 bis 500 m.

Daun-Stadium (Penck & Brückner 1901/1909)
Typlokalität: Ranalt im Stubaital. Die hoch gelegenen Moränen sind

meist periglazial überformt und nur lückenhaft erhalten. Oft sind zwei Vorstoßphasen zu untergliedern. Die Schneegrenzdepression betrug 250 bis 390 m. Das Daun-Stadium ist älter als Alleröd (Abb. 71).

Abb. 71
Das alpine Spätglazial (nach Maisch 1982; Eicher 1987; Lotter et al. 1992).

Egesen-Stadium (Kinzl 1929, 1932)
Typlokalität: Egesengrat und Glamergrube im Stubaital. Meist ist eine mehrgliedrige Moränenserie entwickelt. Die Moränen sind frisch. Die

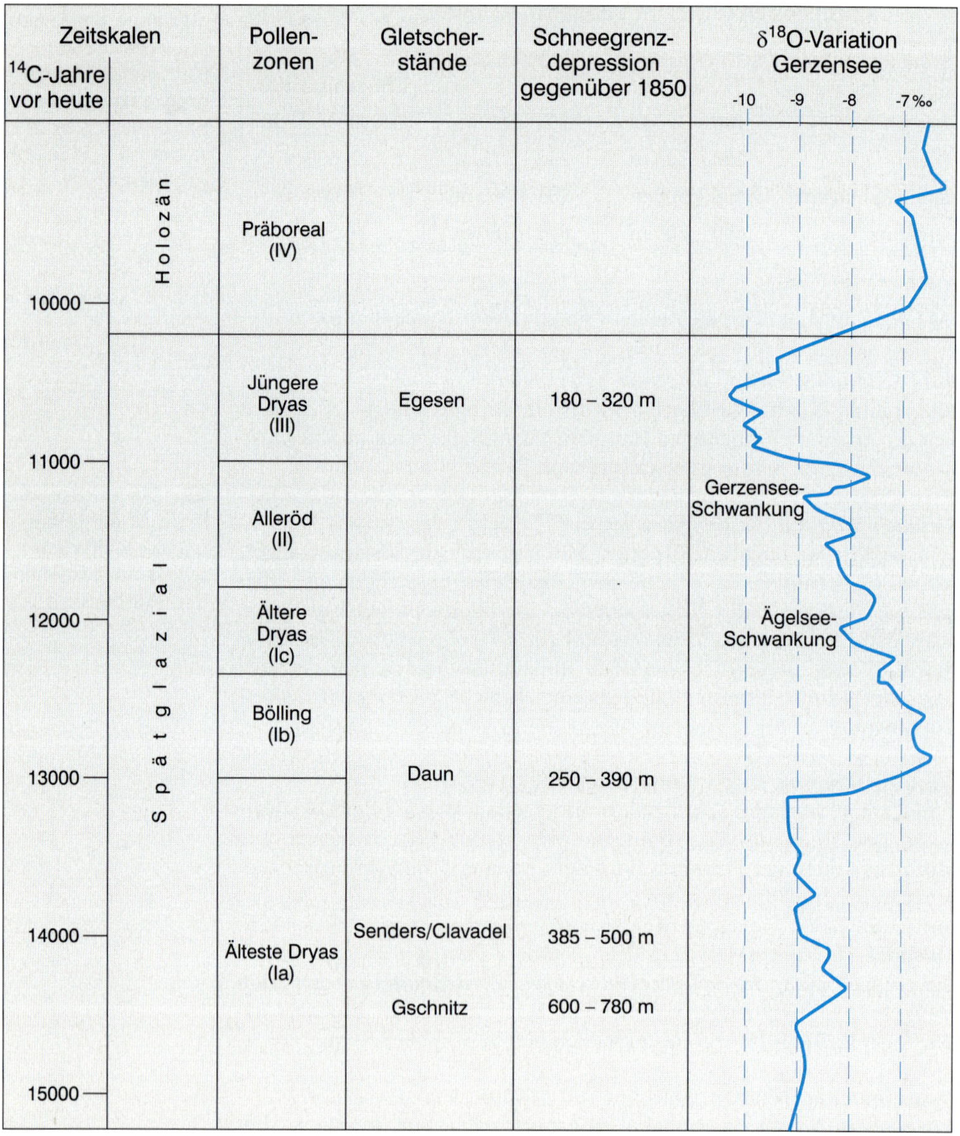

Schneegrenzdepression der Hauptvorstoßphasen betrug 180 bis 320 m. Durch absolute Datierungen der Moränen ist das Egesen-Stadium mit der Jüngeren Dryas zu parallelisieren. Die weiter innen liegenden Stände Bocktentälli (MAISCH 1981) und Kromer (GROSS 1974), mit Schneegrenzdepressionen von 100 bis 150 m bzw. 50 bis 90 m, sind entweder der ausgehenden Jüngeren Dryas oder dem frühen Präboreal zuzuordnen.

Ob die starke Streuung der Werte für die Schneegrenzdepression auf hygrische Unterschiede, speziell zwischen Alpenrand und Zentralalpen, hinweisen oder auf den individuellen Massenhaushalt der einzelnen Gletscher zurückzuführen ist, ist umstritten.

Vegetation

Hinsichtlich der Vegetationsentwicklung lässt sich das Spätglazial in Älteste Dryas, Bölling-Alleröd-Interstadial und Jüngere Dryas gliedern (Abb. 71). Die im nördlichen Mitteleuropa zwischen Bölling und Alleröd liegende Kaltphase der Älteren Dryas ist im Alpenraum oft kaum ausgeprägt und nur in höheren Lagen eindeutig nachzuweisen. Erst deutlich nachdem das nördliche Alpenvorland bereits eisfrei war, setzte um ca. 12.000 bis 13.000 ^{14}C-Jahre v.h., d.h. rund 2000 Jahre später, die Wiederbewaldung ein, am südlichen Alpenrand etwas früher. Für die Gletscher bedeutete dies ein Abschmelzen vom letztkaltzeitlichen Maximalstand um 18.000 ^{14}C-Jahre v.h. auf die Größenordnung von inneralpinen Talgletschern innerhalb von 3.000 bis 4.000 Jahren.

Im nördlichen Alpenvorland herrschten in der Ältesten Dryas (16.000 bis 12.600 ^{14}C-Jahre v.h.) in der Pflanzendecke noch Rohbodenbesiedler und Steppengesellschaften vor, die durch das Auftreten von *Artemisia, Chenopodiaceae, Ephedra, Gypsophila, Helianthemum, Thalictrum* oder *Saxifraga oppositifolia* gekennzeichnet sind. Die Landschaft war noch baumfrei (AMMANN 1985, 1989; BURGA 1987). Erst gegen Ende sind erste Bäume und Sträucher (*Salix, Betula nana, Juniperus, Hippophae*) eingewandert. Die Älteste Dryas kann bis in die Hochlagen der Zentralalpen nachgewiesen werden. Im Vergleich zur Kältesteppe im nördlichen Alpenvorland trat auf der Alpensüdseite bereits zu dieser Zeit eine lichte Wachholder-Strauchvegetation auf (WICK 1996).

Die Wiederbewaldung setzte mit dem Bölling-Interstadial vor 12.000 bis 13.000 ^{14}C-Jahren v.h. ein. *Betula, Juniperus, Hippophae* und *Pinus* drangen weit in die Alpentäler vor, aber regional unterschiedlich. In Tirol erfolgte die Wiederbewaldung vor allem mit *Pinus* (BORTENSCHLAGER 1976). In den Zentral- und Westalpen gab es dagegen eine typische Abfolge von *Juniperus, Hippophae* und *Betula*. Pinus trat dort erst wesentlich später im Alleröd auf. Diese Unterschiede sind vor allem migrationsbedingt, da die Pflanzen von ihren eiszeitlichen Refugien erst einwandern mussten. Ein stellenweise festzustellender minimaler Kälterückschlag, mit einer Abnahme der Birkenpollen und einer Zunahme von *Artemisia* und *Salix*, weist möglicherweise auf die Ältere Dryas hin. Sie kann jedoch nicht sicher ausgegliedert werden, da die Änderungen zu schwach sind. Die Baumgrenze dürfte in den Zentralalpen bei 1.000 bis 1.400 m ü.M. gelegen haben (FURRER et al. 1984; WELTEN 1982).

In den Südalpen (Tessin) traten bereits im Bölling *Larix decidua* und spätestens im Alleröd *Abies*, *Pinus cembra* und Eichenmischwälder auf, die nördlich des Alpenhauptkammes im Spätglazial noch nicht nachgewiesen sind. Daneben trat in den Südalpen im Alleröd *Betula* bis auf 1600 m ü.M. auf (BURGA 1987). Die Kiefernanteile nahmen überall auf Kosten der Birken deutlich zu. Es waren lichte Wälder mit vielen Gräsern. Die Zunahme des Kiefernanteils ist aber nicht zwingend ein Hinweis auf ein besonders warmes Alleröd. Die Zunahme kann auch wanderungsbedingt gewesen sein, denn nach den $\delta^{18}O$-Kurven an Seesedimenten waren die Temperaturen wahrscheinlich im Bölling sogar höher als im Alleröd (Abb. 71). Die Waldgrenze in den Zentralalpen lag bei 1.800 bis 2.000 m ü.M. (PATZELT & BORTENSCHLAGER 1978; OEGGL & WAHLMÜLLER 1994). Unmittelbar vor Ablagerung der Laacher-See-Tephra (12.880 Warven-Jahre v.h.) ist im Schweizer Mittelland noch die Gerzensee-Oszillation dokumentiert, die als schwache Kältephase das Alleröd unterbricht.

In der Jüngeren Dryas, die den Zeitraum von 10.700 bis 10.000 ^{14}C-Jahren v.h. umfasst, ist der Wald nicht mehr aus dem Alpenraum verschwunden. Umgerechnet in kalibrierte ^{14}C-Alter ergeben sich für diese Periode Werte von ca. 12.125 bis 11.000 cal Jahre v.h. (HAJDAS et al. 1993) bzw. ca. 12.700 bis 11.500 cal Jahre v.h. (GOSLAR et al. 2000). Es ist lediglich eine leichte Depression der Waldgrenze festzustellen. Es dominierten Kiefernwälder mit Birken (Ammann 1989). Die Waldgrenze lag etwa 500 bis 700 m tiefer als heute, d.h. bei 1.200 bis 1.500 m ü.M. Im außeralpinen Mittelgebirgsbereich nördlich der Alpen lag die Waldgrenze deutlich tiefer bei rund 400 bis 600 m ü.M., was auf einen steilen meridionalen Gradienten hinweist. Im Alpenvorland ist die Jüngere Dryas pollenanalytisch oft kaum erfassbar und lediglich an Vegetationsauflichtungen zu erkennen. Im südlichen Alpenvorland ist für die Jüngere Dryas ein Rückgang von *Quercus* charakteristisch (WICK 1996).

Paläoklima

Der spätglaziale Temperaturverlauf wird unter anderem durch die $\delta^{18}O$-Kurven von Seesedimenten angezeigt. Dabei fällt die Älteste Dryas mit stark negativem $\delta^{18}O$ auf (Abb. 71), was auf eine Abkühlung der Lufttemperatur um 7 °C gegenüber heute hinweist. Der steile Anstieg der Werte und die Erwärmung fallen mit der Wiederbewaldung im Bölling zusammen. Im Bodensee setzten um 14.000 ^{14}C-Jahren v.h. „dropstones“ aus, die vorher durch Eisschollen auf den See getrieben wurden (WESSELS & SCHRÖDER 1997). Der äolische Eintrag in den See nahm um diesen Zeitraum stark ab. Von Bölling bis Alleröd dominierten hohe $\delta^{18}O$-Werte, aber mit fallender Tendenz. Bölling und Alleröd sind auch über die Sauerstoffisotope nicht zu trennen. Mit sehr negativen Werten tritt dann die Jüngere Dryas in Erscheinung. Danach erfolgte der starke Temperaturanstieg zum Präboreal (Frühholozän).

Aus der Absenkung der egesenzeitlichen Schneegrenze 180–320 m lässt sich eine Abkühlung der Sommertemperatur von 1,5–3 °C abschätzen. Die Untergrenze diskontinuierlichen Permafrostes, angezeigt durch die fossilen Blockgletscher, lag gleichzeitig aber rund 600 m tiefer als heute, ein Hinweis auf 3–4 °C niedrigere Jahresdurchschnittstemperaturen. Dies deutet einerseits auf eine stärkere Saisonalität hin, indem die Sommer nur leicht, die Winter dagegen deutlich kälter waren. Dafür spricht auch die Tatsache, dass diese Kaltphase pollenanalytisch im Alpenvorland nur schwach ausgeprägt ist, während sie in den Seen anhand der $\delta^{18}O$-Kurven deutlich feststellbar ist (Abb. 71). Anhand der Insektenfauna kann man Depressionen der Wintertemperatur um 10–12 °C rekonstruieren, während die Mitteltemperatur des wärmsten Monats nur 5–8 °C kälter war (LEMDAHL 2000). Zum anderen könnte das unterschiedliche Verhalten von Gletschern und Blockgletschern auch auf erhöhte Trockenheit zurückzuführen sein, so dass die Gletscher trotz der niedrigen Temperaturen nicht entsprechend vorstoßen konnten. Die Waldgrenze hat mit einer Depression von 500–700 m dagegen eher wieder auf die Temperaturänderungen reagiert. Eine verstärkte Saisonalität ist auch für die älteren Stadiale, wie auch für die Bölling-Alleröd-Warmphase anzunehmen, in denen die Sommertemperaturen wahrscheinlich den heutigen annähernd entsprachen, aber die Winter deutlich kälter waren.

Klimarekonstruktion mit Gletscher-Permafrost-Beziehungen

Da Gletscher durch Temperatur und Niederschlag gesteuert werden, Blockgletscher aber vorwiegend durch die Jahresdurchschnittstemperatur beeinflusst sind, ermöglicht der Vergleich beider Landschaftselemente eine bessere Differenzierung des Paläoklimas, nach folgendem Prinzip (Abb. 72; 73):

Die Untergrenze des Permafrostes wird durch Stauchmoränen und Blockgletscher markiert. Die tiefsten Funde geben die Höhenlage der –1 °C-Jahresisotherme an. Aus der Höhendifferenz zwischen Gletscher-Schneegrenze und Permafrostgrenze kann – unter Annahme eines konstanten Temperaturgradienten – die mittlere Jahrestemperatur in der Höhe der Gleichgewichtslinie bestimmt werden. Der Abstand zwischen der Höhe der Gleichgewichtslinie und der Untergrenze des Permafrostes ist eine Funktion des Niederschlages. Bei feuchten Verhältnissen liegen die Gleichgewichtslinien der Gletscher und die Permafrostgrenze dicht beieinander. Ist das Klima stärker kontinental-trocken geprägt, dann nimmt die periglaziale Höhenstufe an vertikaler Mächtigkeit zu. Wichtig ist dabei natürlich, dass zeitgleiche Phänomene untersucht werden. Damit stellt sich das Problem der Datierung, das besonders bei den Blockgletschern oft nicht einfach zu lösen ist. Die Zeitgleichheit ist belegt, wenn die Blockgletscher aus Moränen hervorgehen oder diese durchbrechen.

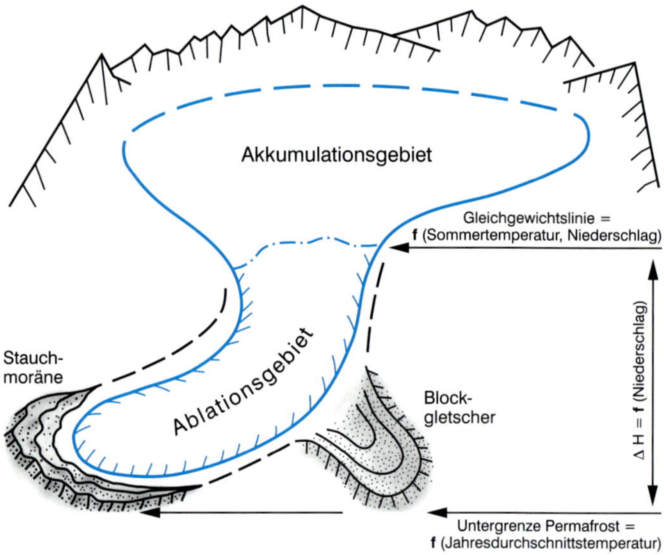

Abb. 72
Klimarekonstruktion mit Hilfe der Gletscher-Permafrost-Beziehung (nach Haeberli *1982a).*

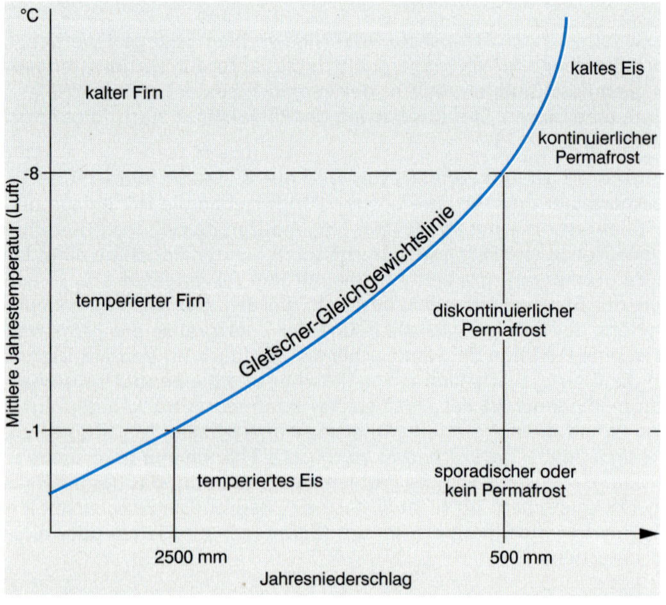

Abb. 73
Kryosphärenmodell für die paläoklimatische Interpretation der Gletscher-Permafrost-Beziehung (nach Haeberli *1991).*

FRAGEN

1 *Wie ist es zu erklären, dass die eiszeitliche Permafrostgrenze mehr als 2500 m tiefer lag als heute, während die Gletscher-Schneegrenzen nur ca. 1200 m niedriger waren?*

2 *Die eiszeitlichen Gletscherausdehnungen waren in verschiedenen Regionen der Alpen unterschiedlich. Wie sahen die regionalen Unterschiede aus, wie ist das zu erklären?*

3 *Den relativ wenigen aus dem Alpenraum bekannten Vereisungen stehen global eine Vielzahl von Kaltzeiten gegenüber, die aus anderen Klimaarchiven gefolgert werden (z.B. aus marinen Bohrungen oder Löss-Paläoboden-Sequenzen). Wie erklären sich die Unterschiede?*

4 *Wie haben die höheren Pflanzen der Alpen die Eiszeiten überlebt? Welche Auswirkungen haben die Eiszeiten auf die heutige Artenvielfalt?*

5 *Welche typischen Reliefformen sind in den Eiszeiten entstanden?*

6 *Konnten in den Eiszeiten Menschen in den Alpen leben?*

7 *War in den Eiszeiten der Eisaufbau bis zum Maximum und das Abschmelzen des Eises am Übergang zur Warmzeit zeitlich weitgehend symmetrisch?*

8 *Das Spätglazial war eine Periode intensiver Klimaänderungen und des Gletscherabbaus. Was waren die geomorphologischen Folgen für die Landschaft?*

9 *Wie muss man sich die Landschaft in der Jüngeren Dryas, d.h. am Ende der letzten Kaltzeit, vorstellen (Klima, Vegetation, Gletscher, Höhenstufen etc.)?*

10 *Haben die klimatischen Verhältnisse der spätglazialen Kaltphasen Auswirkungen auf die heutige bzw. die holozäne Bodenentwicklung?*

9.3 Holozän

Nach dem Ende des Spätglazials, vor rund 10.000 ^{14}C-Jahren, stiegen die Temperaturen und mit ihnen die Waldgrenze und die Schneegrenze sehr schnell auf heutige Größenordnungen an. Im alpinen Raum wird statt vom „Holozän" häufig vom „Postglazial" gesprochen, die Begriffe sind synonym. Auch wenn das Holozän insgesamt klimageschichtlich eher als ruhige Phase gilt, speziell auch wenn man die polaren Eisbohrkerne betrachtet, so gab es doch in den Alpen vielfache Klimaschwankungen, die vor allem durch Gletscherschwankungen, Vegetationsveränderungen, Waldgrenzschwankungen, dendroklimatologische Untersuchungen, Solifluktions- und Bodenbildungsphasen sowie durch die Seen- und Flussgeschichte dokumentiert sind. Dabei wird deutlich, wie groß klimatisch gesteuerte Umweltveränderungen im Gebirge sein können, obwohl die auslösenden Klimaelemente nicht besonders starken Schwankungen unterworfen waren. Spätestens seit der Bronzezeit, vereinzelt auch früher, greift zusätzlich der Mensch relativ stark in das natürliche Ökosystem ein (Kap. 8.1), so dass sich natürliche und anthropogen bedingte Veränderungen überlagern, was nicht immer eindeutig getrennt werden kann.

9.3.1 Gletscherschwankungen

Moränen, glazifluviale Ablagerungen und das Relief zeigen deutlich, dass die Gletscher nicht nur heute bzw. seit einigen Jahrzehnten im Abschmelzen begriffen sind, sondern dass sie auch in den letzten 10.000 Jahren des Holozäns kräftigen Längen- und Volumenänderungen unterlagen. Massenhaushaltsuntersuchen an rezenten Gletschern zeigen im Zeitraum der Instrumentenmessung eine gute Korrelation mit der Sommertemperatur. Kühle Sommer, besonders wenn sie mit Neuschneefällen verbunden sind, führen zu einer starken Zunahme der Albedo und positivem Massenhaushalt. Für zentralalpine Verhältnisse gilt, dass eine Absenkung der Gleichgewichtslinie um 100 m verursacht wird entweder durch eine erhöhte Winterakkumulation um 400 kg m^{-2} und/oder eine Absenkung der Sommertemperatur um 0,6 bis 0,8 °C und/oder durch die Reduktion der sommerlichen Strahlungsbilanz um 1,3 Mj m^{-2} d^{-1} (Kuhn 1979).

Neuzeitliche Gletscherhochstände: Hochstände ab Beginn der Kleinen Eiszeit (1600 n.Chr.).

Entscheidend für die Dimension eines Gletscherhochstandes sind außerdem nicht nur Temperatur und Niederschlag bzw. die Schneegrenzdepression, sondern auch die Dauer der kühl-feuchten Verhältnisse. So befand sich beispielsweise 1850 die Schneegrenze in der gleichen Höhenlage wie 1920. Trotzdem war der Vorstoß 1850 größer, da vorher lange Zeiten der Klimaungunst geherrscht hatten.

Im Holozän gab es mindestens acht, teils mehrgliedrige, Gletscherhochstandsphasen (Abb. 74; Tab. 44). Im frühen Präboreal (10.200 bis 9.500 ^{14}C-Jahre v.h.) gibt es Hinweise auf Gletscherhochstände, deren Abgrenzung von der Jüngeren Dryas nicht immer eindeutig ist, wie z.B. das Kromer- oder das Beverin-Stadium. Im mittleren Präboreal stoßen

Klimarekonstruktion mit Gletschern

Die Rekonstruktion der Gletscher-Hochstände erfolgt für den Zeitraum des Postglazials durch geomorphologische Kartierung der glazialen Ablagerungen und Formen und durch die Datierung der Hochstände mit Hilfe der ^{14}C-Methode. Hilfreich sind hierbei vom Gletschereis überfahrene Böden und Baumstämme. Das Holz bietet auch die Möglichkeit dendrochronologischer und dendroklimatologischer Untersuchungen an den Jahrringen. Für die letzten 500 bis 700 Jahre kann man zusätzlich historische Methoden einsetzen. Neben Schriftquellen bieten hierfür Zeichnungen, Gemälde und alte Fotografien sehr gute Möglichkeiten (Farbfotos 19, 20). Auch geländearchäologische Methoden können zur Rekonstruktion der Gletscherschwankungen hilfreich sein. Dazu zählen etwa Fundamente und Holzbalken von Behausungen, Überreste aufgelassener Wasserleitungen und alte Bergwerksstollen. So berichtet beispielsweise 1570 der Marktscheider Waldner von einem damals maximal 20 Jahre alten Stollen in den Hohen Tauern, der 15 bis 20 m von Eis bedeckt war. Aus der Höhe und Lage der Moränen des Hochstandes um 1850 lässt sich gegen Ende der Kleinen Eiszeit eine Eisdicke von 100 m über dem mittelalterlichen Abbaugebiet schätzen. Die Rekonstruktion der Minimalausdehnungen der Gletscher ist wesentlich schwieriger und wird durch fossile Hölzer ermöglicht, die unter dem Eis hervorkommen.

Zur klimatischen Interpretation vorzeitlicher Gletscherschwankungen müssen zunächst die jeweiligen Gletscher-Gleichgewichtslinien ermittelt werden, um Veränderungen, d.h. in der Regel Depressionsbeträge gegenüber einem Bezugszeitraum, festzustellen. Die verschiedenen Methoden sind in Kap. 4.2 kurz erläutert. In den Alpen hat sich die 2:1-Flächenteilungsmethode bewährt. Da die heutigen Gleichgewichtslinien sehr stark von Jahr zu Jahr variieren, nimmt man als Bezugsniveau in der Regel den Gletscherhochstand bzw. die Gleichgewichtslinie des neuzeitlichen Hochstandes von 1850. Über die ermittelte Depression der Gleichgewichtslinie wird dann mit dem thermischen Höhengradienten (0,5 bis 0,6 °C pro 100 m) die relative Temperaturdepression errechnet.

die Gletscher in der Schlatenschwankung um 9500 ^{14}C-Jahre v.h. vor. Die entsprechenden Vegetationsveränderungen in der Palü-Schwankung haben durchaus spätglazialen Charakter mit dem Auftreten von *Ephedra, Hippophae* und *Artemisia*. Spätestens ab 9.500 ^{14}C-Jahre v.h. schmolzen die Gletscher auf neuzeitliche Größenordnungen ab. Für den Glacier de Ferpècle ist belegt, dass der Gletscher um 9.000 ^{14}C-Jahre v.h. kleiner war als 1920. Im Boreal tritt um 8.700 bis 8.000 ^{14}C-Jahre v.h. die Venedigerschwankung auf, die in der Venedigergruppe belegt ist. Die Gletscher reichten ca. 300 bis 400 m weiter als während der neuzeitlichen Hochstände. Danach schmolzen die Gletscher stark zurück und waren in vielen Gebieten kleiner als heute. Die Moränen der Venedigerschwankung tragen gut ausgebildete Podsole mit Ortsteinhorizonten von 30 bis 60 cm Mächtigkeit (Kap. 5.5).

Im Holozän waren die Gletscher nicht nur mehrfach größer, sondern mehrfach auch kleiner als heute.

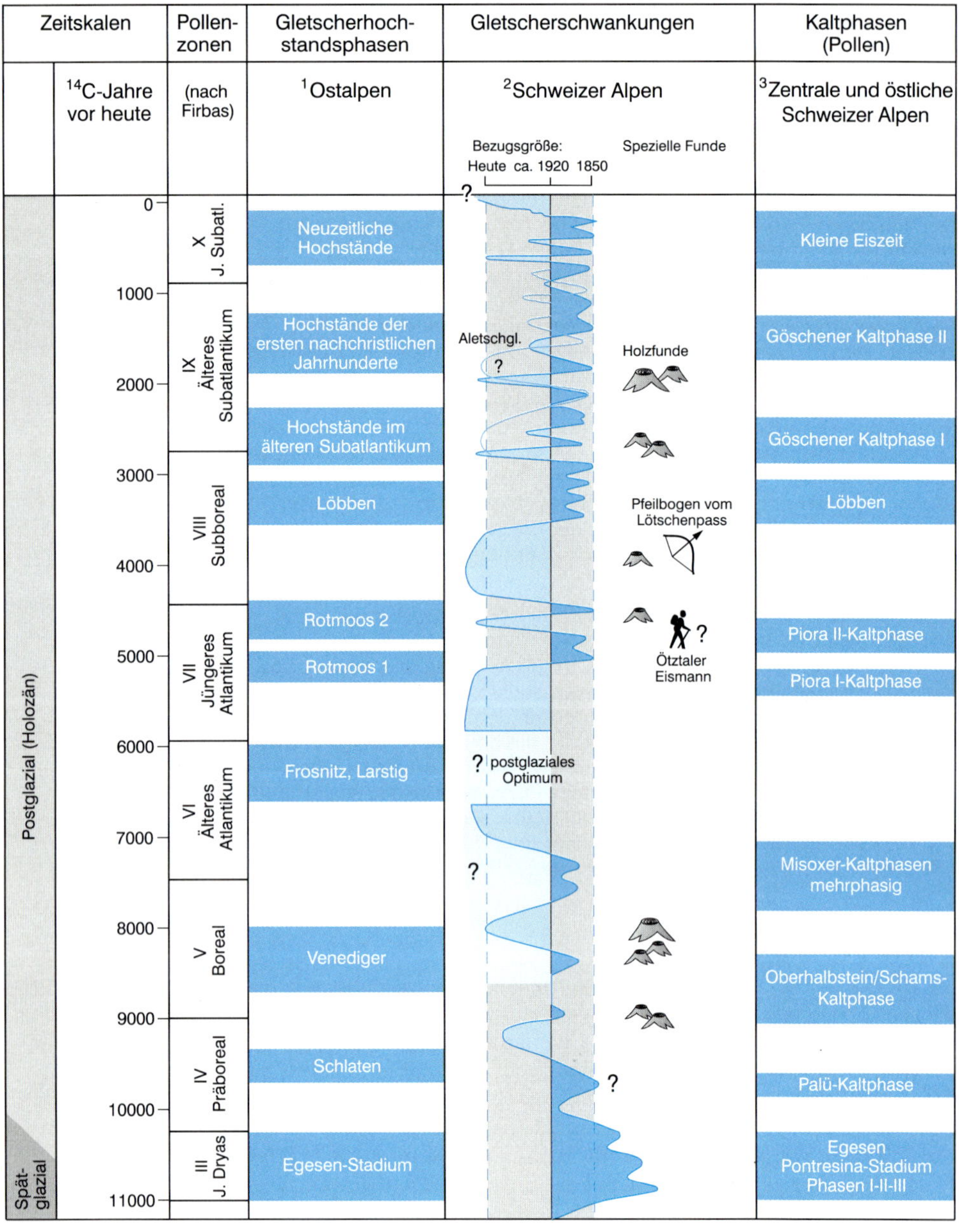

Abb. 74

Holozän-Chronologie (nach Maisch et al. 2000).
nach [1]Patzelt (1977), [2]Gamper & Suter (1982), Holzhauser (1997), Hormes et al. (2001), [3]Zoller (1960, 1977), Burga & Perret (1998), Maisch (1992, 1995)

Tab. 44: Holozäne Gletscherhochstände in der Venedigergruppe

Alter	Hochstand	Bemerkungen
1600 – 1850	neuzeitliche Hochstände	besonders im 17., 18. Jahrhundert und 1850
15. und 12./13. Jahrhundert	Spät- und Hochmittelalter	in der Neuzeit überfahren
2. bis 6. Jahrhundert	erste nachchristliche Jahrhunderte	so groß wie in der Neuzeit
2.900 – 2.300 (^{14}C-Jahre v.h.)	Erstes vorchristliches Jahrtausend	Maximum wie in der Neuzeit
3.500 – 3.100 (^{14}C-Jahre v.h.)	Löbbenschwankung	etwas größer als in der Neuzeit
5.300 – 4.500 (^{14}C-Jahre v.h.)	Rotmoosschwankungen	Unterbrechen die postglaziale Wärmezeit
6.600 – 6.000 (^{14}C-Jahre v.h.)	Frosnitzschwankung	
8.700 – 8.000 (^{14}C-Jahre v.h.)	Venedigerschwankung	Gletscher reichten 300 – 400 m weiter als in der Neuzeit
9.500 – 9.200 (^{14}C-Jahre v.h.)	Schlatenschwankung	

nach Patzelt & Bortenschlager (1973); Patzelt (1977, 1980)

Im ausgehenden Boreal und älterem Atlantikum (7.500 bis 6.000 ^{14}C-Jahre v.h.) sind pollenanalytisch die Misoxer Kaltphasen und in der Venedigergruppe die Gletschervorstöße der Frosnitzschwankung (6.600 bis 6.000 ^{14}C-Jahre v.h.) belegt. Eine weitere Kaltphase, die in Ost- und Westalpen zweigeteilt ist, trat im Jüngeren Atlantikum auf (Ötztal: Rotmoos 1 und 2; Schweiz: Piora-I- und II-Kaltphasen; 5.300 bis 4.300 ^{14}C-Jahre v.h.).

Im Zeitraum danach, im frühen Subboreal, waren die Gletscher sehr klein, teils kleiner als heute. Im späten Subboreal trat dann ab 3.300 ^{14}C-Jahren v.h. der wohl kälteste Abschnitt des Postglazials auf. Die Gletscher stießen teils weiter vor als 1850. Nach dendrochronologischen Untersuchungen lag diese Phase im Zeitraum zwischen 3.340 bis 3.175 ^{14}C-Jahren v.h. (Renner 1982). Gletschergeschichtlich entspricht dem die Löbbenschwankung in der Venedigergruppe mit einem Hochstand um 3.340 ± 60 ^{14}C-Jahren v.h. Der Steingletscher in der Schweiz hatte seinen Hochstand 3.040 ± 100 bis 2.820 ± 130 ^{14}C-Jahre v.h. (King 1974). Auch pollenanalytisch ist diese Kaltphase gut belegt. Der anschließenden, pollenanalytisch nachgewiesenen Göschener Kaltphase I, entsprechen Gletscherhochstände in den ganzen Alpen zwischen 2.900 und 2.300 ^{14}C-Jahren v.h.

Der gut erkennbare Gletscherhochstand um 1850 markiert den maximalen Vorstoßbereich im Holozän. Vereinzelt reichten die Gletscher in älteren Perioden auch geringfügig weiter.

Im Klimaoptimum der Römerzeit (300 v.Chr. bis 400 n.Chr.) waren einige Alpenübergänge auch im Winter frei. So konnte der karthagische General Hannibal 218 v.Chr. in den Punischen Kriegen die Alpen im

Winter mit 30.000 bis 50.000 Soldaten, 9.000 Reitern und 37 Elefanten überschreiten (Col du Clapier), um die Römer überraschend aus dem Norden anzugreifen (LUKSCHANDERL 1983). Die Gletscher waren verbreitet kleiner als heute.

Im Pessimum der Völkerwanderungszeit (450 bis 800 n.Chr.) herrschten dann wieder kühl-feuchte Bedingungen, die zu der Gletscherhochstandsperiode der ersten nachchristlichen Jahrhunderte führten. Dem entspricht die pollenanalytisch nachgewiesene Göschener Kaltphase II.

Im mittelalterlichen Klimaoptimum (850 bis 1250) waren die Alpengletscher klein. Gleichzeitig erfolgte 874 bis 930 die isländische und von 982 bis 1200 die grönländische Landnahme durch Erik den Roten. Zwischen 1100–1400 war in ganz Europa eine große Häufigkeit von trockenen Sommern und milden Wintern zu beobachten. Der Weinbau in England war 500 km nach Norden verschoben, die Jahresmitteltemperaturen um 1 bis 1,5 °C höher.

Ab 1200 setzte dann eine rapide Abkühlung und die hochmittelalterlichen Gletschervorstöße ein. Viele Gletscher erreichten um 1340 ein Maximum. Diese Kälteperiode bedeutete das Ende der normannischen Siedlungen in Grönland. Die einsetzende Kaltphase wird als „Kleine Eiszeit" bezeichnet, die mit dem neuzeitlichen Gletscherhochstand um das Jahr 1850 ihren Abschluss fand. Der Beginn der Kleinen Eiszeit wird unterschiedlich definiert. Nimmt man die Gletscherhochstände der Alpen als Maß, dann ist der Beginn eher um 1600 anzusetzen. Ab diesem Zeitpunkt werden die Gletscherhochstände als „neuzeitlich" bezeichnet. Zwischen 1500 und 1700 dominierten nasse Sommer und kalte Winter, die Jahresmitteltemperaturen waren etwa 1 °C niedriger als heute. Besonders ausgeprägt war das Pessimum im 17. Jahrhundert, was einem Minimum der Sonnenfleckenaktivität entspricht (Maunder-Minimum von 1672 bis 1704). Der Glacier d'Argentiere, im Tal von Chamonix, erreichte seine maximale neuzeitliche Ausdehnung um 1605. Er stieß dabei 350 m weiter vor als 1850 (BLESS 1982). Auch in der Kleinen Eiszeit gab es warme Abschnitte, wie z.B. die guten Weinjahre 1718 bis 1729 belegen (PFISTER 1980). Das zweite ausgeprägte Pes-

Abb. 75
Vorstoß- und Rückzugsphasen der Zunge des Großen Aletschgletschers während der letzten 3.200 Jahre (nach HOLZHAUSER & ZUMBÜHL 1999).

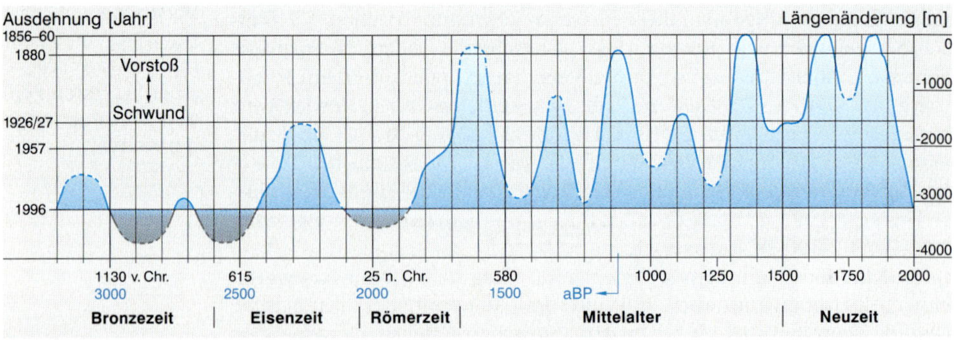

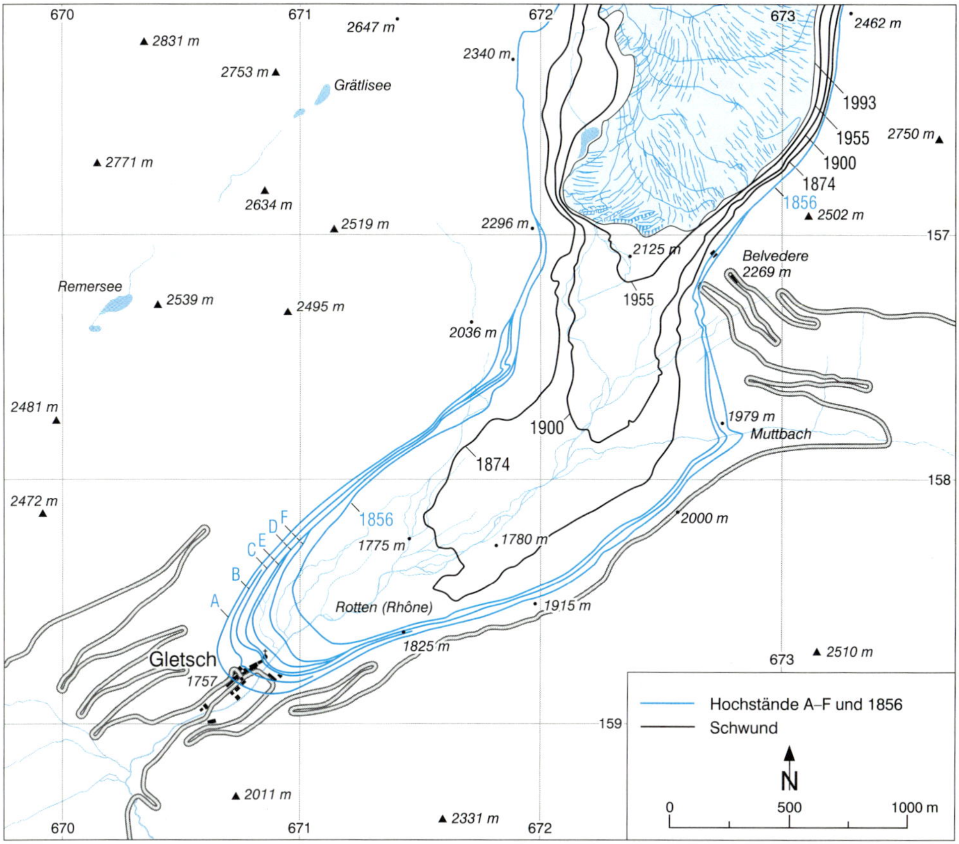

Abb. 76
Heutige (1993) Ausdehnung des Rhônegletschers und neuzeitliche Hochstände (nach HOLZHAUSER & ZUMBÜHL 1999). A, B = frühes Mittelalter oder älter; C = 14. Jahrhundert (maximale Ausdehnung während der Kleinen Eiszeit); D = 1600; E, F = 1770 bis 1781.

simum innerhalb der Kleinen Eiszeit war von 1810 bis 1860. Als Folge dieser Klimaentwicklung hatten die Alpengletscher neuzeitliche Hochstände um 1620, um 1770/80 und um 1850 (Fotos 1, 8; Farbfotos 2, 6, 18, 19, 20; Abb. 75, 76). In den Hochlagen sind die Moränen des 1850er Hochstandes wegen ihres spärlichen Bewuchses und der frischen Formen nahezu überall in den Alpen gut zu erkennen. In den tieferen Lagen tragen sie häufig bereits wieder Wald.

Nach dem Ende der Kleinen Eiszeit gab es noch kleinere Hochstände um 1890 und um 1920. Danach schmolzen die Gletscher stark ab, besonders in der warmen Dekade von 1930 bis 1940. Die anschließende erneute Abkühlung dauerte bis Ende der 70er Jahre des 20. Jahrhunderts. In den Ostalpen führte dies zu einer Periode, in der um 1980 rund 75 % aller Ostalpengletscher vorstießen. Große Gletscher haben auf diesen Klimarückschlag aber kaum reagiert. Die Pasterze beispielsweise schmilzt seit Jahrzehnten ununterbrochen zurück, im Mittel zwischen 10 und 20 m a^{-1}. Der Aletschgletscher, der größte Gletscher der

Alpen, ist seit dem Hochstand im Jahr 1856 um 3,4 km zurückgeschmolzen (Abb. 75; 88), der Rhônegletscher im gleichen Zeitraum um mehr als 2,1 km (Abb. 76; Farbfoto 20). Die Volumenverluste der Gletscher liegen gesamtalpin seit dem Ende der Kleinen Eiszeit bis heute bei rund 50 % (Kap. 10.4.1).

Die Zeitpunkte und das Ausmaß der minimalen Gletscherausdehnungen im Holozän, zwischen den Hochstandsphasen, ist in der Regel unbekannt. Klar ist nur, dass die Gletscher mehrfach bereits deutlich kleiner waren als heute. Ein berühmtes Beispiel ist „Ötzi", der „Mann aus dem Eis". Er ist vor rund 5.000 Jahren (4.500 bis 4.700 ^{14}C-Jahren v.h.) auf dem Hauslabjoch in 3.200 m ü.M. eingeschneit und eingefroren, aber erst 1991 wieder aufgetaut. Das bedeutet, heute, nach über 5.000 Jahren, wird das Hauslabjoch erstmals wieder eisfrei und die Bedingungen nähern sich denen der damaligen Umwelt. Ötzi wurde also dank der damals einsetzenden Rootmoos-II- bzw. der Piora-II-Schwankung bis heute konserviert. In jüngster Zeit ist es gelungen, durch die Datierung von Hölzern, die von unterhalb des Gletschereises ins Vorfeld gespült wurden, nähere Aussagen zur Minimalausdehnung der Gletscher zu machen. Demnach gab es im Holozän Rückzugsphasen mit kleineren Gletschern als heute um 8.820 bis 8.620 ^{14}C-Jahren v.h., 8.060 bis 7.200 ^{14}C-Jahren v.h., 6.310 bis 5.740 ^{14}C-Jahren v.h., 4.530 bis 3.590 ^{14}C-Jahren v.h., 3.380 bis 3.120 ^{14}C-Jahren v.h., 2.580 bis 2.530 ^{14}C-Jahren v.h. und 1.920 bis 1.790 ^{14}C-Jahren v.h. (Hormes et al. 2001). Einzelne dieser Daten werden auch von der Pasterze (Slupetzky et al. 1998) und vom Rutorgletscher (Burga 1991) bestätigt. Der besonders gut untersuchte Aletschgletscher war mindestens in der Bronze-, der Eisen- und der Römerzeit sowie im Frühmittelalter kleiner als heute (Abb. 75). All diese Beobachtungen zeigen, dass es im Holozän bereits mehrfach – ohne Einfluss des Menschen – Gletscherausdehnungen gegeben hat, die geringer waren als heute (vgl. Kap. 10.4.1).

Interpretiert man die Gletschergeschichte vorwiegend als Schwankungen der Sommertemperatur, dann kann man die holozänen Veränderungen der Gleichgewichtslinien in der Größenordnung von 100 bis 150 m gegenüber heute, interpretieren als Schwankungen der Sommertemperatur von ± 0,7 bis 0,8 °C. Damit ergibt sich insgesamt in den letzten 10.000 Jahren eine Amplitude von 250 m bei den Gleichgewichtslinien und von 1,5 °C bei der Sommertemperatur. Dieses einfache Bild der holozänen Temperaturschwankungen im Alpenraum kann jedoch Fehler aufweisen. Bereits erwähnt wurde der Einfluss des Niederschlags. Außerdem ist nicht nur die Intensität einer Kaltphase entscheidend, sondern auch deren Dauer. Hier liegt ein großer Unsicherheitsfaktor, da man in der Regel die minimale Gletscherausdehnung vor dem jeweiligen Hochstand nicht kennt. So genügten beispielsweise 1342 bis 1347 wenige kühle und nasse Jahre, um den bereits ausgedehnten Grossen Aletschgletscher zu einem Hochstand anwachsen zu lassen. Auch der Hochstand um 1850, als Folge unterdurchschnittlicher Temperaturen von 1847 bis 1851 und schneereicher Jahre zwischen

Tab. 45: Geschichte des Rofener Eissees

Beginn der Seebildung	Entleerung
1599	20. Juli 1600 Sommer 1601
1678	16. Juli 1678 Sommer 1679 14. Juni 1680 Sommer 1681
1771	Sommer 1772 23. Juli 1773 Sommer 1974
1845	14. Juni 1845 Sommer 1846 28. Mai 1847 13. Juni 1848

nach Hoinkes (1969)

1851 bis 1853, profitierte von der schon großen Ausdehnung der Gletscher.

Das mehrfache Vordringen von Gletschern hat wiederholt zur Blockierung der Haupttäler und damit zum Aufstau von Seen geführt, die beim Ausbruch eine Gefahr für die tiefer liegenden Tallandschaften darstellten. Gut dokumentiert ist dies für die Kleine Eiszeit. In der Schweiz, im Val de Bagne, staute der Giétrogletscher wiederholt die Dranse auf, was zu zerstörerischen Fluten bis Martigny führte (z.B. 1595 und 1818), ebenso wie der Aufstau des Mattmarksees durch den Allalingletscher im Saas-Tal 1589. Im Wallis sind die Seeausbrüche bis 563 zurück aufgezeichnet. Am genauesten sind diese Vorgänge wahrscheinlich vom Vernagtferner dokumentiert, der mehrfach das Rofental absperrte (Rofener Eissee) und dadurch das ganze Ötztal bedrohte (Tab. 45).

9.3.2 Vegetationsentwicklung und Waldgrenzschwankungen

Im Spätglazial setzte mit dem Bölling-Interstadial die Wiederbewaldung ein. Bereits im Präboreal, vor spätestens 9.500 ^{14}C-Jahren v.h., lag die Waldgrenze schon in ungefähr der heutigen Höhenlage (Abb. 77). Die Vegetationsentwicklung verlief regional unterschiedlich. Im Spätglazial dominierten zunächst in der noch kaltzeitlichen kryokratischen Phase arktisch-alpine Sippen. Die Wiederbewaldung setzte dann mit warmzeitlichen Steppenelementen ein (*Betula, Pinus;* protokratische Anfangsphase). Im Präboreal dominierte weiterhin *Pinus;* oft ist zudem ein „sekundärer Birkengipfel“ zu beobachten. Oberhalb der Waldgrenze dominierten Grasheiden bzw. auf den gerade eisfrei gewordenen Standorten Pioniervegetation mit *Artemisia, Helianthemum* etc. An Zwergsträuchern traten *Juniperus* und *Ephedra* auf (Kral 1974). Die Fichte hatte nur ein schmales Areal am Ost-, Südost- und Nordost-Rand der

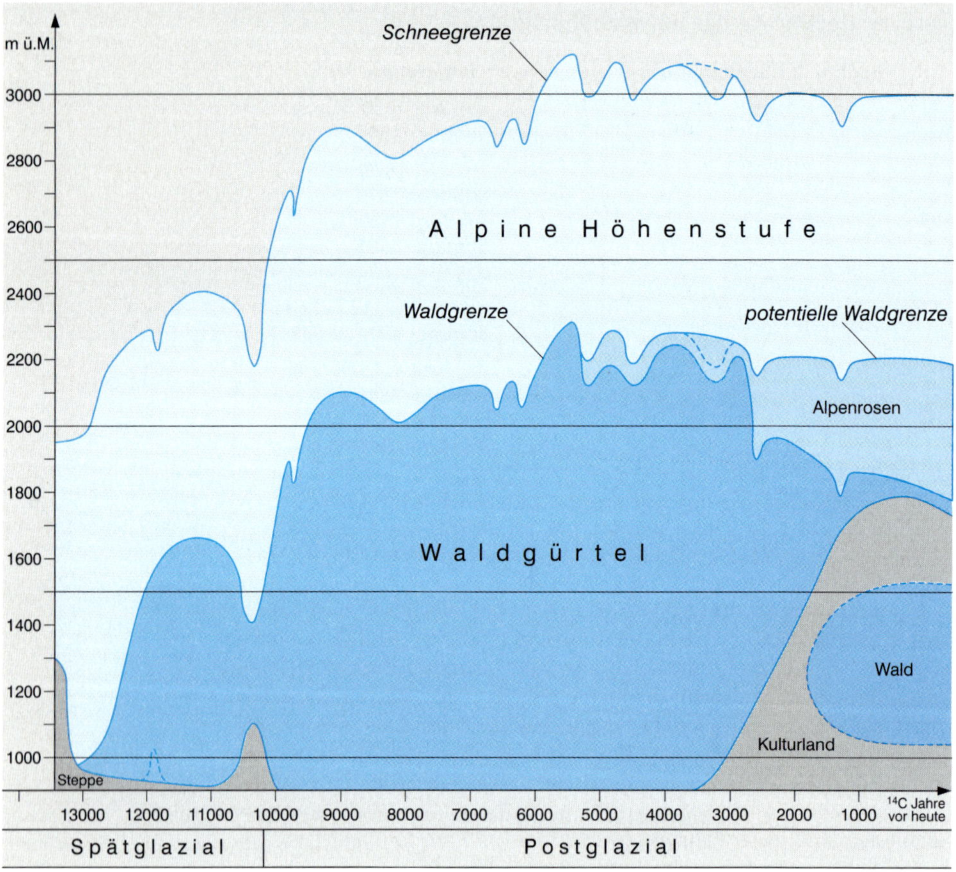

Abb. 77 *Holozäne Entwicklung von Wald- und Schneegrenze im zentralalpinen Raum der Schweiz (nach* FURRER *et al. 1987).*

Alpen. Am Süd-Rand der westlichen Alpen wanderte vom Apennin her die Tanne (*Abies alba*) aus ihren eiszeitlichen Refugien ein und war mit Beginn des Jüngeren Atlantikums in der Schweiz verbreitet (WEGMÜLLER & LOTTER 1990). In unteren Höhenlagen dominierten in den Südalpen im Frühholozän ausgedehnte, von *Quercus* beherrschte Laubmischwälder.

Im Boreal waren in den Ostalpen die Kiefernwälder bereits durch Fichtenwälder in der montanen und subalpinen Höhenstufe abgelöst. Westlich des Brenners dominierten noch die Kiefern. Die Hasel (*Corylus avellana*), die im Boreal nördlich der Alpen deutlich vor dem Eichenmischwald und in großer Menge erschien, ist für den Süd- und Ostalpenbereich unbedeutend (Markgraf 1970). Die rapide Ausbreitung der Hasel ist aber möglicherweise ein Einwanderungsphänomen und nicht unbedingt auf einen kräftigen Klimawechsel zurückzuführen. Denn Studien an fossilen Käfern zeigen, dass die Sommertemperaturen für die Hasel schon 3.500 Jahre vor ihrer Einwanderung warm genug waren.

Die Fichte (*Picea abies*) trat trotz ihrer schnellen Ausbreitung in den Ostalpen im Frühholozän, erst viel später, oft erst nach 5.000 ^{14}C-Jahre v.h., und regional sehr ungleichmäßig in den Westalpen auf. Wahrscheinlich spielte hier die Konkurrenz zur Tanne, Arve und Lärche, die früh von Süden aus eingewandert waren, eine Rolle (Markgraf 1970). Dann wäre die Ausbreitung der Fichte im Westen erst möglich geworden, nachdem der Mensch die Konkurrenten ab ca. 5.000 ^{14}C-Jahre v.h. ausgeschaltet hatte. Dieser anthropogene Einfluss veränderte in der Folgezeit zunehmend sowohl die Vegetationszusammensetzung wie auch die Höhenlage der Waldgrenze. So ging, wahrscheinlich als Folge menschlicher Rodungen, in den Südalpen mit dem Beginn des Subboreals die Tanne stark zurück, und es kam zur Massenausbreitung der Buche (*Fagus sylvatica*).

Trotz einer sehr großen Zahl an Untersuchungen im Alpenraum ist die genaue Entwicklung der Wald- bzw. Baumgrenze unklar. Dies gilt beispielsweise für den Zeitpunkt der höchsten Lage, zu dem in den Zentralalpen die Baumgrenze wahrscheinlich 2.300 bis 2.400 m ü.M., d.h. rund 100 bis 150 m über der heutigen potentiellen Höhenlage, erreichte und der das holozäne Klimaoptimum widerspiegeln dürfte (Kap. 9.3.4). Nach Mayer (1966), Zoller (1987) und Burga (1987) lag die Waldgrenze zwischen 5.500 und 2.500 ^{14}C-Jahre v.h. (Subboreal) am höchsten. Andere Autoren, wie Markgraf (1969), Welten (1982), Bortenschlager (1970) und Lang (1993) setzen die höchste Lage dagegen zwischen 6.500 und 5.000 ^{14}C-Jahre v.h. (jüngeres Atlantikum) an. Eine maximale Waldgrenze im Atlantikum zwischen 8.000 und 5.000 ^{14}C-Jahre v.h. würde gut mit der maximalen Nordverschiebung der polaren Waldgrenze in Fennoskandien übereinstimmen (Eronen & Huttunen 1993). Ungeklärt ist die Frage, ob es sich bei den verschiedenen zeitlichen Einordnungen um regionale Unterschiede oder um methodische Schwierigkeiten handelt. Denn es ist nicht einfach, die Höhenlage der holozänen Waldgrenzen exakt nachzuweisen. Pollenanalytisch stellt sich das Problem des Fernfluges. Bei einem Nichtbaumpollen-Anteil von mehr als 20 bis 30 % wird in der Regel von Waldfreiheit ausgegangen. Dies ist jedoch aus einer Vielzahl von Gründen eine sehr vage Annahme. An Rezentpollen lässt sich teilweise sogar nachweisen, dass in hochalpinen und subnivalen Lagen der Anteil von Baumpollen gegenüber der alpinen Stufe wieder stark zunimmt (Bauerochse & Katenhusen 1997).

Vor Einflussnahme des Menschen schwankte die Waldgrenze ungefähr parallel zur Gletscher-Schneegrenze. Spätestens seit der Bronzezeit vermischen sich anthropogene und klimatische Einflüsse auf die Waldgrenze und sind nur schwer zu trennen.

Besser ist die Bestimmung über Makroreste. Leider ist die Anzahl von Stellen mit Makroresten oberhalb der heutigen Baumgrenze in den Alpen sehr niedrig (z.B. Wick 1994). Holzkohle findet sich stellenweise bis 2.900 m ü.M., d.h. mehr als 700 m über der heutigen Baumgrenze. Im Vergleich zu der verbreitet angenommenen maximalen Baumgrenze von 2.300 bis 2.400 m ü.M. ist dies erheblich mehr. Wenn die Holzkohle von Krummholz stammt, wäre denkbar, das die starke Baumgrenzerhöhung

Abb. 78 (S. 267) *Holozäne Solifluktions- und Bodenbildungsphasen in der alpinen Stufe der Alpen (nach [1]Steinmann 1978; [2]Veit 1987, 1993; [3]Gamper 1981, 1985).*

nicht in den Pollenprofilen sichtbar wird, da Krummholz nur selten oder nie Pollen produziert (Theurillat et al. 1998). Auch das Herauftragen von Holz durch prähistorische und historische Jäger muss in Betracht gezogen werden. Neben diesen Extremwerten werden für das Holozäne Klimaoptimum Waldgrenzen angenommen, die 100–200 m (Welten 1958, Zoller 1960, Patzelt 1975, Lang 1993, Wick & Tinner 1997), 300 m (Lüdi 1955, Burga 1991) oder 500 m (Gams 1949) über der heutigen potentiellen Waldgrenze lagen. Gams hat die hohe Waldgrenzlage anhand des „Moores vom Rofenberg“ (2.760 m ü.M., Vent) abgeleitet, da er davon ausging, dass alle Moore in diesen Höhenlagen heute tote Moorkomplexe seien, die sich nur in ehemals bewaldeten Gebieten hätten bilden können. Die seit der Bronzezeit immer breiter ausgebildete Höhenstufe zwischen Wald- und Baumgrenze wird von Ersatzgesellschaften eingenommen. Dabei handelt es sich auf Kristallingesteinen meist um den Alpenrosengürtel und Grünerlenbestände, auf Karbonatgesteinen dominieren die Latschen (Legföhren; Kap. 6.3.3, Fotos 7, 12, 18).

Dendroklimatologische Untersuchungen zeigen vor 3.340 bis 3.175 ^{14}C-Jahren die extremste Kaltphase des Postglazials. Die Jahrringchronologien reichen etwa 8000 Jahre zurück (Renner 1982). Maximale Spätholzdichten von Jahrringen gelten als Indikatoren von Sommertemperaturen, speziell aus dem Bereich der Waldgrenze.

Die vielfach postulierte strenge Synchronität von Schneegrenz- und Waldgrenzeschwankungen ist wohl eher auf logische Überlegungen als auf sichere Datierungen zurückzuführen. Bei Bäumen an der Waldgrenze ist ja auch zu erwarten, dass sie aufgrund ihres hohen Alters ungünstige Klimaphasen durchaus lange Zeit (Jahrzehnte, Jahrhunderte?) überstehen können, bevor eine Waldgrenzerniedrigung einsetzt. Nachgewiesen ist dies beispielweise für den Unteren Grindelwald-Gletscher (Messerli et al. 1978). Dort blieb die Waldgrenze in der Kleinen Eiszeit praktisch unverändert, da auch innerhalb dieser Kaltphase wiederholt Jahre mit sehr warmen Sommern auftraten, so dass die ungünstigen Perioden, die gehäuft in der Dimension von Dekaden auftraten, von den Bäumen überstanden werden konnten. Allerdings gibt es auch Hinweise, dass eine klimabedingte Waldgrenzerniedrigung sehr schnell, innerhalb weniger Jahre, erfolgen kann (Baig et al. 1974, Bortenschlager 1977, Tranquillini 1967, 1979). Der Anstieg der Waldgrenze geht möglicherweise, durch die begünstigte Samenausbreitung, schneller als die Absenkung, unterstützt auch durch Tiere (z.B. den Tannenhäher, *Nucifraga caryocatactes*; Kap. 6.3.3).

9.3.3 Solifluktions- und Bodenbildungsphasen

In der periglazialen Höhenstufe der Alpen treten mehrgliedrige Solifluktionsloben auf, die durch fossile Böden getrennt sind (Kap. 4.3.1; Farbfotos 7, 8, 15, 21). Dadurch ist eine wechselvolle Entwicklung der heutigen alpinen und subnivalen Höhenstufe im Holozän dokumentiert. Detaillierte Untersuchungen hierzu gibt es aus den Südtiroler Dolomiten, aus der Schweiz und aus den Hohen Tauern (Abb. 78). Allen

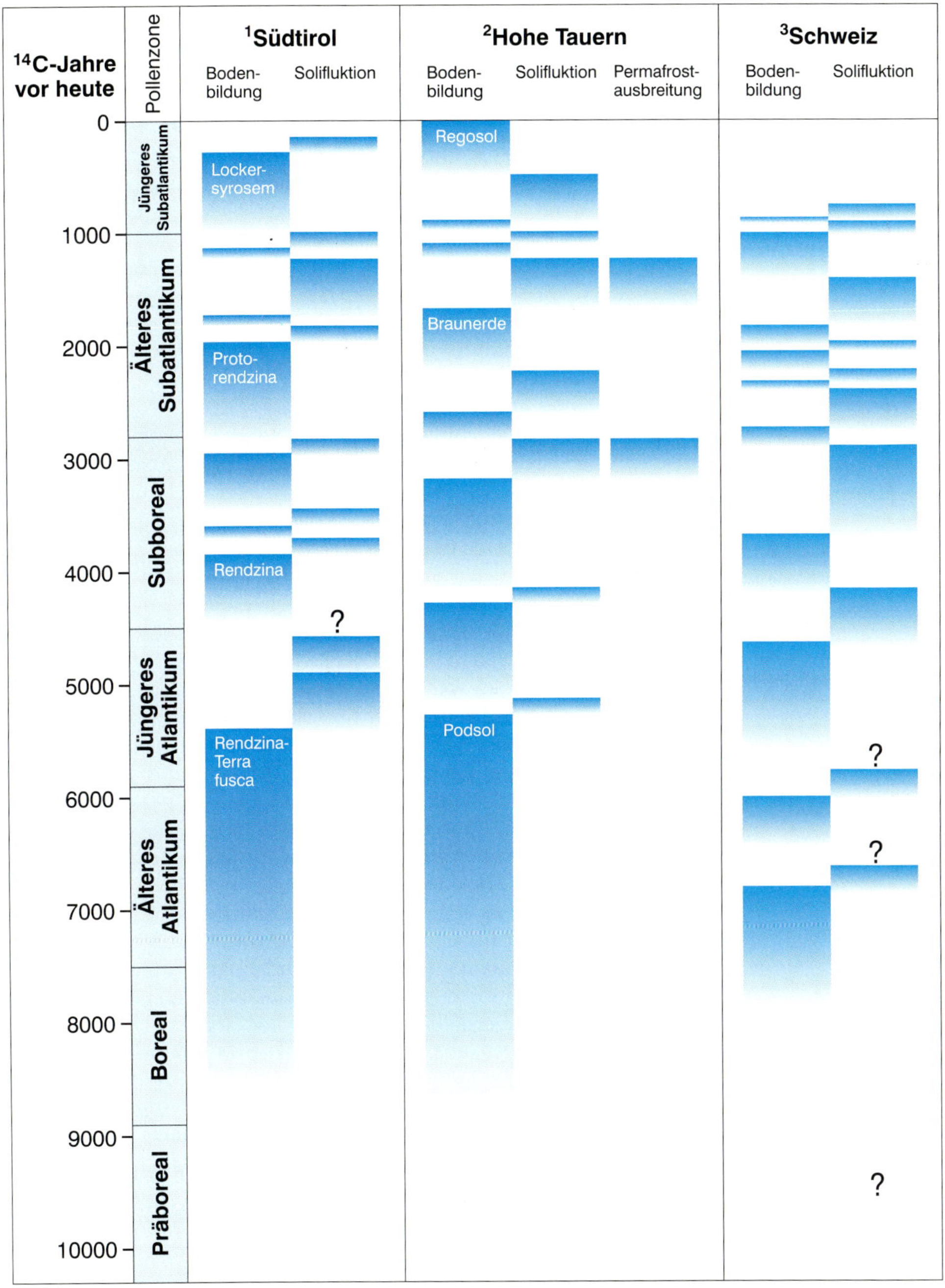
14C-Jahre vor heute
Pollenzone
1Südtirol
Boden-bildung
Solifluktion
2Hohe Tauern
Boden-bildung
Solifluktion
Permafrost-ausbreitung
3Schweiz
Boden-bildung
Solifluktion
0
1000
2000
3000
4000
5000
6000
7000
8000
9000
10000
Jüngeres Subatlantikum
Älteres Subatlantikum
Subboreal
Jüngeres Atlantikum
Älteres Atlantikum
Boreal
Präboreal
Locker-syrosem
Proto-rendzina
Rendzina
Rendzina-Terra fusca
Regosol
Braunerde
Podsol
?
?
?
?

Solifluktionsdecken dokumentieren Phasen der Hanginstabilität, während die Böden stabile Substrate und eine geschlossene Vegetationsdecke anzeigen.

Untersuchungen gemeinsam ist die Gliederung des Holozäns in drei oder vier Phasen mit charakteristischen Bodenbildungen. Auffallend ist die Bildung gut entwickelter Böden im Frühholozän. Auf kristallinen Gesteinen sind dies Podsole, auf Karbonatgesteinen verbraunte Rendzinen (Kap. 5.3). Der Beginn dieser Bodenbildungen ist nicht klar, aber das Ende dieser Phase kann auf das Mittelholozän vor etwa 5.000 bis 6.000 Jahren datiert werden, als verbreitet an den Hängen Solifluktion einsetzte. Danach, d.h. seit dem Mittelholozän bis heute, kam es in den untersuchten Gebieten nie mehr zu vergleichbaren Bodenbildungen. Aus dem frühesten Holozän liegen noch keine Datierungen über Bodenbildungen vor. Als sicher kann aber gelten, dass vor mehr als 5.000 bis 6.000 Jahren und über einen Zeitraum von einigen tausend Jahren die alpinen Rasen höher hinauf reichten bzw. in ihrem oberen Verbreitungsbereich einen höheren Deckungsgrad hatten als heute bzw. als in den letzten 5.000 Jahren.

Die vor rund 5.000 Jahren einsetzende Solifluktionstätigkeit wurde ab ca. 3.300 ^{14}C-Jahren v.h. deutlich verstärkt. Kryoturbationsstrukturen in den fossilen Böden sowie die enorme Länge und Mächtigkeit der sich dabei bildenden Loben weisen auf eine deutliche Ausweitung des Permafrostes in dieser Phase hin (Farbfoto 7). Die Loben sind oft mehr als 60 m lang und haben Stirnhöhen von 2 bis 4 m. In der Schweiz konnten in Rekonstruktionen für diese Phase Bewegungsbeträge der Solifluktion festgestellt werden, die um mehr als das Zehnfache über den heute an den gleichen Stellen gemessenen Werten lagen.

Im jüngeren Holozän wechselten Solifluktions- und Bodenbildungsphasen mehrfach ab. Zwei Phasen sind aber besonders markant. Nach Abschluss der kräftigen Solifluktionsphase mit Permafrostausbreitung um 3.000 ^{14}C-Jahren v.h. bildeten sich auf kristallinen Gesteinen Braunerden, auf Karbonatgesteinen Rendzinen. Dafür stand ein Zeitraum von rund 1.000 Jahren zur Verfügung, in dem die Rasengrenze und die Solifluktionsuntergrenze wieder relativ hoch lagen. Zwischen 1.800 und 1.200 ^{14}C-Jahren v.h. wiederholten sich dann die Verhältnisse ähnlich wie in der Periode um 3.000 ^{14}C-Jahren v.h., d.h. es bildeten sich große Loben mit hohen Bewegungsgeschwindigkeiten.

In den periglazial aktiven Phasen des Jungholozäns lag die periglaziale Untergrenze rund 350 m tiefer als heute, wie durch die inaktiven Solifluktionsloben oberhalb der Baumgrenze angezeigt wird. Unter Berücksichtigung der damit verbundenen Depression der Permafrostuntergrenze ergibt sich daraus eine Absenkung der Jahresdurchschnittstemperatur in den aktivsten Phasen von 1,5 bis 2 °C. Waldgrenz- und Schneegrenzdepressionen von rund 100 m weisen jedoch lediglich auf eine Depression der Sommertemperatur von 0,7 °C. Dies bedeutet eine höhere Saisonalität, wahrscheinlich auch eine stärkere Kontinentalität des Klimas in der zweiten Hälfte des Holozäns, speziell zwischen 3.300 und 2.800 ^{14}C-Jahren v.h. und 1.800 bis 1.200 ^{14}C-Jahren v.h. Dies vermag vielleicht auch die Diskrepanz erklären, die sich aus der nicht-parallelen Entwicklung von Solifluktions- und Gletscherdynamik im Frühholozän ergibt. Denn während dieser Periode stabiler Hänge in der alpinen Höhenstufe, sind ja die Gletscher, zumindest in den Ostalpen, mehrfach vorgestoßen (Abb. 74). Nimmt man die heutigen Steuerfaktoren der Solifluktions- und Gletscherdynamik als Grundlage, dann dominierten im Frühholozän, speziell im Atlantikum, milde und schneereiche Winter, verknüpft mit einem frühen Einschneien im Spätsommer/Herbst und regenreichen Sommern. Diese Verhältnisse erlaubten eine Absenkung der Schneegrenze, bei einer verkürzten Vegetationsperiode auch die Absenkung der Waldgrenze, aber der Bodenfrost (Einfrieren im Herbst) und damit die Solifluktionstätigkeit sollte unter diesen Bedingungen eher abgenommen haben.

Die Kartierung der fossilen Böden und der Solifluktionsloben erlaubt die flächige Rekonstruktion der vorzeitlichen Vegetationsbedeckung. Abb. 79 zeigt dies am Beispiel des Glatzbaches in den Hohen Tauern. Dort nehmen die heutigen alpinen Rasen rund 63 % des Einzugsgebietes ein. In Zeiten der Bodenbildung im Frühholozän war das Gebiet dagegen nahezu vollständig, bis auf die höchsten Grate, bewachsen. Diese starken Veränderungen hatten auch einen deutlichen Einfluss auf den fluvialen Abtrag (Kap. 3.2.2; 9.3.4). In den periglazial aktiven Phasen war dagegen die Vegetation auf 38 % der Fläche reduziert, d.h. es kam zu einer Verdoppelung der Fläche der vegetationsarmen subnivalen Höhenstufe und damit mindestens um das Zehnfache erhöhte Denudationsbeträge.

9.3.4 Schwankungen im Wasserhaushalt

Fluviale Dynamik

Entsprechend der Klima- und Vegetationsveränderungen ist im Holozän auch mit Schwankungen im Abflussgeschehen und der Sedimentfracht der Gerinne zu rechnen. Hierzu ist aber nur relativ wenig bekannt. Die meisten Daten liegen von Murkegeln aus dem Inntal vor (Tab. 46). Demnach waren die Murfächer in den Zeiten holozäner Gletscherhochstandsperioden besonders aktiv und haben verstärkt akkumuliert. Im Gegensatz dazu traten Phasen der Tiefenerosion während wärmeren Perioden auf, wie im Inntal zwischen 6.000 und 4.500 ^{14}C-Jahren v.h., was möglicherweise dem holozänen Klimaoptimum entspricht. Unmittelbar davor, zwischen 7.300 und 6.000 ^{14}C-Jahren v.h., traten die höchsten Sedimentationsraten am Inn auf. Eine Phase erhöhter Mur- und Hochwasseraktivität ist auch in den fünf Jahrhunderten v.Chr. festzustellen.

Die Gleichzeitigkeit von Gletschervorstößen und Muraktivität im Inntal kann durch kühle, niederschlagsreiche Perioden erklärt werden, in denen außergewöhnliche Starkniederschläge auftraten. Das gilt auch für das Stubaital (Blättler et al. 1995). Nach einer Phase der Stabilität der Ruez im Älteren Subatlantikum (Mittelalterliches Wärmeoptimum) setzte die Ablagerung von Grobsedimenten in der Kaltphase des Älteren Subatlantikums (Göschener Kaltphase II) ein. Um 1.400 ^{14}C-Jahren v.h.

Abb. 79
Heutige Vegetationsbedeckung und Rekonstruktionen für verschiedene Phasen des Holozäns im Einzugsgebiet des Glatzbaches, Hohe Tauern (nach VEIT *&* HÖFNER *1993). a) heutiger Zustand; b) holozänes Klimaoptimum; c) Permafrostphase (3.000 ^{14}C-Jahre v.h.).*

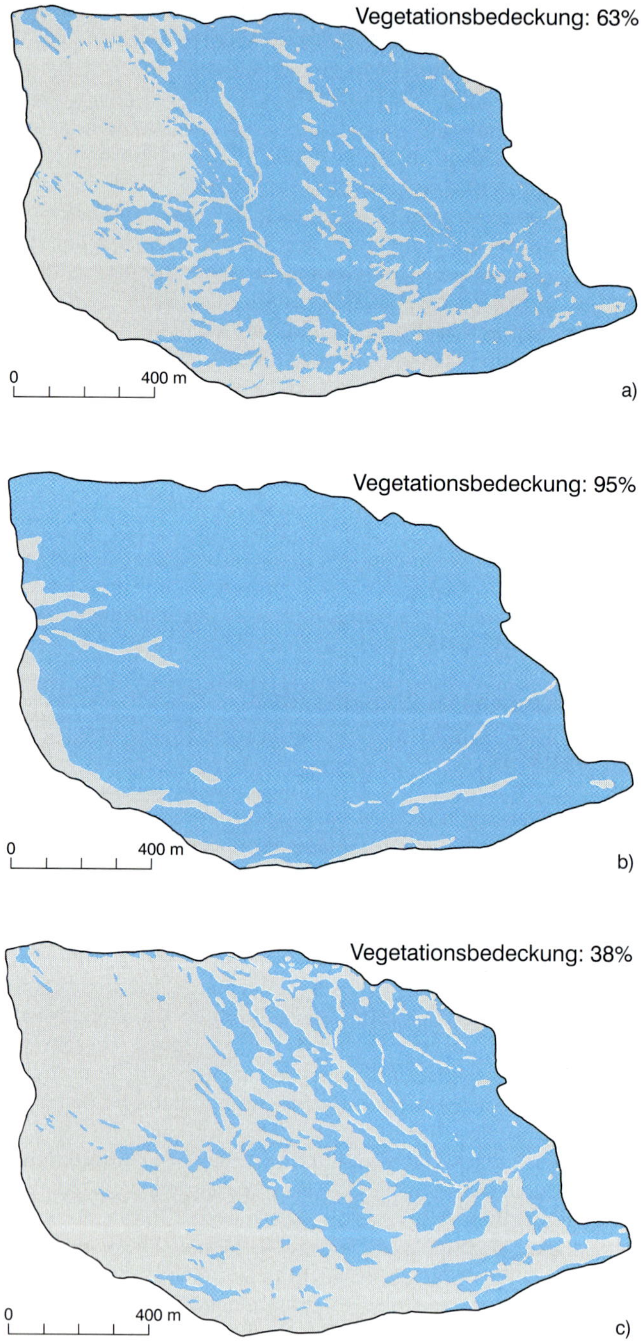

Tab. 46: Phasen verstärkter fluvialer Akkumulation im Holozän

Inntal (^{14}C-Jahre v.h.)	Iseltal (^{14}C-Jahre v.h.)	Zwieselbachtal, Larstigtal (^{14}C-Jahre v.h.)
ab Spätmittelalter	ab Spätmittelalter	abgeschwächt 850 (?) – 100 (?)
2.000 – 1.500 (?)	um 1.800	
3.500 – 2.500	verstärkt um 3.000	3.200 – 2.600
4.500 – 4.000	ab 5.000	5.500 – 4.600
7.300 – 6.000		
8.800 – 7.800 (?)	um 8.300	
um 9.400		

Inntal: nach Patzelt (1987, 1994a)
Iseltal: nach Veit (1988)
Zwieselbach- und Larstigtal: nach Geitner (1999)

erfolgte ein Wechsel von Grob- zu Feinsedimentakkumulation und ein entsprechender Wechsel von einem verwilderten Flusssystem zu Mäanderbildung.

Im Ötztal ist das Einsetzen starker fluvialer Dynamik etwa ab dem Mittelholozän belegt. Eine weitere Periode liegt dort um 3.200 bis 2.600 ^{14}C-Jahren v.h., etwa zeitgleich mit der Löbben-Schwankung und der starken Zunahme der periglazialen Dynamik in den Ostalpen. Eine jüngere Periode entspricht der Kleinen Eiszeit.

In den Hohen Tauern, im Einzugsgebiet der Isel in Osttirol, treten neben den Murfächern zwei holozäne Terrassen auf, die zwischen 5.000 bis nach 3.000 ^{14}C-Jahren v.h. und um 1.800 ^{14}C-Jahren v.h. akkumuliert wurden. Die Murfächer waren im ausgehenden Spätglazial und im Frühholozän bis nach rund 8.300 ^{14}C-Jahren v.h. besonders aktiv. Danach trat eine längere Phase der Stabilität mit Bodenbildung auf. Durch die wieder einsetzende Aktivierung der Gerinne wurden diese frühholozänen Böden (meist Podsole) um ca. 5.000 ^{14}C-Jahre v.h. fossilisiert. Seitdem ist auf den Mur- und Schwemmfächern zunehmender menschlicher Einfluss durch Bodenerosion und die Ablagerung von Kolluvien erkennbar. Dabei haben vor allem die großflächigen Entwaldungen im Einzugsgebiet von Murfächern in historischer Zeit zu einer Änderung der Dynamik geführt. Am Raseckbach im Kalsertal z.B. ist die bis zu 50 m tiefe Schlucht des Schwemmfächerbaches erst nach den Entwaldungen in den letzten 100 bis 150 Jahren entstanden. Anscheinend trat hierdurch verstärkter Oberflächenabfluss unter Grünland auf. Diesbezüglich am berühmtesten ist wohl der Schesa-Gully bei Bludenz. Es ist der größte rezent entstandene Gully Europas mit 1 km Länge, 600 m Breite und 220 m Tiefe. 1776 wurde die Gemeinde Bürs geteilt in Bürs und Bürserberg. Aufgrund finanzieller Probleme wurde der Wald im Einzugsgebiet (14,7 km^2) gerodet. Damit begann die Eintiefung

Die holozänen Schwankungen der Mur- und Schwemmfächeraktivität zeigen klar, wie sensibel diese Systeme auf anthropogene und natürliche Veränderungen im Einzugsgebiet reagieren. Besonders empfindlich sind die Hochlagen oberhalb der Waldgrenze.

in die quartären Lockersedimente der Inntalterrasse. Bis 1975 betrug die Menge des ausgeräumten Materials 45,2 Mio. m^3, wovon 20 Mio m^3 am Schwemmkegel der Gemeinde Bürs abgelagert wurden. Der Rest ging in die Vorfluter Ill und Rhein (AULITZKY et al. 1994).

Trotz vieler Unsicherheiten in der Datierung der Phasen scheint sich Akkumulation auf den Talböden und die gesteigerte Mur- und Schwemmfächeraktivität vor allem in kühl-feuchten Phasen abgespielt zu haben, in denen die Gletscher vorgestoßen sind und die geomorphologische Aktivität in der periglazialen Höhenstufe intensiviert war. Dies sollte man mit bedenken, wenn man die Dynamik alpiner Gerinne hinsichtlich der Auswirkungen einer globalen Erwärmung in den nächsten Jahrzehnten diskutiert (Kap. 10). Ob die gesteigerte Muraktivität in bestimmten Phasen des Holozäns durch Starkniederschläge oder eher durch die Temperaturänderungen verursacht wurden, ist wohl von der Höhenlage des Einzugsgebietes abhängig. Wie in den Hohen Tauern sichtbar wird, kann in den holozänen Kaltphasen die Vegetationsbedeckung oberhalb der Waldgrenze auf die Hälfte gesunken sein (Abb. 79). Dies muss zu einem extremen Anstieg der Materialfracht und damit zu entsprechender Muraktivität geführt haben. Es gibt demnach kein einheitliches Modell für alle Bereiche der Alpen. Veränderungen der Muraktivität sind regional und höhenstufenspezifisch zu beurteilen.

Seen

Holozäne und spätglaziale Seespiegelschwankungen sind in den Alpen bislang schlecht untersucht. Besser bekannt sind die Schwankungen im Alpenvorland. Seit dem Neolithikum hatten sich die Menschen an den Voralpenseen, von Frankreich über Italien und Deutschland und bis Slowenien, in Pfahlbausiedlungen angesiedelt. Wie die Wechsellagerungen archäologischer Funde mit Seekreide zeigen, mussten die Neolithiker wiederholt vor dem ansteigenden Wasser flüchten. Bei den Seen im Schweizer Mittelland scheinen dabei hohe Seespiegel im Allgemeinen zeitlich den Gletscherhochstandsperioden zu entsprechen (WOHLFARTH et al. 1993, MAGNY & RICHOZ 1998).

Besser bekannt sind im alpinen Raum die wechselnden Sedimentationsraten und die bio-geochemischen Veränderungen. Im Frühholozän sank generell mit der Erwärmung und Wiederbewaldung der allochthone Eintrag in die Seen deutlich gegenüber dem Spätglazial und erreichte ein Minimum. HINDERER (2001) gibt für große Teile der Alpen spätglaziale Denudationsraten von 700 bis 2.900 mm 1000 a^{-1} an, im Vergleich zu 40 bis 270 mm 1.000 a^{-1} heute. Bei vergletscherten Einzugsgebieten kann die Mächtigkeit der Warven und die Korngröße der abgelagerten Sedimente mit Gletscherschwankungen, der mittleren Sommertemperatur und dem Niederschlag korreliert werden (Abb. 30, Abb. 80). Hohe Akkumulationsraten und mächtige Warven traten vor allem in Zeiten großer Vergletscherung auf, aber die gröbsten Korngrößen wurden in Zeiten geringer bis fehlender Vergletscherung abgelagert. Am Silvaplana See (Engadin) setzten zwischen 9.400 und

3.300 ^{14}C-Jahre v.h. die Warven aus, was als Hinweis für mildes Klima bzw. für eine minimale bis fehlende Vergletscherung im Einzugsgebiet gewertet wird und den gletschergeschichtlichen Untersuchungen entspricht (Abb. 74). An anderen Seen ist das milde frühholozäne Klima durch Sauerstoffisotope, hohe organische Gehalte, Sapropelbildung und eutrophe Verhältnisse erkennbar, die auf eine hohe Algenproduktion hinweisen. Dadurch traten am Seeboden häufig anoxische Verhältnisse auf, was sich unter anderem in negativen $\delta^{13}C$-Werten äußert (Abb. 80).

Bei Seen in geringer Meereshöhe, wie z.B. dem Luganer See, spielen Niederschlagsschwankungen und vor allem Landnutzungsänderungen eine große Rolle (Abb. 80). Beim Luganer See betrug im Frühholozän, vor mehr als 4.000 ^{14}C-Jahren, die Sedimentationsrate 15 mg cm^{-2} a^{-1}. Danach stieg dieser Wert langsam bis auf 65 mg cm^{-2} a^{-1} um 2.500 ^{14}C-Jahre v.h. an, bedingt durch Rodungen und Erosion im Einzugsgebiet.

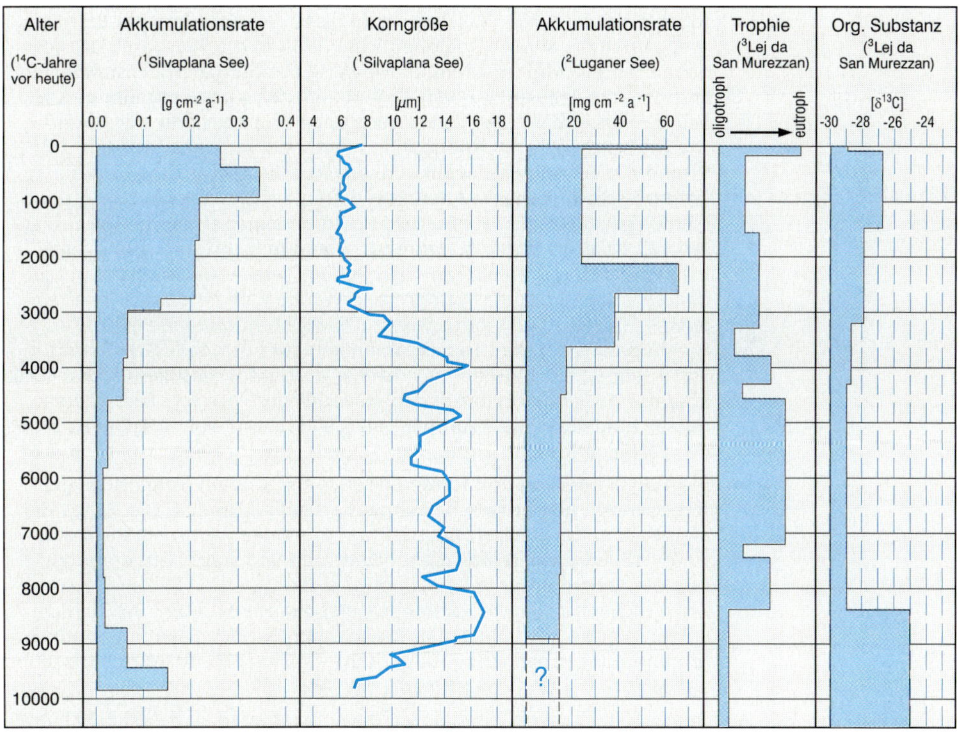

Abb. 80

Holozäne Schwankungen der Sedimentationsrate, des Korngrößenspektrums und der Produktivität alpiner Seen, am Beispiel zweier Engadiner Seen und des Luganer Sees; nach [1]LEEMANN & NIESSEN (1994b), [2]NIESSEN et al. (1992b), [3]LISTER et al. (1998)

Holozänes Klimaoptimum

In den Alpen ist das Ausmaß und der Zeitpunkt des holozänen Klimaoptimums nicht ganz klar. Gams (1949) nahm wegen gut entwickelter Podsole in der alpinen Höhenstufe eine Waldgrenze während des Atlantikums an, die 500 m über der heutigen gelegen haben soll. Dem entsprechen neuerdings vereinzelte Funde sehr hoch gelegener Holzkohlen, bis zu 700 m über der potentiellen Waldgrenze. Die meisten pollenanalytischen Arbeiten zeigen dagegen eine maximale Schwankung der natürlichen Baumgrenze von ± 100 m im gesamten Holozän. Möglicherweise hat das Krummholz nur wenig oder keine Pollen produziert, so dass stärkere Abweichungen von der angenommenen geringen holozänen Amplitude der Waldgrenzschwankungen denkbar sind, ohne dass dies in den Pollenprofilen auftaucht. Die methodischen Schwierigkeiten der exakten Baumgrenzbestimmung wurden in Kap. 9.3.2 diskutiert.

Über den Zeitpunkt der höchsten Waldgrenzlage gibt es unterschiedliche Angaben. Sie schwanken von 5.500 bis 2.500 ^{14}C-Jahre v.h. (Subboreal) über 6.500 bis 5.000 ^{14}C-Jahre v.h. (jüngeres Atlantikum) oder sogar 8.400 bis 8.100 ^{14}C-Jahre v.h. (Boreal). Bei der Gletscher-Schneegrenze sieht es ähnlich uneinheitlich aus. Bis in die 60er Jahre des vergangenen Jahrhunderts fehlten Hinweise auf Gletscherhochstände im Frühholozän, was gut zu dem angenommenen Klimaoptimum passte. Seit den Arbeiten in der Venedigergruppe sind aber drei wärmezeitliche Gletscherhochstandsperioden in den Ostalpen bekannt (Abb. 74). Es sind die Venedigerschwankung, die Frosnitzschwankung und die Rotmoosschwankungen. Allerdings waren die Gletscher in den Abschmelzperioden des Frühholozäns häufig kleiner als heute. Daraus lassen sich bis etwa 5.500 ^{14}C-Jahre v.h. überdurchschnittlich hohe Sommertemperaturen ableiten (Patzelt 2000). Diese Annahme passt gut zu den Befunden über die Waldgrenzschwankungen. In der Schweiz fehlen die Hinweise auf wärmezeitliche Gletscherhochstände (Abb. 74). Hierzu passt auch, dass in den Westalpen auf hoch gelegenen, rund 3.000 Jahre alten Moränen nur Ranker auftreten, dass diese Moränen aber auf gut entwickelten Podsolen abgelagert wurden. Dies könnte darauf hindeuten, dass vor mehr als 3.000 Jahren eine lange anhaltende Wärmeperiode existierte, die um diese Zeit ihr Ende fand (Kap. 5.5).

Solifluktionsdecken und fossile Böden in der alpinen Höhenstufe deuten ebenfalls klar auf ein holozänes Klimaoptimum hin. Die Hänge der alpinen und der unteren subnivalen Höhenstufe waren bis 6.000 oder 5.000 ^{14}C-Jahre v.h. relativ dicht bewachsen und stabil. Gut entwickelte Podsole und verbraunte Rendzinen sind die typischen Böden dieser Zeit. Flächenhaft setzte Solifluktion erst danach ein (Kap. 9.3.3). Nicht zuletzt weisen auch die alpinen Seen durch geringe Sedimentationsraten und hohe organische Produktionsraten im Früh- bis Mittelholozän auf ein holozänes Klimaoptimum hin (Abb. 80).

Demzufolge ist wohl ein holozänes Klimaoptimum zwischen 8.000 und 5.000 ^{14}C-Jahre v.h. in den Alpen sehr wahrscheinlich, was gut mit der maximalen Nordverschiebung der polaren Waldgrenze in Fennoskandien und dem Ende der maximalen Sommer-Einstrahlung übereinstimmt (Kutzbach & Guetter 1986).

FRAGEN

1 *Wie groß war die Amplitude der Schwankungen holozäner Gletscher-Gleichgewichtslinien und wie ist vor diesem Hintergrund der aktuelle Gletscherschwund in den Alpen zu beurteilen?*

2 *Wie entwickelte sich die periglaziale Höhenstufe im Verlaufe des Holozäns?*

3 *Wie verhielten sich die Schwankungen der Gletscher, der Waldgrenze und der periglazialen Höhenstufe während des Holozäns im Vergleich? Welche Erklärungsmöglichkeiten gibt es für synchrone bzw. unterschiedliche Entwicklungen?*

4 *Welche methodischen Schwierigkeiten bestehen bei der Bestimmung der Waldgrenzschwankungen?*

5 *Welche Rolle spielt der Mensch im Holozän für die Landschaftsentwicklung?*

6 *Wie und warum haben sich die hydrologischen Systeme (Flüsse, Seen) der Alpen im Holozän verändert?*

7 *Welche heutigen Landschaftselemente und Standortcharakteristika gehen auf holozäne Klimaschwankungen zurück?*

8 *Was versteht man unter der „Kleinen Eiszeit“? Waren derartige Kaltphasen einmalig im Holozän?*

9 *Wie ist die Geschichte von „Ötzi“ paläoklimatisch zu interpretieren?*

10 *Was ist das „holozäne Klimaoptimum“ und wodurch ist es charakterisiert?*

10 Die Alpen im „Treibhaus"

10.1 Klima

Die Alpen reagieren als Hochgebirge besonders empfindlich auf Klimaänderungen.

Die Alpen sind, wie andere Hochgebirge auch, ein „Frühwarnsystem" für Klima- und Umweltveränderungen, da sie sehr sensibel auf natürliche und anthropogene Änderungen reagieren und globale Signale, wie z.B. Temperaturänderungen, verstärken. Dies ist wesentlich bedingt durch ihre Gliederung in Höhenstufen, die sich selbst bei kleinen Veränderungen nach oben oder nach unten verschieben (z.B. Schneegrenze, Waldgrenze, Rasengrenze, Permafrostgrenze). Zum anderen führt das steile Relief und die hohe Reliefenergie dazu, dass sich manche Anfangsbedingungen nicht linear fortpflanzen. Dadurch können Prozesse lawinenartig verstärkt werden, so etwa bei der Leezyklogenese (Kap. 2.1.2) oder bei geomorphologischen Prozessen (Kap. 4). Von daher spielen die Alpen bei der Frage des anthropogen verstärkten Treibhauseffektes und der möglichen Auswirkungen der Erwärmung auf unsere Umwelt eine wichtige Rolle. Sind die Effekte des Temperaturanstiegs schon sichtbar und wie wird sich die alpine Umwelt bei steigendem CO_2-Gehalt der Atmosphäre in den nächsten Jahrzehnten verändern? Zur näheren Beleuchtung dieser Frage bietet sich der Zeitraum von der Kleinen Eiszeit bis heute an. Einerseits setzen gegen Ende der Kleinen Eiszeit die zuverlässigen Instrumentenbeobachtungen und Messungen der meteorologischen Elemente ein (Tab. 3), andererseits ist der Zeitraum lange genug, um eine Entwicklung bzw. einen eventuellen Trend zu diskutieren.

10.1.1 Temperatur

Die Erwärmung der letzten 100 Jahre lag im Alpenraum deutlich über dem globalen Durchschnitt. Dies ist auch für die Zukunft zu erwarten.

Seit dem Ende der Kleinen Eiszeit bis heute sind die Temperaturen global um ca. 0,7 °C angestiegen. In den Alpen betrug der Anstieg aber deutlich mehr, um bis zu über 2 °C, davon alleine 1,2 °C in den letzten 30 Jahren. Die Erwärmung von 0,0075 °C pro Jahr (bzw. 3/4 °C in 100 Jahren) liegt über dem globalen Trend (Abb. 81). Sie ist in Hochlagen stärker als in Tieflagen und betrifft vor allem die Winter. Dabei nimmt in Tieflagen insgesamt die tägliche Temperaturamplitude ab, d.h. die Minima (Nachttemperaturen) werden deutlich wärmer, die Maxima

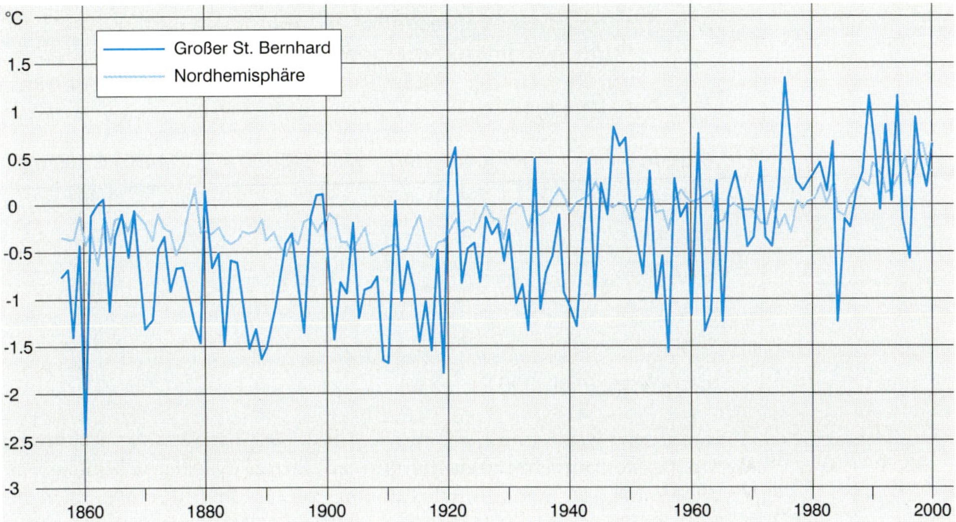

Abb. 81
Gleitende Mittel der Lufttemperaturen 1860 bis 2000, ausgedrückt in Anomalien relativ zu den Werten 1961 bis 1990 für die Nordhemisphäre und für den Großen St. Bernhard (nach Jones et al. 1997, 2001; Wanner et al. 2000a, ergänzt).

(Tagestemperaturen) dagegen nur unwesentlich bzw. sie werden sogar kälter (Weber et al. 1994, Rebetez et al 1997, Lister et al. 1998). In der Schweiz haben die Minima im 20. Jahrhundert durchschnittlich um 2,17 °C zugenommen (Nordhemisphäre: 0,84 °C), die Maxima um 0,22 °C (Nordhemisphäre: 0,28 °C) abgenommen. Dies bedeutet eine Abnahme der Temperatur-Amplitude (Tag-Nacht) um 2,39 °C (Nordhemisphäre: 0,56 °C). Diese Abnahme ist damit um den Faktor 4 größer im Vergleich zum nordhemisphärischen Durchschnitt. Die Abnahme der Maxima in den Tieflagen ist wahrscheinlich durch die Nebeldecke bzw. durch die Zunahme der Bewölkung und Aerosole verursacht. Dadurch wird tagsüber die kurzwellige Einstrahlung vermindert und nachts die langwellige Gegenstrahlung verstärkt, wodurch die Temperaturen ausgeglichener werden. In Hochlagen ist keine Abnahme der Temperatur-Amplitude festzustellen. Hier kehrt sich der Trend sogar um und die Temperatur-Amplitude nimmt zu, wobei sowohl die Minima wie auch die Maxima ansteigen (Tab. 47).

Die letzten 50 Jahre sind die wärmsten seit dem Ende der Kleinen Eiszeit. Global und in Österreich ist die Dekade von 1990 bis 1999 das Jahrzehnt mit dem höchsten Dezennienmittel der Lufttemperatur des 20. Jahrhunderts. In der Schweiz ist die mittlere Jahrestemperatur im Zeitraum von 1988 bis 1997 gegenüber der Periode 1958 bis 1987 um 1,0 bis 1,4 °C gestiegen. Positive und negative Anomalien gab es jedoch zu jeder Zeit. So wurden in den Alpen die beiden kältesten Winter des 20. Jahrhunderts in den Jahren 1985 und 1987 beobachtet. Die vier wärmsten Winter waren 1988 bis 1992 in Folge (Beniston 1997). Dabei betrug die positive Anomalie auf 500 m ü.M. ca. 0,5 °C, auf 2500 m ü.M. aber 3 °C (Rebetez & Beniston 1998). Aber auch die Jahre 1941 bis 1952

Tab. 47: Trends der Jahresmittel der täglichen Minimal- (MIN) und Maximaltemperaturen (MAX) an verschiedenen Stationen der Alpen und des Schweizer Mittellandes seit 1901

Station	Höhe (m ü.M.)	MIN (°C 100 a^{-1})	MAX (°C 100 a^{-1})
Säntis	2.490	1,12	1,36
Sonnblick	3.105	1,23	1,43
Zugspitze	2.960	0,99	0,74
Bern	565	1,22	0,59
Basel	316	1,77	0,11

nach WEBER et al. (1994)

waren sehr warm und trocken, mit massivem Gletscherschwund in den Alpen. Die Jahrzehnte mit der größten Anzahl warmer Anomalien im Winter fallen nicht ins 20. Jahrhundert, sondern in die Perioden 1526 bis 1535 und 1606 bis 1615, d.h. in die Kleine Eiszeit. Frühlingshafte bis sommerliche Temperaturen im Januar ermöglichten im Schweizer Mittelland zu dieser Zeit blühende Gärten und reife Erdbeeren.

Für die nächsten Jahrzehnte müssen Klimamodelle Hinweise über die Entwicklung geben. Bei den globalen Klimamodellen fallen die Alpen meist durch das Raster der Gitterpunkte von 500 km. Durch „Downscaling", d.h. durch die Herunterskalierung vom globalen auf den regionalen bzw. lokalen Maßstab, sind jedoch Aussagen möglich. Global wird bis zum Jahr 2100 bei einer Verdoppelung des CO_2-Gehaltes der Atmosphäre eine Erwärmung von 1,4 bis 5,8 °C angenommen. Je nach Modellansatz sehen die Klimaszenarien für die Alpen recht unterschiedlich aus, wobei die angenommenen Werte aber teils deutlich über dem globalen Durchschnitt liegen. Die Abweichung von globalen Klimaszenarien könnte durch eine größere Sommertrockenheit verursacht werden, wodurch sich der latente Wärmestrom reduzieren würde (BENISTON et al. 1994).

10.1.2 Niederschlag

In Hochlagen ist bezüglich der Schneedecke kein Trend zu erkennen. Die jährliche Variabilität ist dagegen groß.

Bezüglich des Jahresniederschlages ist der Trend in den letzten 100 Jahren nicht eindeutig und man muss jahreszeitlich und räumlich differenzieren. In südwestlichen Abschnitten haben im Zeitraum 1961 bis 1990 die Frühlingsniederschläge um 30 % zugenommen (SCHÖNWIESE et al. 1994). Im Nordosten kam es im gleichen Zeitraum dagegen zu einer Abnahme um 25 %. Im Herbst nahmen die Niederschläge im Norden zu, und zwar um 25 %, im Süden nahmen sie dagegen um 25 % ab. Auch im Winter ist im Norden (vor allem im Nordwesten) eher eine Zunahme, im Süden eine Abnahme festzustellen (FLIRI 1993). Die Zunahmen im Norden liegen bei 10 bis 30 %, während die Sommer keinen klaren Trend zeigen, eventuell leicht trockener werden. Im 20. Jahrhundert haben extreme Niederschlagsereignisse in der Schweiz zugenommen (REBETEZ et al 1997). Klimaszenarien gehen für die Zukunft überwiegend von einer Niederschlagszunahme im Winter um bis zu 20 % aus, verbunden mit einer eventuellen Abnahme im Sommer und im Herbst, wobei sich N- und S-Alpen wohl unterschiedlich verhalten werden.

Bezüglich der Schneehöhe und der Dauer der Schneedecke ist kein langfristiger Trend erkennbar. Eine wichtige Höhengrenze liegt hierbei in einer Höhenlage von rund 1.500 m ü.M. Oberhalb davon ist weder bezüglich Einschneitermin noch in der Mächtigkeit eine Veränderung sichtbar (Abb. 82). Die jährliche Variabilität ist dagegen sehr groß. Unterhalb von 1.500 m ü.M. ist in letzten Jahrzehnten eine starke Abnahme der Schneemächtigkeit und eine Verkürzung der Schneedeckendauer erkennbar. Die Abnahme beträgt 20 bis 40 %. Im Schweizer Mittelland fällt das fast völlige Fehlen einer winterlichen Schneedecke seit 1988 auf. Diese ununterbrochene Serie ist über lange Zeiträume hinweg (seit mehr als 320 Jahren) einmalig. Unterhalb 1.500 m ü.M. nimmt die Schneesicherheit deshalb in vielen Gebieten ab. Heute sind von den 230 Schweizer Skigebieten 85 % und von den 122 Einzelanlagen 40 % schneesicher. Verschiebt sich die Höhengrenze bis 2050 wegen der Erwärmung von 2 °C um 300 m nach oben (von 1.200 m ü.M. auf 1.500 m ü.M.), dann wären noch 63 % der Skigebiete und 9% der Einzelanlagen schneesicher (ABEGG & ELSASSER 1996).

Standorte werden als schneesicher bezeichnet, wenn zwischen dem 16. Dezember und dem 15. April an mindestens 100 Tagen eine Schneedecke von mindestens 30 cm (Ski alpin) bzw. 15 cm (Ski nordisch) liegt.

Auch bezüglich der Lawinenaktivität ist weder in der Schweiz noch in Tirol ein langfristiger Trend erkennbar, wie Rekonstruktionen bis ins 15. Jahrhundert zeigen (Abb. 82). Gewisse Häufungen scheinen bei feucht-kalten Wintern aufzutreten, so dass die Häufigkeit in der Kleinen Eiszeit größer war. Extreme Lawinenwinter wie 1999, in den Schweizer Alpen mit rund 1.200 Schadenlawinen und Schäden von mehr als 600 Mio. Franken, traten in der Vergangenheit immer wieder auf. Die meisten Lawinentoten sind heute nicht durch eine Zunahme der Lawinen, sondern durch die Unvorsichtigkeit der Ski- und Snowboardfahrer verursacht. Extreme Wetterereignisse, die zu Schadenslawinen führen, sind in den letzten 100 Jahren gleich häufig geblieben (SCHNEEBELI et al. 1997; FÖHN 1990; in: SCHÄR et al. 1998). Jedoch reagieren Lawinen eher auf plötzliche Extremschwankungen und weniger auf klimatische Langzeitveränderungen (SCHNEEBELI et al. 1997).

Hagelfälle, die allein in der Schweiz jährliche Kosten von mehr als 100 Mio. Franken verursachen, und damit in Verbindung stehende Gewitter nehmen seit der Jahrhundertwende deutlich zu. Dies gilt auch für die entsprechenden Wetterlagen. 1920 bis 1970 traten im Mittel in der Schweiz etwa 40 bis 60 Hagelschadentage auf. Ab 1970 werden jährlich im Mittel 60 bis 80 Tage gezählt (SCHIESSER et al. 1997b). Das ist aber vor allem durch die Zunahme der kleinen Hagelunwetter bedingt. Starke Hagelunwetter lassen keinen klaren Trend erkennen. Wegen der Zunahme der entsprechenden Wetterlagen ist aber das Potential für größere Hagelunwetter gegeben.

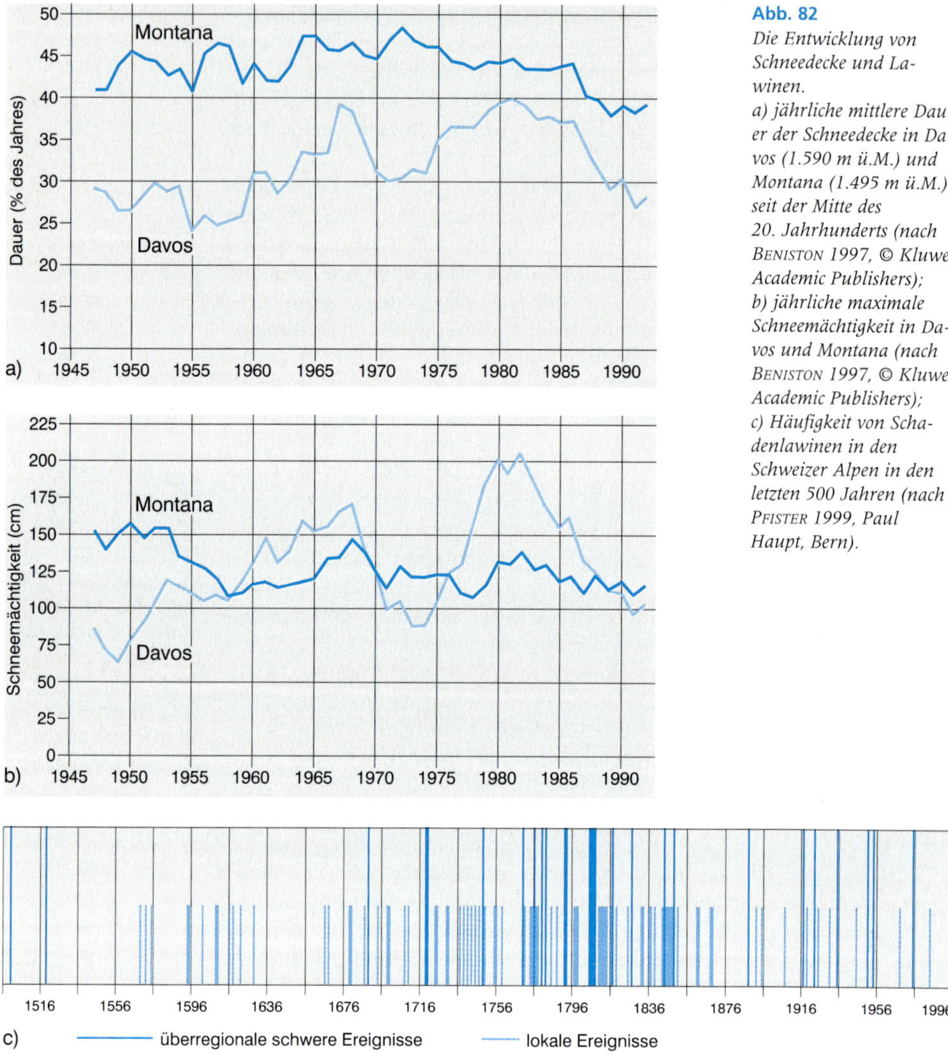

Abb. 82
Die Entwicklung von Schneedecke und Lawinen.
a) jährliche mittlere Dauer der Schneedecke in Davos (1.590 m ü.M.) und Montana (1.495 m ü.M.) seit der Mitte des 20. Jahrhunderts (nach BENISTON *1997, © Kluwer Academic Publishers);*
b) jährliche maximale Schneemächtigkeit in Davos und Montana (nach BENISTON *1997, © Kluwer Academic Publishers);*
c) Häufigkeit von Schadenlawinen in den Schweizer Alpen in den letzten 500 Jahren (nach PFISTER *1999, Paul Haupt, Bern).*

10.1.3 Wetterlagen

Die klimatischen Veränderungen im Alpenraum sind eng mit dem Auftreten der Wetterlagen und der großräumigen synoptischen Situation verknüpft (Kap. 2.1). Schon eine geringe Verschiebung der Druckzentren Islandtief, Azorenhoch oder Kontinentalhoch (Winter) bzw. der Kontinentaltiefkerne (Sommer) genügen, um in den Alpen entsprechende Änderungen zu verursachen, die neben dem Niederschlag auch die Temperatur betreffen. So haben beispielsweise von 1880 bis 1990 die Südlagen von 5 % auf 10 % zugenommen (Bardossy & Caspary 1990). Die Periode 1931 bis 1960 ist im Vergleich zur Periode 1881 bis 1968 durch ein geringeres Auftreten der West-, Nordwest- und Hochdrucklagen gekennzeichnet. Entsprechend stärker sind Südwest-, Süd-, Ost- und Nord-Lagen.

Von besonderer Bedeutung für Europa und die Alpen ist die Nordatlantische Oszillation (NAO), die eine Periodizität von etwa zwei, drei, sechs bis zehn und eventuell auch mehr Jahren aufweist. Bei hohen Luftdruck-Unterschieden (positiver NAO-Index) zwischen dem Island-Tief und dem Azoren-Hoch dominieren zonale Luftströmungen mit intensiven Westwinden. Dadurch wird Nordeuropa feuchter, Südeuropa dagegen trockener. Die Alpen liegen im Übergangsbereich. Sie weisen dann in der Regel mildere Winter auf, die teilweise auch feuchter sind, wie z.B. 1970 bis 1995. Bei geringen Luftdruck-Unterschieden (negativer NAO-Index) sind die Westwinde abgeschwächt und es dominieren stärker meridionale Luftströmungen. Dadurch werden die Alpen im Winter kälter. Diese Situation war bis in die 70er Jahre des 20. Jahrhunderts ausgeprägt (Abb. 83). Die entsprechenden schneereichen Winter dieser Zeit waren die Grundlage des optimistischen Ausbaus von Skilift-Anlagen in den Alpen. Seitdem nahm die Schneesicherheit durch die wärmeren Winter im Zusammenhang mit der stärker zonalen NAO ab.

Bezüglich der Sturmhäufigkeit ist in den Alpen seit der Mitte des 19. Jahrhunderts kein klarer Trend zu erkennen. Darüber dürfen die schweren Stürme des ausgehenden 20. Jahrhunderts, wie Vivian (1990) und Lothar (1999) nicht hinwegtäuschen. Sie entstanden im Zuge von Randtiefs über dem Atlantik. Ihre Auslösung ist sehr komplex (hohe Baroklinität). Dabei dürfte der Ozeanzustand eine wesentliche Rolle spielen.

Abb. 83
Die Entwicklung des NAO-Index 1864 bis 1998, berechnet als Differenz der normalisierten Druckwerte zwischen Lissabon (Portugal: Ln) und Stykkisholmur (Island: Sn) für die Wintermonate Dezember bis März (nach Visbeck et al. 1998, in Wanner et al. 2000a).

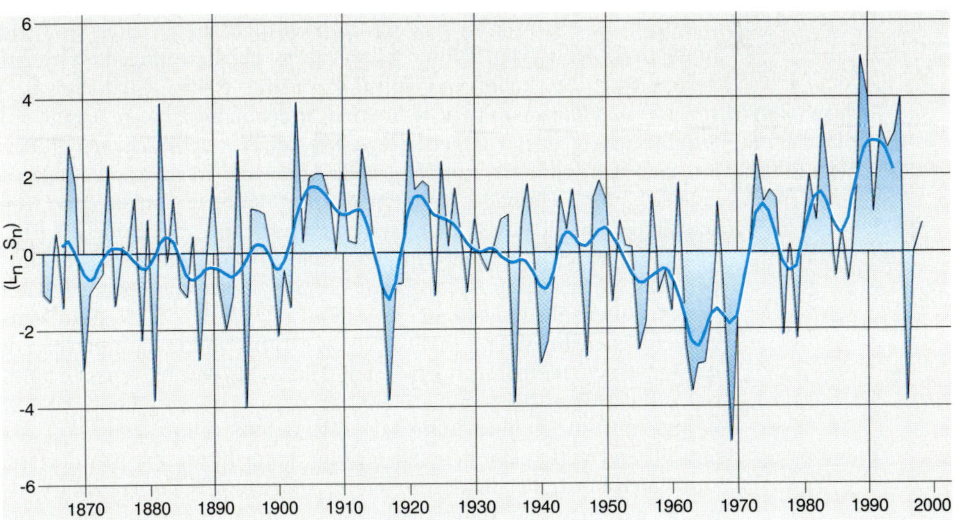

10.2 Vegetation

Von den zu erwartenden klimatischen Veränderungen ist die Vegetation in mehrfacher Hinsicht betroffen. Temperaturerhöhung und Niederschlagsänderungen werden die Pflanzen zu Wanderungsbewegungen zwingen, sowohl vertikal wie auch horizontal. Die Änderungen des CO_2-Gehaltes der Atmosphäre lassen auch direkte Effekte, z.B. auf die Photosynthese, erwarten. Schließlich sind auch noch mechanische, geomorphologische Prozesse zu berücksichtigen, bei denen es durch eine veränderte Landschaftsdynamik mit einer Zu- oder Abnahme von Solifluktion, Rutschungen, Felsstürzen, Muren etc. zu Änderungen der Vegetationsbedeckung kommt. Es ist zu erwarten, dass nicht ganze Vegetationseinheiten durch einfaches Höherwandern auf die geänderten Verhältnisse reagieren, sondern dass sich die einzelnen Arten mit ihren unterschiedlichen Ansprüchen differenziert verhalten. Manche Arten werden nicht mit den Veränderungen Schritt halten können.

Die Szenarien der ökologischen Modelle sind genauso vielschichtig wie die Klimamodelle, denn logischerweise können ökologische Modelle nicht besser sein als die Klimamodelle. Wegen des kleinräumigen standörtlichen Mosaiks verlangen die Vegetationsmodelle darüber hinaus eine hohe räumliche Auflösung, um realistisch zu sein. Einen Überblick über Modelle zur Vegetationsentwicklung in den Alpen liefern die Arbeiten von Lischke et al. (1998) und Brzeziecki et al. (1995).

10.2.1 Temperaturbedingte Änderungen

Pflanzen können auf einen Temperaturanstieg durch vertikale wie auch horizontale Wanderungen reagieren.

Die einfachste Annahme der Reaktion der Pflanzen auf eine Temperaturerhöhung ist der vertikale Anstieg der Höhenstufen (Abb. 84). Durch das Aufwärtswandern können die Pflanzen die Temperaturerhöhung ausgleichen. Dabei muss allerdings berücksichtigt werden, dass andere standörtliche Faktoren in größeren Höhen nicht die gleichen sind wie in tieferen Lagen. Dazu zählen beispielsweise die Strahlung, die Schneeverhältnisse, das Relief, das Substrat und die Böden. So haben beispielsweise Pflanzen am Fuß von Steilwänden keine Chance nach oben auszuweichen, oder kalkliebende Arten können sich nicht nach oben auf sauren Standorten ansiedeln. Viele Arten sind an spezifische Bodeneigenschaften gebunden. Gut entwickelte Böden brauchen zum Teil sehr lange um sich zu bilden, wobei mit zunehmender Höhe die Entwicklungszeit exponentiell ansteigt. Viele Böden benötigen Jahrhunderte bis Jahrtausende, um ihr Reifestadium zu erreichen (Kap. 5.5). Es ist von daher sehr fraglich, ob dieses einfache Modell des Verschiebens ganzer Höhenstufen ein realistisches Szenarium liefern kann. Bei einem angenommen Temperaturanstieg um 3 bis 4 °C würden, rein rechnerisch, die Höhenstufen um ca. 700 m nach oben verschoben. Dann könnte z.B. die colline Stufe weit ins Gebirge eindringen. Am Alpensüdrand verschiebt sich seit einigen Jahrzehnten die mediterrane Zone nach Norden in die Alpen hinein. Am Lago Maggiore reichen exotische Arten an Südhängen bis 600 m ü.M., an Nordhängen bis

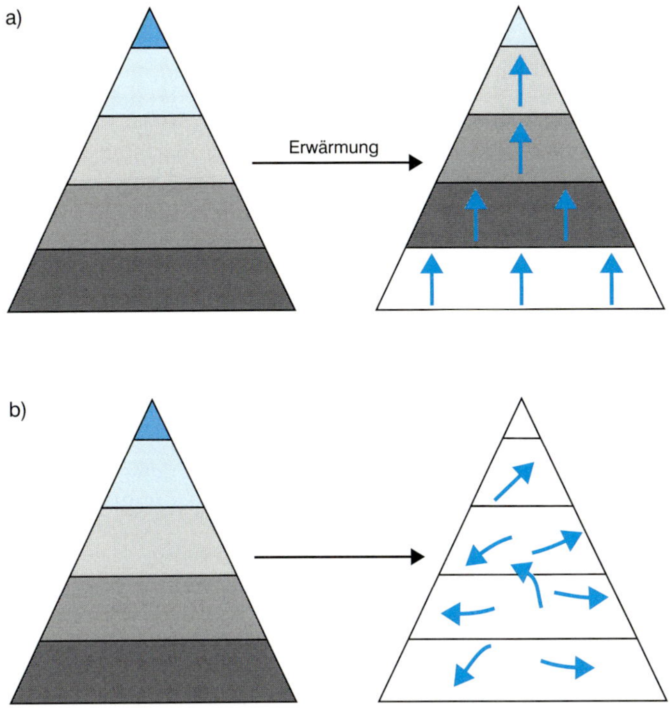

Abb. 84
Reaktionen der Pflanzen auf eine Erwärmung.
a) Vertikale Verschiebung der Höhenstufen. Dadurch könnten auf vielen Gipfeln die obersten Höhenstufen verschwinden oder stark fragmentiert werden (z.B. nivale Höhenstufe mit den Gletschern, alpine Höhenstufe).
b) Horizontales oder sogar abwärtiges Wandern von Arten in geeignete Lebensräume (Kleinrelief, Exposition, Schneedecke etc.) zum Ausgleich der geänderten Umweltbedingungen.

400 m ü.M. Sie sind aus Gärten und Parks verwildert. Dieser Vorgang ist von älteren Inventarisierungen vor ca. 35 Jahren noch nicht bekannt. Im Holozän schwankte die Waldgrenze nur in einem engen Bereich von ± 100 m gegenüber heute (Kap. 9.3.2). Allerdings hatten die dafür relevanten Schwankungen der Sommertemperaturen auch nur eine Amplitude von ca. 1,0 bis 1,5 °C.

Andererseits würden bei einem Höherwandern der Pflanzen die oberen Höhenstufen in relativ niedrigen Gebirgsgruppen verschwinden. Dadurch käme es beispielsweise zu einer stärkeren Fragmentierung der alpinen Höhenstufe. Eine rasche Besiedlung der alpinen Stufe durch subalpine Sträucher und Gebüsche hätte auch die Gefahr, dass die alpine Vegetation durch Konkurrenzdruck leidet, bevor sie in der Lage ist, selbst höher zu steigen. Alpine Pflanzen vermehren sich meist vegetativ und damit langsamer als bei der in tieferen Höhenstufen dominanten Verbreitung durch Samen. Die Baum- und die Waldgrenze sind sehr stark anthropogen gesteuert und hängen von der zukünftigen land- und forstwirtschaftlichen Entwicklung weit stärker ab als vom Klima. Sträucher wie die Alpenrose könnten in die heutige alpine Höhenstufe vordringen. Dann hätte der Wald bei der dichten Vegetationsdecke keine bzw. nur eine sehr langsame Chance, sich nach oben auszudehnen (Theurillat et al. 1998).

Realistischer als ein gesamthafter Anstieg der heute existierenden Vegetation ist die Annahme, dass einzelne Arten individuell auf die Änderungen reagieren werden. So könnten Endemiten in Felsspalten der montanen und subalpinen Stufe der Südalpen von Temperaturänderungen relativ unberührt bleiben. Sie sind bereits an Extrembedingungen angepasst. Diese Flora hat außerdem bereits den starken Temperaturanstieg von mehr als 7–8 °C am Übergang von der Würmeiszeit zum Holozän überlebt (Theurillat et al. 1998). Viele Habitate an der Waldgrenze und darüber sind viel stärker von lokalen, mikroklimatischen und edaphischen Charakteristika geprägt als von großklimatischen Faktoren. Bei Änderungen von 1 bis 2 °C wird dort wahrscheinlich nicht viel passieren. Bei Überschreitung eines Schwellenwertes könnten dann allerdings schlagartig ganze Systeme zusammenbrechen. In beschränktem Umfang kann die Vegetation auch nach unten wandern. Ein Beispiel sind die Schneetälchen der alpinen Stufe. Durch eine Abnahme der Schneedecke verschwinden die typischen Arten der Schneetälchen (Kap. 6.3.4). Die moosreichen Zentren werden mit *Carex curvula* durchsetzt, d.h. der Krummseggenrasen breitet sich nach unten aus (Grabherr et al. 1995).

Eine gute Vorstellung über die Veränderung und Wanderungsgeschwindigkeit der Vegetation liefert ein Blick in die Vergangenheit. Dank einer ganzen Reihe von detaillierten Vegetationsaufnahmen an hochgelegenen Gipfeln, die teilweise schon im frühen 19. Jahrhundert durchgeführt wurden, kann man durch Neuaufnahmen die Veränderungen seit dem Ende der Kleinen Eiszeit bis heute studieren (Abb. 85). Durch das Hochwandern einzelner Arten hat auf den untersuchten Gipfeln die Artenvielfalt im 20. Jahrhundert durchweg zugenommen, bei Gipfeln unterhalb 3.200 m ü.M. um durchschnittlich 25 % und mehr. Bei höheren Gipfeln ist dieser Trend geringer bis fehlend. Hält der Trend an, dann sollte man ein Aussterben einzelner Arten in Hochlagen erwarten. Dem zu erwarteten Anstieg der Höhenstufen ist also eine Änderung des geoökologischen Mosaiks mehr oder weniger stark überlagert. Dabei zeigt sich, dass die Wanderungsgeschwindigkeit der einzelnen Pflanzenarten unterschiedlich ist. Im letzten Jahrhundert betrug sie auf den untersuchten Gipfeln bis zu 4 m in zehn Jahren, im Durchschnitt 1,5 m in zehn Jahren. Im gleichen Zeitraum hat die Temperatur um 0,5 bis 0,7 °C zugenommen, was einem Hochwandern der Isothermen von 8 bis 10 m entspricht. Die Vegetation ist also den Temperaturänderungen bislang nicht ganz gefolgt. Dies könnte zum einen darauf hinweisen, dass die Vegetation mit den Änderungen nicht Schritt halten kann, was letztendlich zum Aussterben von Arten führen dürfte, zumal ja auch andere Arten aus tieferen Lagen nachrücken und der Konkurrenzdruck erhöht wird. Andererseits sind aber möglicherweise weitere Faktoren (z.B. Niederschlag, Schneedecke) viel bedeutsamer, und die Vegetation war bei den bisher relativ geringfügigen Änderungen noch gar nicht zu einer stärkeren Anpassung gezwungen. Zudem kann die Vegetation auch durch horizontale Wanderungen ausweichen

(Relief, Exposition). Die Bedeutung des Substrates wird schon bei einer einfachen Unterteilung deutlich. Gebirge mit geomorphologisch stabilen Felsgipfeln verzeichnen eine Zunahme der Arten bis zu 10 % in zehn Jahren. Bestehen die Gipfel dagegen aus beweglichem Schutt, so ist bislang überhaupt keine Zunahme festzustellen (PAULI et al. 1996).

Durch die Zunahme der Jahrestemperatur verlängert sich die Vegetationsperiode. Bei der Erwärmung um 1 °C liegt diese Änderung in der Größenordnung von 16 bis 17 Tagen. Ob die alpinen Rasengesellschaften diesen „Gewinn" aber überhaupt verwerten können, ist fraglich, da sie diesbezüglich heute kaum limitiert sind (KÖRNER 1999a). Ein direkter Temperatureinfluss auf die Photosynthese ist nicht zu erwarten, da die Pflanzen akklimatisiert sind (LARIGAUDERIE & KÖRNER 1995).

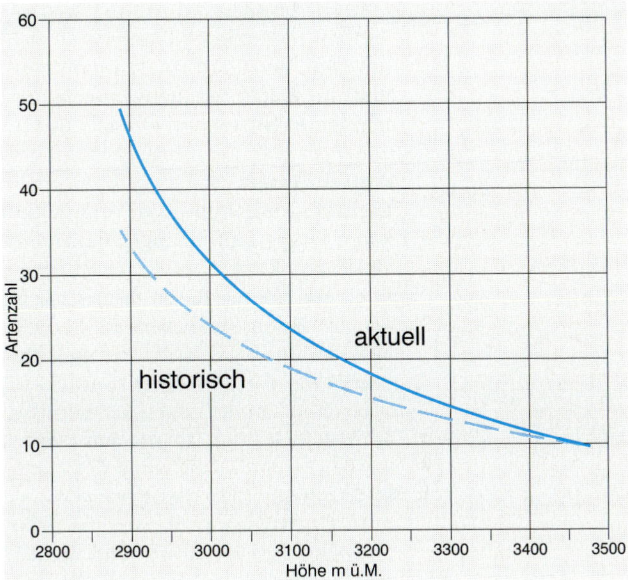

Abb. 85
Veränderung der Artenvielfalt auf verschiedenen Gipfeln der Alpen im 20. Jahrhundert (nach GRABHERR et al. 1994). Die Angaben beziehen sich auf 24 Gipfel aus kristallinen Gesteinen. Aufnahme der historischen Artenvielfalt: 1895 bis 1918 und 1947 bis 1953; Aufnahme der aktuellen Artenvielfalt: 1992 (© Macmillan Publishers Ltd., Nature 369: 448, 1994).

Bei den Wäldern sind die zu erwartenden Veränderungen mit großen Unsicherheiten behaftet. Die Modelle sind weit davon entfernt realitätsnahe Szenarien zu liefern und entsprechend widersprüchlich. Der Wald wächst nicht unbedingt besser. Je nach den Niederschlagsverhältnissen können auch Arten ausfallen. In den inneralpinen Trockentälern kann es durch die zunehmende Trockenheit zu Versteppungen kommen. Bis sich dann eine neue Vegetation eingestellt hat, die an die Bedingungen angepasst ist, sind Auswirkungen auf Erosion, Hochwässer etc. zu erwarten. Wahrscheinlich nehmen die Laubwälder zu, da die Nadelwälder aufgrund der Almnutzung nicht weiter nach oben wandern, von unten aber durch die Konkurrenz der Laubbaumarten eingeschränkt werden. Die Erwärmung kann auch die Ausbreitung von Pilzkrankheiten und Schädlingen fördern. Bei einer Erwärmung um 1–1,4 °C würden sich in der Schweiz nach Modellrechnungen 30 bis 55 % der Waldtypen ändern. Bei einem Anstieg um 2 bis 2,8 °C wären es 55 bis 89 % (KIENAST et al. 1995).

10.2.2 CO_2-Effekt und Nährstoffangebot

Die direkten Effekte des sich ändernden CO_2- und Nährstoffangebotes sind von den indirekten klimatischen Auswirkungen des Treibhauseffektes zu unterscheiden. Im Vergleich zur vorindustriellen Zeit

(18. Jahrhundert) ist der CO_2-Gehalt der Atmosphäre um 31 % (von 280 auf 365 ppm), CH_4 um 150 % (von 700 auf 1.745 ppb) und N_2O um 16 % (von 270 auf 314 ppb) gestiegen, während die Temperaturen noch im holozänen Schwankungsbereich liegen, wenn auch im oberen Randbereich (HOUGHTON et al. 2001).

Alpine Rasen

Die CO_2-Aufnahme und Verarbeitung in der alpinen Höhenstufe ist kaum temperaturabhängig, da die Pflanzen akklimatisiert sind. In Feldversuchen konnte durch die Zugabe von CO_2 kein Biomasse-Zuwachs in einem alpinen Rasen festgestellt werden (KÖRNER et al. 1997). Zwar war in diesen Versuchen die Photosynthese kurzfristig, in den ersten beiden Jahren gesteigert, sie ging aber spätestens ab dem vierten Jahr wieder auf die alten Werte zurück. Der Photosynthese-Apparat scheint sich schnell an die neuen Verhältnisse anzupassen. Ein starker Zuwachs konnte allerdings durch eine zusätzliche Gabe von Stickstoff erzielt werden, unabhängig vom CO_2-Angebot. Der erhöhte anthropogene Stickstoffeintrag in die alpinen Ökosysteme dürfte die Effekte des höheren CO_2-Angebotes übersteigen. Pflanzengemeinschaften wie die alpinen Krummseggenrasen sind damit nicht CO_2-limitiert. Düngungseffekte durch die Landwirtschaft, Autos und atmosphärischen Ferneintrag spielen demnach für die alpinen Pflanzenarten eine wesentlichere Rolle als der CO_2-Anstieg. Bei starker Düngung wird die Konkurrenz ausgeschaltet, einzelne Arten setzen sich durch, andere verschwinden. Die verschwundenen Spezies brauchen teilweise sehr lange, um sich nach Absetzen der Düngung wieder anzusiedeln (Kap. 8.2).

Wald

Beim Wald führt ein erhöhtes CO_2-Angebot zu einer verstärkten Investition in die Wurzeln, die Kronen lichten sich eher auf. Der erhöhte CO_2-Input bewirkt eine verstärkte Abgabe der Photosyntheseprodukte in die Wurzel, auf Kosten der Ast- und Nadelbiomasse. Durch ein erhöhtes Stickstoff-Angebot wird dieser Effekt wieder aufgehoben und führt im Gegenteil zu einer stärkeren Ausbildung der Krone, mit einer Erhöhung der Gesamtbiomasse (KÖRNER & HÄTTENSCHWILER 1998). Bezüglich der Biomasse dürfte der Stickstoff auch hier die größte Wirkung haben, vor allem oberirdisch. Beim Holz bzw. der Jahrringdichte ist es ähnlich. Durch die CO_2-Düngung nimmt die Holzdichte und damit die Stabilität der Nadelbäume zu. Dieser Effekt wird durch Stickstoff-Einträge zum Teil oder vollständig aufgehoben. Zu hohe Stickstoff-Versorgung führt zu einem wachsenden Nährstoffungleichgewicht. Unter Stickstoff-Belastung werden Buchen und Fichten zunehmend von Pilzen befallen, außerdem wird die Mykorrhiza im Wachstum behindert. Durch die Versauerung kommt es zu einer Abnahme der Regenwürmer.

Seit der Mitte des 20. Jahrhunderts haben sich die Einträge von Stickstoffverbindungen aus der Luft in den Wald nahezu verdreifacht.

In der Schweiz lagen die Werte bis Ende der 40er Jahre bei 12 bis 13 kg N ha^{-1} a^{-1}. Danach erfolgte ein Anstieg auf 33 kg N ha^{-1} a^{-1} bis Mitte der 80er Jahre. In den 90er Jahren sind die Einträge wieder um 10 % gesunken (Flückiger & Braun 1998). Große Unterschiede bestehen in verschiedenen Höhenlagen. Oberhalb 1500 m ü.M. beträgt die totale Stickstoff-Deposition 10 bis 15 kg N ha^{-1} a^{-1}. Unterhalb 1500 m ü.M. sind die Werte höher und liegen bei 30 bis 40 kg N ha^{-1} a^{-1}. Ein Großteil des eingetragenen Stickstoffs stammt aus der Landwirtschaft. Langfristig ertragen Wälder nur 10 bis 20 kg Stickstoff pro Hektar und Jahr. Ende der 90er Jahre wurde dieser Wert auf 90 % der Schweizer Waldfläche überschritten. Wird mehr Stickstoff eingetragen, als vom Wald aufgenommen werden kann, wird er als Nitrat ausgewaschen. Dies sollte in bewirtschafteten Bergwäldern nicht mehr als 2 kg N ha^{-1} a^{-1} sein. In den Alpen liegt der Wert in den Wäldern überwiegend darüber und ist viel höher als im Freiland. Die nasse Deposition ist zwar gleich, aber die trockene Deposition ist im Wald durch das Auskämmen der Kronen stark erhöht.

10.3 Böden

Die Änderung alpiner Böden als Folge der Erwärmung ist nur schlecht untersucht und kaum bekannt. In den Alpen ist die Bodenentwicklung so langsam, dass es schon mehrere Jahrhunderte braucht, bis sich sichtbare Veränderungen im Boden vollziehen (Kap. 5.5). Man kann unterscheiden zwischen relativ schnell ablaufenden Veränderungen, die innerhalb der nächsten Jahrzehnte stattfinden können, und solchen, die Jahrhunderte und Jahrtausende benötigen.

Relativ schnelle Reaktionen der Böden sind bezüglich der Wasser- und Humusgehalte, der pH-Werte, der Bodenfauna und damit auch bei Prozessen wie Nitrifikation und Denitrifikation zu erwarten. In den inneralpinen Trockengebieten sowie in den West- und Südalpen, wo eine verstärkte Sommertrockenheit auftreten kann, ist mit einem stärkerem jahreszeitlichen Kontrast zwischen feuchten und trockenen Böden zu rechnen. Besondere Probleme sind dabei auf karbonatischen Gesteinen zu erwarten, sofern sie nicht von feinkörnigen silikatischen Deckschichten oder reliktischen Rotlehmen überlagert sind (Kap. 5.2). Durch den Anstieg von CO_2 in der Bodenluft – verursacht durch erhöhte mikrobielle Aktivität und gesteigerten CO_2-Partialdruck – könnte eine Erniedrigung der pH-Werte auftreten. Dies ist auf Karbonatgesteinen wegen der hohen Pufferkapazität wahrscheinlich vernachlässigbar, aber deutlich auf Silikatgesteinen zwischen dem Karbonatpuffer (pH 8,3 bis 7,2) und dem Puffer durch variable Ladungen (pH 5,7 bis 4,9), bei dem auch die Kohlensäure selbst als Puffer wirkt.

Vergleichbare Böden der jeweiligen Höhenstufen werden sich wegen ihrer starken Bindung an das Ausgangssubstrat und ihrer langsamen Entwicklung kaum in größeren Höhenlagen entwickeln können. Wenn überhaupt, dann brauchen gut entwickelte Böden dafür mehrere hundert bzw. mehrere tausend Jahre, d.h. sie reagieren um Größenordnungen langsamer als der Temperaturanstieg.

Die zu erwartenden Änderungen im Kohlenstoffkreislauf sind unsicher. Einerseits könnte durch die erhöhten Temperaturen ein verstärkter Abbau der organischen Substanz auftreten, andererseits könnte bei stärkerer Austrocknung an der Bodenoberfläche der gegenteilige Effekt wirksam werden. Betrachtet man heute den Kohlenstoffgehalt der Böden entlang zonaler und vertikaler Gradienten, so stellt man eine Zunahme des Kohlenstoffgehaltes bei abnehmenden Temperaturen fest. In Analogie dazu wäre bei einer Erwärmung mit einer Abnahme des Kohlenstoffgehaltes zu rechnen. Durch den meist geringen Tongehalt alpiner Böden ist die Kationenaustauschkapazität nahezu vollständig vom Humusgehalt abhängig und wird sich von daher in der gleichen Weise entwickeln.

Die stärksten und schnellsten Umwandlungen der Böden laufen wahrscheinlich über physikalische Prozesse wie Bodenerosion und Solifluktion ab, die sich als Folge der Klima- und Vegetationsveränderungen abschwächen oder verstärken werden. Die holozäne Landschaftsgeschichte liefert hierzu zahlreiche Beispiele (Kap. 9.3). Durch klimabedingte oder durch menschliche Eingriffe ausgelöste Vegetationszerstörung kommt es zur Mobilisierung von Material, zum Abtrag der Böden oder zu deren Fossilisierung, mit möglichen Konsequenzen bis in die Tallagen (Muren, Schwemmfächer).

Nur sehr langsam, über Jahrhunderte bis Jahrtausende, werden sich dagegen Bodenmerkmale wie Bodenart, Horizonte, Farbe, Bodentyp, die Gehalte an pedogenem Eisen und Aluminium etc. ändern. Böden werden also in absehbarer Zeit nicht einer Anhebung der Höhenstufen folgen. Hier kommt noch hinzu, dass an anderen Orten unterschiedliche geologisch-geomorpholgische Vorraussetzungen herrschen (Gestein, Deckschichten, Relief), die andere standörtliche Bedingungen haben, so dass sich in vielen Gebieten in höheren Lagen auch langfristig überhaupt keine vergleichbaren Böden entwickeln können.

10.4 Gletscher

10.4.1 Gletscherschwankungen

Trotz des rapiden Gletscherschwundes seit dem Ende der Kleinen Eiszeit ist zu beachten, dass die Gletscher im Holozän schon mehrfach kleiner waren als heute, auch ohne anthropogen verstärkten Treibhauseffekt (Kap. 9.2; Abb. 74, Abb. 75).

In den Alpen wohl mit die auffälligsten Merkmale der Erwärmung bilden der drastische Rückgang der Gletscher und die Eisvolumenverluste seit dem Ende der Kleinen Eiszeit (Abb. 76, 86; Farbfotos 6, 18, 19, 20). Das generelle Abschmelzen war nur gelegentlich unterbrochen durch kleine Wiedervorstöße, wie um 1890 und 1920. Nach 1920, und speziell in den 40er und 50er Jahren des 20. Jahrhunderts, traten große Massenverluste auf. Das weitere Abschmelzen war nur in den 60er und den 80er Jahren etwas gemildert (Abb. 87). Zwischen 1971 und 1980 nahm der Anteil an vorstoßenden Gletschern in den Alpen von 18 auf 73 % zu. Seit dem sind jedoch die meisten Gletscher wieder auf dem Rückzug. Die einzelnen Gletscher reagieren dabei unterschiedlich sensitiv auf die klimatischen Veränderungen, was vor allem mit Faktoren wie der Gletschergröße, der Höhenlage und dem Relief zusammenhängt (Abb. 88). Die Verzögerung der Reaktionszeit kann Jahrzehnte betragen. Die Pasterze in Österreich beispielsweise, schmilzt seit Jahrzehnten ununterbrochen zurück, im Mittel zwischen 10 und 20 m pro

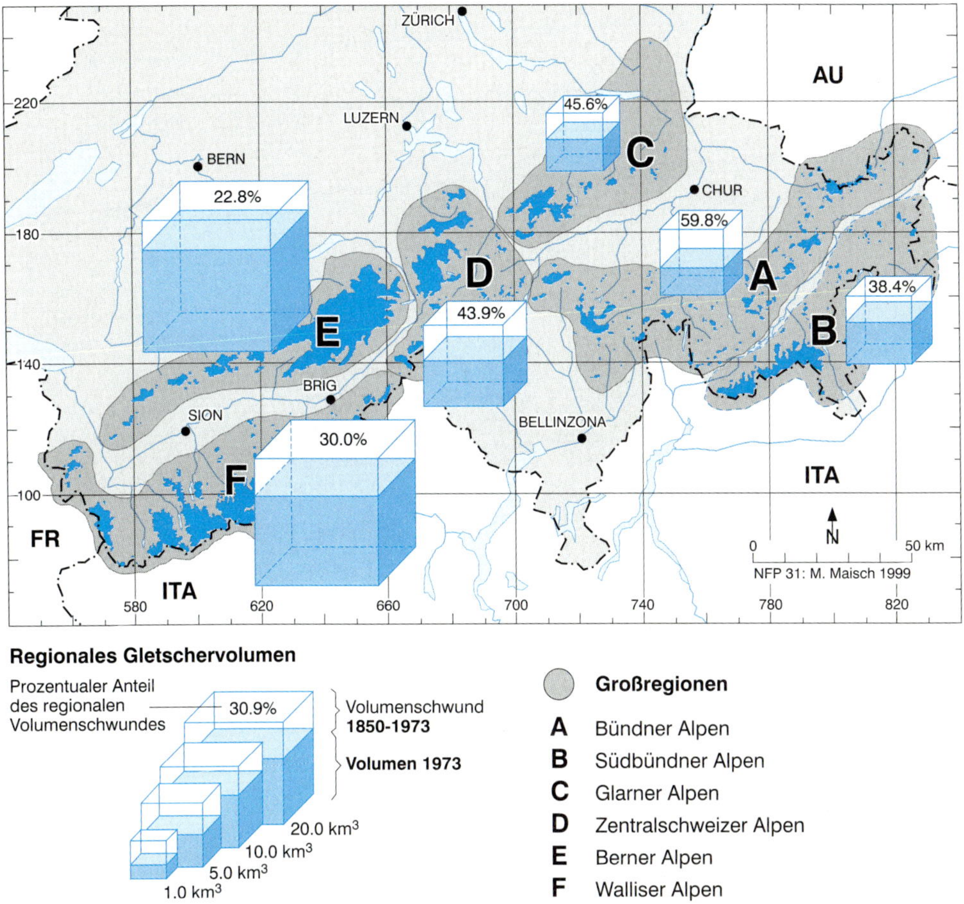

Abb. 86
Eisreserven und Volumenschwund der Gletscher seit 1850 in verschiedenen Großregionen der Schweizer Alpen (nach MAISCH *et al. 2000).*

Jahr. Seit dem Hochstand von 1856 sind dort rund 10 km² eisfrei geworden. Derzeit senkt sich die Gletscheroberfläche jährlich um mehr als 3 m ein. Allein 1980 bis 1984 sind an der Pasterze 97 Mio. m³ Eis abgeschmolzen. Ähnlich verhält sich der Aletschgletscher in der Schweiz. Er zieht sich seit 1920, auch in Jahren mit positiver Massenbilanz, zurück. Die Reaktionszeit eines Gletscher auf Klimaänderungen ist abhängig von der maximalen Eis-Mächtigkeit und der jährlichen Ablation an der Stirn (HAEBERLI 1994). Für den Aletschgletscher bedeutet dies, bei einer maximalen Eismächtigkeit von 900 m und einer jährlichen Ablation von durchschnittlich 12 m, eine Reaktionszeit von 70 bis 80 Jahren. Die Massenbilanzen der Gletscher reagieren dagegen sofort, unabhängig von der Größe.

Gesamtalpin haben die Gletscher seit 1850 etwa 50 bis 60 % ihres Eisvolumens verloren. Heute beträgt das Gletschervolumen in den Al-

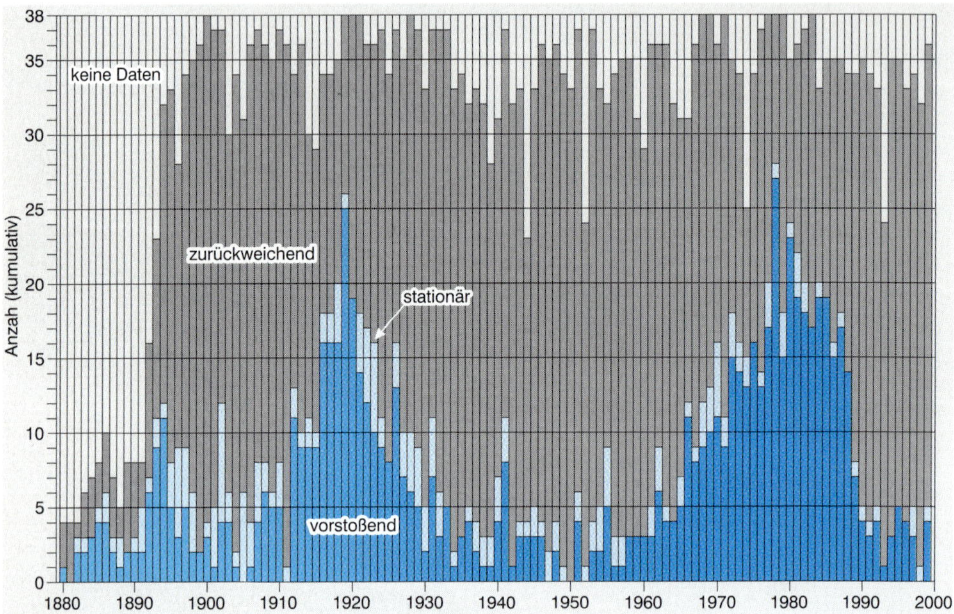

Abb. 87 *Anteile vorstoßender, stationärer und zurückweichender Gletscher der Alpen seit 1880, basierend auf Daten von 38 repräsentativ ausgewählten Gletschern (nach* HERREN *et al. 2001).*

temperiertes Eis: Schmelzwasser in Spalten und am Boden, die Eistemperaturen liegen nahe am Druckschmelzpunkt. Bei temperierten Gletschern erfolgt das Eisfließen plastisch.

pen rund 100 km³. Die Gletscherfläche hat im gleichen Zeitraum in Österreich um 46 % (von 1.100 km² auf 540 km²), in der Schweiz um 30 % (von 1.800 km² auf 1.300 km²) abgenommen (PATZELT & AELLEN 1990; MAISCH et al. 2000). Gesamtalpin ist seit 1850 eine Fläche von 3.000 km² eisfrei geworden (PATZELT 2000). Viele kleine Gletscher sind dadurch vollständig verschwunden.

Die immensen Massenverluste von rund 50 % seit der Kleinen Eiszeit sind durch einen Temperaturanstieg von lediglich 0,5 bis 0,6 °C und einer Erhöhung der Gletscher-Schneegrenze um 100 m entstanden. Entsprechend düster sehen die Szenarien für die nahe Zukunft aus (Abb. 89). Bei einer Anhebung der Gletscher-Schneegrenze um weitere 100 m in den nächsten 20 bis 30 Jahren, werden 20 bis 25 % der Schweizer Gletscher verschwinden. Bei einer erwarteten Erwärmung von 1,0 bis 1,2 °C würde die Gletscher-Schneegrenze um 200 m ansteigen, wodurch mehr als die Hälfte der heutigen Gletscher verschwinden würden. Und bei einer Erwärmung um 2,5 bis 3,0 °C, verbunden mit einem Anstieg der Gleichgewichtslinie um 500 m wären die Gletscher bis auf einen kleinen Rest abgeschmolzen. Wegen der Häufung der Gletscherflächen in Höhenlagen um 2.500 bis 3.000 m ü.M., führt ein weiteres Anheben der Gletscher-Schneegrenze zu drastischerem Eisabbau als bisher, da bei einem Anstieg viel größere Flächen erfasst werden. Besonders betroffen sind auch die kleinen Gletscher, von denen es eine große Anzahl gibt. Von den 925 Gletschern der österreichischen Alpen sind 88 % kleiner als 1 km² (LICHTENBERGER 1997). In der Schweiz

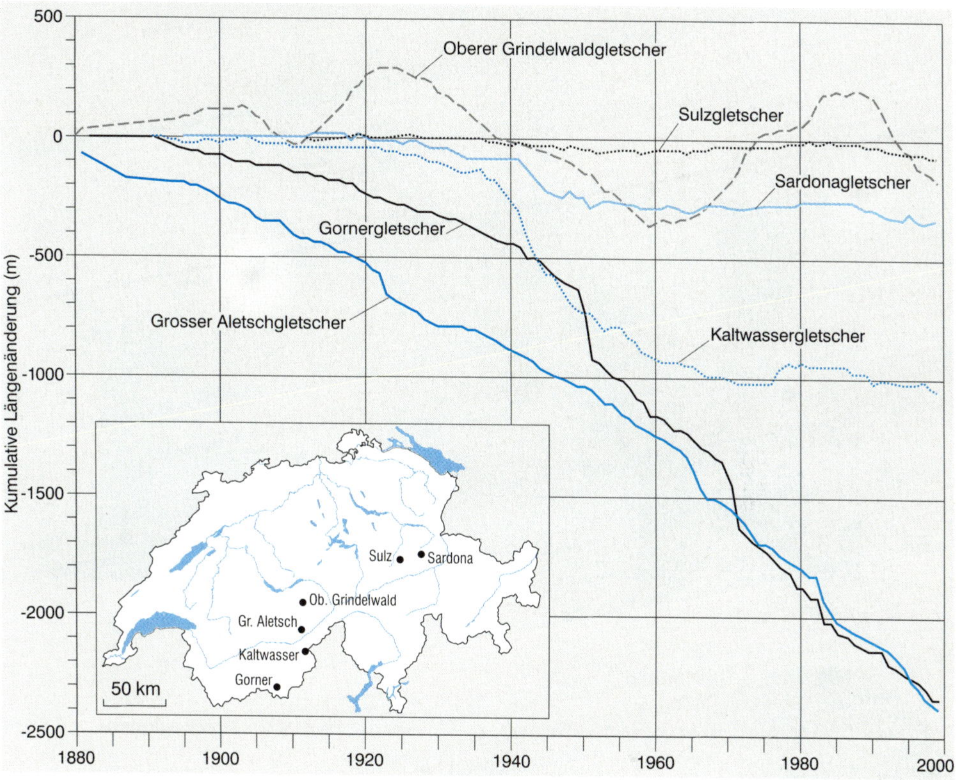

Abb. 88
Kumulative Längenänderungen ausgewählter Gletscher der Schweizer Alpen seit dem Ende des 19. Jahrhunderts. Die Gletscher reagieren offensichtlich unterschiedlich sensitiv (nach HOELZLE *et al. 2000).*

sind dies immerhin 90 % von rund 1.800 Gletschern (MÜLLER et al. 1976).

Lokal dürfte in Zukunft die Gefahr der Eisabbrüche zunehmen, wenn an steilen Gebirgsflanken die Gletscher labil werden, die teils mit ihrer Stirn am Permafrost angefroren sind. Heute werden diesbezügliche Gletscher überwacht, wie z.B. der Eigergletscher im Berner Oberland, wo mehr als 100.000 m³ Eis die Station Eigergletscher der Jungfraubahn bedrohen. Der Beginn der Überwachung in der Schweiz war ein Gletschersturz vom 30.08.1965. Hierbei stürzte rund 1 Mio. m³ Eis vom Allalingletscher auf die Baustelle des Staudammes in der Mattmark im Wallis. Dabei wurden 88 Menschen getötet und schwere Schäden an den Bauanlagen verursacht.

— kaltes Eis: kein Schmelzwasser, die Eistemperaturen liegen unter dem Druckschmelzpunkt. Bei kalten Gletschern erfolgt die Eisdynamik durch ruckartige Blockbewegungen.

10.4.2 Eisbohrkerne als Archive der Umweltveränderungen

Für die jüngere Vergangenheit sind, unter optimalen Bedingungen, wichtige Informationen zur Klima- und Umweltentwicklung im Gletschereis gespeichert. Im Unterschied zu den polaren Eisbohrungen sind Untersuchungen an Hochgebirgsgletschern noch relativ selten, da eine Reihe von zusätzlichen Schwierigkeiten zu erwarten sind. Hierzu

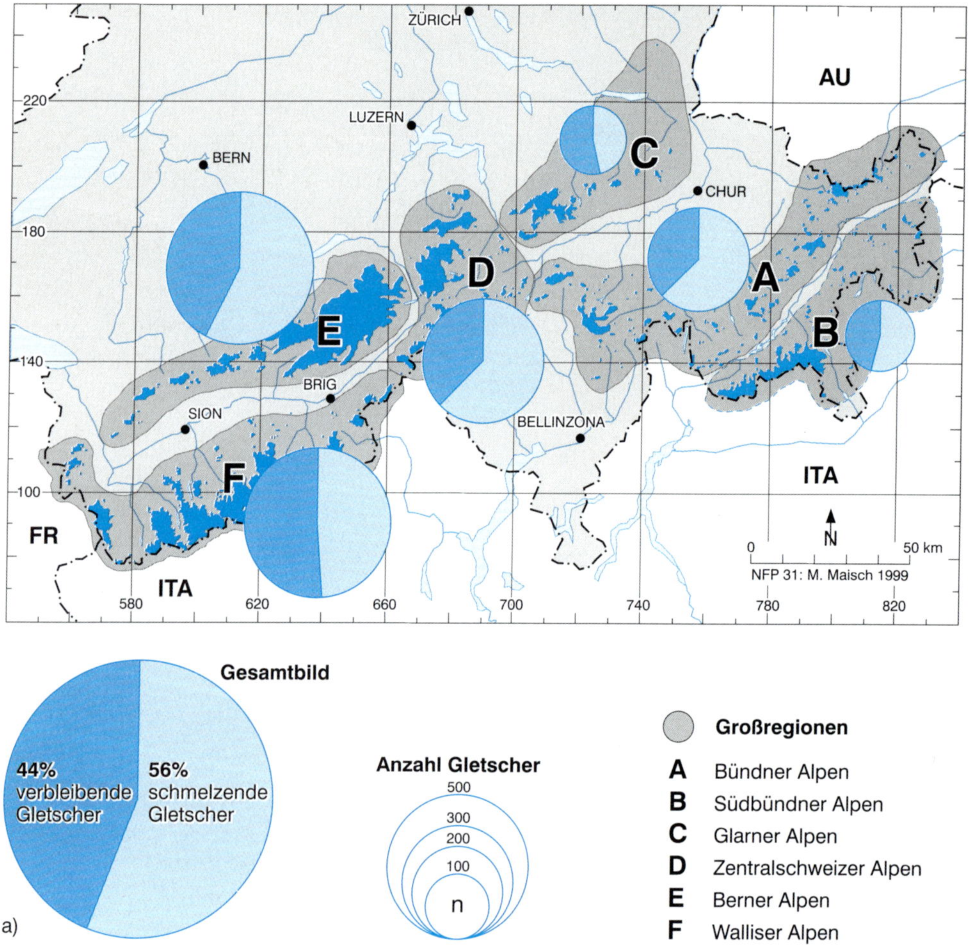

Abb. 89a
Gletscherschwund-Szenarien in den Schweizer Alpen bei einer Anhebung der Gletscher-Gleichgewichtslinie um 200 m (a) bzw. 500 m (b) (nach MAISCH et al. 2000).

gehört beispielsweise die Problematik des temperierten Eises. Im Falle temperierter Gletscher kann das Schmelzwasser im Eis zirkulieren und die gespeicherte Information verfälschen. Im Zusammenhang mit dem steilen Relief im Gebirge erschweren Fließbewegungen des Gletschers ebenfalls die Auswertung. Die Topographie des Untergrundes ist oft so kompliziert, dass rein glaziologische Modelle nur beschränkt zur Altersdatierung des Eises verwendet werden können. Und letztlich ist auch mit starker Windverfrachtung von Neuschnee zu rechnen. Der große Vorteil gegenüber den polaren Eisbohrkernen ist allerdings, dass lokale bzw. regionale Informationen gewonnen werden können.

In den Alpen wurden bisher eine Reihe von Gletscherbohrungen durchgeführt (Tab. 48). Lange Zeit hat man die Gletscher der Alpen

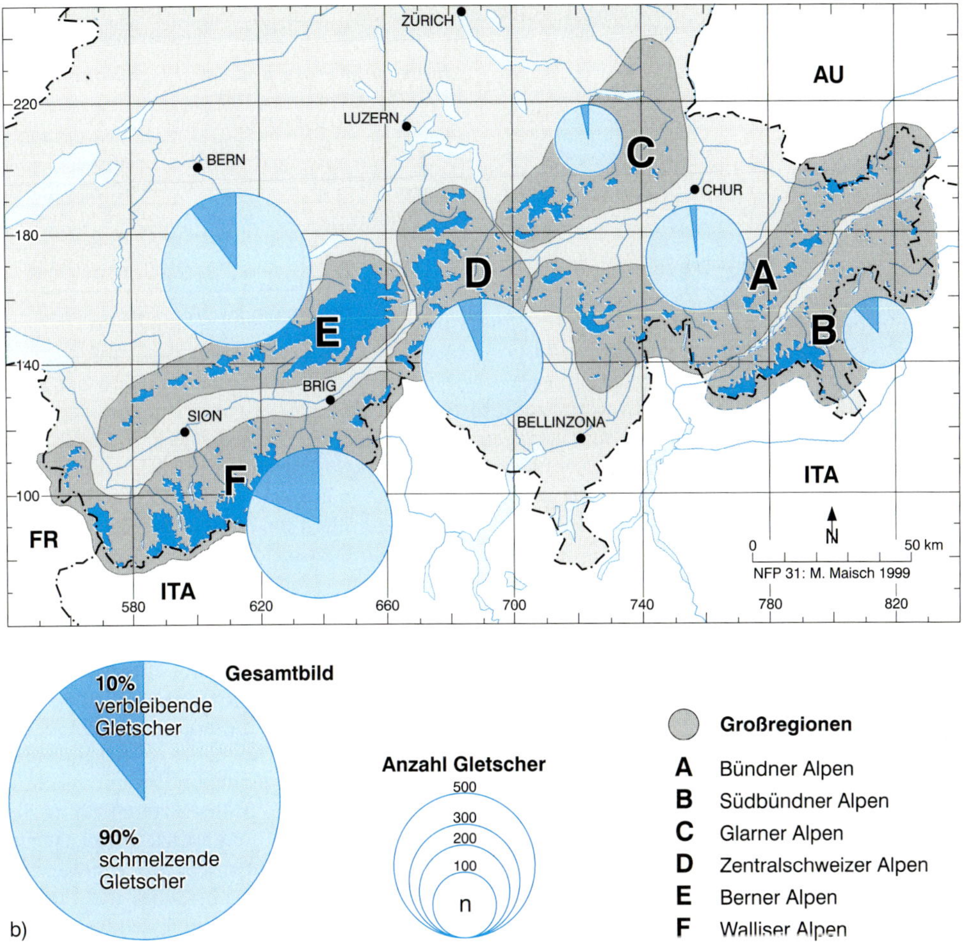

Abb. 89b
Gletscherschwund-Szenarien in den Schweizer Alpen bei einer Anhebung der Gletscher-Gleichgewichtslinie um 200 m (a) bzw. 500 m (b) (nach MAISCH et al. 2000).

grundsätzlich als temperiert und damit als unbrauchbar für Eisbohrungen angesehen. Erst in den 50er Jahren des 20. Jahrhunderts wurde klar, dass auch kalter Firn existiert. Die Gebiete mit kaltem Firn oder Eis weisen im Sommer eine reduzierte Gletscherschmelze auf, da ein Teil der Energie gebraucht wird, um die Firn- und Eismassen aufzuwärmen. Die Energie steht für die Schmelze nicht zur Verfügung. Negative Firn- und Eistemperaturen garantieren damit ein optimales Medium für jegliche Art von anthropogenen Spurenelementen.

Colle Gnifetti und Fiescherhorn

Am Colle Gnifetti begannen die Eisbohrungen bereits 1976 (OESCHGER et al. 1977). Die Eis- und Firntemperaturen sind im Gleichgewicht mit

Tab. 48: Gletscherbohrungen in den Alpen

Ort (Jahr)	Höhe (m ü.M.)	Akk.-Rate (m a^{-1})	Eisdicke (m)	Bohrung
Colle Gnifetti Monte Rosa, (1982, 1976)	4.450	0,3	130	zwei Bohrungen bis Fels
Fiescherhorn (1989)	3.850	1,4	85	77 m gebohrt
Grenzgletscher (1994)	4.200	2,0	170	125 m gebohrt
Dôme du Goûter (1994)	4.250	2 – 3		140 m gebohrt

nach SCHWIKOWSKI et al. (1996); ROSMAN et al. (2000)

dem Klima, d.h. rund –14 °C an der Oberfläche, was ungefähr der mittleren Jahresdurchschnittstemperatur der Luft entspricht. An der Basis in 124 m Tiefe betragen die Eistemperaturen immer noch –12 °C. Darunter folgt vermutlich mehr als 1 km Permafrost im Fels (HAEBERLI & FUNK 1991). Die Schneeakkumulation auf dem Gletscher ist durch starke Winderosion charakterisiert, vor allem im Winter. Deshalb sind hier vor allem die Verhältnisse im Sommer gespeichert. Dies gilt sowohl für Luftfremdstoffe als auch für die stabilen Isotope. Die $\delta^{18}O$-Werte, die zur Temperaturrekonstruktion herangezogen werden können, liefern damit nur das Sommersignal. Bei anderen Gletschern, wie dem Fiescherhorn, gibt es dagegen eine gute Temperatur/$\delta^{18}O$-Beziehung, und man erhält Informationen über die Jahresdurchschnittstemperaturen.

Mit der Tiefe, d.h. mit zunehmendem Alter, nehmen in der Regel die Azidität, Sulfat- und Nitratgehalte im Eis ab. Am Colle Gnifetti lagen in der zweiten Hälfte des 19. Jahrhunderts die Konzentrationen von Sulfat bei 0,10 mg l^{-1}, von Nitrat bei 0,08 mg l^{-1}. In der zweiten Hälfte des 20. Jahrhunderts sind die Konzentrationen auf 0,69 mg l^{-1} (Sulfat) bzw. 0,22 mg l^{-1} (Nitrat) gestiegen (Tab. 49). Das entspricht einer Steigerung um den Faktor 7 (Sulfat) bzw. 3 (Nitrat), was beim Sulfat recht genau die Schwefelemissionen in Europa im gleichen Zeitraum widerspiegelt.

Die Elementkonzentrationen weisen in der Regel eine ausgeprägte Saisonalität auf. Im Sommer sind die Werte höher, weil dann die Atmosphäre stärker durchmischt ist, während im Winter eine stabile Schichtung dominiert (Tab. 50, Kap. 2). Dieser Effekt ist umso stärker ausgeprägt, je höher sich der Gletscher befindet. Deutlich sichtbar wird

Tab. 49: Durchschnittliche Konzentrationen an Nitrat und Sulfat im Eis des Colle Gnifetti

Periode	Nitrat (mg l^{-1})	Sulfat (mg l^{-1})
1850 – 1880	0,08	0,10
1965 – 1981	0,22	0,69

nach DÖSCHER et al. (1996)

Tab. 50: Mittlere Konzentrationen und saisonale Schwankungen der Hauptionen im Schnee auf dem Fiescherhorn

Schnee	Jahr	Winter	Sommer	Sommer: Winter
$\delta^{18}O$ (‰)	−16,22	−20,87	−13,17	
Cl^- (mg l^{-1})	0,053	0,050	0,058	1,16
NO_3^- (mg l^{-1})	0,167	0,135	0,210	1,56
SO_4^{2-} (mg l^{-1})	0,324	0,253	0,438	1,73
Ca^{2+} (mg l^{-1})	0,096	0,099	0,108	1,09
K^+ (mg l^{-1})	0,021	0,018	0,024	1,33
Mg^{2+} (mg l^{-1})	0,009	0,007	0,011	1,57
Na^+ (mg l^{-1})	0,029	0,030	0,031	1,03
NH^{4+} (mg l^{-1})	0,080	0,029	0,128	4,41

nach Schwikowski et al. (1999)

dies bei den Aerosolgehalten, die im Sommer 10–20-mal höher sind als im Winter (Döscher et al. 1996). Beim Ammonium liegt das Verhältnis bei 10:1. Allerdings sind im Falle des Ammoniums im Sommer die Emissionen durch die Landwirtschaft auch tatsächlich höher. Ammonium entsteht überwiegend bei bakteriellen Aktivitäten im Zuge der Zersetzung (81 %), sowie durch Düngung. Die Ammonium-Gehalte blieben 1780 bis 1870 konstant. Zwischen 1870 bis 1980 haben die Konzentrationen um den Faktor 3 zugenommen. Auf die anthropogenen Ursachen dieser Zunahme weisen auch die hohen Gehalte an Sulfat und Nitrat hin.

Durch eingewehte Stäube wird teilweise der anthropogene Säureeintrag neutralisiert. Am Colle Gnifetti ist der Staubeintrag mit durchschnittlich 40 mg cm^{-2} a^{-1} (1936 bis 1982; Wagenbach & Geis 1989) höher als in Grönland. Davon stammen rund 2/3 aus der Sahara. Besonders markante Saharastaub-Einträge fanden 1901/02, 1936/37, 1977 und 1990 statt.

Neben dem Atombomben-Tritium-Peak des Jahres 1963 sind auch zahlreiche, weit entfernte Vulkanausbrüche dokumentiert, wie z.B. die Ausbrüche von Katmai (Alaska, 1912), Krakatau (Indonesien, 1883), Tambora (Indonesien, 1815) und Laki (Island, 1783). Auch der Tschernobyl Unfall von 1986 hat zu einem Aktivitätspeak geführt.

Col de Dome

Auf dem Col de Dome, im Mont Blanc-Gebiet, haben sich die Spurenmetalle Blei, Vanadium und Cadmium von 1950 bis 1978 verdoppelt (Briat 1978; Rosman et al. 2000). Seit dem 19. Jahrhundert stiegen die Blei-Werte von 0,3 ng g^{-1} auf 1,6 ng g^{-1} im Zeitraum 1960 bis 1980. Die schwankenden Bleigehalte können über die Isotopenzusammensetzung ihrer Herkunft entsprechend zugeordnet werden. Demnach gab es drei Perioden: Vor 1923 stammt das Blei aus Minen und der Kohlenverbrennung. Zwischen 1923 und 1968 dominiert verbleites Benzin aus dem Autoverkehr. Von 1968 bis 1991 tritt immer noch verbleites Benzin auf, aber mit deutlichen Anteilen australischen Benzins, das in einem Großversuch im Piedmont eingesetzt wurde.

Datierung alpiner Eiskerne

Die Datierung der alpinen Eiskerne kann mit unterschiedlichen Methoden erfolgen. Hier eine kleine Auswahl:

Radionuclide (^{210}Pb): funktioniert mit einer Halbwertzeit von 22 Jahren für die letzten 100 bis 150 Jahre.

Stratigraphische Marker: Saharastaub, vulkanische Aschen, Tritium (^{3}H) aus Atombombenversuchen, Tschernobyl-Fallout. Vor 1952 lagen die Tritiumwerte bei rund 1 Bq l^{-1}, 1963 erreichten sie einen Peak mit 740 Bq l^{-1}.

Gase oder Aerosole, die eine gut dokumentierte Variabilität aufweisen (z.B. CH_4 mit einem Minimum vor 5.500 ^{14}C-Jahren v.h.; ^{10}Be mit einem 11-Jahres-Zyklus).

Glaziologische Modelle, die die Akkumulationsrate und das Eisfließen beschreiben

10.5 Hydrologie

Bei einer fortschreitenden Erwärmung wird es nicht einfach zu einer Zu- oder Abnahme der Abflüsse kommen, sondern die jahreszeitlichen Abflussgänge werden sich ändern.

Neben den direkten Folgen für den Wasserhaushalt der Alpen durch Temperatur, Evapotranspirations- und Niederschlagsänderungen sind die Fließgewässer sehr stark von den indirekten Folgen im Zusammenhang mit dem Gletscherschwund betroffen, so dass die Abflussregimes und ihre Änderungen eine wichtige Rolle spielen (Kap. 3.2.1; Kap. 4.5). Sollten in Zukunft, als Folge der Erwärmung, die Winter eher feuchter und die Sommer trockener werden (Kap. 10.1.2), dann wird es vor allem bei pluvialen und nivalen Abflussregimes zu einer Umverteilung der Abflussmengen im Jahr kommen. Im Winter wird sich der Abfluss eher erhöhen, zumal ja auch mehr Niederschlag in Form von Regen statt als Schnee fällt. Die Abnahme im Sommer wird noch durch die erhöhte Verdunstung verstärkt (Abb. 90). Damit wird in diesen Gebieten der jährliche Abflussgang ausgeglichener.

In vergletscherten Gebieten nimmt mit der Erwärmung und der verstärkten Ablation zunächst der Abfluss zu. Langfristig und auch kürzerfristig, wenn die Erwärmung nicht weiter geht oder sich verlangsamt, nimmt der Abfluss jedoch schnell wieder ab, da die Eisspeicher dann kleiner geworden sind. 1931 bis 1960 standen durch den Gletscherschwund in den Alpen jährlich rund 430 bis 440 mm Wasser zusätzlich zur Verfügung (Baumgartner et al. 1983). Tab. 51 zeigt den Anteil der

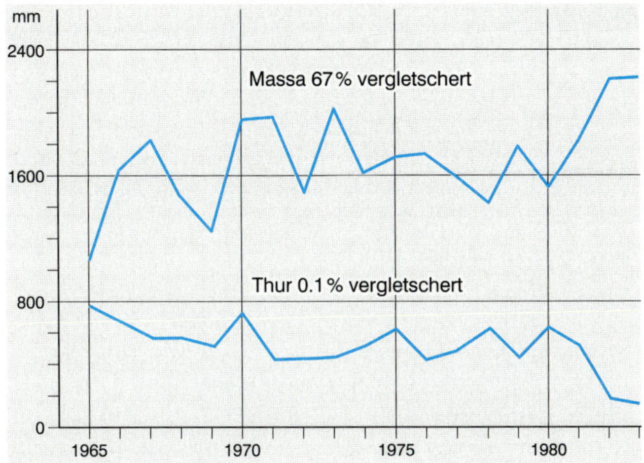

Abb. 90
Mittlere Sommerabflüsse (Mai bis September) zweier alpiner Flüsse im Zeitraum 1965 bis 1983. Die Grafik zeigt die Auswirkungen des unterschiedlichen vergletscherten Anteils am Beispiel der Massa (Aletschgletscher, 67 % vergletschert) und der Thur (0,01 % vergletschert) (nach Röthlisberger & Lang 1987).

Gletscherspende im Zeitraum 1923 bis 1964 für einige Beispielgebiete. Trotz der relativ warmen Periode und vergletscherten Anteilen von bis zu über 60 %, ist der Anteil der Gletscherspende mit 5 bis 12 % des Abflusses aber eher bescheiden. Ihr Einfluss geht flussabwärts, wegen der Abnahme des vergletscherten Anteils, zurück. Sinken die vergletscherten Anteile unter 30 %, dann wird der Abfluss im Wesentlichen vom Niederschlag bestimmt. Bei einer Gletscherfläche im Einzugsgebiet von mehr als 40 % wird der Temperatureinfluss auf die Gletscherspende sehr stark (Kap. 3.2.1). Die geringste Streuung des Abflusses von Jahr zu Jahr weisen Gebiete mit Gletscheranteilen von 30 bis 40 % auf.

Die Hochwässer der letzten Jahre im Alpenraum werden vielfach vor dem Hintergrund der globalen Erwärmung diskutiert. Detaillierte Rekonstruktionen für die letzten 500 Jahre in der Schweiz zeigen jedoch, dass die Hochwässer gegen Ende der Kleinen Eiszeit häufiger waren als danach (Abb. 91). Zwischen 1641 und 1706 blieb der gesamte Alpenraum von großen Überschwemmungen verschont. 1827 und 1920 waren dann Hochwässer sehr häufig, besonders 1852, 1868, 1876, 1910 und 1912. Am Rhein bei Basel traten in diesen Perioden Spitzenabflüsse von über 5.000 $m^3\ s^{-1}$ auf. Die Periode 1890 bis 1930 war durch eine positive Abweichung des NAO-Index gekennzeichnet (Abb. 83). Stärker zonale Luftströmungen und niederschlagsreiche Westwinde traten häufiger auf, vor allem in Kombination mit milden Wintern. Der erste

Tab. 51: Vergletscherungsanteil und Gletscherspende für einige Einzugsgebiete der Alpen im Zeitraum 1923 bis 1964

Gebiet	Höhe (m ü.M.)	Vergletscherung (%)	Gletscherspende (in % des Abflusses)
Venterache/Vent	2.910	41	10 – 15
Faggenbach/Platz	2.480	19,4	10,5
Inn/Innsbruck	2.200	8,5	4
Massa/Massaboden	2.940	66	12
Rhone/Porte du Scex	2.140	16	5 – 12

nach Baumgartner et al. (1983)

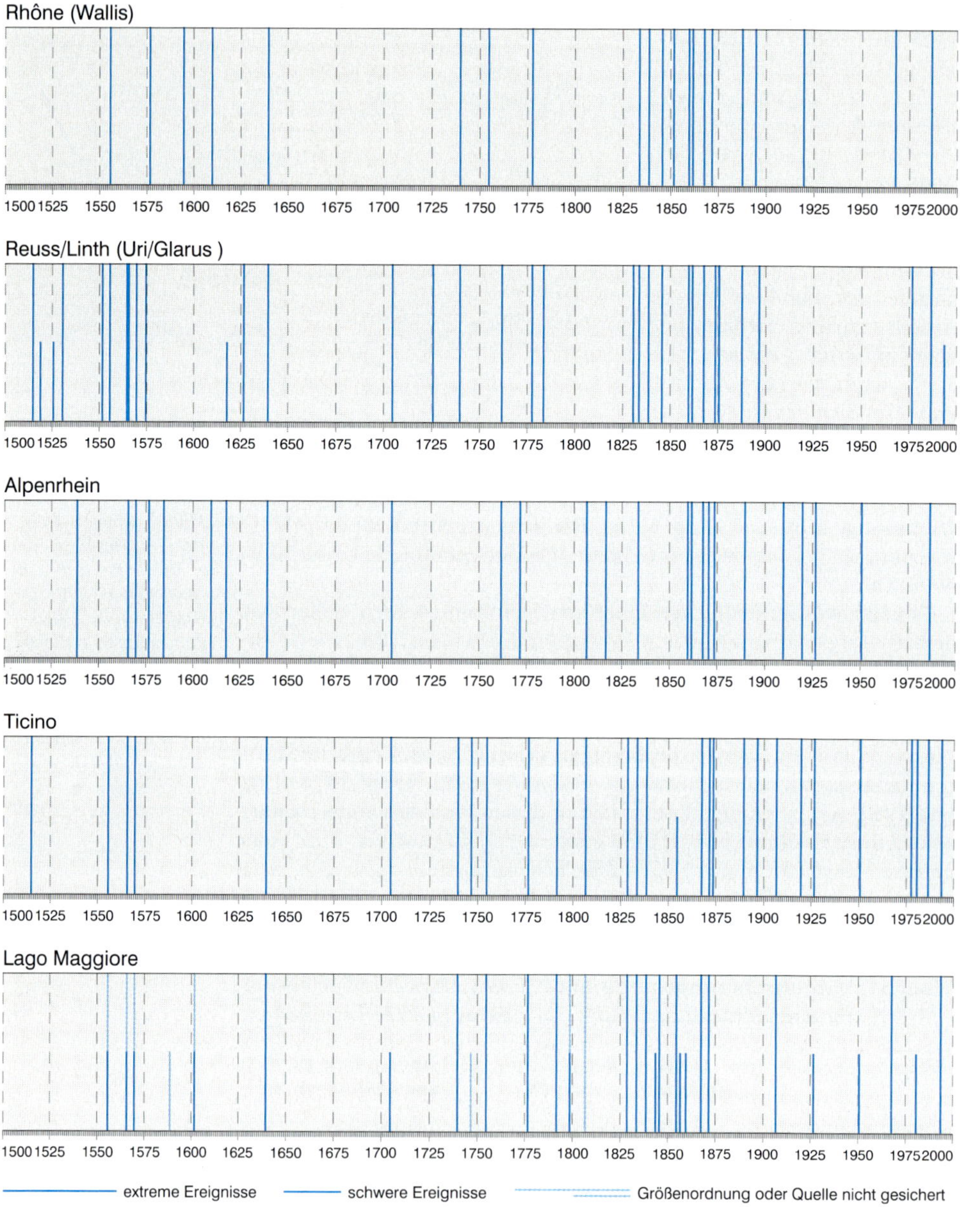

Abb. 91

Extreme Überschwemmungen in den alpinen Einzugsgebieten der Rhône, der Reuss/Linth, des Ticino und des Rheins sowie Hochstände des Lago Maggiore in den vergangenen 500 Jahren (nach PFISTER *1999, © Paul Haupt, Bern).*

Teil des 20. Jahrhunderts war wiederum eine Periode geringer Hochwasseraktivität bis etwa 1975. Dabei bleibt die Frage offen, ob es sich um klimatische Einflüsse handelt, oder ob hier die Wirkungen der Schutzbauten und Regulierungen sichtbar werden. Seit 1975 ist wieder eine Zunahme zu verzeichnen. Etwa seit diesem Zeitraum ist auch der NAO-Index wieder positiv mit stärkerem Westwindeinfluss und milden Wintern. Ab 1975 nehmen auch die konvektiven Wetterlagen deutlich gegenüber den advektiven zu. 1987 wurde der gesamte Alpenraum von schweren Hochwässern betroffen. Vergleichbare Hochwässer traten jedoch auch 1342, 1480, 1511, 1566, 1570, 1640, 1834, 1839 und 1868 im Zentralalpenraum auf (Bundesamt für Wasserwirtschaft et al. 1991). Das mit Abstand größte Hochwasser des Jahrtausends war 1342, das auch im außeralpinen Raum Mitteleuropas gut dokumentiert ist (Bork et al. 1998). In Zürich reichte das Wasser damals bis zur Pforte des Fraumünsters, in der Luzerner Barfüsserkirche bis zum Hochaltar. In den Sedimenten des Urnersees finden sich Ablagerungen aus der ersten Hälfte des 14. Jahrhunderts, die etwa viermal so mächtig sind wie jene des Hochwasserjahres 1987, was möglicherweise das extreme Hochwasserereignis im 14. Jahrhundert widerspiegelt.

Die Hochwässer in der Schweiz im Mai 1999, wie auch im gesamten Alpenraum 1987, waren ein Ereignis, das auf die Kombination von hohen Niederschlägen, gesättigten Böden und rascher Schneeschmelze infolge eines Wärmeeinbruches zurückzuführen ist. Hierbei lag der Wasserspiegel des Bodensees 50 Tage, der Wasserspiegel des Vierwaldstättersees 30 Tage lang über der Schadensgrenze. Die Hochwässer im Mai 1999 waren ein 100-jähriges Ereignis und verursachten in der Schweiz direkte Schäden von 580 Mio. Franken. In den letzten rund 30 Jahren beliefen sich in der Schweiz die Hochwasserschäden auf 195 Mio. Franken jährlich.

Betrachtet man den gesamten Zeitraum des Holozäns, dann wird deutlich, dass die bislang festgestellten natürlichen Schwankungen und maximalen Intensitäten der Gerinne größer waren als die durch den anthropogen verstärkten Treibhauseffekt möglicherweise zusätzlich ausgelösten Prozesse (Kap. 9.3.4). Noch gehen mögliche Veränderungen in der natürlichen Variabilität unter.

Die Sensitivität verschiedener Höhenlagen gegenüber Klimaschwankungen und dadurch verursachter Naturereignisse ist unterschiedlich. In den Hochlagen spielen Temperaturveränderungen eine wesentliche Rolle. Bei Erwärmung kommt es hier zu Gletscherschwund und zum Abbau von Permafrost. Lang anhaltende Niederschläge sind in den Hochlagen ebenfalls typische Auslöser von Muren. Tieflagen sind dagegen empfindlicher gegenüber Starkniederschlägen.

Bei den Unwettern und Muren in der Schweiz 1987 stammten ca. 50 % der Murgänge aus ehemaligen Gletschervorfeldern, rund 30 % setzten an der unteren Permafrostgrenze an (Zimmermann & Haeberli 1992; Vonder Mühll et al. 1994). Die Hänge in der alpinen Rasenstufe und im Wald blieben relativ stabil. Dies könnte ein Hinweis darauf sein, dass in Zukunft die Aktivität der Muren, bei weiterem Gletscherrückzug und Abtauen des Permafrostes, zunehmen werden. Dies wird aber sicher regional, je nach Höhenlage der Einzugsgebiete und den geologisch-geomorphologischen Verhältnissen, unterschiedliche Auswirkungen haben. Generell kann man sagen, dass, ohne Berücksichtigung der Niederschlagsänderungen, die Muraktivität zunehmen dürfte, wenn durch den Gletscherrückzug unbewachsenes Lockermaterial zur Verfügung steht und wenn der Permafrost austaut. Beides geschieht während einer zunehmenden Erwärmung, aber natürlich nur in Tälern, die eine entsprechende Höhenlage aufweisen (Abb. 37). In anderen Gebieten, die wenig oder nicht vergletschert sind, oder die kaum Permafrostflächen haben, kann durch die Erwärmung die Rasengrenze ansteigen oder der Vegetationsschluss dichter werden, wodurch die Wahrscheinlichkeit von Muren reduziert wird (Kap. 9.3.3, Kap. 10.6). Rückblicke über die Entwicklung im Holozän lassen diesbezüglich keine eindeutigen Aussagen erkennen. Aber sowohl im Inntal, wie auch in den Hohen Tauern, scheinen es in den letzten 10.000 Jahren vor allem die kühl-feuchten Perioden mit Gletschervorstößen und gesteigerter periglazialer Aktivität gewesen zu sein, die zu einer Intensivierung der Mur- und Schwemmkegel und zu vermehrter Akkumulation auf den Talböden geführt haben (Kap. 9.3.4). Auch bei den Rutschungen scheinen im Holozän vor allem im Präboreal und nach 5.000 ^{14}C-Jahren v.h. Häufigkeitsmaxima aufgetreten zu sein (Lateltin et al. 1998). Die Maxima im jüngeren Holozän fallen damit eher in eine Zeit der Abkühlung. Das relativ warme holozäne Klimaoptimum war dagegen anscheinend relativ ereignisarm. Insgesamt ist bei diesen Aussagen jedoch die häufig unsichere Datierungsgrundlage zu berücksichtigen.

In den Dolomiten können Murgangereignisse durch überschüttete Fichten (*Picea abies*) seit der Kleinen Eiszeit rekonstruiert werden. In der Periode 1831 bis 1990 ist eine Häufung in den 50er und 60er Jahren des 19. Jahrhunderts zu erkennen. Im 20. Jahrhundert ist kein klarer Trend vorhanden. Die ältesten lebenden Fichten stammen dort aus dem 16. Jahrhundert. Sie wurzeln alle in einer mächtigen Rendzina, mit einem Ah-Horizont von 30 bis 40 cm Mächtigkeit, der auf eine entsprechend lange Bodenbildungdauer hinweist. Seitdem konnten sich vergleichbare Böden bis heute nicht mehr entwickeln, da die Murgangaktivität in der Kleinen Eiszeit zugenommen hatte (Strunk 1992).

Mit der Erwärmung und dem Abschmelzen der Gletscher und des Permafrostes steigt auch die Gefahr des Ausbruchs subglazialer Wassertaschen oder des katastrophalen Auslaufens von Seen im Gletschervorfeld. Ein bekanntes Beispiel hierfür ist der Grubengletscher im Saasertal (Wallis). Der Gletscher fließt vom 3.993 m ü.M. hohen Fletschhorn in Richtung der Gemeinde Saas Balen. Im Gletschervorfeld liegen ein aktiver Blockgletscher und mehrere periglaziale Seen. Ausbrüche dieser Seen lösten in der Vergangenheit bereits mehrfach Hochwässer und Murgänge aus (1829, 1868, 1958). 1968 wurde durch den Ausbruch 1.000 m tiefer das Dorf Saas Balen mit 170.000 m^3 Wasser und

400.000 m^3 Feststoffen überschwemmt. 1970 wiederholte sich der Vorgang. Seitdem wird der See künstlich entwässert (Kääb 1996).

Im Zuge der Klimaerwärmung steigen auch die Temperaturen der alpinen Seen, wie bei allen Gewässern, an. Dadurch nimmt die winterliche Eisbedeckung ab. Daten des Eisaufbruchs, d.h. der Tag, an dem der See komplett eisfrei ist, liegen z.B. vom Lej da San Murezzan im Engadin (1.768 m ü.M.) seit 1832 vor (Livingstone 1997). Demnach wurde der Eisaufbruch durch die Erwärmung pro Jahrhundert um etwa eine Woche vorverlegt, vom 18. Mai um 1840 auf den 5. Mai um 1990.

Ähnlich wie bei den Eisborkernen sind Seen bzw. die Seesedimente auch ein gutes Archiv bezüglich der Entwicklung der Umweltverschmutzung. Dies gilt sowohl hinsichtlich langer Zeitreihen des Holozäns (Kap. 9.3.5; Abb. 80) wie auch für die Situation in den letzten Jahrzehnten. In den meisten tief gelegenen Seen und den Alpenrandseen sind dabei klare Belastungsspitzen in den 60er und 70er Jahren des 20. Jahrhunderts zu erkennen.

10.6 Permafrost und Solifluktion

Beim Permafrost sind bei steigenden Temperaturen Veränderungen in mehrfacher Hinsicht zu erwarten. Als schnelle Reaktion wird die Mächtigkeit der sommerlichen Auftauschicht zunehmen, wodurch es zu Sackungen kommen kann. Weiterhin wird sich das Temperatur-Profil im Permafrost selber ändern, mit einer Reaktionszeit von Jahren bis Jahrzehnten. Und schließlich wird die Permafrost-Untergrenze ansteigen, was Jahrzehnte und deutlich längere Zeiträume umfassen kann (Haeberli 1994).

Allerdings ist der Permafrost nicht rein temperaturabhängig, auch wenn seine Untergrenze oft mit einer Jahresisotherme von ca. –1 °C gleichgesetzt wird (Kap. 4.3.2). Eine entscheidende Steuerfunktion hat hierbei auch die Schneedecke. Änderungen in der Mächtigkeit, dem Einschneitermin und der Dauer der Schneedecke können den Bodenfrost wesentlich beeinflussen. Sehr schön zeigt dies beispielsweise die Bohrung auf dem Blockgletscher Murtèl am Piz Corvatsch, wo sich in 11,5 m Tiefe der Permafrost von 1987 bis 1995 um ca. 1 °C erwärmt hat. Danach ist die Eistemperatur als Folge schneearmer Winter wieder gesunken und hat ungefähr das Niveau der 80er Jahre wieder erreicht (Abb. 92). Allerdings hat sich am Piz Corvatsch seit 1987 die Erwärmung des Permafrostes, verglichen mit der

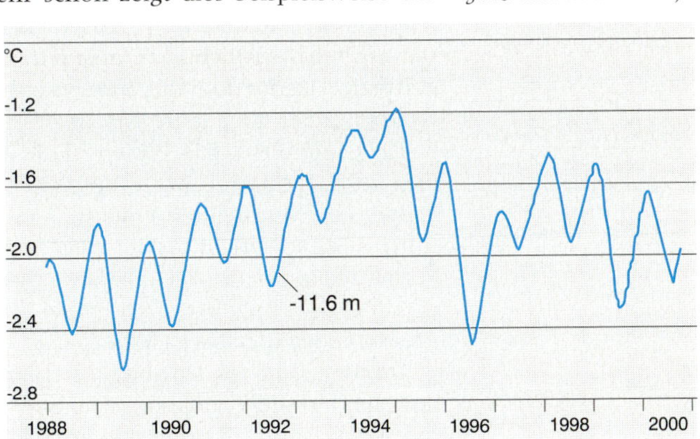

Abb. 92
Temperaturänderungen des Permafrostes am Blockgletscher Murtèl/Corvatsch in 11,6 m Tiefe seit 1987 (nach Vonder Mühll et al. 1998, ergänzt nach neuen Daten).

Abb. 93 (S. 303)
Jährliche Solifluktionsbeträge in der periglazialen Höhenstufe aus verschiedenen Gebieten der Alpen seit 1971.
a) Kärnten, Kreuzeckgruppe, 1.900 m ü.M. (nach STOCKER 1979);
b) Munt Chavagl, Schweizer Nationalpark, 2.400 m ü.M. (nach GAMPER 1986);
c) Hohe Tauern, Österreich, 2.650 m ü.M. (nach VEIT et al. 1995, ergänzt nach neuen Daten);
d) Gemmi, Schweiz, 2.500 m ü.M. (nach KRUMMENACHER et al. 1998).
Die Skalen der Bewegungsbeträge sind unterschiedlich! Wegen der regionalen Vielfalt der Ökosysteme existiert die direkte Vergleichbarkeit nur innerhalb der einzelnen Messreihen. Die standardisierten Werte sind in Abb. 94 dargestellt

rekonstruierten Permafrosterwärmung in diesem Jahrhundert, um den Faktor 5 bis 10 beschleunigt (VONDER MÜHLL et al. 1994).

Die Untergrenze des Permafrostes ist seit 1880 um ca. 100 bis 250 m angestiegen. Bei einer Erwärmung um 2 °C würde die Permafrost-Untergrenze um weitere 200 bis 750 m ansteigen (HAEBERLI 1992, KELLER 1994). Im Holozän lag die Permafrost-Untergrenze maximal wahrscheinlich rund 300 m tiefer als heute (Kap. 9.3.3). Der vollständige Abbau eines 50 bis 100 m mächtigen Permafrostkörpers allein durch Wärmeleitung dürfte aber mehrere Jahrhunderte dauern. Der Abbau erfolgt sowohl von oben (Auftauschicht) als auch von unten durch Anheben der Permafrostbasis. Blockgletscher sinken durch das Abtauen des Permafrostes ein, werden inaktiv und schließlich fossil (Kap. 4.3.2).

Die Solifluktionsbewegungen reagieren ebenfalls sehr empfindlich auf klimatische Veränderungen (Kap. 4.3.1, Kap. 9.3.3). Da diese Bewegungen ganz wesentlich über den Bodenfrost gesteuert werden, sind die beeinflussenden Klimaparameter vergleichbar dem Permafrost. Wesentlich sind die Wintertemperaturen und der Einschneitermin im Herbst. Letzterer und die winterliche Schneedecke kontrollieren die Eindringtiefe des Frostes. Diese wiederum ist für das Ausmaß der Bewegungen im Frühsommer des Folgejahres verantwortlich. Je tiefer der Frost eindringen kann, desto intensiver ist in der Regel die Bewegung.

Im Gegensatz zu Gletschern, die teils erst mit sehr großer zeitlicher Verzögerung auf Temperaturänderungen mit Längenänderungen reagieren (Kap. 10.4.1), bildet die Solifluktion die jährliche Variabilität des Klimas ab, da das klimatische Signal direkt die Prozesse im Boden steuert. Die jährliche Variabilität der Bewegungen ist groß (Abb. 93, Abb. 94). In den Alpen werden seit 1971/72 an verschiedenen Stellen diese Bewegungen gemessen. Leider gibt es aber keine durchgängige Messreihe für den ganzen Zeitraum. Die längste Reihe existiert in den Hohen Tauern (seit 1985/86). Da neben den klimatischen Faktoren die lokalen geoökologischen Gegebenheiten, wie Höhenlage, Vegetationsbedeckung, Relief, Exposition, Substrat etc., eine wesentliche Rolle für die Solifluktion spielen, sind die Werte der vier Untersuchungsgebiete nicht direkt miteinander vergleichbar (Abb. 93). Nach einer Standardisierung zeichnen sich aber, neben den jährlichen Schwankungen, längerfristige Trends ab (Abb. 94). So haben vor allem Ende der 70er und zu Beginn der 80er Jahre des 20. Jahrhunderts die Bewegungen deutlich zugenommen. Die Winter dieser Periode waren überwiegend kalt und schneearm. Seit Mitte der 80er Jahre nehmen die Bewegungen wieder ab, eventuell mit einer neuerlichen Umkehr seit Mitte der 90er Jahre. Dies entspricht für die jüngere Periode recht gut dem Verlauf der Permafrosttemperatur (Abb. 92). Gesteigerte Solifluktionsbeträge in den 80er Jahren gehen auch einher mit einer deutlich höheren Anzahl vorstoßender Gletscher (Abb. 87).

Da die Intensität der Solifluktion unmittelbaren mechanischen Einfluss hat auf die Vegetation, bedeutet das gehäufte Auftreten von Jahren mit hohen Bewegungsbeträgen eine Abnahme der Vegetationsbe-

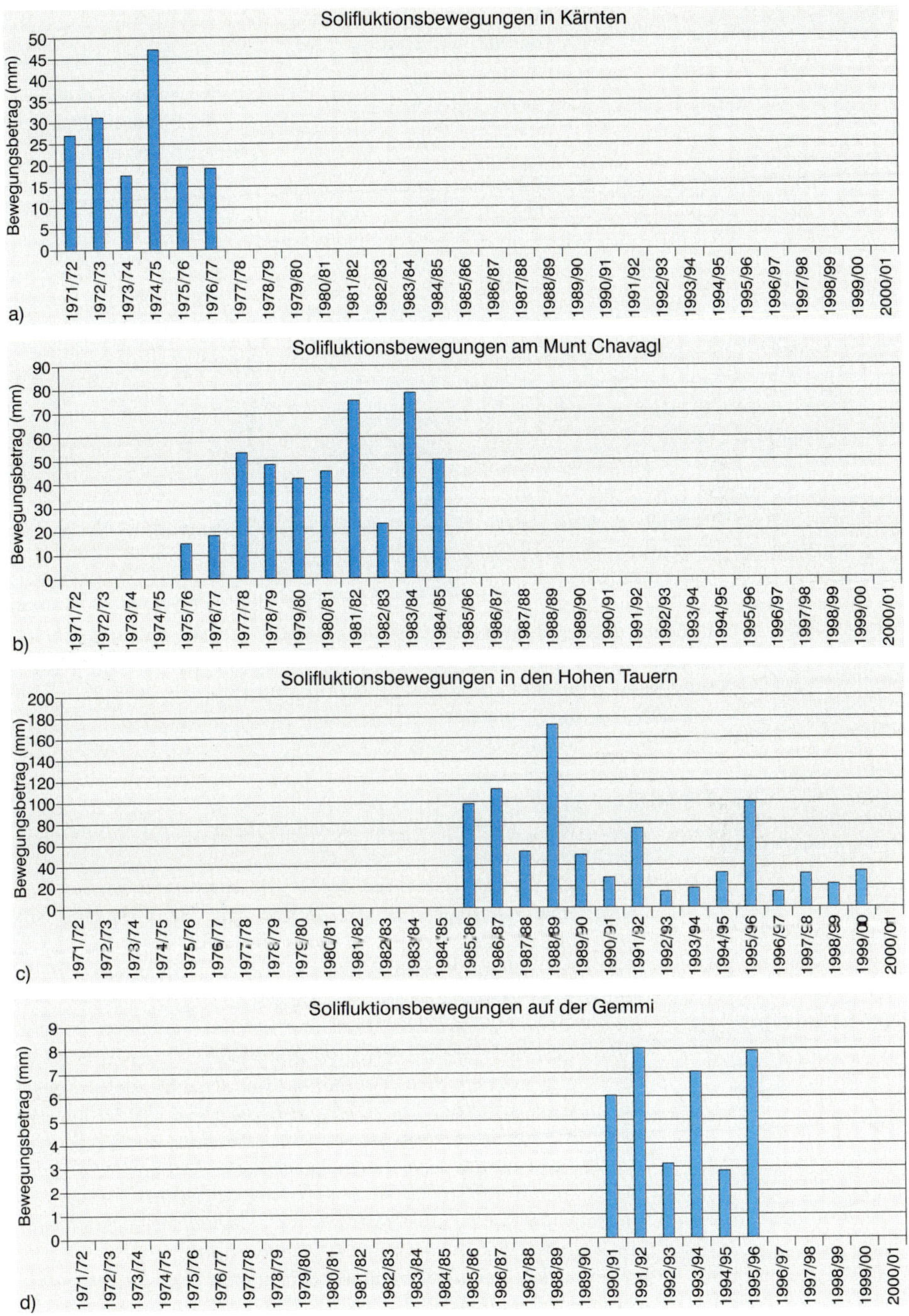
Solifluktionsbewegungen in Kärnten
Bewegungsbetrag (mm)
0 5 10 15 20 25 30 35 40 45 50
1971/72 1972/73 1973/74 1974/75 1975/76 1976/77 1977/78 1978/79 1979/80 1980/81 1981/82 1982/83 1983/84 1984/85 1985/86 1986/87 1987/88 1988/89 1989/90 1990/91 1991/92 1992/93 1993/94 1994/95 1995/96 1996/97 1997/98 1998/99 1999/00 2000/01
a)
Solifluktionsbewegungen am Munt Chavagl
Bewegungsbetrag (mm)
0 10 20 30 40 50 60 70 80 90
1971/72 1972/73 1973/74 1974/75 1975/76 1976/77 1977/78 1978/79 1979/80 1980/81 1981/82 1982/83 1983/84 1984/85 1985/86 1986/87 1987/88 1988/89 1989/90 1990/91 1991/92 1992/93 1993/94 1994/95 1995/96 1996/97 1997/98 1998/99 1999/00 2000/01
b)
Solifluktionsbewegungen in den Hohen Tauern
Bewegungsbetrag (mm)
0 20 40 60 80 100 120 140 160 180 200
1971/72 1972/73 1973/74 1974/75 1975/76 1976/77 1977/78 1978/79 1979/80 1980/81 1981/82 1982/83 1983/84 1984/85 1985/86 1986/87 1987/88 1988/89 1989/90 1990/91 1991/92 1992/93 1993/94 1994/95 1995/96 1996/97 1997/98 1998/99 1999/00 2000/01
c)
Solifluktionsbewegungen auf der Gemmi
Bewegungsbetrag (mm)
0 1 2 3 4 5 6 7 8 9
1971/72 1972/73 1973/74 1974/75 1975/76 1976/77 1977/78 1978/79 1979/80 1980/81 1981/82 1982/83 1983/84 1984/85 1985/86 1986/87 1987/88 1988/89 1989/90 1990/91 1991/92 1992/93 1993/94 1994/95 1995/96 1996/97 1997/98 1998/99 1999/00 2000/01
d)

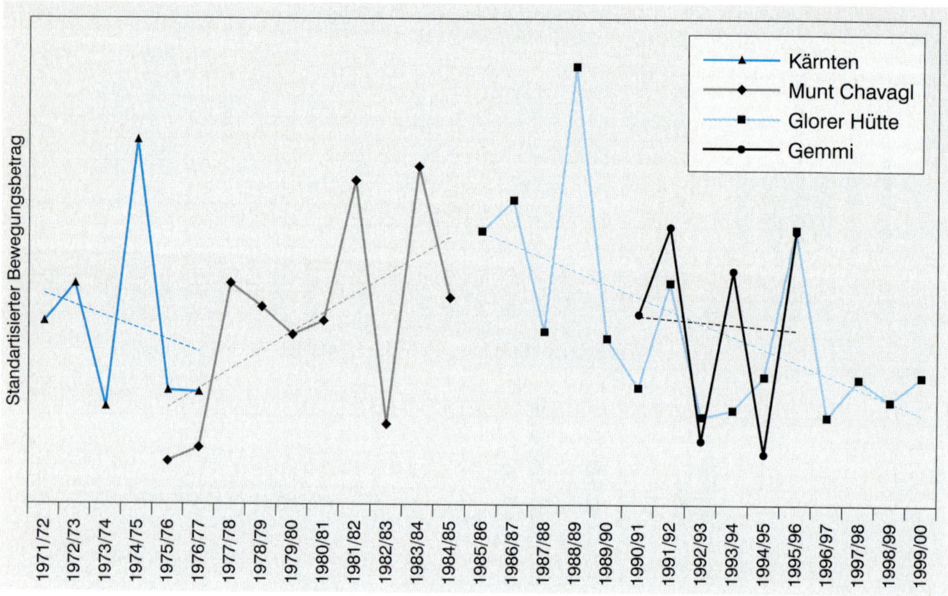

Abb. 94 *Standardisierte Bewegungsbeträge der Solifluktion im Alpenraum, zusammengesetzt aus den vier in Abb. 93 dargestellten Untersuchungsgebieten. Zusätzlich sind die linearen Trends für die jeweiligen Messperioden angegeben.*

deckung in der alpinen Höhenstufe. Da die Wiederbesiedlung der einmal gestörten Standorte nur sehr langsam erfolgt (Kap. 6.4), hat dies langfristig eine verstärkte Bodenerosion und deutlich erhöhten Sedimentaustrag durch die Gerinne zur Folge (Kap. 3.2.2).

FRAGEN

1. *Wieso ist das alpine Ökosystem ein empfindlicher Indikator für klimatische Veränderungen?*
2. *Wieso reagieren die Alpen seit Beginn der Messperiode mit stärkeren Temperaturänderungen als der globale bzw. nordhemisphärische Durchschnitt?*
3. *Wie haben sich die Konzentrationen relevanter Treibhausgase seit Beginn der Industrialisierung geändert?*
4. *Müssen sich die Skigebiete an und oberhalb der Waldgrenze in naher Zukunft Sorgen um ihre Schneesicherheit machen?*
5. *Bei einer angenommenen Erwärmung um 3 bis 4 °C und einem dadurch möglicherweise verursachten Ansteigen der Höhenstufen um mehr als 700 m wird häufig ein Aussterben von Pflanzenarten der alpinen der und nivalen Höhenstufe angenommen. Welche Möglichkeiten haben Pflanzen, diesem Aussterben eventuell zu entgehen?*
6. *Führt ein gesteigertes atmosphärisches CO_2-Angebot zu einem verstärkten Wachstum der alpinen Rasen (Düngungseffekt)?*
7. *Ist der starke Gletscherschwund seit 1850 ein Indikator für den anthropogenen Treibhauseffekt?*

8 *Werden bei einer zukünftigen Erwärmung die Hänge stabiler (dichterer Bewuchs, Ansteigen der Höhenstufen) oder instabiler (Gletscherrückgang, Abschmelzen des Permafrostes), und werden Naturgefahren wie Muren entsprechend eher zu- oder abnehmen?*

9 *Welche Vorraussetzungen müssen gegeben sein, damit Gletschereis in den Alpen als Umweltarchiv genutzt werden kann?*

10 *Welche wesentlichen Änderungen sind in den Böden der Alpen in Zukunft bei verstärktem Treibhauseffekt und Eintrag von Luftfremdstoffen zu erwarten?*

Verwendete Literatur

ABEGG, B. & H. ELSASSER (1996): Klima, Wetter und Tourismus in den Schweizer Alpen. – Geographische Rundschau 48, (12), 737–742.

ABELE, G. (1974): Bergstürze in den Alpen. – München, 230 S.

ABELE, G. (1984): Schnelle Felsgleitungen, Schuttströme und Blockschwarmbewegungen in den Alpen im Lichte neuerer Untersuchungen. – Münchner Studien zur Sozial- und Wirtschaftsgeographie 26, 165–179.

AERNI, K. (1991): Der transalpine Güterverkehr durch die Schweiz. – Geographische Rundschau 43, (9), 504–512.

ALBRECHT, V., M. JAENEKE, G. SOMMERHOFF & W. KELLERMANN (1994): Wetter – Lawinen. – In: Deutscher und Österreichischer Alpenverein, Hrsg., Alpin-Lehrplan 9.

Alpeninitiative (Hrsg., o.J.): Auswirkungen des Alpentransitverkehrs auf die Luftbelastung in den Alpentälern. Ökoscience-Studie (http://deutsch.cipra.org/texte/links/links.htm).

AMMANN, B. (1985): Lobsigensee – Late-Glacial and Holocene Environments of a Lake on the Central Swiss Plateau. – Diss. Bot. 87, 127–170.

AMMANN, B. (1989): Response times in bio- and isotope-stratigraphies to Late-Glacial climatic shifts – an example from lake deposits. – Eclogae geol. Helv. 82, (1), 183–190.

AMMANN, B. (Hrsg., 2000): Biotic responses to rapid climatic changes around the Younger Dryas. – Palaeogeography, Palaeoclimatology, Palaeoecology 159, (3–4), 199–366.

AMMANN, B., A.F. LOTTER, U. EICHER, M.-J. GAILLARD, B. WOHLFARTH, W. HAEBERLI, G. LISTER, M. MAISCH, F. NIESSEN & CH. SCHLÜCHTER (1994): The Würmian Late-glacial in lowland Switzerland. – Journal of Quaternary Science 9, (2), 119–125.

AMMANN, K. (1978): Der Oberaargletscher im 18., 19. und 20. Jahrhundert. – Z. f. Gletscherkunde u. Glazialgeologie 12, (2), 253–291.

ANDERSSON, J.G. (1906): Solifluction, a component of subaerial denudation. – Journal of Geology 14, 91–112.

ANNAHEIM, H. (1946): Studien zur Geomorphogenese der Südalpen zwischen St. Gotthard und Alpenrand. – Geographica Helvetica 1, 65–146.

Arbeitskreis Bodensystematik der Deutschen Bodenkundlichen Gesellschaft (1998): Systematik der Böden und der bodenbildenden Substrate Deutschlands. – Mitt. der Deutschen Bodenk. Ges. 86, 1–180.

ARNOLD, M. (2000): Luchse können nicht ohne Hilfe in neue Regionen auswandern. – In: Bundesamt für Umwelt, Wald und Landschaft, Hrsg., Magazin Umwelt – Umweltfakten 3, 10.

ASCHWANDEN, H. & M. SPREAFICO (1995): Hochwasserabflüsse – Analyse langer Messreihen. – In: Landeshydrologie und –geologie, Hrsg., Hydrologischer Atlas der Schweiz, Bern.

ASCHWANDEN, H. & C. KAU (1999): Niedrigwasser – Grundlagen zur Bestimmung der Abflussmenge Q347. – In: Landeshydrologie und –geologie, Hrsg., Hydrologischer Atlas der Schweiz, Bern.

AULITZKY, H. (1968): Über die Ursachen von Unwetterkatastrophen und den Grad ihrer Beeinflussbarkeit. Forstwiss. Centralblatt 85, (1), 2–32.

AULITZKY, H. (1994): Musterbeispiele vermeidbarer Erosions-, Hochwasser- und Lawinenschäden. – In: FRANZ, H., Hrsg., Gefährdung und Schutz der Alpen, Österreichische Akad. Wiss., Veröff. Kommission für Humanökologie 5, 105–147.

AULITZKY, H., H. HEUBERGER & G. PATZELT (1994): Mountain Hazard Geomorphology of Tyrol and Vorarlberg. – Mountain Research and Development 14, (4), 273–305.

BAIG, M.N., W. TRANQUILLINI & W.M. HAVRANEK (1974): Cuticuläre Transpiration von *Picea-abies-* und *Pinus-cembra*-Zweigen aus verschiedener Seehöhe und ihre Bedeutung für die winterliche Austrocknung der Bäume an der alpinen Waldgrenze. – Forstwiss. Centralblatt 91, (4), 195–211.

BARDOSSY, A. & H.J. CASPARY (1990): Detection of climate change in Europe by analyzing European atmospheric circulations patterns from 1881 to 1989. – Theoretical and Applied Climatology 42, 155–167.

BARRY, R.G. (1992): Mountain Weather and Climate. – London, 313 S.

BAUER, F. (1964): Kalkabtragsmessungen in den österreichischen Kalkhochalpen. – Erdkunde 18, 95–102.

BAUEROCHSE, A. & O. KATENHUSEN (1997): Holozäne Landschaftsentwicklung und aktuelle Vegetation im Fimbertal (Val Fenga, Tirol Graubünden). – Phytocoenologia 27, (3), 353–453, Berlin/Stuttgart.

BAUMGARTNER, A., E. REICHEL & G. WEBER (1983): Der Wasserhaushalt der Alpen. München, Wien.

BÄTZING, W. (1991): Die Alpen. Entstehung und Gefährdung einer europäischen Kulturlandschaft. – München, 286 S.

BÄTZING, W. (1997): Kleines Alpenlexikon. Beck, München.

BÄTZING, W. (1998a): Ausgewogene Doppelnutzung. – CIPRA Info 50, 12–13.

BÄTZING, W. (1998b): Zwischen Verstädterung und Entsiedlung. – In: Internationale Alpenschutzkommission CIPRA, Hrsg., Alpenreport, 94–101, Haupt, Bern.

BÄTZING, W., K.B. CADOLA, TH. BUSER, H. GERHARDINGER, CH. HESS, M. KASPER, M. PERLIK, P. SCHICHAN, M. STREMLOW & S. SÜESS (1993): Der sozioökonomische Strukturwandel des Alpenraumes im 20. Jahrhundert. – Geographica Bernensia, P 26, 1–156, Bern.

BAYARD, M. & F.H. SCHWEINGRUBER (1991): Ein Baumgrenzstandort: Das Wildwasserbett der Maggia im Tessin, Schweiz. Eine dendroökologische Studie. – Botanica Helvetica 101, (1), 9–28.

BEAULIEU, J.L., G. MONJUVENT & G. NICOUD (1991): Chronology of the Würmian glaciation in the French Alps: a survey and new hypotheses. – In: FRENZEL, B., Hrsg., Klimageschichtliche Probleme der letzten 130.000 Jahre, 435–448.

BENEDICT, J.B. (1976): Frost creep and gelifluction features: a review. – Quaternary Research 6, 55–76.

BENISTON, M. (1997): Variations of snow depth and duration in the Swiss Alps over the last 50 years: Links to changes in large-scale climatic forcing. – Climatic Change 36, (3–4), 281–300.

BENISTON, M., M. REBETEZ, F. GIORGI & M.R. MARINUCCI (1994): An analysis of regional climate change in Switzerland. – Thoeretical and Applied Climatology 49, 135–159.

BERCHTEL, R. (1991): Alpwirtschaft im Bregenzerwald. – Innsbrucker Geographische Studien 18, 1–155.

BERNHAUPT, P. (1980): Zum Problem der Bodenerosion in Almgebieten am Beispiel der Planneralm, Wölzer Tauern, Steiermark. – Interpraevent 1, 291–308.

BEUG, H.-J. (1957): Untersuchung zur spätglazialen und frühpostglazialen Floren und Vegetationsgeschichte weniger Mittelgebirge (Fichtelgebirge, Harz und Rhön). – Flora 145, 167–211.

BEZINGE, A. (1987): Glacial Meltwater Streams, Hydrology and Sediment Transport: the Case of the Grande Dixence Hydroelectricity Scheme. – In: CLARK, M.J. & A.M. GURNELL, eds., Glacio-fluvial Sediment Transfer.

BIBUS, E. & M. KÖSEL (1996): Paläopedologische Klimazeugen zur Untergliederung des Risseiszeiten-Komplexes im Rheingletschergebiet. – Eiszeitalter u. Gegenwart 46, 65–90.

BINI, A., M.B. CITA & M. GAETANI (1978): Southern Alpine Lakes – Hypothesis of an Erosional Origin Related to the Messinian Entrenchment. – Marine Geology 27, 271–288.

BIRKENHAUER, J. (1980): Die Alpen. – Schöningh, Paderborn, 231 S.

BIRKS, H.J.B. & J.M. LINE (1993): Glacial refugia of european trees – a matter of chance? – Diss. Bot. 196 283–291.

BLASER, P., P. KERNEBEEK, L. TEBBENS, N. VAN BREEMEN & J. LUSTER (1997): Cryptopodzolic Soils in Switzerland. – European Journal of Soil Science 48, 411–423.

BLÄTTLER, R., H. HAGEDORN, D. BUSCHE & R. BAUMHAUER (1995): Sedimentary behavior of the alpine Ruetz River (Stubai Valley, Tyrol, Austria) in historical times. – Z. Geomorph. N.F., Suppl.-Bd., 100, 101–113.

BLECHSCHMIDT, G. (1996): Blaikenbildung in den nördlichen Kalkalpen – ein Aspekt quasinatürlicher Reliefformung im Hochgebirge am Beispiel des Karwendels und der Miesbacher Alpenregion. – Geoökodynamik 17, (3/4), 271–295.

BLESS, R. (1982): Postglaziale Schwankungen des Glacier d' Argentière. – Physische Geographie 1, 187–194.

BOCHTER, R. (1981): Humus und Humusschwund im Gebirge. – Nationalpark Berchtesgaden, Forschungsberichte 2, 1–110.

BOCHTER, R. (1984): Böden naturnaher Bergwaldstandorte auf carbonatreichen Substraten. – Nationalpark Berchtesgaden, Forschungsberichte 6,1–212.

BOGGERO, A., A. BARBIERI, J. DE JONG, A. MARCHETTO & R. MOSELLO (1998): Chemistry and critical loads of Alpine lakes in Canton Ticino (Southern Central Alps). – Aquatic Sciences 60, (4), 300–315.

BÖGLI, A. (1964): Mischungskorrosion, ein Beitrag zum Verkarstungsproblem. – Erdkunde 2, Bonn.

BÖGLI, A. (1971): Karstdenudation – das Ausmaß des korrosiven Kalkabtrags. – Regio Basiliensis 12, 352–361.

BORK, H.-R., H. BORK, C. DALCHOW, B. FAUST, H.-P. PIORR & T. SCHATZ (1998): Landschaftsentwicklung in Mitteleuropa. – Klett, Gotha, 328 S.

BORTENSCHLAGER, S. & G. PATZELT (1969): Wärmezeitliche Klima- und Gletscherschwankungen im Pollenprofil eines hochgelegenen Moores (2270 m) der Venedigergruppe. – Eiszeitalter u. Gegenwart 20, 116–122.

BORTENSCHLAGER, S. (1970): Waldgrenz- und Klimaschwankungen im pollenanalytischen Bild des Gurgler Rotmooses. – Mitt. Ostalp.-din. Ges. Vegetationskde. 11, 19–26.

BORTENSCHLAGER, I. (1976): Beiträge zur Vegetationsgeschichte Tirols II: Kufstein-Kitzbühl-Pass Thurn. – Ber. naturw.-med. Ver. Innsbruck 63, 105–137.

BORTENSCHLAGER, S. (1977): Ursachen und Ausmaß postglazialer Waldgrenzschwankungen in den Ostalpen. – In: FRENZEL, B., Hrsg., Dendrochronologie und postglaziale Klimaschwankungen in Europa, 260–266, Wiesbaden.

BORTENSCHLAGER, I. & I. NEUWINGER (1994): Pollenanalytische Untersuchung eines mächtigen Boden-Profils in 3000 m. – Diss. Bot. 234, 207–213.

BOSCH, J.M. & J.D. HEWLETT (1982): A review of catchment experiments to determine the effect of vegetation changes on water yield and evapotranspiration. – J. of Hydrol. 55, 3–33.

BRADLEY, R. (1999): Paleoclimatology. Reconstructing climates of the Quaternary. – International Geophysics Series 64, Academic Press, San Diego, 1–613.

BRANDNER, R. (1980): Tektonisches Profil durch Ost- und Südalpen. – In: Tirol-Atlas, Tektonische Übersichtskarte von Tirol, C 3, Institut für Landeskunde, Universität Innsbruck.

BRAUER, A., CH. ENDRES & J.F.W. NEGENDANK (1999): Lateglacial calendar year chronology based on annually laminated sediments from Lake Meerfelder Maar, Germany. – Quaternary International 61, (1), 17–25.

BRAUN-BLANQUET, J. (1928): Pflanzensoziologie. – Biol. Studienbücher 7, Springer, Berlin, 1–330.

BRAUN-BLANQUET, J. & H. JENNY (1926): Vegetationsentwicklung und Bodenbildung in der alpinen Stufe der Zentralalpen. – Denkschrift Schweiz. Naturf. Ges. 63, (2), 183–349.

BRAUN-BLANQUET, J., H. PALLMANN & R. BACH (1954): Pflanzensoziologische und bodenkundliche Untersuchungen im schweizerischen Nationalpark und seinen Nachbargebieten II: Vegetation und Boden der Wald- und Zwergstrauchgesellschaften (Vaccinio-Piceetalia). – Erg. Wiss. Unters. Schweiz. Nationalpark N.F. 4, 1–200.

BREINLINGER, R., P. GAMMA & R. WEINGARTNER (1991): Kenngrössen kleiner Einzugsgebiete. – In: Landeshydrologie und -geologie, Hrsg., Hydrologischer Atlas der Schweiz, Bern.

BRIAT, M. (1978): Evaluation of levels ob Pb, V, Cd, Zn and Cu in the snow of Mont Blanc during the last 25 years. – Atmos. Poll. 1, 225–227.

BROGGI, M.F. (2000): Tun und Unterlassen in der Landschaft. – Umweltfakten 1, 5–7.

BROGGI, M.F. & W.J. REITH (1984): Beurteilung von Wasserkraftwerksprojekten aus der Sicht des Natur- und Heimatschutzes. – Bern, 346 S.

BRZEZIECKI, B., F. KIENAST & O. WILDI (1995): Modelling potential impacts of climate change on the spatial distribution of zonal forest communities in Switzerland. – Journal of Vegetation Science 6, 257–268.

Bundesamt für Wasserwirtschaft, Landeshydrologie und -geologie, Eidgenössisches Departement des Innern, Eidgenössisches Verkehrs- und Energiewirtschaftsdepartement & Bundesamt für Umwelt, Wald und Landschaft (1991): Ursachenanalyse der Hochwasser 1987. – Mitteilungen des Bundesamtes für Wasserwirtschaft 5, 1–47.

BURCH, H., P. FORSTER, P. SCHLEPPI & D. STADLER (1996): Einfluss des Waldes auf Hochwasser aus kleinen voralpinen Einzugsgebieten. – Interpraevent 1996, (1), 159–169.

BURGA, C. (1987): Vegetationsgeschichte seit der Späteiszeit. – Geographica Helvetica 42, (2) 71–77.

BURGA, C. (1991): Palynologische Hinweise zu nacheiszeitlichen Klimaschwankungen in den Zentralalpen: Das Mittelholozäne Wärmeoptimum. – Geographica Helvetica 46, (4) 178–182.

BURGA, C. & R. PERRET (1998): Vegetation und Klima der Schweiz seit dem jüngeren Erdzeitalter. – Ott, Thun, 805 S.

BURGER, H. (1954): Einfluss des Waldes auf den Wasserhaushalt. – Mitt. Arbeitskreis ‚Wald und Wasser' 1, 8–15.

BURGER, R. (1972): Studien über die Bodenbildung und Bodenreifung in den Hohen Tauern (Grossglocknergebiet). – Diss., Wien.

CERNUSCA, A. (1984): Ökologische Auswirkungen des Baues und Betriebes von Schipisten. – Interpraevent 3, 57–77.

CERNUSCA, A. & M.C. SEEBER (1989): Phytomasse, Bestandesstruktur und Mikroklima von Grasland-Ökosystemen zwischen 1612 und 2300 m MH in den Alpen. – In: Österr. Akad. d. Wiss., Hrsg., Struktur und Funktion von Graslandökosystemen im Nationalpark Hohe Tauern, Innsbruck, 331–356.

CHEMNI, C. & G. NICOLINI (1998): Biologische Vielfalt in mehr als 30.000 Arten. – In: Internationale Alpenschutzkommission CIPRA, Hrsg., Alpenreport, Haupt, Bern, 54–57.

CLARK, M.J. (1987): The Alpine sediment system: A context for glacio-fluvial processes. – In: GURNELL, A.M. & M.J. CLARK, eds., Glacio-fluvial Sediment Transfer, 9–31.

COSTA, J.E. (1991): Nature, mechanics and mitigation of the Val Pola Landslide, Valtellina, Italy, 1987–1988. – Zeitschrift für Geomorphologie N.F. 35, (1), 15–38.

CREUTZBURG, N. (1921): Die Formen der Eiszeit im Ankogelgebiet. – Ostalpine Formenstudien 2, (1).

DANZ, W. (1970): Aspekte einer Raumordnung in den Alpen. – WGI-Berichte zur Regionalforschung 1, München.

DEFANT, F. & H.T. MÖRTH (1978): Synoptic meteorology. – In: WMO, ed., Compendium of meteorology 1, (3), Genf .

DETTLI, R. & J. MARKARD (2001): Forschungsprogramm „Energiewirtschaftliche Grundlagen". – WWW.EWG-BFE.CH./KENELE_D.PDF, Schweiz. Bundesamt für Energie, 74 S.

DIETMANN, T. & L. SPANDAU (1996): Renaturierung eines Skigebietes: Beitrag zu einem sanften Tourismus im Alpenraum? – Geographische Rundschau 48, (3), 152–158.

DIETRICH, D. & C. SCHLATTER (1989): Low level of aluminium causing death of brown trout (*Salmo trutta fario* L.) in Swiss alpine lakes. – Aquatic Sciences 51, (4), 279–295.

DIRNBÖCK, T. & G. GRABHERR (2000): GIS assessment of vegetation and hydrological change in a high mountain catchment of the Northern Limestone Alps. – Mountain Research and Development 20, 172–179.

DOMMERMUTH, C. (1996): Die Gefährdung alpiner Ökosysteme durch beschleunigten Bodenabtragung – am Beispiel des Jennergebietes im Nationalpark Berchtesgaden. – Geoökodynamik 17, (3/4), 251–270.

DOPPLER, G. & H. JERZ (1995): Untersuchungen im Alt- und Ältestpleistozän des bayerischen Alpenvorlandes – geologische Grundlagen und stratigraphische Ergebnisse. – Geologica Bavarica 99, 7–53.

DÖSCHER, A., H.W. GÄGGELER, U. SCHOTTERER & M. SCHWIKOWSKI (1996): A historical record of ammonium concentration from a glacier in the Alps. – Geophysical Research Letters 23, (20), 2741–2744.

DREVER, J.I. & J. ZOBRIST (1992): Chemical weathering of silicate rocks as a function of elevation in the southern Swiss Alps. – Geochimica et Cosmochimica Acta 56, 3209–3216.

EBERL, R. (1930): Die Eiszeitenfolge im nördlichen Alpenvorland (Iller-Lech-Gletscher). – Filser, Augsburg.

EGLI, M. & A. MIRABELLA (2001): Bodenkundliche Untersuchungen im spät- und postglazialen Bereich des Hinteren Lauterbrunnentals (Berner Oberland, Schweiz). – Geographica Helvetica 56, (2), 117–132.

EGLI, M., P. FITZE & A. MIRABELLA (2001): Weathering and evolution of soils formed on granitic, glacial deposits: results from chronosequences of Swiss alpine environments. – Catena 45, 19–47.

EHM, E. (1998): 10.000 Hütten auf dem Wasserschloss Europas. – In: Internationale Alpenschutz-Kommission CIPRA, Hrsg., Alpenreport, Haupt, Bern, 260–264.

EICHER, U. (1987): Die spätglazialen sowie die frühpostglazialen Klimaverhältnisse im Bereiche der Alpen: Sauerstoffisotopenkurven kalkhaltiger Sedimente. – Geographica Helvetica 42, (2), 99–104.

EICHER, U. (1991): Oxygen isotope studies in lacustrine carbonate sediments. – In: FRENZEL, B., ed., Evaluation of climate proxy data in relation to the European Holocene, Fischer, Stuttgart, 171–174.

ELLENBERG, H. (1996): Vegetation Mitteleuropas mit den Alpen. – Ulmer, Stuttgart, 1095 S.

ELLWANGER, D., E. BIBUS, W. BLUDAU, M. KÖSEL & J. MERKT (1995): Baden-Württemberg. – In: BENDA, L., Hrsg., Das Quartär Deutschlands, 255–295.

ELLWANGER, D., M. FIEBIG, J. HEINZ & W. BLUDAU (1999): Quartärgeologie des mittleren Rheingletschergebietes (Bittelschiess, Höchsten, Hosskirch, Ostrach). (Exkursion L am 9. April 1999). Jahresberichte und Mitteilungen des Oberrheinischen geologischen Vereins 81, 217–230.

ENGLER, A. (1919): Einfluss des Waldes auf den Stand der Gewässer. – Mitt. Eidgen. Anstalt f. d. Forstl. Versw. 12.

ERONEN, M. & P. HUTTUNEN (1993): Pine megafossils as indicators of Holocene climatic changes in Fennoscandia. – In: FRENZEL, B., ed., Oscillations of the alpine and polar tree limits in the Holocene, Fischer, Stuttgart, 29–40.

FAO-UNESCO (1974): Soil map of the world. – Legend, Paris.

FAO-UNESCO (1994): Soil map of the world, revised legend, with corrections. – Technical paper 20, Wageningen.

FELIX, R. & B. JOHANNES (1995): Bodenerosionsuntersuchungen auf Testparzellen im Kalkhochgebirge. – Mitt. Öster. Geogr. Ges. 137, 76–92.

FEUVRIER, J.-P. (1998): Espace Mont Blanc – Schutz und Nutzung international. In: Internationale Alpenschutz-Kommission CIPRA, Hrsg., Alpenreport, Haupt, Bern, 216–220.

FIRBAS, F. (1949): Spät- und nacheiszeitliche Waldgeschichte Mitteleuropas nördlich der Alpen: Allgemeine Waldgeschichte. Fischer, Jena.

FISCHER, K. (1994): Deutschlands Alpenanteil. – In: LIEDTKE, H. & J. MARCINEK, Hrsg., Physische Geographie Deutschlands, Justus Perthes, Gotha, 478–501.

FITZE, P. (1982): Einige Bemerkungen zum Zeitfaktor bei der Bodenbildung. – Phys. Geographie, Zürich, 1, 73–82.

FITZSIMONS, S.J. & H. VEIT (2001) : Geology and Geomorphology of the European Alps and the Southern Alps of New Zealand. – Mountain Research and Development 21, (4), 340–349.

FLIRI, F. (1971): Neue klimatologische Querprofile der Alpen – ein Energiehaushalt. – Ann. Met. N.F. 5, 93–97.

FLIRI, F. (1973): Beiträge zur Geschichte der alpinen Würmvereisung: Forschungen am Bänderton von Baumkirchen (Inntal, Nordtirol). – Z. f. Geomorph., Suppl.-Bd., 16, 1–14.

FLIRI, F. (1975): Das Klima der Alpen im Raume von Tirol. – München, 545 S.

FLIRI, F. (1991): Die Schneeverhältnisse in Nord- und Osttirol in der Periode 1895– 1991. – Mitt. Österr. Geogr. Ges. 133, 7–25.

FLIRI, F. (1993): Der Niederschlag in Tirol in den letzten 150 Jahren. – Züricher Geogr. Schriften 53, 60.

FLÜCKIGER, W. & S. BRAUN (1998): Nitrogen deposition in Swiss forests and its possible relevance for leaf nutrient status, parasite attacks and soil acidification. – Environmental Pollution 102, (S1), 69–76.

FRANZ, H. (1979): Ökologie der Hochgebirge. – Stuttgart, 495 S.

FRANZ, H. (1990): Die Biogeographie und Ökologie der Alpen im Lichte ihrer jüngsten geologischen Geschichte. – Sitzungsberichte Österreichische Akademie der Wissenschaften 198, 5–10.

FRAUENFELDER, R. (1998): Permafrostuntersuchungen mit GIS. Eine Studie im Fletschhorngebiet. – Mitteilungen der Versuchsanstalt für Wasserbau, Hydrologie und Glaziologie, Zürich, 158, 55–68.

FREI, C. & C. SCHÄR (1998): A Precipitation Climatology of the Alps from High-Resolution Rain-Gauge Observations. – International Journal of Climatology 18, 873–900.

FRIEDEL, H. (1938): Die Pflanzenbesiedlung im Vorfeld des Hintereisferners. – Z. Gletscherkunde u. Glazialgeologie 26, (3).

FRISCH, W., J. KUHLEMANN, I. DUNKL & B. SZEKELY (2001): The Dachstein paleosurface and the Augenstein formation in the Northern Calcareous Alps – a mosaic stone in the geomorphological evolution of the Eastern Alps. – Int. Journ. Earth Sci. 90, (3), 500–518.

FRITZ, P. (1976): Gesteinsbedingte Standorts- und Formen-Differenzierung rezenter Periglazialerscheinungen in den Ostalpen. – Mitt. Österr. Geogr. Ges. 118, (1), 237–273.

FURRER, G., M. MAISCH & C. BURGA (1984): Übersicht zur spät- und postglazialen Klima-, Gletscher- und Vegetationsgeschichte Graubündens. – Diss. Bot. 72, 87–115.

FURRER, G., C. BURGA, M. GAMPER, H.-P. HOLZHAUSER & M. MAISCH (1987): Zur Gletscher-, Vegetations- und Klimageschichte der Schweiz seit der Späteiszeit. – Geographica Helvetica 42, (2), 61–91.

GAMBINO, R. & BROGGI, M.F. (1998): Plädoyer für ein alpenweites Netz von Schutzgebieten. – In: Internationale Alpenschutz-Kommission CIPRA, Hrsg., Alpenreport, Haupt, Bern, 192–200.

GAMPER, M. (1981): Heutige Solifluktionsbeträge von Erdströmen und klimamorphologische Interpretation fossiler Böden. – Erg. wiss. Unters. Schweizer Nationalpark 15, (79), 355–443.

GAMPER, M. (1985): Morphochronologische Untersuchungen an Solifluktionszungen, Moränen und Schwemmkegeln in den Schweizer Alpen. – Phys. Geographie 17, 1–115.

GAMPER, M. (1986): Mikroklima und Solifluktion: Resultate von Messungen im schweizerischen Nationalpark in den Jahren 1975 – 1985. – Göttinger Geogr. Abh. 84, 31–44.

GAMPER, M. (1987): Postglaziale Schwankungen der geomorphologischen Aktivitäten in den Alpen. – Geographica Helvetica 2, 77–88.

GAMPER, M. & J. SUTER (1982): Postglaziale Klimageschichte der Schweizer Alpen. – Geographica Helvetica 37, (2), 105–114.

GAMS, H. (1949): Überblick über die Floren- und Vegetationsgeschichte Tirols. – Der Schlern, 23–25.

GAMS, H. (1963): Waldgrenzenverschiebungen und Palynologie. – Grana Palynol. 4, (2), 292–301.

GEBHARDT, H. (1984): Hydroenergie und Industrie im Alpenraum. Geogr. Rdsch. 36, (8), 410–416.

GEBHARDT, H. (1990): Industrie im Alpenraum – alpine Wirtschaftsentwicklung zwischen Außenorientierung und endogenem Potential. – Erdkundliches Wissen 99, Stuttgart, 1–283.

GEES, A. (1997): Analyse historischer und seltener Hochwasser in der Schweiz. Bedeutung für das Bemessungshochwasser. – Geographica Bernensia G 53, 1–156.

GEITNER, C. (1999): Sedimentologische und vegetationsgeschichtliche Untersuchungen an fluvialen Sedimenten in den Hochlagen des Horlochtales (Stubaier Alpen/Tirol). – Münchener Universiätsschriften Reihe B 31, 1–247.

GIGON, A. (1971): Vergleich alpiner Rasen auf Silikat- und Karbonatboden. – Veröff. Geobot. Inst. ETH, Stiftung Rübel, 48, 1–164.

GLÜCKERT, G. (1987): Zur letzten Eiszeit im alpinen und nordeuropäischen Raum. – Geographica Helvetica 42, (2), 93–98.

GOSAR, A. (1998): Industrie im Alpenraum. – Praxis Geographie 28, (2), 18–21.

GOSLAR, T., M. ARNOLD, N. TISNERAT-LABORDE, J. CZERNIK & K. WIECKOWSKI (2000): Variations of Younger Dryas atmospheric radiocarbon explicable without ocean circulation changes. – Nature 403, 877–880.

GOTTFRIED, M., H. PAULI, & G. GRABHERR (1994): Die Alpen im ‚Treibhaus': Nachweise für das erwärmungsbedingte Höhersteigen der alpinen und nivalen Vegetation. – Jb. d. Vereins zum Schutz der Bergwelt e.V., München, 59, 13–27.

GRABHERR, G. (1987): Ökologische Probleme des alpinen Raumes. – Schriftreihe des Deutschen Rates für Landespflege (Natur und Umweltschutz) 52, 124–130.

GRABHERR, G. (1988): Die Seiser Alm. – CIPRA-Schriften 4, 82–90.

GRABHERR, G. (1997): The high-mountain ecosystems of the Alps. – In: WIELGOLASKI, F.E., ed., Polar and Alpine Tundra, Amsterdam, 97–121.

GRABHERR, G., E. MÄHR & H. REISIGL (1978): Nettoprimärproduktion und Reproduktion in einem Krummseggenrasen (*Caricetum curvulae*) der Ötztaler Alpen, Tirol. – Oecologia Plantarum 13, (3), 227–251.

GRABHERR, G. & H. HOHENGARTNER (1989): Die ‚Junggärtnermethode – eine neue Methode zur Renaturierung hochalpiner Rohbodenflächen mit autochthonem Pflanzgut. – Die Bodenkultur 40, (1), 85–98.

GRABHERR, G., M. GOTTFRIED & H. PAULI (1994): Climate effects on mountain plants. – Nature 369, 448

GRABHERR, G., M. GOTTFRIED, A. GRUBER & H. PAULI (1995): Patterns and Current Changes in Alpine Plant Diversity. – In: CHAPIN & C. KÖRNER, eds., Arctic and Alpine Biodiversity, Springer, Berlin, 167–181.

GRAÇANIN, Z. (1972): Die Böden der Alpen. – In: GANSSEN, R., Hrsg., Bodengeographie, Stuttgart, 172–195.

GREIF, F. (1987): Wintersporteinrichtungen und ihre Auswirkungen auf die Land- und Forstwirtschaft. – Bundesanstalt für Agrarwirtschaft, Schriftreihe, 47.

GROSS, G. (1974): Schneegrenzberechnungen an den Gletschern der Silvrettagruppe. Systematischer Vergleich der Bestimmungsmethoden. – Geogr. Hausarbeit, Univ. Innsbruck, 66 S.

GROSS, G., H. KERSCHNER & G. PATZELT (1978): Methodische Untersuchungen über die Schneegrenze in alpinen Gletschergebieten. – Z. für Gletscherkunde u. Glazialgeologie XII, (2), 223–251.

GRUBER, F. (1980): Die Verstaubung der Hochgebirgsböden im Glocknergebiet. – In: FRANZ, H., Hrsg., Untersuchungen an alpinen Böden in den Hohen Tauern 1974–1978. Stoffdynamik und Wasserhaushalt. – Veröffentl. des Österr. MaB-Hochgebirgsprogramms Hohe Tauern 3, 69–90.

GRUNDER, M. & H. KIENHOLZ (1986): Gefahrenkartierung. – In: BOSSHARD, W., Hrsg., Der Naturraum und dessen Nutzung im alpinen Tourismusgebiet von Davos. Ergebnisse des MAB-Projektes Davos, Berichte der Eidgenössischen Anstalt für das forstliche Versuchswesen, Teufen, Kap. 6, 289.

GUGGENBÜHL, H. (1998): Daten zu Verkehr und Transport. – In: Internationale Alpenschutz-Kommission CIPRA, Hrsg., Alpenreport, Haupt, Bern, 442–454.

GURNELL, A.M. (1987): Fluvial Sediment Yield from Alpine, Glacierized Catchments. – In: CLARK, M.J. & A.M. GURNELL, eds., Glacio-fluvial Sediment Transfer, 415–420.

HABBE, K.A. (1989): Die pleistozänen Vergletscherungen des süddeutschen Alpenvorlandes. – Mitt. Geogr. Ges., München, 74, 27–51.

HABBE, K.A. (1998): »In the Alpine area, the classical nomenclature of PENCK & BRÜCKNER has to be abandoned« (SIBRAVA 1986) – Was ist davon zu halten? – Bochumer Geographische Arbeiten 13, 14–22.

HAEBERLI, W. (1973): Die Basis-Temperatur der winterlichen Schneedecke als möglicher Indikator für die Verbreitung von Permafrost in den Alpen. – Z. für Gletscherkunde und Glazialgeologie IX, 221–227.

HAEBERLI, W. (1975): Untersuchungen zur Verbreitung von Permafrost zwischen Flüelapass und Piz Giralesch (Graubünden). – Mitt. d. Versuchsanstalt f. Wasserbau, Hydrologie und Glazialogie 17, 1–221.

HAEBERLI, W. (1982a): Klimarekonstruktionen mit Gletscher-Permafrost-Beziehungen. – Materialien zur Physiogeographie 4, 9–17.

HAEBERLI, W. (1982b): Skipisten im alpinen Permafrost. – Materialien zur Physiogeographie 4, 59–61.

HAEBERLI, W. (1983): Permafrost – glacier relationships in the Swiss Alps – today and in the past. – Permafrost: Fourth Intern. Conference on Permafrost, Proceedings, 415–420.

HAEBERLI, W. (1985): Creep of mountain permafrost: Internal structure and flaw of alpine rock glaciers. – Mitt. d.Versuchsanstalt f.Wasserbau, Hydrologie und Glazialogie 77, 1–142.

HAEBERLI, W. (1991): Zur Glaziologie der letzteiszeitlichen Alpenvergletscherung. – Paläoklimaforschung 1, 409–419.

HAEBERLI, W. (1992): Possible effects of climatic change on the evolution of alpine permafrost. – Catena Suppl. 22, 23–35.

HAEBERLI, W. (1994): Accelerated glacier and permafrost changes in the alps. – In: BENISTON, M., ed., Mountain environments in changing climates, 91–107.

HAEBERLI, W. & C. SCHLÜCHTER (1987): Geological evidence to constrain modelling of the Late Pleistocene Rhonegletscher (Switzerland). – IAHS 170, 333–346.

HAEBERLI, W. & M. FUNK (1991): Borehole temperatures at the Colle Gnifetti core-drilling site (Monte Rosa, Swiss Alps). – Journal of Glaciology 37, (125), 37–46.

HAEBERLI, W., W. RELLSTAB & W.D. HARRISON (1984): Geothermal effects of 18 ka BP ice – conditions in the Swiss Plateau. – Annals of Glaciology 5, 56–60.

HAEBERLI, W., M. WEGMANN & D. VONDER MÜHLL (1997): Slope stability problems related to glacier shrinkage and permafrost degradation in the Alps. – Eclogae Geologicae Helveticae 90, 407–414.

HAEBERLI, W., A. KÄÄB, M. HOELZLE, H. BÖSCH, M. FUNK, D. VONDER MÜHLL & F. KELLER (1999): Eisschwund und Naturkatastrophen im Hochgebirge. – vdf Hochschulverlag, Zürich,190 S.

HAJDAS, I., S.D. IVY, J. BEER, G. BONANI, D. IMBODEN, A.F. LOTTER, M. STURM & M. SUTER (1993): AMS radiocarbon dating and varve chronology of Lake Soppensee: 6'000 to 12'000 ^{14}C years BP. – Climate Dynamics 9, 107–116.

HALDER, U. & B. LA ROCHE (1976): Aletsch. Eine naturkundliche Einführung. – Verl. Schweiz. Bund f. Naturschutz, Basel, 88 S.

HAMELE, H., J. PERRET, D. BERNT, D. SIEGRIST & E. CAMANNI (1998): Viele Tourismus-Philosophien in den Alpen. – In: Internationale Alpenschutz-Kommission CIPRA, Hrsg., Alpenreport, Haupt, Bern, 231–243.

HANDTKE, R. (1992): Eiszeitalter. Die jüngste Erdgeschichte der Alpen und ihrer Nachbargebiete. – Ecomed, Landsberg, 730 S.

HASERODT, K. (1965): Untersuchungen zur Höhen- und Altersgliederung der Karstformen in den Nördlichen Kalkalpen. – Münchner Geogr. Hefte 27, 1–114.

HEGG, O. (1984): Langfristige Auswirkungen von Düngung auf einige Arten des Nardetums auf der Schynigen Platte ob Interlaken. – Angewandte Botanik 58, 141–145.

HEGG, O., U. FELLER, W. DÄHLER & C. SCHERRER (1992): Long term influence of fertilization in a Nardetum. – Vegetatio 103, 151–158.

HEIKKINEN, O. & P. FOGELBERG (1980): Bodenentwicklung im Hochgebirge: Ein Beispiel vom Vorfeld des Steingletschers in der Schweiz. – Geographica Helvetica 35, (3), 107–112.

HERREN, E., M. HOELZLE & M. MAISCH (2001): The Swiss Glaciers 1997/98 and 1998/99. – Glaciological Report. Glaciological Commission of the SwissAcademy of Sciences and Laboratory of Hydraulics, Hydrology and Glaciology (ETHZ), 199/120, Zürich, 1–75.

HESS, P. & H. BREZOWSKY (1969): Katalog der Großwetterlagen Europas. – Ber. des deutschen Wetterdienstes 113, Offenbach, 1–70.

HEUBERGER, H. (1966): Gletschergeschichtliche Untersuchungen in den Zentralalpen zwischen Sellrain und Ötztal. – Wissenschaftl. Alpenvereinshefte 20, 1–126.

HEUBERGER, H. (1994): The giant landslide of Köfels, Ötztal,Tyrol. – Mountain Research and Development 14, (4), 290–294.

HINDERER, M. (1999): Klimagesteuerte Denudations-Sedimentakkumulations-Systeme: Massenbilanzen, Modellierung und Anwendung. – Geowissenschaftliche Fakultät der Universität Tübingen; unveröff. Habil.-Schrift, 77 S.

HINDERER, M. (2001): Late Quaternary Denudation of the Alps, Valley and Lake Filling, and Modern River Loads. – Geodinamica Acta 14, 1–33.

HOELZLE, M. (1994): Permafrost und Gletscher im Oberengadin. – Mitteilungen der VAW 132, 1–121.

HOELZLE, M., D. VONDER MÜHLL, M. SCHWIKOWSKI & H.W. GÄGGELER (2000): Die Gletscher der Schweizer Alpen 1998/1999. – Die Alpen 10, 22–33.

HÖFER, H.V. (1879): Gletscher- und Eiszeitstudien. – Sitzungsber. der Akad. der Wiss., Wien, Math.-naturw. Kl. 1, (79), 331–367.

HÖFNER, T. (1995): Fluvial dynamics in the periglacial belt of the Central Austrian Alps. – Z. f. Geomorph. N.F., Suppl.-Bd., 100, 159–166.

HOINKES, H.C. (1969): Surges of the Vernagtferner in the Ötztal Alps since 1599. – Canadian Journal of Earth Sciences 6, 853–861.

HOINKES, H.C. (1970): Methoden und Möglichkeiten von Massenhaushaltsstudien auf Gletschern. Ergebnisse der Messreihe Hintereisferner (Ötztaler Alpen) 1953–1968. – Z. f. Gletscherkde. u. Glazialgeologie 6, 37–90.

HOLDHAUS, K. (1954): Die Spuren der Eiszeit in der Tierwelt Europas. – Abh. zool. bot. Ges. Wien 18, 1–493.

HOLTMEIER, F.-K. (1981): What does the Term 'Krummholz' really mean? Observations with special reference to the Alps and the Colorado Front Range. – Mountain Research and Development 1, (3–4), 253–260.

HOLTMEIER, F.-K. (1999): Tiere als ökologische Faktoren in der Landschaft. – Arbeiten aus dem Institut für Landschaftsökologie Westfälische Wilhelms-Universität 6, Verlag Natur und Wissenschaft Harro Hieronimus, Münster, 1–348.

HOLZHAUSER, H. (1997): Fluctuations of the Grosser Aletsch Glacier and the Gorner Glacier during the last 3200 years: new results. – In: FRENZEL, B., ed., Glacier fluctuations during the Holocene, Stuttgart, 35–58.

HOLZHAUSER, H. & H.J. ZUMBÜHL (1999): Nacheiszeitliche Gletscherschwankungen. – In: Landeshydrologie und -geologie, Hrsg., Hydrologischer Atlas der Schweiz, Bern.

HORMES, A., C. SCHLÜCHTER & T. STOCKER (1998): Minimal extension phases of Unteraarglacier (Swiss Alps) during the Holocene based on C-14 analysis of wood. – Radiocarbon 40, 809–817.

HORMES, A., B.U. MÜLLER & CH. SCHLÜCHTER (2001): The Alps with litte ice: evidence for eight Holocene phases of reduced glacier extent in the Central Swiss Alps. – The Holocene 11, (3), 255–265.

HOUGHTON, J.T., Y. DING, D.J. GRIGGS, M. NOGUER, P.J. VAN DER LINDEN & D. XIAOSU (eds., 2001): Climate Change 2001: The Scientific Basis. Contribution of Working Group I to the Third Assessment Report of the Intergovernmental Panel on Climate Change (IPCC). – Cambridge University Press, Cambridge.

HUSEN, D.v. (1987): Die Ostalpen in den Eiszeiten. – Geologische Bundesanstalt, Wien, 24 S.

HÜTTL, C. (1999): Steuerungsfaktoren und Quantifizierung der chemischen Verwitterung auf dem Zugspitzplatt (Wettersteingebirge, Deutschland). – Münchner Geographische Abhandlungen, Reihe B, 30, 1–171.

HÜTTL, C., K. RÖGNER & O. SASS (1995): Erste Ergebnisse von Studien zu Verwitterungsprozessen in den Kalkhochalpen (Wetterstein- und Karwendelgebirge) unter besonderer Berücksichtigung der Karbonatlösung und der klastischen Schuttbildung. – Mitt. Öster. Geogr. Ges. 137, 51–75.

JAESCHE, P. (1999): Bodenfrost und Solifluktionsdynamik in einem alpinen Periglazialgebiet (Hohe Tauern, Osttirol). – Bayreuther Geow. Arb. 20, 1–136.

JAKOB, A. & M. SPREAFICO (1997): Schwebstoffkonzentrationen und -frachten in Fliessgewässern. – In: Landeshydrologie und -geologie, Hrsg., Hydrologischer Atlas der Schweiz, Bern.

JÄGER, H. (1987): Der Ausbau der Wasserkraft zur Stromgewinnung in den Alpen. – In: WERLE, O., Hrsg., Hochgebirge. Ergebnisse neuer Forschungen. Frankf. Beitr. zur Didaktik der Geographie, 141–165.

JENNY, H. (1930): Hochgebirgsböden. – In: BLANCK, E., Hrsg., Handbuch der Bodenlehre, Berlin, 96–118.

JERZ, H. (1995): Bayern. – In: BENDA, L., Hrsg., Das Quartär Deutschlands, Borntraeger, Berlin, 296–326.

JONES, P.D., T.J. OSBORN & K.R. BRIFFA (1997): Estimating sampling errors in large-scale temperature averages. – J. Climate 10, 2548–2568.

JONES, P.D., T.J. OSBORN, K.R. BRIFFA, C.K. FOLLAND, E.B. HORTON, L.V. ALEXANDER, D.E. PARKER & N.A. RAYNER (2001): Adjusting for sampling density in grid box land and ocean surface temperature time series. – Journal of Geophysical Research (in press).

JUNG-HÜTTL, A. (1994): Alpen auf Talfahrt – Bergstürze drohen viele Täler der Alpen zu verschütten. – Bild der Wissenschaft 5, 40–44.

JUNGO, P. & M. BENISTON (2001): Changes in the anomalies of extreme temperature anomalies in the 20th Century at Swiss climatological stations located at different latitudes and altitudes. Theor. and Appl. Clim. 69, 1–12.

KASSER, P. (1959): Der Einfluss von Gletscherrückgang und Gletschervorstoss auf den Wasserhaushalt. – Wasser- u. Energiewirtschaft 6, 155–168.

KASSER, P. (1973): Gletscherveränderungen, Gletscherabfluss und Klima. – Mitt. Vers. Anst. Wasserbau u. Erdbau, ETH Zürich, 10, 155–168.

KÄÄB, A. (1996): Photogrammetrische Analyse zur Früherkennung gletscher- und permafrostbedingter Naturgefahren im Hochgebirge. – Mitteilungen der VAW 145, 1–182.

KELLER, F. (1994): Interaktionen zwischen Schnee und Permafrost – eine Grundlagenstudie im Oberengadin. Mitteilungen der VAW 127, 145–145.

KELLER, H.M. & T. STROBEL (1982): Water balance and nutrient budgets in subalpine basins of different forest cover. – In: Proc. Symp. Hydrolog. Research Basins, Sonderheft Landeshydrologie, Bern, 638–696.

KERSCHNER, H. (1978): Paleoclimatic inferences from Late Würm Rock Glaciers, Eastern Central Alps, Western Tyrol, Austria. – Arctic and Alpine Research 10, (3), 635–644.

KERSCHNER, H. (1985): Quantitative palaeoclimatic inferences from lateglacial snowline, timberline and rock glaciers data, Tyrolean Alps, Austria. – Z. für Gletscherkunde und Glazialgeologie 21, 363–369.

Kerschner, H. (1986): Zum Sendersstadium im Spätglazial der nördlichen Stubaier Alpen, Tirol. – Z. f. Geomorph. N.F. Suppl. 61, 65–76.

Kerschner, H. & E. Berktold (1982): Spätglaziale Gletscherstände und Schuttformen im Senderstal, nördliche Stubaier Alpen, Tirol. – Z. für Gletscherkunde und Glazialgeologie 17, (2), 125–134.

Kienast, F., B. Brzeziecki & O. Wildi (1995): Simulierte Auswirkungen von postulierten Klimaveränderungen auf die Waldvegetation im Alpenraum. – Angew. Landschaftsökologie 4, 83–101.

King, L. (1974): Studien zur postglazialen Gletscher- und Vegetationsgeschichte des Sustenpassgebietes. – Basler Beitr. z. Geographie 18, 1–123.

Kinzl, H. (1929): Beiträge zur Geschichte der Gletscherschwankungen in den Ostalpen. – Z. f. Gletscherkunde XVII, (1–3), 66–121.

Kinzl, H. (1932): Die grössten nacheiszeitlichen Gletschervorstösse in den Schweizer Alpen und in der Mont-Blanc-Gruppe. – Z. f. Gletscherkunde 20, 269–397.

Klebelsberg, R. von (1950): Das Silltal bei Matrei. Aus seiner jüngsten geologischen Vergangenheit. – Schlern-Schrift 84, 76–86.

Kleesattel, W. (1999): Überleben in Eis, Wüste und Tiefsee: wie Tiere Extreme meistern. Wissenschaftliche Buchgesellschaft, Darmstadt.

Knüsel, P. (1998): Heliskiing – Fun für wenige zum Ärger von vielen. – In: Internationale Alpenschutz-Kommission CIPRA, Hrsg., Alpenreport, Haupt, Bern, 272–274.

Kölbel-Deicke, H. & H. Heuberger (1987): Large-scale snow depletion of the Gurgl Valley, Ötztal, Tyrol, Austria, showing habitat variety in an alpine terrain (with map Obergurgl Süd, Scale 1:5,000). – Mountain Research and Development 7, (4), 387–404.

Körner, C. (1977): Evapotranspiration und Transpiration verschiedener Pflanzenbestände im alpinen Grasheidegürtel der Hohen Tauern. – In: Cernusca, A., Hrsg., Alpine Grasheide Hohe Tauern. Ergebnisse der Ökosystemstudie 1976, Innsbruck, 47–68.

Körner, C. (1980): Zur anthropogenen Belastbarkeit der alpinen Vegetation. – Verh. Ges. Oekol. 8, 451–461.

Körner, C. (1998): A re-assessment of high elevation treeline positions and their explanation. – Oecologia 115, 445–459.

Körner, C. (1999a): Alpine plants: stressed or adapted? – In: Press, M.C., J.D. Scholes & M.G. Barker, eds., Physiological Plant Ecology, Blackwell, Oxford, 297–311.

Körner, C. (1999b): Alpine plant life. – Springer, Berlin, 338 S.

Körner, C. & J.A.P.V. De Moraes (1979): Water potential and diffusion resistance in alpine cushion plants on clear summer days. – Oecol. Plant. 14, 109–120.

Körner, C. & M. Diemer (1987): In situ photosynthetic responses to light, temperature and carbon dioxide in herbaceous plants from low and high altitude. – Funct. Ecol. 1, 179–194.

Körner, C. & U. Renhardt (1987): Dry matter partitioning and root length/leaf area ratios in herbaceous perenial plants with diverse altitudinal distribution. – Oecologia 74, 411–418.

Körner, C. & S. Hättenschwiler (1998): Die Alpen und das CO2–Problem. Biologische Perspektiven. – vdf Hochschulverlag, Zürich, 137 S.

Körner, C., G. Wieser & A. Cernusca (1989): Der Wasserhaushalt waldfreier Gebiete in den Österreichischen Alpen zwischen 600 und 2.600 m Höhe. – Veröff. österr. MAB-Programms 13, 119–153.

Körner, C., M. Diemer, B. Schäppi, P.A. Niklaus & J. Arnone (1997): The responses of alpine grassland to four seasons of CO_2 enrichment: a synthesis. – Acta Oecologica 18, (3), 165–175.

Kösel, M. (1996): Der Einfluss von Relief und periglazialen Deckschichten auf die Bodenbildung im mittleren Rheingletschergebiet von Oberschwaben. – Tübinger Geowissenschaftliche Arbeiten, Reihe D, 1, 147 S.

Krainer, K. (1994): Geologie des Nationalparks Hohe Tauern. – Universitätsverlag Carinthia, Klagenfurt, 168 S.

Kral, F. (1974): Grundzüge einer postglazialen Waldgeschichte des Ostalpenraumes. – In: Mayer, H., Hrsg., Wälder des Ostalpenraumes, 236–268.

Kral, F. (1979): Spät- und postglaziale Waldgeschichte der Alpen aufgrund der bisherigen Pollenanalysen. – Inst. für Waldbau, Univ. für Bodenkultur, Wien, 175 S.

Kratochwil, A. & A. Schwabe (1993): Wuchsformen der Arve (*Pinus cembra* L.) in Abhängigkeit von der ornithochoren Ausbreitung – im Vergleich mit Weidbuchen (*Fagus sylvatica* L.). – Diss. Bot. 196, 107–134.

Krause, M. & K. Peyer (1986): Böden . – In: Bosshard, W., Hrsg., Der Naturraum und dessen Nutzung im alpinen Tourismusgebiet von Davos. Ergebnisse des MAB-Projektes Davos, Berichte der Eidgenössischen Anstalt für das forstliche Versuchswesen, Teufen, Kap. 7, 289.

Krummenacher, B., K. Budmiger, D. Mihajlovix & B. Blank (1998): Periglaziale Prozesse und Formen im Furggentälti, Gemmipass: Analysen zur räumlich-zeitlichen Entwicklung der Permafrostverbreitung und der Solifluktion basierend auf der Entwicklung und Anwendung moderner Arbeitsmethoden. – Mitteilungen des Eidgenössischen Instituts für Schnee- und Lawinenforschung 56, 1–245.

Kubiena, W.L. (1953): Bestimmungsbuch und Systematik der Böden Europas. – Stuttgart.

Kuhn, M. (1979): Climate and glaciers. – In: Sea level, ice and climatic change; Proceedings of the Canberra Symposium, IAHS Publ. 131, 3–20.

Kühni, A. & A. Pfiffner (2001): Drainage patterns and tectonic forcing: a model study for the Swiss Alps. – Basin Research 13, 169–197.

Küpfer, I. (2000): Die regionalwirtschaftliche Bedeutung des Nationalparktourismus. – Nationalparkforschung in der Schweiz 90, 144.

Küster, H. (1994): Highland and Lowland Exploitation in the Alps: the Evidence from Pollen Data. – In: Biagi, P. & J. Nandris, eds., Highland Zone Exploitation in Southern Europe, 95–105.

Küttel, M. (1990): Zur Vegetationsgeschichte des Gotthardgebiets. – Mitt. Naturf. Ges. Luzern 31, 99–111.

Kutzbach, J. & P.J. Guetter (1986): The influence of changing orbital parameters and surface boundary conditions on climate simulations for the past 18'000 years. – Journal of the Atmosph. Science 43, (16), 1726–1759.

Labhart, T.P. (1995): Geologie der Schweiz. – Ott, Thun, 211 S.

Lammerer, B. (1990): Wege durch Jahrmillionen: geologische Wanderungen zwischen Brenner und Gardasee. – Bozen: Toppeiner, 223 S.

Landolt, E. (1983): Probleme der Höhenstufen in den Alpen. – Botanica Helvetica 93, 255–268.

Lang, G. (1962): Die spät- und frühpostglaziale Vegetationsentwicklung im Umkreis der Alpen. – Eiszeitalter und Gegenwart 12.

Lang, G. (1985): Swiss lake and mire environments during the last 15000 years. – Cramer, Vaduz.

Lang, G. (1993): Holozäne Veränderungen der Waldgrenze in den Schweizer Alpen – methodische Ansätze und gegenwärtiger Kenntnisstand. – Festschrift Zoller. Diss. Bot. 196, 317–327.

Lang, G. & K. Tobolski (1985): Hobschensee – Late-glacial and holocene environments of a lake at the timberline in the Central Swiss Alps. – In: Lang, G., ed., Swiss lake and mire environments during the last 1500 years, Cramer, Vaduz, 209–228.

LANG, H. (1983): Schnee und Eis als Faktoren im Wasserhaushalt. – Mitt. Versuchsanstalt f. Wasserbau an der E.T.H. Zürich 71.

LARIGAUDERIE, A. & C. KÖRNER (1995): Acclimation of Leaf Dark Respiration to Temperature in Alpine and Lowland Plant Species. – Annals of Botany 76, 242–252.

LATELTIN, O., CH. BEER, H. RAETZO & CH. CARON (1998): Instabilités de pente en terrain de flysch et changements climatiques. – vdf Hochschulverlag, Zürich, 307 S.

LAUSCHER, F. (1954): Dynamische Klimaskizze von Österreich. – In: FLOHN, H., Hrsg., Witterung und Klima in Mitteleuropa, 145–158.

LAUSCHER, F. (1978): Typen der Höhenabhängigkeit des Niederschlags bei verschiedenen Witterungslagen im Sonnblick Gebiet. – Arbeiten Zentralanst. f. Met. Geodynamik 24, 129–176.

LAUSCHER, A. & F. LAUSCHER (1975): Die Zeitpunkte grösster Schneehöhen in den Ostalpenländern. – Wetter und Leben 27, 26–30.

LAUTERWASSER, E. (1989): Skisport und Umwelt. – DSV Umweltreihe, 127 S.

LEEMANN, A. & F. NIESSEN (1994a): Varve formation and the climate record in an Alpine proglacial lake: calibrating annually laminated sediments against hydrological and meteorological data. – The Holocene 4, (1), 1–8.

LEEMANN, A. & F. NIESSEN (1994b): Holocene glacial activity and climatic variarions in the Swiss Alps: reconstructing a continous record from proglacial lake sediments. – The Holocene 4, (3), 259–268.

LEHMKUHL, F. (1989): Geomorphologische Höhenstufen in den Alpen unter besonderer Berücksichtigung des nivalen Formenschatzes. – Göttinger Geogr. Abh. 88, 1–113.

LEIBUNDGUT, Ch. (1984): Hydrologisches Potential – Veränderungen und Gefährdung. – In: BRUGGER, E.A., G. FURRER, B. MESSERLI & P. MESSERLI, Hrsg., Umbruch im Berggebiet, Haupt, Bern, 265–298.

LEMDAHL, G. (2000): Lateglacial and Early Holocene insect assemblages from sites at different altitudes in the Swiss Alps – implications on climate and environment. – Palaeogeography, Palaeoclimatology, Palaeoecology 159, (3–4), 293–312.

LEYS, E. & O. REINWARTH (1975): Auswirkungen der Gletscher und der Gletscherabflüsse auf die Wildbach- und Lawinengefahr und ihre Berücksichtigung in den Gefahrenzonenplänen. – Int. Symposium Interpraevent 1, 345–357.

LICHTENBERGER, E. (1997): Österreich. – Wiss. Buchgesellschaft, Darmstadt, 387 S.

LICHTENECKER, N. (1926): Die Rax. – Geog. J. B. a. Österreich, Wien, 18, 150–170.

LICHTENECKER, N. (1938): Die gegenwärtige und eiszeitliche Schneegrenze in den Ostalpen. Verh. d. III. intern. Quartärkonferenz Wien, 141–147.

LICHTENEGGER, E. (1988): Einfluss der Almdüngung auf den Pflanzenbestand. – Alm- und Bergbauer 38, (5), 204–218.

LIENHARD, C. (1980): Zur Kenntnis der Collembolen eines alpinen *Caricetum firmae* im Schweizerischen Nationalpark. – Pedobiologia 20, 369–386.

LISCHKE, H., A. GUISAN, A. FISCHLIN, J. WILLIAMS & H. BUGMANN (1998): Vegetation responses to climate change in the Alps: modeling studies. – In: CEBON, P., U. DAHINDEN, H.C. DAVIES, D. IMBODEN & C.C. JAEGER, EDS., Views from the Alps, Massachusetts, 309–350.

LISTER, G. (1988): A 15000 year isotopic record from Lake Zurich of deglaciation and climatic change in Switzerland. – Quat.Res. 29, 129–141.

LISTER, G.S., D.A. LIVINGSTONE, B. AMMAN, D. ARIZTEGUI, W. HAEBERLI, A. LOTTER, CH. OHLENDORF, C. PFISTER, J. SCHWANDER, F.H. SCHWEINGRUBER, B. STAUFFER & M. STURM (1998): Alpine Paleoclimatology. – In: CEBON, P., U. DAHINDEN, H.C. DAVIES, D. IMBODEN & C.C. JAEGER, eds., Views from the Alps, Massachusetts, 73–169.

LIVINGSTONE, D.M. (1997): Break-up dates of alpine lakes as proxy data for local and regional mean surface air temeratures. – Climatic Change 37, 407–439.

LORCH, J. (1995): Trendsportarten in den Alpen. – CIPRA Kleine Schriften 12, 1–128.

LOTTER, A., B. AMMANN, J. BEER, I. HAJDAS & M. STURM (1992): A step towards an absolute time-scale for the Lateglacial: Annually laminated sediments from Soppensee (Switzerland). – In: BARD, E. & W.S. BROECKER, eds., The last deglaciation, 45–68.

LOTTER, A., H.J.B. BIRKS, U. EICHER, W. HOFMANN, J. SCHWANDER & L. WICK (2000): Younger Dryas and Allerod summer temperatures at Gerzensee (Switzerland) inferred from fossil pollen and cladoceran assemblages. – Palaeogeography, Palaeoclimatology, Palaeoecology 159, (3–4), 349–362.

LOUIS, H.C. (1954/55): Schneegrenzen und Schneegrenzbestimmung. – In: Geogr. Taschenbuch 1954/55, Wiesbaden, 414–418.

LÜDI, W. (1945): Besiedlung und Vegetationsentwicklung auf den jungen Seitenmoränen des grossen Aletschgletschers. – Ber. Geobot. Inst. Rübel, 1944, 35–112.

LÜDI, W. (1955): Die Vegetationsentwicklung seit dem Rückzug der Gletscher in den mittleren Alpen und ihrem nördlichen Vorland; mit Ausblicken auf die Ost- und Westalpen. – Veröff. Geobot. Inst. ETH, Stiftung Rübel.

LÜDI, W. (1958): Beobachtungen über die Besiedlung von Gletschervorfeldern in den Schweizeralpen. – Flora 146, 386–407.

LUKSCHANDERL, L. (1983): Rettet die Alpen. – Wien, 219 S.

MAGNY, M. & I. RICHOZ (1998): Holocene lake-level fluctuations in Lake Seedorf, southern Swiss Plateau. – Eclogae Geologicae Helvetiae 91, (3), 345–357.

MAILÄNDER, R. & H. VEIT (2001): Periglacial cover-beds on the Swiss Plateau: indicators of soil, climate and landscape evolution during the Late Quaternary. – Catena 45, (4), 251–272.

MAISCH, M. (1981): Glazialmorphologische und gletschergeschichtliche Untersuchungen im Gebiet zwischen Landwasser- und Albulatal (Kt. Graubünden, Schweiz). – Physische Geographie 3, Zürich, 1–215.

MAISCH, M. (1982): Zur Gletscher- und Klimageschichte des alpinen Spätglazials. – Geographica Helvetica 2, 93–104.

MAISCH, M. (1987): Zur Gletschergeschichte des alpinen Spätglazials: Analyse und Interpretation von Schneegrenzdaten. – In: Furrer, G. et al., Hrsg., Zur Gletscher-, Vegetations- und Klimageschichte der Schweiz seit der Späteiszeit. Geographica Helvetica 42, (2), 63–71.

MAISCH, M. (1992): Die Gletscher Graubündens. Rekonstruktion und Auswertung der Gletscher und deren Veränderungen seit dem Hochstand von 1850 im Gebiet der östlichen Schweizer Alpen (Bünderland und angrenzende Regionen). – Phys. Geogr. 33, Zürich, 440 S.

MAISCH, M. (1995): Gletscherschwundphasen im Zeitraum des ausgehenden Spätglazials (Egesen-Stadium) und seit dem Hochstand von 1850 sowie Prognosen zum künftigen Eisrückgang in den Alpen. – In: SALM, B., Hrsg., Gletscher im ständigen Wandel, Mitt. der VAW Zürich, 81–100.

MAISCH, M., A. WIPF, B. DENNELER, J. BATTAGLIA & CH. BENZ (2000): Die Gletscher der Schweizer Alpen. – vdf-Hochschulverlag, Zürich, 373 S.

MARCHETTO, A., R. MOSELLO, R. PSENNER, A. BARBIERI, G. BENDETTA, D. TAIT & G.A. TARTARI (1994): Evaluation of the level of acidification and the critical loads for Alpine lakes. – Ambio 23, 150–154.

MARGOT, A., R. SIGG, B. SCHÄDLER & R. WEINGARTNER (1991): Beeinflussung der Fliessgewässer durch Kraftwerke (≥ 300 kW) und Seeregulierungen. – In: Landeshydrologie und -geologie, Hrsg., Hydrologischer Atlas der Schweiz, Bern.

MARKGRAF, V. (1969): Moorkundliche und vegetationsgeschichtliche Untersuchungen an einem Moorsee an der Waldgrenze im Wallis. – Bot. Jahrb. Syst. 89, (1), 1–63.

MARKGRAF, V. (1970): Palaeohistory of the Spruce in Switzerland. – Nature 228, 249–251.

MARTINEC, J. (1987): Importance and effects of seasonal snow cover. – In: GOODISON, B.E., R.G. BARRY & J. DOZIER, eds., Large scale effects of seasonal snow cover, IAHS Publ. 166, Int. Ass. Hydrol. Sci., Wallingford, 107–120.

MARTINET, F. & M. DUBOST (1992): Die letzten naturnahen Alpenflüsse – Versuch eines Inventars. – CIPRA, Vaduz.

MATHIEU, J. (1998): Geschichte der Alpen 1500–1900. – Böhlau, Wien, 253 S.

MATHYS, H. (1974): Klimatische Aspekte zur Frostverwitterung in der Hochgebirgsregion. – Mitteilungen der Naturforschenden Gesellschaft in Bern 31, 49–62.

MATTA, V., M. STURM & A. LOTTER (1997): Lacustrine Environmental Archives of Central Switzerland. – International Symposium on Paleolimnology, proceedings.

MATTANOVICH, E. & U. TÖDTER (1998): Hindernislauf zu verträglicheren Wintersport-Grossveranstaltungen. – In: Internationale Alpenschutz-Kommission CIPRA, Hrsg., Alpenreport, Haupt, Bern, 289–299.

MAYER, H. (1966): Waldgeschichte des Berchtesgadener Landes (Salzburger Kalkalpen). – Beihefte z. Forstwiss. Centralbl. 22, 1–42.

MAYER, H. (1974): Wälder des Ostalpenraumes. – Stuttgart, 344 S.

MAYER, H. & E. OTT (1976): Gebirgswaldbau-Schutzwaldpflege. Ein waldbaulicher Beitrag zur Landschaftsökologie und zum Umweltschutz. – Fischer, Stuttgart, 587 S.

MAYER, H. (1994): Der Bergwald als Garant zur Erhaltung der Gebirgslandschaft und seine Gefährdung. – In: FRANZ, H., Hrsg., Gefährdung und Schutz der Alpen, Österreichische Akad. Wiss., Veröff. Kommission für Humanökologie 5, 87–104.

MEISTERHANS, E. (1988): Vegetationsentwicklung auf Skipistenplanierungen in der alpinen Stufe bei Davos. – Veröff. Geobot. Inst. der ETH-Stiftung Rübel, 97.

MENZEL, L., H. LANG & M. ROHMANN (1998): Mittlere jährliche Verdunstungshöhen 1973–1992. – In: Landeshydrologie und -geologie, Hrsg., Hydrologischer Atlas der Schweiz, Bern.

MESSERLI, B., P. MESSERLI, C. PFISTER & H.T. ZUMBÜHL (1978): Fluctuations of climate and glaciers in the Bernese Oberland, Switzerland and their geoecological significance, 1600 to 1975. – Arctic and Alpine Research 10, (2), 247–260.

MESSERLI, P. (1989): Mensch und Natur im alpinen Lebensraum. – Haupt, Bern, 368 S.

MESSERLI, P. & M. PERLIK (1997): Eine differenzierte Entwicklungspolitik für den Alpenraum in Europa. – In: EHLERS, E., Hrsg., Deutschland und Europa. Historische, politische und geographische Aspekte; Colloquium Geographicum 24, 287–301.

MEURER, M. (1984): Höhenstufung von Klima und Vegetation. Geogr. Rundschau 36, (8), 395–403.

MEURER, M. (1992): Die Südtiroler Almwirtschaft und das Bracheproblem aus ökologischer Sicht. – Karlsruher Berichte zur Geographie und Geoökologie 2, Karlsruhe.

MEURER, M. & H.-N. MÜLLER (1996): Tourismus und Verkehrsbelastung in den Schweizer Alpen. Geographische Rundschau 48, (3), 136–144.

MEYER, E. & K. THALER (1995): Animal diversity at high altitudes in the Austrian Central Alps. – In: CHAPIN III, F.S. & CH. KÖRNER, eds., Arctic and Alpine biodiversity: patterns, causes and ecosystem consequences, Springer, Heidelberg, 97–108.

MÖBUS, G. (1997): Geologie der Alpen. – Sven von Loga, Köln.

MOESCHKE, H. (1998): Abflußgeschehen im Bergwald: Untersuchungen in drei bewaldeten Kleineinzugsgebieten im Flysch der Tegernseer Berge. – Forstliche Forschungsberichte 169, München.

MORODER, H. (1998): Alternativen zu neuen grossen Verkehrsprojekten. – In: Internationale Alpenschutz-Kommission CIPRA, Hrsg., Alpenreport, Haupt, Bern, 340–355.

MOSER, H.R., M. KELLER & S. KUNZ (1986): Klima und Luftbelastung. – In: BOSSHARD, W., Hrsg., Der Naturraum und dessen Nutzung im alpinen Tourismusgebiet von Davos. Ergebnisse des MAB-Projektes Davos, Berichte der Eidgenössischen Anstalt für das forstliche Versuchswesen 289, Kap. 8, Teufen.

MOSIMANN, T. (1981): Geoökologische Standortindikatoren für die Erosionsanfälligkeit alpiner Hänge nach Geländeeingriffen für Pistenanlagen. – Geomethodica 6, 143–174.

MOSIMANN, T. (1983): Landschaftsökologischer Einfluss von Anlagen des Massenskisports. II. Bodenzustand und Bodenstörungen auf planierten Skipisten in verschiedenen Lagen (Beispiel Grap Sogn Gion, Laax). – Materialien zur Physiogeographie 3, 1–72.

MOSIMANN, T. (1991): Beschneiungsanlagen in der Schweiz. – Geosynthesis 2, 1–91.

Mountain Agenda (1998): Mountains of the world: water towers for the 21st century. – Haupt, Bern, 32 S.

MÜLLER, A. (1991): Geschichte der alpinen Forschung. – In: Die Alpen – ein sicherer Lebensraum? 7–45.

MÜLLER, B., A.F. LOTTER, M. STURM & A. AMMANN (1998): Influence of Catchment Quality and Altitude on the Water and Sediment Composition of 68 small Lakes in Central Europe. – Aquatic Sciences 60, (4), 416–437.

MÜLLER, F., T. CAFLISCH & G. MÜLLER (1976): Firn und Eis der Schweizer Alpen, Gletscherinventar. – ETH Zürich, Publ. Nr. 57 und 57a.

MÜLLER, H.-N. (1977): Fossile Böden (fAh) in einer Schutthalde (Rotelsee, Simplonpass, VS). – Bull. Murithienne 94, 73–83.

MÜLLER, H.-N. (1982): Zum alpinen Spätglazial: Das Zwischenbergstadium. – Z. für Gletscherkunde und Glazialgeologie 17, (2), 135–142.

MÜLLER, J.P. (1998): Wie Phönix aus der Asche – der Bartgeier. – In: Internationale Alpenschutz-Kommission CIPRA, Hrsg., Alpenreport, Haupt, Bern, 74–77.

MÜLLER, M.J. (1983): Handbuch ausgewählter Klimastationen der Erde. –Forschungsstelle Bodenerosion der Universität Trier Mertesdorf, 346 S.

MÜLLER, S. (1962): Isländische Thufur und alpine Buckelwiesen – ein genetischer Vergleich . II. Teil: Alpine Buckelwiesen. – Natur und Museum 92, 299–304.

NEUWINGER, I. (1970): Böden der subalpinen und alpinen Stufe in den Tiroler Alpen. – Mitt. Ostalp.-din. Ges. f. Veg.-kde. 11, 135–150.

NEUWINGER, I. (1987): Bodenökologische Untersuchungen im Gebiet Obergurgler Zirbenwald - Hohe Mut. – Veröff. Österr. MAB-Hochgebirgsprogramm 10, 173–190.

NIESSEN, F. & K. KELTS (1989): The deglaciation and Holocene sedimentary evolution of southern perialpine Lake Lugano – implications for alpine paleoclimate. – Eclogae geol. Helv. 82, (1), 235–236.

NIESSEN, F., G. LISTER & F. GIOVANOLI (1992a): Dust transport and palaeoclimate during the Oldest Dryas in Central Europe – implications from varves (Lake Constance). – Climate Dynamics 7.

NIESSEN, F., L. WICK, G. BONANI, C. CHONDROGIANNI & C. SIEGENTHALER (1992b): Aquatic system response to climatic and human changes: productivity, bottom water oxygen status, and sapropel formation in Lake lugano over the last 10'000 years. – Aquatic Sciences 54, (3/4), 257–276.

OEGGL, K. & N. WAHLMÜLLER (1994): Holozäne Vegetationsentwicklung an der Waldgrenze der Ostalpen: Die Plancklacke (2140 m)/Sankt Jakob im Defreggen, Osttirol. – In: LOTTER, A.F. & B. AMMANN, Hrsg., Festschrift Gerhard Lang, Diss. Bot., 389–411.

OESCHGER, H., U. SCHOTTERER, H. HAEBERLI & H. RÖTHLISBERGER (1977): First results from alpine core drilling projects. – Z. Gletscherkunde u. Glazialgeologie 13, (1/2), 193–208.

OHLENDORF, C., F. NIESSEN & H. WEISSERT (1997): Glacial varve thickness and 127 years of instrumental cliamte data: a comparison. – Climatic Change 36, 391–411.

ORTHOFER, R. & K. KIENZL (1990): Acidic precipitation and forest damage research in Austria. – Acidic Precipitation 5, 107–138.

OTT, E., M. FREHNER, H.-U. FREY & P. LÜSCHER (1997): Gebirgsnadelwälder: ein praxisorientierter Leitfaden für eine standortgerechte Waldbehandlung. – Paul Haupt, Bern, 287 S.

OZENDA, P. (1988): Die Vegetation der Alpen. – Fischer, Stuttgart, 353 S.

OZENDA, P. & J.L. BOREL (1991): Mögliche ökologische Auswirkungen von Klimaveränderungen in den Alpen. – Cipra Kleine Schriften 8, 71 S.

PACHER, S. (1993): Die Schwaighofkolonisation im Alpenraum. Neue Forschungen aus historisch-geographischer Sicht. – Forschungen zur Deutschen Landeskunde 236, 1–193.

PALLMANN, H., A. HASLER & A. SCHMUZIGER (1938): Beitrag zur Kenntnis der alpinen Eisen- und Humuspodsole. – Bodenkunde u. Pflanzenernährung 9/10, 94–122.

PATZELT, G. (1969): Zur Geschichte der Pasterzenschwankungen. – Wissenschaftl. Alpenvereinshefte 21, 171–179.

PATZELT, G. (1975): Unterinntal – Zillertal – Pinzgau – Kitzbühl. Spät- und postglaziale Landschaftsentwicklung. – Tirol, ein geographischer Exkursionsführer, Innsbr. Geogr. Studien 2, 309–329.

PATZELT, G. (1977): Der zeitliche Ablauf und das Ausmass postglazialer Klimaschwankungen in den Alpen. – In: FRENZEL, B., Hrsg., Dendrochronologie und postglaziale Klimaschwankungen in Europa, 248–259.

PATZELT, G. (1980): Neue Ergebnisse der Spät- und Postglazialforschung in Tirol. – Jb. d. Österr. Geogr. Ges. 1976/77, 11–18.

PATZELT, G. (1987): Untersuchungen zur nacheiszeitlichen Schwemmkegel- und Talentwicklung in Tirol. 1. Teil: Das Inntal zwischen Mötz und Wattens. – Veröff. Mus. Ferdinandeum 67, 93–123.

PATZELT, G. (1994a): Holocene Development of alluvial fans and the floor of the Inn valley, Tyrol. – In: AULITZKY, H., H. HEUBERGER & G. PATZELT, eds., Mountain Hazard Geomorphology of Tyrol and Vorarlberg. – Mountain Research and Development 14, (4), 283–284.

PATZELT, G. (1994b): Former lakes dammed by glaciers and resulting floods in the Ötztal, Tyrol. – In: AULITZKY, H., H. HEUBERGER & G. PATZELT, eds., Mountain Hazard Geomorphology of Tyrol and Vorarlberg. – Mountain Research and Development 14, (4), 298–301.

PATZELT, G. (1997): Modellstudie Ötztal – Landschaftsgeschichte im Hochgebirgsraum. – In: Innsbrucker Geogr. Ges., Jahrbuch 95/96, 80–94.

PATZELT, G. (2000): Natürliche und anthropogene Umweltveränderungen im Holozän der Alpen. – Rundgespräche der Kommission für Ökologie 18, Pfeil, München, 119–125.

PATZELT, G. & S. BORTENSCHLAGER (1973): Die postglazialen Gletscher- und Klimaschwankungen in der Venedigergruppe (Hohe Tauern, Ostalpen). – Z. f. Geomorph. N.F. Suppl. 16, 25–72.

PATZELT, G. & S. BORTENSCHLAGER (1978): Spät- und nacheiszeitliche Gletscher- und Vegetationsentwicklung im inneren Ötztal. – In: Führer zur Tirol-Exkursion, DEUQUA, Innsbrucker Raum und Ötztal, 15–23.

PATZELT, G. & AELLEN (1990): Gletscher. – In: VISCHER, D., Hrsg., Schnee, Eis und Wasser der Alpen in einer wärmeren Atmosphäre. – VAW-Mitt. 108, Zürich, 49–70.

PAULI, H., M. GOTTFRIED & G. GRABHERR (1996): Effects of Climate Change on Mountain Ecosystems – Upward Shifting of Alpine Plants. – World Resource Review 8, (3), 382–390.

PAVONI, N., T. AHJOS, R. FREEMANN, S. GREGERSEN, H. LANGER, G. LEYDECKER, PH. ROTH, P. SUHADOLC & M. USKI (1992): Seismicity and focal mechanisms. – In: BLUNDELL, D., R. FREEMANN & ST. MUELLER, eds., A continent revealed: the European geotraverse. Cambridge University Press, Cambridge.

PENCK, A. & E. BRÜCKNER (1901/1909): Die Alpen im Eiszeitalter. – 3 Bde., Leipzig, 1199 S.

PERLIK, M. (2001): Alpenstädte – zwischen Metropolisation und neuer Eigenständigkeit. – Geographica Bernensia P 38, Bern, 1–246.

PERLIK, M. & W. BÄTZING (Hrsg., 1999): Die Zukunft der Alpenstädte in Europa. – Geographica Bernensia P 36, Bern, 1–231.

PFIFFNER, O.A. (1992): Alpine Orogeny. – In: BLUNDELL, D., R. FREEMANN & ST. MUELLER, eds., A continent revealed: the European geotraverse, Cambridge University Press, Cambridge, 180–190.

PFIFFNER, O.A. (1993): Palinspastic reconstruction of the pre-Triassic basement units in the Alps: the central Alps. – In: RAUMER, J.F.V. & F. NEUBAUER, eds., Pre-Mesozoic geology in the Alps, Springer, Berlin, 29–39.

PFIFFNER, O.A. (1994): Die Tiefenstruktur der Alpen. – Geowissenschaften 12, (5–6), 132–135.

PFIFFNER, A., S. ELLIS & C. BEAUMONT (2000): Collision tectonics in the Swiss Alps: insight from geodynamic modelling. – Tectonics 19, (6), 1065–1094.

PFIFFNER, O.A., S. SAHLI & M. STÄUBLE (1997): Compression and uplift of the external massifs in the Helvetic zone. – In: PFIFFNER, O.A., P. LEHNER, P. HEITZMANN, S. MUELLER & A. STECK, eds., Deep structure of the Swiss Alps: Results of NRP 20, Birkhäuser, Basel, 139–153.

PFISTER, C. (1980): Klimaschwankungen und Witterungsverhältnisse im schweizerischen Mittelland und Alpenvorland zur Zeit der „Little Ice Age“.. Die Aussage der historischen Quelle. – In: OESCHGER, H., Hrsg., Das Klima, Berlin, Heidelberg, New York, 175–190.

PFISTER, C. (1999): Wetternachhersage. 500 Jahre Klimavariationen und Naturkatastrophen. – Haupt, Bern, 304 S.

PFISTER, C. & D. BRÄNDLI (1999): Rodungen im Gebirge – Überschwemmungen im Vorland: Ein Deutungsmuster macht Karriere. – In: SIEFERLE, R.P. & H. BREUNINGER, Hrsg., Natur-Bilder, 297–365.

PORTER, S.C. & G. OROMBELLI (1985): Glacier contraction during the middle Holocene in the western Italian Alps: Evidence and implications. – Geology 13, 296–298.

PRÖBSTL, U. (1990): Skisport und Vegetation: Die Auswirkungen des Skisports auf die Vegetation der Skipiste. – DSV-Umweltreihe 2, 1–127.

PSENNER, R. & F. ZAPF (1990): High Mountain Lakes in the Alps: Peculiarities and Biology. – In: JOHANNESSEN, M., R. MOSELLO & H. BARTH, eds., Accidification Processes in Remote Mountain Lakes; Air Pollut. Res. Rep. 20, 22–37.

PUXBAUM, H., A. KOVAR & M. KALINA (1991): Chemical Composition and Fluxes of Wet Deposition at Elevated Sites in the Eastern Alps (Austria). – NATO ASI Series G 28, 273–297.

RATHJENS, C. (1982): Geographie des Hochgebirges. Der Naturraum. – Teubner, Stuttgart, 210 S.

REBETEZ, M. & M. BENISTON (1998): Changes in Temperature Variability in Relation to Shifts in Mean Temperatures in the Swiss Alpine Region this Century. – In: BENISTON, M. & J. INNES, eds., The Impacts of Climate Variability on Forests, Springer, 49–58.

REBETEZ, M., R. LUGON & P.A. BAERISWYL (1997): Climatic Change and debris flows in high mountain regions: The case study of the Ritigraben torrent (Swiss Alps). – Climatic Change 36, (3–4), 371–389.

REINWARTH, O. & H. OERTER (1988): Glaziologische und hydrologische Forschung am Vernagtferner in den Ötztaler Alpen. – Geographische Rundschau 40, 32–39.

REISIGL, H. & R. KELLER (1989): Lebensraum Bergwald. – Gustav Fischer, Stuttgart, 144 S.

REISIGL, H. & R. KELLER (1994): Alpenpflanzen im Lebensraum.– Gustav Fischer, Stuttgart, 148 S.

RENNER, F. (1982): Beiträge zur Gletschergeschichte des Gotthardgebiets und dendroklimatologische Analysen an fossilen Hölzern. – Physische Geographie 8.

RHOMBERG, K. (1998): Vorfahrt für unsere Gesundheit – Ärzte gegen die Verkehrslawine. – In: Internationale Alpenschutz-Kommission CIPRA, Hrsg., Alpenreport, Haupt, Bern, 356–358.

RICHARD, J.L. (1968): Les groupements végétaux de la réserve d'Aletsch. – Beitr. Geobot. Landesaufnahme Schweiz 51, 1–30.

RICHTER, M. (1996): Klimatologische und pflanzenmorphologische Vertikalgradienten in Hochgebirgen. – Erdkunde 50, 205–238.

RIESS, W. & SCHAUER, Th. (1982): Pflanzen- und Tierwelt, Lebensräume – Naturschutz. – In: Deutscher und Österreichischer Alpenverein, Hrsg., Alpin-Lehrplan 12, München, 1–171.

RODEWALD, R. (1998): Golffieber statt Almrausch. – In: Internationale Alpenschutz-Kommission CIPRA, Hrsg., Alpenreport, Haupt, Bern, 282–285.

RODLER, A. (1885): Die vertikale Verteilung der Temperaturschwankungen um den Frostpunkt in der Schweiz. – Zeitschrift der österreichischen Gesellschaft für Meteorologie 20, 4–17.

ROSMAN, K.J.R., C. LY, K. VAN DEN VELDE & C.F. BOUTRON (2000): A two century record of lead isotopes in high altitude Alpine snow and ice. – Earth and Planetary Science Letters 176, 413–424.

RÖTHLISBERGER, F. (1976): Gletscher- und Klimaschwankungen im Raum Zermatt, Ferpècle und Arolla. – Die Alpen 52, 59–152.

RÖTHLISBERGER, F., P. HAAS, H. HOLZHAUSER, W. KELLER, W. BIRCHER & F. RENNER (1980): Holocene Climatic Fluctuations – Radiocarbon Dating of fossil soils (fAh) and woods from moraines and glaciers in the Alps. – In: MÜLLER, F., L. BRIDEL & E. SCHWABE, eds., Geographie in Switzerland, 21–52.

RÖTHLISBERGER, H. & H. LANG (1987): Glacial Hydrology. – In: GURNELL, A.M. & M.J. CLARK, eds., Glacio-fluvial Sediment Transfer, 207–284.

RUDLOFF, H. (1962): Die Klimaschwankungen in den Hochalpen seit Beginn der Instrumenten-Beobachtungen. – Arch. Met. Geophys. Biokl. B 13, 303–351.

SALVISBERG, E. (1996): Wetterlagenklimatologie – Möglichkeiten und Grenzen ihres Beitrages zur Klimawirkungsforschung im Alpenraum. – Geographica Bernensia G 51, Bern, 1–187.

SCHACHTSCHABEL, P., H.-P. BLUME, G. BRÜMMER, K.H. HARTGE & U. SCHWERTMANN (1998): Lehrbuch der Bodenkunde. – Enke, Stuttgart, 494 S.

SCHÄDLER, B. (1985): Der Wasserhaushalt der Schweiz. – Mitt. Bundesamt f. Umweltschutz 6, Bern, 1–83.

SCHAEFER, I. (1957): Erläuterungen zur Geologischen Karte von Augsburg und Umgebung 1:50.000, mit einem paläontologischen Beitrag von R. DEHM. – Geologisches Landesamt, München, 92 S.

SCHAEFER, I. (1965): The succession of fluvioglacial deposits in the northern alpine foreland. – Univ. Colorado Stud., Ser. Earth Sci. 7, 9–14.

SCHAEFER, I. (1975): Die Altmoränen des diluvialen Isar-Loisachgletschers und ihr Verständnis aus der Kenntnis der Paareiszeit. – Mitt. Geogr. Ges. München 69, 115–153.

SCHÄFER, D. & H. MÜLLER (1997): Mittelsteinzeitliche Fundplätze in Tirol. – In: Universität Innsbruck, Hrsg., Begleitheft zur Ausstellung „Alpine Vorzeit in Tirol", Innsbruck, 46–62.

SCHÄR, C., T.D. DAVIES, C. FREI, H. WANNER, M. WIDMANN, M. WILD & H.C. DAVIES (1998): Current alpine climate. – In: CEBON, P., U. DAHINDEN, H.C. DAVIES, D. IMBODEN & C.C. JAEGER, eds., Views from the Alps, Massachusetts, 21–72.

Schauer, T. (1981): Vegetationsänderungen und Florenverlust auf Schipisten in den Bayerischen Alpen. – Jb. d.Ver. z. Schutze der Bergwelt 46, 149–181.

Schauer, T. (1988): Zur Problematik der Skipistenbegrünung. – Rasen – Turf – Gazon (Grünflächen, Begrünungen) 1, 13–19.

Schiesser, H.H., C. Pfister & J. Bader (1997a): Winter Storms in Switzerland North of the Alps 1864/1865 – 1993/1994. – Theor. Appl. Climatol. 58, 1–19.

Schiesser, H.H., A. Waldvogel, W. Schmid & S. Willemse (1997b): Klimatologie der Stürme und Sturmsysteme anhand von Radar und Schadendaten. – vdf Hochschulverlag, Zürich, 134 S.

Schlunegger, F., W. Leu & A. Matter (1998): Crustal thickening and crustal extension as controls on the evolution of the drainage network of the central Swiss Alps between 30 Ma and the present: constraints from the stratigraphy of the North Alpine Foreland Basin and the structural evolution of the Alps. – Basin Research 10, 197–212.

Schlüchter, C. (1988a): Antarktische Gletscher und globale Eiszeitchronologie. – Geographische Rundschau 40, (3), 15–19.

Schlüchter, Ch. (1988b): A non-classical summary of the Quaternary stratigraphy in the Northern Alpine foreland of Switzerland. – Bull. de la Soc. Neuchateloise de Géogr. 32/33, 143–157.

Schlüchter, Ch. & M. Kelly (2000) : Das Eiszeitalter in der Schweiz. – In: Stiftung Landschaft und Kies, Hrsg., Uttigen, 4 S.

Schlüchter, Ch., M. Maisch, J. Suter, P. Fitze, W.A. Keller, A. Burga & E. Wynistorf (1987): Das Schieferkohlenprofil von Gossau (Kanton Zürich) und seine stratigraphische Stellung innerhalb der letzten Eiszeit. – Vierteljahresschr. Naturf. Ges. Zürich 123, (3), 135–174.

Schneebeli, M., M. Laternser & W. Ammann (1997): Destructive snow avalanches and climate change in the Swiss Alps. – Eclogae geol. Helv. 90, 457–462.

Schneider, R. (1978): Pollenanalytische Untersuchungen zur Kenntnis der spät- und postglazialen Vegetationsgeschichte am Südrand der Alpen zwischen Turin und Varese (Italien). – Bot. Jahrb. Syst. 100, (1), 26–109.

Schneider, R. & K. Tobolski (2001): Lago di Ganna – Late glacial and Holocene environments of a lake in the southern Alps. – In: Lang, G., ed., Swiss lake and mire environments during the last 15.000 years, Vaduz, 229–271.

Schnoor, J.L., L. Sigg, W. Stumm & J. Zobrist (1983): Saure Niederschläge und ihr Einfluss auf die Schweizer Seen. – Mitteilungen der EAWAG 15, 6–14.

Schönwiese, C.-D., J. Rapp, T. Fuchs & M. Denhard (1994): Observed climate trends in Europe 1891–1990. – Meteorologische Zeitschrift N.F. 3, 22–28.

Schreiner, A. (1992): Einführung in die Quartärgeologie. – Nägele u. Obermiller, Stuttgart, 257 S.

Schreiner, A. & R. Eberl (1981): Quartärgeologische Untersuchungen in der Umgebung von Interglazialvorkommen im östlichen Rheingletschergebiet (Baden-Würtemberg). – Geol. Jahrbuch, Reihe A, 59, 3–64.

Schröder, W. (1998): Rückkehr auf leisen Sohlen – der Bär. – In: Internationale Alpenschutz-Kommission CIPRA, Hrsg., Alpenreport, Haupt, Bern, 63–66.

Schubiger-Bossard, C.M. (1988): Die Vegetation des Rhônegletschervorfeldes, ihre Sukzession und naturräumliche Gliederung. – Beitr. Geobot. Landesaufnahme Schweiz 64, 1–228.

Schüepp, M. (1968): Kalender der Wetter- und Witterungslagen von 1955–1967. – Veröffentlichungen der Schweizerischen Meteorologischen Zentralanstalt 11, 1–42.

Schüepp, M. (1985): Alpenwetterstatistik. Witterungskalender. Beschreibung der einzelnen Parameter. – Schweizerische Meteorol. Anstalt, Zürich.

SCHÜEPP, M., M. BOUËT, M. BIDER & C. URFER (1978): Regionale Klimabeschreibungen (1. Teil). – Beiheft Annalen Schweiz, Met. Anstalt, Zürich
SCHÜEPP, M., G. GENSLER & M. BOUËT (1980): Schneedecke und Neuschnee. – Beiheft Annalen Schweiz. Met. Anstalt, Zürich.
SCHWANDER, J., U. EICHER & B. AMMANN (2000): Oxygen isotopes of lake marl at Gerzensee and Leysin (Switzerland), covering the Younger Dryas and two minor oscillations, and their correlation to the GRIP ice core. – Palaeogeography, Palaeoclimatology, Palaeoecology 159, (3–4), 191–202.
SCHWARB, M., CH. FREI, CH. SCHÄR & CH. DALY (2000): Mittlere jährliche Niederschlagshöhen im europäischen Alpenraum 1971–1990. – In: Landeshydrologie und -geologie, Hrsg., Hydrologischer Atlas der Schweiz, Bern.
SCHWIKOWSKI, M., T. DÖRING, A. DÖSCHER, H.W. GÄGGELER & U. SCHOTTERER (1996): History of aerosol related species in alpine ice cores. – In: Glaciers from the Alps: climate and environmental archives, workshop Wengen, Kurzfassungen, Paul Scherrer Institut, Villigen, 69–73.
SCHWIKOWSKI, M., S. BRÜTSCH, H.W. GÄGGELER & U. SCHOTTERER (1999): A high-resolution air chemistry record from an Alpine ice core: Fiescherhorn glacier, Swiss Alps. – Journal of Geophysical Research 104, (D11), 13.709–13.719.
SEIBERT, P. (1993): Der Föhn in den Alpen – ein aktueller Überblick. – Geographische Rundschau 45, (2), 116–123.
SEVRUK, B. (1997): Regional Dependency of Precipitation-Altitude Relationship in the Swiss Alps. – Climatic Change 36, 355–369.
SHOTYK, W., D. WEISS, P.G. APPLEBY, A.K. CHEBURKIN, R. FREI, M. GLOOR, J.D. KRAMERS, S. REESE & W.O. VAN DER KNAAP (1998): History of Atmospheric Lead Deposition Since 12,370 ^{14}C yr BP from a Peat Bog, Jura Mountains, Switzerland. – Science 281, (11), 1635–1640.
SIEGRIST, D. (1998): Daten zu Tourismus und Freizeit. – In: Internationale Alpenschutz-Kommission CIPRA, Hrsg., Alpenreport, Haupt, Bern, 418–441.
SLUPETZKY, H., R. KRISAI & G.K. LIEB (1998): Hinweise auf kleinere Gletscherstände der Pasterze (Nationalpark Hohe Tauern, Kärnten) im Postglazial – Ergebnisse von ^{14}C-Datierungen und Pollenanalysen . – Wiss. Mitt. aus dem Nationalpark Hohe Tauern 4.
Soil Survey Staff (1975): Soil Taxonomy. – Agricultural Handbook, Washington, 754 S.
SOLAR, F. (1964). Zur Kenntnis der Böden auf dem Raxplateau. – Mitteilungen der Österreichischen Bodenkundlichen Gesellschaft 8, Wien, 1–71.
SØMME, L. (1989): Adaptions of terrestrial arthropods to the alpine environment. Biological Reviews 64, 367–407.
SPAARGAREN, O.C. (Hrsg.)(1994): World reference base for soil resources. – ISSS-FAO-ISRIC, Wageningen.
SPANDAU, L. (1988): Angewandte Ökosystemforschung im Nationalpark Berchtesgaden. – Forschungsberichte Nationalpark Berchtesgaden 16, 1–88.
SPECK, C. (1995): Hydrothermisches Regime im Schweizer Mittelland während der Würm-Eiszeit. – Geowissenschaften 1995, (1), 10–14.
STAHR, A. (1996): Zur Genese und Dynamik von Blattanbrüchen auf Almen in den nördlichen Kalkalpen. – Geoökodynamik 17, (3/4), 217–248.
STAHR , A. (1997): Bodenkundliche Aspekte der Blaikenbildung auf Almen. – Nationalpark Berchtesgaden, Forschungsberichte 39, 1–135.
STAUFFER, B. (1991): Glacier ice and Holocene climate. – In: FRENZEL, B., ed., Evaluation of climate proxy data in relation to the European Holocene, Fischer, Stuttgart, 191–204.
STEINACKER, R. (1987): Zur Ursache der Talwindzirkulation. – Wetter und Leben 39, 61–64.

STEINGER, T., C. KÖRNER & B. SCHMID (1996): Long-term persistence in a changing climate: DNA analysis suggests very old ages of clones of alpine *Carex curvula*. – Oecologia 105, 94–99.

STEINMANN, S. (1978): Postglaziale Reliefgeschichte und gegenwärtige Vegetationsdifferenzierung in der alpinen Stufe der Südtiroler Dolomiten (Puez- und Sellagruppe). – Landschaftsgenese und Landschaftsökologie 2, 1–93.

STINGL, H. (1969): Ein periglazialmorphologisches Nord-Süd-Profil durch die Ostalpen. – Göttinger Geogr. Abh. 49, 1–115.

STINGL, H. & H. VEIT (1988): Fluviale und solifluidale Morphodynamik des Spät- und Postglazials in den südlichen Hohen Tauern im Raum um Kals/Osttirol. – 15. Jahrestagung des Deutschen Arbeitskreises für Geomorphologie, Exkursionsführer, Bayreuth, 5–70.

STINGL, V. & M. WACHTER (1999): Dolomiten. Das Werden einer Landschaft. – Athesia, Bozen, 147 S.

STOCKER, E. (1979): Geomorphological field experiments in the high-alpine regions of the Australian Alps (with special reference to the Kreuzeckgruppe, Carinthia). – Studia Geomorphologica Carpatho-Balcanica 13, 97–110.

STOCKER, E. (1984): Ergebnisse elfjähriger Messungen der Bodenbewegung in der alpinen Stufe der Kreuzeckgruppe (Kärnten). – Wiener Geogr. Schriften 59/60, 27–35.

STONE, P.B. (1992): The state of the world's mountains. – Zed Books, London, 391 S.

STRUNK, H. (1992): Reconstructing debis flow frequency in the southern Alps back to AD 1500 using dendrogeomorphological analysis. – Erosion Debis Flows and Environment in Mountain Regions, IAHS Publ. 209, 299–306.

SUTER, J. (1981): Gletschergeschichte des Oberengadins: Untersuchung von Gletscherschwankungen in der Err-Julier-Gruppe. – Physische Geographie 2, 143–143.

SUTER, S. (1998): Firn- und Eistemperaturen in den Alpen. – Mitt. d. Versuchsanstalt f. Wasserbau, Hydrologie und Glazialogie 158, 24–41.

THEURILLAT, J.P., F. FELBER, P. GEISSLER, J.-M. GOBAT, M. FIERZ, A. FISCHLIN, F. KÜPFER, A. SCHLÜSSEL, C. VELLUTI, G.-F. ZHAO & J. WILLIAMS (1998): Sensitivity of plant and soil ecosystems of the alps to climate change. – In: CEBON, P., U. DAHINDEN, H.C. DAVIES, D. IMBODEN & C.C. JAEGER, eds., Views from the Alps, Massachusetts, 225–308.

TINNER, W., B. AMMANN & P. GERMANN (1996): Treeline fluctuations recorded for 12.500 years by soil profiles, pollen, and plant macrofossils in the central Swiss Alps. – Arctic and Alpine Res. 28, (2), 131–147.

TINNER, W., P. HUBSCHMID, M. WEHRLI, B. AMMANN & M. CONEDERA (1999): Long-term forest fire ecology and dynamics in southern Switzerland. – Journal of Ecology 87, 273–298.

TOBOLSKI, K. & B. AMMANN (2000): Macrofossils as records of plant responses to rapid Late Glacial climatic changes at three sites in the Swiss Alps. – Palaeogeography, Palaeoclimatology, Palaeoecology 159, (3–4), 251–260.

TÖDTER, U. (1998): Flüsse – gezähmte Natur. In: Internationale Alpenschutz-Kommission CIPRA, Hrsg., Alpenreport, Haupt, Bern, 178–191.

TOLLMANN, A. (1977): Die Zentralalpen. – Geologie von Österreich 1, Wien, 766 S.

TOLLNER, H. (1969): Klima, Witterung und Wetter in der Großglocknergruppe. – Wissenschaftl. Alpenvereinshefte 21, 83–94.

TRANQUILLINI, W. (1967): Über die physiologischen Ursachen der Wald- und Baumgrenze. – Mitt. d. forstl. Bundesversuchsanstalt 75, Wien, 457–488.

TRANQUILLINI, W. (1979): Physiological Ecology of the Alpine Timberline. – Berlin, 137 S.

TURNER, H. (1970): Grundzüge der Hochgebirgsklimatologie. – in: Die Welt der Alpen, 170–182, Frankfurt: Umschau-Verlag.

VEIT, H. (1987): Untersuchungen zur spätglazialen Talentwicklung in Osttirol. – Z. Geomorph. N.F., Suppl.-Bd., 66, 83–93.

VEIT, H. (1988a): Postglaziale Schwankungen der periglazialen Morphodynamik in den südlichen Hohen Tauern. – 46. Deutscher Geographentag München, 12.-16. Okt. 1987, Tagungsber. u. wiss. Abh., Stuttgart, 408–413.

VEIT, H. (1988b): Fluviale und solifluidale Morphodynamik des Spät- und Postglazials in einem zentralalpinen Flusseinzugsgebiet (südliche Hohe Tauern, Osttirol). – Bayreuther Geow. Arb. 13, Bayreuth, 1–167.

VEIT, H. (1989): Geoökologische Veränderungen in der periglazialen Höhenstufe der südlichen Hohen Tauern und ihre Auswirkungen auf die postglaziale fluviale Talbodenentwicklung. – Bayr. Geow. Arb. 14, Bayreuth, 59–66.

VEIT, H. (1993): Holocene solifluction in the Austrian and southern Tyrolean Alps: dating and climatic implications. – In: FRENZEL, B., ed., Solifluction and climatic variation in the Holocene, ESF Projekt European Palaeoclimate and Man 6, Paläoklimaforschung 11, 23–32.

VEIT, H. (1999): Consequences of global change on soil processes in alpine regions. – In: GRABHERR, G., O.W. HEAL, M. GOTTFRIED, H. PAULI & K. REITER, eds., Europe's cold regions: scenarios for landscape responses to global change. Results of the third ARTERI Workshop, Wien, 18–19.

VEIT, H. & T. HÖFNER (1993): Permafrost, gelifluction and fluvial sediment transfer in the alpine/subnival ecotone, central Alps, Austria: Present, past and future. – Z. Geomorph. N.F., Suppl.-Bd., 92, 71–84.

VEIT, H., H. STINGL, K.-H. EMMERICH & B. JOHN (1995): Zeitliche und räumliche Variabilität solifluidaler Prozesse und ihre Ursachen. Ein Zwischenbericht nach acht Jahren Solifluktionsmessungen (1985–1993) an der Meßstation "Glorer Hütte", Hohe Tauern, Österreich. – Z. Geomorph. N.F., Suppl.-Bd., 99, 107–122.

VISCHER, D.L. (1994): Alpine Wasserkraft im Wandel der Zeit. – Geowiss. 12, (5–6), 154–158.

VON HÖFER, H. (1879): Gletscher- und Eiszeitstudien. – Sitz.-B. der Akad. der Wiss., Math.-naturw. Kl. 1, (79), Wien, 331–367.

VONLANTHEN, C. (2000): Der Einfluss von Relief und Deckschichten auf Böden und Vegetation in der subalpinen und alpinen Stufe (Furka, Schweiz). – Unveröff. Dipl.-Arbeit, Geogr. Inst., Univ. Bern, 112 S.

VON POSCHINGER, A. & U. HAAS (1997): Der Flimser Bergsturz, doch ein warmzeitliches Ereignis? – Bulletin angewandte Geologie 2, (1), 35–46.

VON RUDLOFF, H. (1965): Die Klimaschwankungen in den Hochalpen seit Beginn der Instrumentenbeobachtungen. – Archiv für Metereologie, Geophysik und Bioklimatologie, Ser. B, 13, 303–351.

VONDER MÜHLL, D., M. HOELZLE & ST. WAGNER (1994): Permafrost in den Alpen. – Geowiss. 12, (5–6), 149–153.

VONDER MÜHLL, D., TH. STUCKI & H. HAEBERLI (1998): Borehole temperatures in Alpine permafrost: A ten year series. – Seventh International Conference on Permafrost, 1998, Yellowknife, Canada, Proceedings, 1089–1095.

VONDER MÜHLL, D., F. KELLER, M. IMHOF, B. KRUMMENACHER, D. MIHAJLOVIC, R. DELALOYE, J.-M. GARDAZ, L. WENKER, M. HÖLZLE & A. KÄÄB (1999): Permafrost – Verbreitung und ausgewählte Aspekte. – In: Landeshydrologie und -geologie, Hrsg., Hydrologischer Atlas der Schweiz, Bern.

WAGENBACH, D. (1989): Environmental Records in Alpine Glaciers. – In: OESCHGER, H. & C.C. LANGWAY, eds., The Environmental Record in Glaciers and Ice Sheets, 69–83.

WAGENBACH, D. & K. GEIS (1989): The Mineral dust record in a high altitude alpine glacier (Colle Gnifetti, Swiss Alps). – In: Paleoclimatology and Paleometeorology: Modern and Past Patterns of Global Atmospheric Transport, 543–564.

WALLÉN, C.C. (1977): Climates of Central and Southern Europe. – World Survey of Climatology 6, Amsterdam, 248 S.

WANNER, H. (1992): Ein Nussgipfel im Westwind. Zur Dynamik von Wetter und Klima im Alpenraum. – In: Die Alpen – ein sicherer Lebensraum? Publikationen der Schweizerischen Akademie der Naturwissenschaften 5, 50–69.

WANNER, H. (1993): Die Alpen – Klima und Naturraum. – In: Universität Bern, Hrsg., Lebensräume, Peter Lang, Bern, 71–106.

WANNER, H., D. GYALISTRAS, J. LUTERBACHER, R. RICKLI, E. SALVISBERG & CH. SCHMUTZ (2000a): Klimawandel im Schweizer Alpenraum. – vdf-Hochschulverlag, Zürich, 285 S.

WANNER, H., H. HOLZHAUSER, C. PFISTER & H. ZUMBÜHL (2000b): Interannual to century scale climate variability in the European Alps. – Erdkunde 54, 62–69.

WARD, J.V., K. TOCKNER, P.J. EDWARDS, J. KOLLMANN, G. BRETSCHKO, A.M. GURNELL, G.E. PETTS & B. ROSSARO (1999): A reference river system for the Alps: the 'Fiume Tagliamento'. – Regulated Rivers: Research and Management 15, 63–75.

WEBER, F. & C. SCHMID (1992): Reflexions- und refraktionsseismische Messungen im Zillertal und deren quartärgeologische Aussagen. – Mitteilungen der österreichischen geologischen Gesellschaft 84, 205–221.

WEBER, R.O., P. TALKNER & G. STEFANICKI (1994): Asymmetric diurnal temperature change in the Alpine region. – Geophysical Research Letters 21, (8), 673–676.

WEBER, U.M. (1995): Der Lärchenwald im Spiegel der Jahrhunderte: eine jahrringanalytische Studie im Oberengadin und Goms. – Bündnerwald 6, 61–71.

WEGMÜLLER, S. & A.F. LOTTER (1990): Palynostratigraphische Untersuchungen zur spät- und postglazialen Vegetationsgeschichte der nordwestlichen Kalkvoralpen. – Botanica Helvetica 100, (1), 37–37.

WEINGARTNER, R. & H. ASCHWANDEN (1992): Abflussregimes als Grundlage zur Abschätzung von Mittelwerten des Abflusses. – In: Landeshydrologie und -geologie, Hrsg., Hydrologischer Atlas der Schweiz, Bern.

WELTEN, M. (1958): Pollenanalytische Untersuchungen alpiner Bodenprofile: Historische Entwicklung des Bodens und säkulare Sukzession der örtlichen Pflanzengesellschaften. – Veröff. Geobot. Inst. ETH, Stiftung Rübel, Zürich, 33, 253–274.

WELTEN, M. (1982): Pollenanalytische Untersuchungen im Jüngeren Quartär des nördlichen Alpenvorlandes der Schweiz. – Beiträge zur Geologischen Karte der Schweiz 156, Bern, 1–174.

WESSELS, M. & G. SCHRÖDER (1997): Geology, Limnology and Palaeolimnology of Lake Constance. – International Symposium on Paleolimnology, abstracts.

WICK, L. (1994): Early-Holocene reforestation and vegetation change at a lake near the Alpine forest limit: Lago Basso (2250 m asl), N-Italy. – Diss. Bot. 234, 555–563.

WICK, L. (1996): Late-Glacial and early-Holocene palaeoenvironments in Brianza, N-Italy. – Il Quaternario 9, 653–660.

WICK, L. & W. TINNER (1997): Vegetation Changes and Timberline Fluctuations in the Central Alps as Indicator of Holocene Climatic Oscillations. – Arctic and Alpine Research 29, (4), 445–458.

WIEGANK, F. (1990): Magnetostratigraphisch-geochronologische Untersuchungen zur Geschichte des Pleistozäns in Mitteleuropa und ihre Beziehungen zur globalen geologischen, paläoklimatischen und paläoökologischen Entwicklung. – Veröff. Zentralinst. Physik der Erde 113.

WITMER, U. (1984): Eine Methode zur flächendeckenden Kartierung von Schneehöhen unter Berücksichtigung von reliefbedingten Einflüssen. – Geographica Bernensia G 21, Bern, 1–140.

WOHLFARTH, B. & B. AMMANN (1991): The History of the Aare River and the Forealpine Lakes in Western Switzerland. – In: STARKEL, L., K.J. GREGORY & J.B. THORNES, eds., Temperate Palaeohydrology, John Wiley & Sons, New York, 301–318.

WOHLFAHRTH, B., A. SCHWALB & A.M. SCHNEIDER (1993): Seen- und Flussgeschichte im Westschweizer Seeland zwischen 5000 und 12000 Jahre vor heute. – Mitteilungen der Naturforschenden Gesellschaft in Bern N.F. 50, 45–59.

WOILLARD, G. (1978): Grande Pile peat bog: a containuous pollen record for the last 140 000 years. – Quat. Res. 9, 1–21.

WOLKINGER, F. (1994): Naturschutz und Nationalparke in den Alpen. – Geowissenschaften 12, (5–6), 164–169.

ZECH, W. & B.-M. WILKE (1977): Vorläufige Ergebnisse einer Bodenchronosequenzstudie im Zillertal. – Mitt. Dt. Bodenkundl. Ges. 25, 571–586.

ZETTEL, J. (1999): Alpine Collembola – Adaptions and Strategies for Survival in Harsh Environments. – Zoology 102, (2), 73–89.

ZIMMERMANN, M. & W. HAEBERLI (1992): Climatic change and debris flow activity in High-Mountain Areas – a case study in the Swiss Alps. – Catena Suppl. 22, 59–72.

ZOBRIST, J. (1983): Die Belastung der schweizerischen Gewässer durch Niederschläge. VDI-Berichte 500, 159–164.

ZOBRIST, J. & J.I. DREVER (1990): Weathering Processes in Alpine Watersheds Sensitive to Acidification. – In: JOHANNESSEN, M., R. MOSELLO & H. BARTH, eds., Acidification Processes in remote Mountain Lakes; Pallanza, 149–161.

ZOLLER, H. (1960): Pollenanalytische Untersuchungen zur Vegetationsgeschichte der Schweiz. – Denkschrift Schweiz. Naturf. Ges. 83, (2), 45–156.

ZOLLER, H. (1977): Alter und Ausmaß postglazialer Klimaschwankungen in den Schweizer Alpen. – In: FRENZEL, B., Hrsg., Dendrochronologie und postglaziale Klimaschwankungen in Europa, Wiesbaden, 271–281.

ZOLLER, H. (1987): Zur Geschichte der Vegetation im Spätglazial und Holozän der Schweiz. – Sonderband Eiszeitforschung, Mitteilungen der Naturforschenden Gesellschaft, Luzern, 29, 123–150.

ZOLLER, H. & H. KLEIBER (1971): Überblick der spät- und postglazialen Vegetationsgeschichte in der Schweiz. – Boisiera 19.

ZOLLER, H., N. ATHANASIADIS & A. WENGER (1998): Late-glacial and Holocene Vegetation and Climate Change at the Palu Glacier, Bernina pass, Grisons, Switzerland. – Vegetation History and Archaeobotany 7, (4), 241–249.

ZOLLITSCH, B. (1969): Die Vegetationsentwicklung im Pasterzenvorfeld. – Wissenschaftl. Alpenvereinshefte 21, 267–290.

ZÜLLIG, H. (1988): Waren unsere Seen früher wirklich „rein"? – Gas, Wasser, Abwasser 68, (1), 17–32.

ZUMBÜHL, H.J. & H. HOLZHAUSER (1988): Alpengletscher in der Kleinen Eiszeit. – Die Alpen 64, (3), 129–322.

ZWITTKOVITS, F. (1966): Klimabedingte Karstformen in den Alpen, den Dinariden und im Taurus. – Mitt. Geogr. Ges. Wien 108, 72–97.

Grundlegende Literatur zu den einzelnen Themenbereichen

Nicht aufgeführt sind die verschiedenen thematischen Atlanten (Klimaatlanten, hydrologische Atlanten etc.) der einzelnen Alpenländer.

Überblickswerke

Alfred-Wegener-Stiftung (Hrsg., 1994): Die Alpen – Natur und Kulturraum im Blickpunkt Europas. – Geowissenschaften 12, (5–6), 131–192.

Bätzing, W. (1991): Die Alpen. Entstehung und Gefährdung einer europäischen Kulturlandschaft. – München, 286 S.

Bätzing, W. (1997): Kleines Alpenlexikon. – Beck, München, 320 S.

Birkenhauer, J. (1980): Die Alpen. – Schöningh, Paderborn, 231 S.

Birkenhauer, J. (1996): Die Alpen: gefährdeter Lebensraum im Gebirge. – Problemräume Europas 6, Köln, 1–46.

Cebon, P., U. Dahinden, H.C. Davies, D. Imboden & C.C. Jaeger (eds., 1998): Views from the Alps. Massachusetts.

CIPRA (Internationale Alpenschutz-Kommission, Hrsg., 1998): Alpenreport 1. – Haupt, Bern, 472 S.

Franz, H. (1979): Ökologie der Hochgebirge. – Stuttgart, 495 S.

Franz, H. (Hrsg., 1994): Gefährdung und Schutz der Alpen. – Österreichische Akad. Wiss., Veröff. Kommission für Humanökologie 5, 1–205.

Lukschanderl, L. (1983): Rettet die Alpen. – Wien, 219 S.

Rathjens, C. (1982): Geographie des Hochgebirges. Der Naturraum. – Teubner, Stuttgart, 210 S.

Stone, P.B. (1992): The state of the world's mountains. – Zed Books, London, 391 S.

Westermann (Hrsg., 1998): Die Alpen. – Praxis Geographie 28, (2), 1–50 .

GEOÖKOLOGISCHE FAKTOREN UND PROZESSE IN DEN ALPEN

1 Geologische Gliederung und Plattentektonik

Gwinner, M.P. (1971): Geologie der Alpen. – E. Schweizerbart'sche, Stuttgart, 477 S.

Miller, H. (1992): Abriss der Plattentektonik. – Enke, Stuttgart, 149 S.

Möbus, G. (1997): Geologie der Alpen. – Sven von Loga, Köln, 340 S.

Richter, D. (1974): Grundriss der Geologie der Alpen. – Berlin, 213 S.

2 Klima

Albrecht, V., M. Jaeneke, G. Sommerhoff & W. Kellermann (1994): Wetter – Lawinen. – In: Deutscher und Österreichischer Alpenverein, Hrsg., Alpin-Lehrplan 9, 1–198.

Barry, R.G. (1992): Mountain Weather and Climate. – London, 313 S.

Wanner, H. (1993): Die Alpen – Klima und Naturraum. – In: Universität Bern, Hrsg., Lebensräume, Peter Lang, Bern, 71–106.

3 Wasser

Baumgartner, A. & H.-J. Liebscher (Hrsg., 1996): Allgemeine Hydrologie – Quantitative Hydrologie. – In: Lehrbuch der Hydrologie, Bd. 1, Borntraeger, Berlin, 694 S.

Baumgartner, A., E. Reichel & G. Weber (1983): Der Wasserhaushalt der Alpen. – München, Wien.

Mountain Agenda (1998): Mountains of the world: water towers for the 21st century. – Haupt, Bern, 32 S.

SCHWOERBEL, J. (1999): Einführung in die Limnologie. – Spektrum, Heidelberg, 465 S.

4 Relief und geomorphologische Prozesse

ABELE, G. (1974): Bergstürze in den Alpen. – München, 230 S.
AHNERT, F. (1996): Einführung in die Geomorphologie. – Ulmer, Stuttgart, 440 S.
BARSCH, D. (1996): Rockglaciers. Indicators for the present and former geoecology in high mountain environments. – Springer, Berlin, 331 S.
BUNZA, G. (1976): Systematik und Analyse alpiner Massenbewegungen. – Schriftenreihe Bayer. Landesstelle für Gewässerkunde 11, München, 1–84.
FRENCH, H.M. (1976): The periglacial environment. – Longman, London, 309 S.
ERISMANN, TH.H. & G. ABELE (2001): Dynamics of rockslides and rockfalls. – Springer, Berlin, 316 S.
PATERSON, W.S.B. (1994): The physics of glaciers. – Pergamon, Trowbridge, 480 S.
STAHR, A. & T. HARTMANN (1999): Landschaftsformen und Landschaftselemente im Hochgebirge. – Springer, Berlin, 398 S.
WEISE, O.R. (1983): Das Periglazial. – Borntraeger, Berlin, 199 S.
WILHELM, F. (1975): Schnee- und Gletscherkunde. – de Gruyter, Berlin, 433 S.

5 Böden

GRAÇANIN, Z. (1972): Die Böden der Alpen. – in: GANSSEN, R. (Hrsg.): Bodengeographie, 172–195, Stuttgart
SCHACHTSCHABEL, P., H.-P. BLUME, G. BRÜMMER, K.H. HARTGE & U. SCHWERTMANN (1998): Lehrbuch der Bodenkunde. – Enke, Stuttgart, 494 S.

6 Vegetation

ELLENBERG, H. (1996): Vegetation Mitteleuropas mit den Alpen. – Ulmer, Stuttgart, 1095 S.
GRABHERR, G. (1997): The high-mountain ecosystems of the Alps. – In: WIELGOLASKI, F.E., ed., Polar and Alpine Tundra, Amsterdam, 97–121.
KÖRNER, C. (1999b): Alpine plant life. – Springer, Berlin, 338 S.
OZENDA, P. (1988): Die Vegetation der Alpen. – Fischer, Stuttgart, 353 S.
REISIGL, H. & R. KELLER (1989): Lebensraum Bergwald. – Fischer, Stuttgart, 144 S.
REISIGL, H. & R. KELLER (1994): Alpenpflanzen im Lebensraum. – Fischer, Stuttgart, 148 S.
RIESS, W. & TH. SCHAUER (1982): Pflanzen- und Tierwelt, Lebensräume – Naturschutz. – In: Deutscher und Österreichischer Alpenverein, Hrsg., Alpin Lehrplan 12, München, 1–171.

7 Tiere

KLEESATTEL, W. (1999): Überleben in Eis, Wüste und Tiefsee: wie Tiere Extreme meistern. – Wissenschaftliche Buchgesellschaft, Darmstadt, 240 S.
MANI, M.S. (1968): Ecology and biogeography of high altitude insects. – Junk, The Hague, 527 S.

8 Menschliche Einflüsse

BÄTZING, W. (Hrsg., 1996): Landwirtschaft im Alpenraum – unverzichtbar, aber zukunftslos? Eine alpenweite Bilanz der aktuellen Probleme und der möglichen Lösungen. – Berlin, Wien, 265 S.
BÄTZING, W. & P. MESSERLI (Hrsg., 1991): Die Alpen im Europa der neunziger Jahre. – Bern, 315 S.
BÄTZING, W., K.B. CADOLA, TH. BUSER, H. GERHARDINGER, CH. HESS, M. KASPER, M. PERLIK, P. SCHICHAN, M. STREMLOW & S. SÜESS (1993): Der sozioökonomische Strukturwandel des Alpenraumes im 20. Jahrhundert. – Geographica Bernensia P 26, Bern, 1–156.

BRUGGER, E.A., G. FURRER, B. MESSERLI & P. MESSERLI (Hrsg., 1984): Umbruch im Berggebiet. Die Entwicklung des schweizerischen Berggebietes zwischen Eigenständigkeit und Abhängigkeit aus ökonomischer und ökologischer Sicht. – Haupt, Bern, 1097 S.

GEBHARDT, H. (1990): Industrie im Alpenraum – alpine Wirtschaftsentwicklung zwischen Aussenorientierung und endogenem Potential. – Erdkundliches Wissen 99, Stuttgart, 1–283.

MATHIEU, J. (1998): Geschichte der Alpen 1500–1900. – Böhlau, Wien, 253 S.

MESSERLI, P. (1989): Mensch und Natur im alpinen Lebensraum. – Haupt, Bern, 368 S.

PERLIK, M. (2001): Alpenstädte – zwischen Metropolisation und neuer Eigenständigkeit. – Geogr. Bernensia P 38, Bern, 1–246.

PERLIK, M. & W. BÄTZING (Hrsg., 1999): Die Zukunft der Alpenstädte in Europa. – Geographica Bernensia P 36, Bern, 1–231.

LANDSCHAFTS- UND KLIMAENTWICKLUNG

9 Quartäre Landschafts- und Klimaentwicklung

BURGA, C. & R. PERRET (1998): Vegetation und Klima der Schweiz seit dem jüngeren Erdzeitalter. – Ott, Thun, 805 S.

EHLERS, J. (1994): Allgemeine und historische Quartärgeologie. – Enke, Stuttgart, 358 S.

FURRER, G., C. BURGA, M. GAMPER, H.-P. HOLZHAUSER & M. MAISCH (1987): Zur Gletscher-, Vegetations- und Klimageschichte der Schweiz seit der Späteiszeit. – Geographica Helvetica 42, (2), 61–91.

HANDTKE, R. (1992): Eiszeitalter. Die jüngste Erdgeschichte der Alpen und ihrer Nachbargebiete. – Ecomed, Landsberg, 730 S.

LANG, G. (1994): Quartäre Vegetationsgeschichte Europas. Methoden und Ergebnisse. – Fischer, Jena, 462 S.

PENCK, A. & E. BRÜCKNER (1901/1909): Die Alpen im Eiszeitalter. – 3 Bde., Leipzig, 1199 S.

SCHREINER, A. (1992): Einführung in die Quartärgeologie. – Nägele u. Obermiller, Stuttgart, 257 S.

10 Die Alpen im „Treibhaus"

BADER, S. & P. KUNZ (Hrsg., 1998): Klimarisiken – Herausforderung für die Schweiz. – vdf Hochschulverlag, Zürich, 307 S.

BENISTON, M. (2000): Environmental Change in Mountains and Uplands. – Arnold/Hodder, Stoughton/Chapman, Hall Publishers & Oxford University Press, London, 172 S.

BOER, M. & E. KOSTER (eds., 1992): Greenhouse-impact on cold-climate ecosystems and landscapes. – Catena Suppl. 22, 1–151.

DIAZ, H. F., BENISTON, M., AND BRADLEY, R.S. (eds., 1997): Climatic Change at High Elevation Sites. – Kluwer, Dordrecht/Boston, 298 S.

GÄGGELER, H.W., B. STAUFFER, A. DÖSCHER & TH. BLUNIER (1997): Klimageschichte im Alpenraum aus Analysen von Eisbohrkernen. – vdf Hochschulverlag, Zürich, 61 S.

GLOGGER, B. (1998): Heisszeit. Klimaänderungen und Naturkatastrophen in der Schweiz. – vdf Hochschulverlag, Zürich, 155 S.

GOTTFRIED, M., H. PAULI, & G. GRABHERR (1994): Die Alpen im „Treibhaus": Nachweise für das erwärmungsbedingte Höhersteigen der alpinen und nivalen Vegetation. – Jb. d. Vereins zum Schutz der Bergwelt e.V. München 59, 13–27.

HOUGHTON, J.T., Y. DING, D.J. GRIGGS, M. NOGUER, P.J. VAN DER LINDEN & D. XIAOSU (eds., 2001): Climate Change 2001: The Scientific Basis. Contribution of Working Group I to the Third

Assessment Report of the Intergovernmental Panel on Climate Change (IPCC). – Cambridge University Press, Cambridge.

KÖRNER, C. & S. HÄTTENSCHWILER (1998): Die Alpen und das CO2–Problem. Biologische Perspektiven. – vdf Hochschulverlag, Zürich, 137 S.

OZENDA, P. & J.-L. BOREL (1991): Mögliche Auswirkungen von Klimaveränderungen in den Alpen. – CIPRA, Kleine Schriften 8, 1–70.

PFISTER, C. (1999): Wetternachhersage. 500 Jahre Klimavariationen und Naturkatastrophen. – Haupt, Bern, 304 S.

VISCHER, D. (Hrsg., 1990): Schnee, Eis und Wasser der Alpen in einer wärmeren Atmosphäre. – VAW-Mitteilungen 108, 1–135.

WANNER, H., D. GYALISTRAS, J. LUTERBACHER, R. RICKLI, E. SALVISBERG & CH. SCHMUTZ (2000): Klimawandel im Schweizer Alpenraum. – vdf-Hochschulverlag, Zürich, 285 S.

Stichwortverzeichnis

Fett gedruckte Seitenzahlen weisen auf Schwerpunkte hin.